全国医药高等院校规划教材

供高职高专药学类、药品类等专业使用

# 无机化学

主　编　江　勇
副主编　李　飞　王　丽　杨智英　冯　瑞
编　者　（按姓氏汉语拼音排序）
冯　瑞　南阳医学高等专科学校
冯寅寅　皖西卫生职业学院
黄继红　皖西卫生职业学院
江　勇　皖西卫生职业学院
蒋　文　沈阳药科大学高等职业技术学院
李　飞　沈阳药科大学高等职业技术学院
王　丽　重庆医药高等专科学校
杨智英　长沙卫生职业学院
张淑凤　沧州医学高等专科学校
张文智　惠州卫生职业技术学院
赵丹萍　运城护理职业学院

科学出版社
北　京

## 内 容 简 介

本书按理论授课74学时编写,其中理论部分56学时、实验部分18学时。考虑到岗位需求和后续课程的需要,本书重点讲授了溶液理论、化学反应的速率和限度、原子结构和分子结构以及酸碱平衡、沉淀-溶解平衡、氧化还原平衡、配位平衡等无机化学基本原理。对于理论性极强的内容,本教材做了适当的处理,以学生能够理解和应用知识解决实际问题为原则,根据药学及相关各专业学生对元素及其化合物性质了解的实际需要,对该部分内容进行了适当的简化。本书不以元素周期律为依据,而是突出重要的、有代表性的元素及其化合物的性质,并归纳为非金属元素选述和金属元素选述这两章,强调其在生物体内的分布和作用及其药用价值。考虑到药学类专业的特点及现代无机化学的发展,还编写了生物无机化学基本知识一章,介绍了生物元素、矿物药以及现代生物无机化学的发展。

本书供高职高专药学类、药品类、医学检验技术等专业教学使用。

**图书在版编目(CIP)数据**

无机化学 / 江勇主编. —北京:科学出版社,2015.1

全国医药高等院校规划教材

ISBN 978-7-03-042841-7

Ⅰ. 无… Ⅱ. 江… Ⅲ. 无机化学-医学院校-教材 Ⅳ. O61

中国版本图书馆CIP数据核字(2014)第301007号

责任编辑:秦致中　格桑罗布 / 责任校对:张怡君

责任印制:徐晓晨 / 封面设计:范璧合



**科学出版社** 出版

北京东黄城根北街16号

邮政编码:100717

http://www.sciencep.com

**北京盛通商印快线网络科技有限公司** 印刷

科学出版社发行　各地新华书店经销

*

2015年1月第　一　版　　开本:787×1092　1/16

2019年6月第二次印刷　　印张:13　插页:1

字数:307 000

**定价:37.80元**

(如有印装质量问题,我社负责调换)

# 前　言

本书为高职高专药学类专业规划教材之一。

无机化学是药学类专业重要的基础课,它为学生学习后续的有机化学、分析化学、药物分析化学、药物化学、药剂学等重要的专业基础课和专业课打下坚实的化学基础。为了使本书适应药学相关岗位对人才的需求和近年来高职高专药学类专业改革和发展的需要,在充分调研的基础上,按职业岗位需求和满足学生可持续发展需要的原则,选取和编排了教学内容。本书突出了基本理论知识和基本实践技能的培养;不过分强调学科的完整性,而注重教材的整体优化;不强调理论分析推导,而注重知识的应用;利用无机化学的相关知识解释问题,在内容的阐述上循序渐进,文字力求简明扼要。

本书按理论授课 74 学时编写,其中理论部分 56 学时、实验部分 18 学时。考虑到岗位需求和后续课程的需要,本书重点讲授溶液理论、化学反应速率、原子结构和分子结构以及酸碱平衡、沉淀-溶解平衡、氧化还原平衡、配位化合物等无机化学基本原理;对于理论性极强的内容,以学生能够理解和应用知识解决实际问题为原则,本教材做了适当的处理。根据药学及相关各专业学生对元素化合物性质了解的实际需要,本书对该部分内容进行了适当的简化。本书不以元素周期律为依据,而是突出重要的、有代表性的元素及其化合物的性质,并归纳为非金属元素选述和金属元素选述这两章,强调其在生物体内的分布和作用及其药用价值。考虑到药学类专业的特点及现代无机化学的发展,还编写了生物无机化学基本知识一章,介绍了生物元素、矿物药以及现代生物无机化学的发展。

本书在编写形式上做了一些尝试,改变传统的教材栏目式编写模式,在各章的开头列出了“学习目标”,在结尾列出了“小结”和“目标检测”,帮助学生学习。除正文外,结合药学类专业的需要和无机化学的发展,还设置了“案例”和“链接”,试图培养学生应用所学的知识发现问题、解决问题的能力,开阔学生视野、扩大知识面、提高学生学习兴趣。

本书由皖西卫生职业学院江勇主编并统稿,参加编写的有(按章节顺序排序):重庆医药高等专科学校王丽老师(第一章、第二章)、沈阳药科大学高等职业技术学院蒋文老师(第三章),沧州医学高等专科学校张淑凤老师(第四章),皖西卫生职业学院江勇老师(第五章)、黄继红老师(第六章)、冯寅寅老师(第七章),长沙卫生职业学院杨智英老师(第八章),沈阳药科大学高等职业技术学院李飞老师(第九章),运城护理职业学院赵丹萍老师(第十章),南阳医学高等专科学校冯瑞老师(第十一章),惠州卫生职业技术学院张文智老师(第十二章),沈阳药科大学高等职业技术学院蒋文老师(第十三章)。

本书可作为高等职业院校、高等专科院校、成人高等院校、民办高等院校及本科院校的二级学院药学类、药品类等相关专业的教学用书,并可作为相关社会从业人员的业务参考书及培训用书。鉴于编者学术和水平有限,难免有不妥之处,敬请广大读者批评指正。

编　者

2014 年 7 月

# 前　言

# 目　　录

# 第一章　溶　　液

**学习目标**

1. 了解分散系的基本概念；掌握分散系分类方法及各类分散系特征
2. 掌握溶液浓度表示方法及有关计算
3. 掌握溶液的配制、稀释、混合等基本操作
4. 熟悉稀溶液的依数性；掌握渗透压定律、渗透浓度的计算
5. 掌握渗透进行的方向，能解释与渗透压相关的医学问题

溶液是由两种或两种以上的物质混合而成的均匀而稳定的体系。人体内的血液、淋巴液以及各种腺体的分泌液，都属于溶液，食物和药物必须先形成溶液才便于人体吸收。生理盐水、眼药水以及各种中草药煎剂和注射剂，也属于溶液，药物生产及其分析工作中的很多操作都是溶液状态下进行的。

在医药中，除了大量使用常见溶液外，还常用胶体溶液、悬浊液和乳浊液，它们都属于分散系。

## 第一节　分　散　系

自然界的物质多以混合物的形式存在，一种或几种物质以细小粒子的形式分散在另一种或几种物质中，所得到的体系称为分散系。其中被分散的物质称为分散相或分散质，容纳分散相的物质称为分散介质或分散剂。例如，在乙醇溶于水形成的溶液中，乙醇是分散相，水是分散介质；牛奶溶于水形成的乳浊液中，牛奶是分散相，水是分散介质；泥土放入水中形成的悬浊液中，泥土是分散相，水是分散介质；水蒸气扩散到空气中形成雾，水蒸气是分散相，空气是分散介质。

根据分散系的聚集状态，可分为固体分散系，如合金；液体分散系，如生理盐水、药用乙醇等；气体分散系，如空气。根据分散系统中是否存在明显的界面，可分为均相（或单相）分散系和多相分散系，如乙醇、葡萄糖溶液是单相分散系，泥浆、烟尘是多相分散系。

根据分散相粒子直径大小不同，可将分散系分为三类（表 1-1）。

**表 1-1　分散系的分类**

| 分散相粒子大小 | 类型 | 分散相粒子的组成 | 性质 | 实例 |
|---|---|---|---|---|
| <1nm | 真溶液 | 小分子、小离子 | 单相、透明、均匀、稳定、不聚沉、粒子能透过滤纸和半透膜 | 生理盐水、葡萄糖溶液 |
| 1~100nm | 溶胶 | 分子、离子、原子的聚集体 | 多相、不均匀、有相对稳定性、不易聚沉、粒子能透过滤纸不能透过半透膜 | 氢氧化铁溶胶、硫化砷溶胶 |
| | 高分子溶液 | 单个高分子 | 单相、透明、均匀、稳定、不聚沉、粒子能透过滤纸不能透过半透膜 | 明胶、蛋白质溶液 |
| >100nm | 悬浊液 | 固体微粒 | 多相、不均匀、不稳定、能自动聚沉、粒子不能透过滤纸和半透膜 | 泥浆水 |
| | 乳浊液 | 液体微粒 | | 油水、鱼肝油 |

## 一、分子、离子分散系

分散相粒子直径小于1nm的分散系称为分子或离子分散系，也称真溶液（简称溶液）。这类分散系中，分散相为分子或离子，无论放置多久，在密闭器中分散相都不会从分散系中分离出来，分散系是均匀稳定的单相体系，分散相也称溶质，分散介质也称溶剂。

若溶液是由固体（或气体）与液体组成时，则把固体（或气体）看作溶质，把液体看作溶剂；若溶液是由两种液体组成时，一般把量少的看作溶质，量多的看作溶剂。也有例外，如75%的乙醇溶液，虽然乙醇的量多于水，但习惯上仍把乙醇看作溶质，把水看作溶剂。因为水是最常用的溶剂，通常不指明溶剂的溶液即指水溶液，如临床上用的葡萄糖溶液，实验中使用的各种酸、碱、盐溶液都属于这类分散系。

## 二、粗 分 散 系

分散相粒子较大，直径大于100nm，甚至于肉眼可辨，分散系呈浑浊状态，分散相粒子与分散介质之间有明显的界面存在。其中分散相是固体微粒的为悬浊液，如泥浆水、硫磺合剂等；分散相是液体微粒的为乳浊液，如油水、牛奶、乳白鱼肝油、松节油搽剂等。粗分散系属多相不稳定体系，放置一段时间，分散相和分散介质会自动分离，悬浊液会产生沉淀，乳浊液会分层。

## 三、胶体分散系

分散相粒子直径在1～100nm的分散系称为胶体分散系，根据分散相粒子的聚集状态不同又分为溶胶和高分子溶液。溶胶中的分散相粒子是由许多小分子聚集而成的，如氢氧化铁溶胶；高分子溶液的分散相粒子本身就是一个大分子，如蛋白质溶液。从外观上看二者均不浑浊且性质相似，但却有本质的区别。溶胶是多相、相对稳定体系，而高分子溶液是单相、稳定体系。

**知识链接**　　**药物的微粒分散系**

将粒子直径在1～$10^5$nm范围的分散相统称微粒，由微粒构成的分散体系统称为微粒分散系。粒径在500nm～100μm范围内的属于粗分散体系的微粒给药系统，主要包括混悬剂、乳剂、微囊、微球等；粒径全都小于1000nm的属胶体分散体系的微粒给药系统，主要包括纳米微乳、脂质体、纳米粒、纳米囊、纳米胶束等。微粒分散系在药剂学中具有重要的意义：①由于粒径小，有助于提高药物的溶解速度及溶解度，以及难溶性药物的生物利用度；②有利于提高药物微粒在分散介质中的分散性与稳定性；③具有不同大小的微粒分散体系在体内分布上具有一定的选择性，如一定大小的微粒给药后容易被网状内皮系统吞噬；④微囊、微球等微粒分散体系一般具有明显的缓释作用，可以延长药物在体内的作用时间，减少剂量，降低毒副作用等。

# 第二节　溶液的浓度

溶液的浓度是指一定量的溶液（或溶剂）中所含溶质的量，溶液浓度的表示方法很多，根据不同工作的需要或计算方便，可选择不同的表示方法。

## 一、溶液浓度的表示方法

### （一）物质的量浓度

溶液中溶质 B 的物质的量（$n_B$）除以溶液的体积（$V$）称为溶质 B 的物质的量浓度，用符号 $c_B$ 或 $c(B)$ 表示。即：

$$c_B = \frac{n_B}{V} \tag{1-1}$$

物质的量浓度的 SI 单位为 $mol \cdot m^{-3}$，在化学和医学工作中常用的单位是 $mol \cdot L^{-1}$、$mmol \cdot L^{-1}$。如 1L 氢氧化钠溶液中含有 0.5mol 的 NaOH，可表示为 $c(NaOH) = 0.5mol \cdot L^{-1}$ 或 $c_{NaOH} = 0.5mol \cdot L^{-1}$。

**【例 1-1】** 中国药典规定，生理盐水的规格是 0.5L 生理盐水中含 NaCl 4.5g，生理盐水的物质的量浓度是多少？

**解**：因为

$$m_{NaCl} = 4.5g, V = 0.5L, M_{NaCl} = 58.5g \cdot mol^{-1}$$

$$n_{NaCl} = \frac{m_{NaCl}}{M_{NaCl}} = \frac{4.5g}{58.5g \cdot mol^{-1}} = 0.077mol$$

所以

$$c_{NaCL} = \frac{n_{NaCl}}{V} = \frac{0.077mol}{0.5L} = 0.154mol \cdot L^{-1}$$

### （二）质量浓度

质量浓度是溶质 B 的质量（$m_B$）与溶液或混合物的体积（$V$）之比，用符号 $\rho_B$ 表示，单位为 $kg \cdot m^{-3}$，医学中常用 $g \cdot L^{-1}$、$mg \cdot L^{-1}$ 或 $\mu g \cdot L^{-1}$。

$$\rho_B = \frac{m_B}{V} \tag{1-2}$$

**【例 1-2】** 100ml 静脉滴注用的葡萄糖溶液中含 5g $C_6H_{12}O_6$，计算此 $C_6H_{12}O_6$ 溶液的质量浓度。

**解**：溶液中 $C_6H_{12}O_6$ 的质量浓度为：

$$\rho_{C_6H_{12}O_6} = \frac{m_{C_6H_{12}O_6}}{V} = \frac{5g}{0.1L} = 0.5g \cdot L^{-1}$$

**知识链接**　　**密度与质量浓度**

溶液的质量（$m$）与溶液的体积（$V$）之比称为溶液的密度，用符号 $\rho$ 表示，单位是 $kg \cdot L^{-1}$ 或 $g \cdot cm^{-3}$。密度 $\rho$ 与质量浓度 $\rho_B$ 表示符号相同，但含义不同。例如，市售浓硫酸的质量浓度 $\rho_{H_2SO_4} = 1.77kg \cdot L^{-1}$，密度 $\rho = 1.84kg \cdot L^{-1}$，分别表示每升该溶液中含纯 $H_2SO_4$ 1.77kg 和每升该溶液的质量为 1.84kg，使用时应特别注意。

### （三）质量分数

溶液中溶质 B 的质量（$m_B$）与溶液的质量（$m$）之比称为溶质 B 的质量分数，用符号 $w_B$ 或 $w(B)$ 表示。即：

$$w_B = \frac{m_B}{m} \tag{1-3}$$

式中，$m_B$ 和 $m$ 的单位相同，质量分数是一个无量纲的量，可用小数或百分数表示。例如，硫酸的质量分数 $w_{H_2SO_4} = 0.98$ 或 $w_{H_2SO_4} = 98\%$，它表示 100g 硫酸溶液中 $H_2SO_4$ 的质量是 98g。

【例 1-3】 浓盐酸的质量分数 $w_{HCl}=0.36$，密度 $\rho=1.18\text{kg}\cdot\text{L}^{-1}$，500ml 浓盐酸中含氯化氢多少克？

**解**：500ml 浓盐酸的质量为：

$$w_B=\frac{m_B}{m}$$

$$m=\rho V=1180\text{g}\cdot\text{L}^{-1}\times0.5\text{L}=590\text{g}$$

$$m_{HCl}=w_{HCl}m=0.36\times590\text{g}=212.40\text{g}$$

### （四）体积分数

在相同温度和压力下，溶质 B 的体积（$V_B$）与溶液的体积（$V$）之比称为溶质 B 的体积分数，用符号 $\varphi_B$ 表示。即：

$$\varphi_B=\frac{V_B}{V} \tag{1-4}$$

式中，$V_B$ 和 $V$ 的单位相同，体积分数也是一个无量纲的量，也可用小数或百分数表示。如外用乙醇溶液的体积分数为 $\varphi_B=0.75$ 或 $\varphi_B=75\%$。

【例 1-4】 药用乙醇的体积分数 $\varphi_B=0.95$，300ml 药用乙醇中含纯乙醇多少毫升？

**解**：因为

$$\varphi_B=\frac{V_B}{V}$$

所以

$$V_B=\varphi_B V=0.95\times300\text{ml}=285\text{ml}$$

### （五）摩尔分数

若溶液是由溶质 B 和溶剂 A 组成，则溶质 B 的物质的量（$n_B$）与溶液的物质的量（$n_A+n_B$）之比称为溶质 B 的摩尔分数，用符号 $x_B$ 或 $x(\text{B})$ 表示。即：

$$x_B=\frac{n_B}{n_A+n_B} \tag{1-5}$$

式中，$n_A$ 为溶剂 A 的物质的量，$n_A$ 与 $n_B$ 单位相同，摩尔分数是一个无量纲的量，可用小数或百分数表示。

### （六）质量摩尔浓度

溶液中溶质 B 的物质的量（$n_B$）与溶剂 A 的质量（$m_A$）之比，称为溶质 B 的质量摩尔浓度，用符号 $b_B$ 或 $b(\text{B})$ 表示。即：

$$b_B=\frac{n_B}{m_A} \tag{1-6}$$

质量摩尔浓度的 SI 单位是 $\text{mol}\cdot\text{kg}^{-1}$，此法的优点是浓度数值不受温度影响，在讨论某些理论问题时，常用这种浓度表示方法。对于较稀的水溶液来说，质量摩尔浓度在数值上近似等于物质的量浓度。

【例 1-5】 500g 水中溶解了 4.5g 的 NaCl，计算此溶液的质量摩尔浓度是多少？

**解**：NaCl 溶液的质量摩尔浓度为：

$$b_{NaCl}=\frac{n_{NaCl}}{m_{H_2O}}=\frac{m_{NaCl}}{M_{NaCl}m_{H_2O}}=\frac{4.5\text{g}}{58.5\text{g}\cdot\text{mol}^{-1}\times0.5\text{kg}}=0.154\text{mol}\cdot\text{kg}^{-1}$$

**知识链接** **法定计量单位**

世界卫生组织提议，凡是已知相对分子质量的物质在人体内的浓度均应用物质的量浓度表示，并规定统一用升（L）作为体积的基准单位的分母。对于未知摩尔质量的物质，因尚未测得其相对分子质量，仍用质量浓度表示，如白蛋白、球蛋白、免疫球蛋白、总蛋白等。对于注射液，世界卫生组织认为，在绝大多数情况下，标签上应同时标明质量浓度和物质的量浓度。例如，临床上给患者注射的等渗葡萄糖溶液，过去标为5%，现在应标为“$\rho_{C_6H_{12}O_6}=50g \cdot L^{-1}$”和“$c_{C_6H_{12}O_6}=0.28mol \cdot L^{-1}$”。

## 二、浓度的有关计算

### （一）溶液浓度间的换算

实际工作中，常因需求不同，同一溶液要进行不同浓度之间的转换。在进行换算时，要充分理解各种溶液浓度表示方法和基本定义，找出各种表示方法间的联系。

**1. 质量浓度与物质的量浓度间的转换**

$$\rho_B=\frac{m_B}{V} \qquad n_B=\frac{m_B}{M_B} \qquad c_B=\frac{n_B}{V}$$

根据质量浓度、物质的量浓度和物质的量的定义，可得出：

$$c_B=\frac{m_B}{VM_B}=\frac{\rho_B}{M_B}$$

在不同浓度转换时，要注意单位的统一，如在上式中，若质量的单位为g，物质B的摩尔质量($M_B$)单位就为$g \cdot mol^{-1}$，则物质的量($c_B$)的单位为$mol \cdot L^{-1}$，质量浓度($\rho_B$)的单位为$g \cdot L^{-1}$。

**【例1-6】** 生理盐水的质量浓度为$9.0g \cdot L^{-1}$，把它换算成物质的量浓度。

**解：**

$$c_{NaCl}=\frac{\rho_{NaCl}}{M_{NaCl}}=\frac{9.0g \cdot L^{-1}}{58.5g \cdot L^{-1}}=0.15mol \cdot L^{-1}$$

**2. 质量分数与质量浓度的换算**

根据质量分数、质量浓度的定义：

$$w_B=\frac{m_B}{m} \qquad \rho_B=\frac{m_B}{V}$$

由于涉及溶液的质量和体积间的换算，要以溶液的密度为桥梁来实现换算，可得出：

$$\rho_B=\frac{w_B m}{V}=w_B\rho$$

**3. 质量分数与物质的量浓度的换算**

根据质量分数、物质的量浓度的定义：

$$w_B=\frac{m_B}{m} \qquad c_B=\frac{n_B}{V}=\frac{m_B}{M_B V}$$

可得出：

$$c_B=\frac{w_B m}{M_B V}=\frac{w_B}{M_B}\rho$$

在以上两个浓度换算中用到密度($\rho$)，其单位为$g \cdot L^{-1}$。

**【例1-7】** 市售浓硫酸的质量分数为98%，计算此浓硫酸的质量浓度、物质的量浓度。（此浓硫酸的密度为$1.84kg \cdot L^{-1}$，$H_2SO_4$的摩尔质量为$98.07g \cdot mol^{-1}$）

**解：**根据质量分数、质量浓度、物质的量浓度的定义得出：

$$\rho_B=\frac{w_B m}{V}=w_B\rho=98\%\times1.84\times1000g \cdot L^{-1}=1803.2g \cdot L^{-1}$$

$$c_B=\frac{w_B m}{M_B V}=\frac{w_B}{M_B}\rho=\frac{98\%}{98.07g \cdot mol^{-1}}\times1.84\times1000g \cdot L^{-1}=18.4mol \cdot L^{-1}$$

### （二）溶液的配制、稀释和混合

溶液的配制、稀释和混合是化学和医药工作中常用的基本操作。

**1. 溶液的配制** 溶液配制的基本方法有以下两种。

(1) 一定质量溶液的配制。配制时将定量的溶质和溶剂混合均匀即得。配制的步骤通常是计算、称量、溶解、混匀。当用质量分数($w_B$)、质量摩尔浓度($b_B$)、摩尔分数($x_B$)表示溶液浓度时,应采用此法配制。例如,配制质量分数 $w_{NaCl}=0.10$ 的 NaCl 溶液 100g,分别称取 10g 固体 NaCl 和 90g 蒸馏水,将二者混合均匀即得。

(2) 一定体积溶液的配制。将一定质量(或体积)的溶质与适量的溶剂混合,完全溶解后,再加溶剂至所需体积混匀即可。配制的步骤通常是计算、称量、溶解、定量转移、定容、混匀。一般用物质的量浓度 $c_B$、质量浓度 $\rho_B$、体积分数 $\varphi_B$,表示溶液的浓度时,应采用此法配制。

**【例 1-8】** 中国药典规定,生理盐水的质量浓度为 $9g \cdot L^{-1}$,如何配制 1000ml 的生理盐水?

**解:**1000ml 生理盐水中含有 NaCl 的质量为

$$m_{NaCl}=\rho_{NaCl}V=9g \cdot L^{-1}\times 1000mL=9g$$

配制方法:用表面皿在托盘天平上称取 9g NaCl 置于烧杯中,加少量蒸馏水溶解后,转移至 1000ml 量筒内,再用少量蒸馏水冲洗烧杯 2~3 次,冲洗液也全部转移至量筒内(此过程称为定量转移),最后加蒸馏水至 1000ml,混匀即可。

配制溶液时,根据配制要求选择所用的仪器,如果对溶液的浓度要求不高,通常用托盘天平称溶质的质量,量筒量取液体的体积。若对溶液的浓度要求比较准确时,则用分析天平称溶质的质量,容量瓶来定容。

**2. 溶液的稀释** 在浓溶液中加入溶剂使溶液浓度降低的操作称为溶液的稀释。稀释的特点是稀释前后溶液的浓度发生变化,但溶液中所含溶质的量不变。

若设定浓溶液的浓度为 $c_1$、体积为 $V_1$,稀释后稀溶液的浓度为 $c_2$、体积为 $V_2$,则:

$$c_1V_1=c_2V_2 \tag{1-7}$$

式(1-7)称为稀释公式,使用时要注意等式两边单位一致。式中 $c_1$ 和 $c_2$ 可为 $c_B$、$\rho_B$、$\varphi_B$。

浓度为质量分数的溶液,其稀释公式应调整为

$$w_1m_1=w_2m_2 \tag{1-8}$$

**【例 1-9】** 如何用市售体积分数为 95% 的药用乙醇,配制体积分数为 75% 的乙醇溶液 500ml?

**解:**设需 95% 药用乙醇 $V_1$ml,根据稀释公式

$$c_1V_1=c_2V_2$$

$$V_1=\frac{75\%\times 500ml}{95\%}=395ml$$

配制方法为:用量筒量取 95% 药用乙醇 395ml,加蒸馏水稀释至 500ml,混匀即可。

**3. 溶液的混合** 在浓溶液中加入同溶质的稀溶液得到所需浓度的溶液的操作称为溶液的混合。计算依据:混合前后溶质的总量不变。

设浓溶液的浓度为 $c_1$、体积为 $V_1$,稀溶液的浓度为 $c_2$、体积为 $V_2$,混合后溶液的浓度为 $c$、总体积为 $V_1+V_2$(忽略混合后体积的改变)。则:

$$c_1V_1+c_2V_2=c(V_1+V_2) \tag{1-9}$$

使用式(1-9)时,要注意等式两边单位一致。

**【例 1-10】** 某患者需要用浓度为 $0.56mol \cdot L^{-1}$ 的葡萄糖溶液 500ml,问应取 $2.8mol \cdot L^{-1}$ 的葡萄糖溶液和 $0.28mol \cdot L^{-1}$ 的葡萄糖溶液各多少毫升?

**解:**设需用 $2.8mol \cdot L^{-1}$ 的葡萄糖溶液 $V_1$ml,$0.28mol \cdot L^{-1}$ 的葡萄糖溶液 $V_2$ml。则:

$$2.8mol \cdot L^{-1} V_1 + 0.28mol \cdot L^{-1} V_2 = 0.56mol \cdot L^{-1} \times 500ml$$
$$V_1 + V_2 = 500ml$$

解得：

$$V_1 = 55.6ml, V_2 = 444.4ml$$

配制方法：分别量取 2.8mol·L$^{-1}$的葡萄糖溶液 55.6ml，0.28mol·L$^{-1}$的葡萄糖溶液 444.4ml，混匀即可。

# 第三节　稀溶液的依数性

溶液是由溶质和溶剂组成，溶液的性质分为两类：一类与溶质的性质、数量均有关，如溶液的导电性、颜色、pH 等；另一类与溶质的性质无关，只与溶质的粒子数目有关，如溶液的蒸气压、凝固点、沸点、渗透压，这类性质称为溶液的依数性。溶液的依数性只有在溶液的浓度很稀时才有规律，而且溶液浓度越稀，其依数性的规律越强。这里主要讨论难挥发非电解质稀溶液的依数性。

## 一、溶液的蒸气压下降

### （一）溶剂的蒸气压

一定温度下，在密闭容器中，当液体的蒸发速率与凝聚速率相等时，液体和它的蒸气处于两相平衡状态，这时上方空间的蒸气密度不再改变，蒸气的压强也不再改变，称为该温度下的饱和蒸气压，简称蒸气压。

溶剂的蒸气压与温度有关，一定的温度下，纯水的蒸气压是一个定值，见表 1-2。显然，温度越高，水的蒸气压越大。

**表 1-2　不同温度下纯水的蒸气压**

| 温度/K | 273 | 283 | 293 | 303 | 313 | 323 | 333 | 343 | 373 |
|---|---|---|---|---|---|---|---|---|---|
| 蒸气压/Pa | 610.5 | 1227.8 | 2337.8 | 4242.8 | 7375.8 | 12 334 | 19 916 | 31 160 | 101 000 |

一定温度下，各种液体都具有确定的饱和蒸气压，不同的液体蒸气压的数值有所不同，如在 298K 时，水的蒸气压是 2.34kPa，乙醚的蒸气压是 57.6kPa。

不仅液体有蒸气压，固体也可以蒸发，也有蒸气压。只不过固体的蒸气压，一般要比液体小得多。

### （二）溶液的蒸气压下降

当溶液中溶有难挥发的溶质时，每个溶质分子与它周边的溶剂分子结合成溶剂化分子，束缚了部分高能的溶剂分子的蒸发，同时部分溶液表面被溶质分子所占据，最终使得同条件下在单位时间内蒸发的溶剂分子的数目小于纯溶剂蒸发的分子数目，产生的压力降低，溶液的蒸气压比相同温度下纯溶剂的蒸气压低。显然溶液的浓度越大，溶液的蒸气压就越低，如图 1-1 所示。

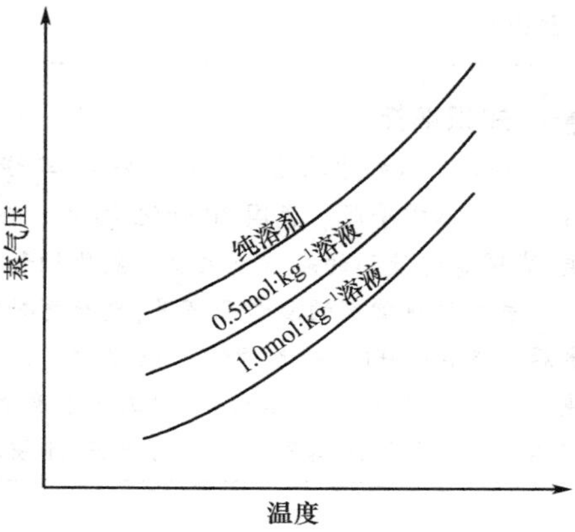


图 1-1　溶液的蒸气压下降

1887 年法国物理学家拉乌尔根据实验得出：在

一定温度下，难挥发非电解质稀溶液的蒸气压下降与溶液的质量摩尔浓度成正比，而与溶质本性无关，如图 1-1 所示。

## 二、溶液的沸点升高

### （一）溶剂的沸点

加热液体，它的蒸气压随着温度升高而逐渐增大，当液体的蒸气压等于外界大气压时，液体开始沸腾，此时的温度为液体的沸点。液体的正常沸点是指外压为 101.3kPa 时的沸点。液体的沸点与外界的压强有关，外界的压强越大，沸点就越高。

### （二）溶液的沸点升高

在溶剂中加入难挥发的溶质，由于溶液的蒸气压下降，要使溶液沸腾就必须继续加热溶液，如图 1-2 中溶液 B′ 比纯溶剂 A′的沸点高，即溶液的沸点要比纯溶剂的沸点高。稀溶液沸点的升高与溶液的浓度成正比。

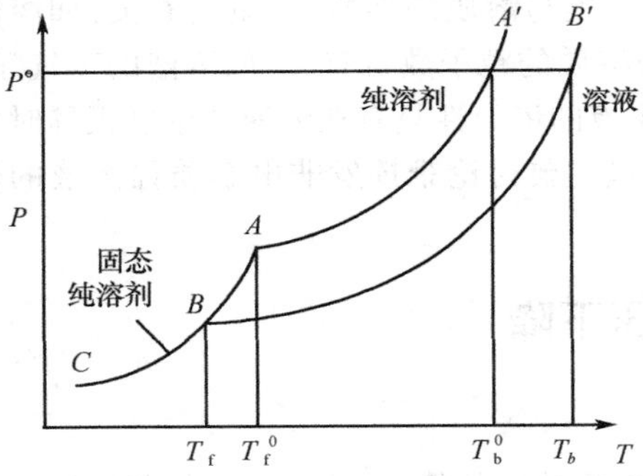


图 1-2　溶液的沸点升高，凝固点降低

## 三、溶液的凝固点降低

### （一）溶剂的凝固点

在一定外压下，凝固点是指物质的固液两相蒸气压相等并能共存时的温度。纯水的凝固点（273 K）又称冰点，此时水和冰的蒸气压相等。若温度低于或高于 273K 时，由于水和冰的蒸气压不再相等，则两相不能共存，蒸气压大的一个相将向蒸气压小的一个转化。

### （二）溶液的凝固点降低

若向处于凝固点的冰水体系中加入少量难挥发的溶质，则水成为溶液，其蒸气压下降，而冰的蒸气压不变，导致水溶液的蒸气压必然要低于冰的蒸气压，此时溶液和冰就不能共存，冰会不断融化为水，也就是说，在此温度下溶液不会凝固。如果要使溶液和冰的蒸气压相等，能够共存，就必须降低温度，如图 1-2 所示 $T_f<T_f^0$，由此可见，溶液的凝固点是指溶液与其固相溶液具有相同蒸气压并能共存时的温度。很显然，溶液的凝固点比纯溶剂的低，这种现象称为溶液的凝固点降低。溶液浓度越大，凝固点就越低。例如，海水的凝固点约为-2℃，比纯水的凝固点低。

**知识链接**　　**融　雪　剂**

2008 年春的冰冻路绵延数十公里，车堵、人摔、路不通、成千上万人回不了家。喷洒融雪剂是最为常见的除冰雪手段。我国 20 世纪 70 年代在北京首先使用了融雪剂。常用的融冰雪剂主要有盐类和醇类，我国普遍使用的融雪剂主要是氯化钠和氯化钙等氯盐类融雪剂。

氯盐类融雪剂的融雪原理是：氯盐类融雪剂溶于水（雪）后，其冰点在 0℃以下。例如，氯化钠溶于水后冰点在-10℃，氯化钙在-20℃左右，乙酸类可达-30℃左右，雪水中溶解了盐之后就难以再形成冰块。此外，融雪剂溶于水后，水中离子浓度上升，使水的液相蒸气压下降，但冰的固态蒸气压不变。为达到冰水混合物固液蒸气压相等的状态，冰便融化了。

# 四、溶液的渗透压

## （一）渗透和渗透压

**1. 渗透** 在U形管中，左右两边装入等体积纯水和蔗糖水［图1-3(a)］，静置一段时间，由于分子的热运动，最后整个U形管中的溶液成为均匀的蔗糖溶液［图1-3(b)］。在任何纯溶剂与溶液之间，或是两种不同浓度的溶液相互接触时，都有扩散现象发生。同样的U形管，用半透膜（只允许水分子透过，不允许蔗糖分子透过的膜）将等体积的纯水和蔗糖水分开［图1-3(c)］，放置一段时间后，蔗糖水的液面升高，而纯水的液面降低［图1-3(d)］，这种溶剂分子自发透过半透膜，进入溶液的现象，称为渗透现象。产生渗透的原因是由于半透膜两侧溶液的浓度不同，透过的水分子的数目不等，在单位时间里，进入蔗糖水的水分子多些，使得蔗糖水一侧的水面上升。

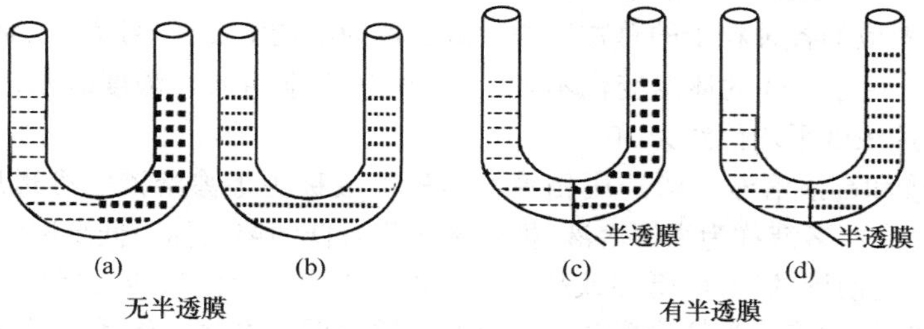


图1-3 渗透现象

在有半透膜隔开的U形管两侧装入不同浓度、相同溶质的溶液时，也会发生渗透现象，此时溶剂分子由稀溶液一侧向浓溶液一侧渗透。

**2. 渗透压** 上述有半透膜的U形管，要使蔗糖水的液面与纯水的液面相等，就必须在蔗糖水液面上施加额外的压力，阻止渗透的产生，施加的压力就称为该溶液的渗透压力，简称渗透压，用符号$\Pi$表示，单位为帕(Pa)或千帕(kPa)。如果U形管两侧装入不同浓度、相同溶质的溶液时，此压力为两溶液的渗透压力之差。

**知识链接** **半透膜与选择性透过膜**

半透膜是指某些物质可以自由通过，而另一些物质则不能通过的多孔性薄膜。这种膜可以是生物膜，也可以物理性膜。如动物的膀胱膜、肠衣、蛋壳膜等，还有人工制成的半透膜如玻璃纸、胶棉膜等。选择性透过膜是具有生物活性的生物膜，这种膜可以让水分子自由通过，选择吸收的离子和小分子也可以通过，其他离子和小分子及大分子物质则不能通过。物质通过选择性透过膜不仅与被运送物质的颗粒大小和膜两侧的浓度差有关，而且与该物质的极性和膜上的载体、提供的能量也密切相关。成熟的植物细胞一般都有大液泡，其液泡膜和细胞外的细胞膜都是选择性透过膜，它们与细胞内的细胞质一起组成的整个原生质层就是一层选择性透过膜，可以当做“半透膜”。当选择性透过膜丧失活力后，就成了一般的半透膜。

## （二）渗透压与浓度、温度的关系

1886年，荷兰化学家范特霍夫(van't Hoff)根据实验数据，提出了难挥发非电解质稀溶液渗透压与浓度、温度的关系式：

$$\Pi = cRT \tag{1-10}$$

式中，$\Pi$为溶液的渗透压；$c$为非电解质稀溶液的物质的量浓度；$R$为摩尔气体常量，$R$

$=8.314kPa\cdot L\cdot K^{-1}\cdot mol^{-1}$；$T$ 为热力温度。由式(1-10)可得出：难挥发非电解质稀溶液的渗透压与溶液的物质的量和绝对温度成正比。

对于电解质溶液，由于电解质在溶液中要发生解离，单位体积溶液内所含的溶质颗粒数要比相同浓度非电解质溶液多，使得溶质的粒子总浓度增加，故渗透压也增大，在计算时就必须在公式中引入一个校正因子 $i$，即：

$$\Pi = icRT \tag{1-11}$$

$i$ 可以近似取整数，表示 1 个强电解质“分子”在溶液中解离出的离子数，如 $i(NaCl)=2$，$i(CaCl_2)=3$。

### (三) 渗透作用的意义

渗透作用是自然界的一种普遍现象，它对于人体保持正常的生理功能有着十分重要的意义。

**1. 渗透浓度** 一定温度下，渗透压的大小只与单位体积溶液中溶质的粒子数成正比，把这些能够产生渗透效应的各种粒子的总物质的量浓度称为渗透浓度，符号为 $c_{os}$，常用单位是 $mol\cdot L^{-1}$ 或 $mmol\cdot L^{-1}$。由于人体的体温变化不大，因此医学上常用渗透浓度表示溶液渗透压大小。正常人血浆的渗透浓度平均值约为 $303.7mol\cdot L^{-1}$。

**2. 等渗、低渗和高渗溶液** 渗透压相等的两种溶液称为等渗溶液。渗透压不同的两种溶液，把渗透压相对高的溶液称为高渗溶液，把渗透压相对低的溶液称为低渗溶液。

在医学临床上，溶液的等渗、低渗或高渗是以正常人血浆总渗透压为标准，即溶液的渗透压与血浆总渗透压相等的溶液为等渗溶液。溶液的渗透压低于血浆总渗透压的溶液为低渗溶液。溶液的渗透压高于血浆总渗透压的溶液为高渗溶液。正常人血浆的渗透压为 720～820kPa，相当于渗透浓度为 $280\sim320mol\cdot L^{-1}$。所以临床上规定，凡渗透浓度在 $280\sim320mol\cdot L^{-1}$ 范围内的溶液称为等渗溶液，低于这个范围的为低渗溶液，高于的则为高渗溶液。常用的等渗溶液有 $0.154mol\cdot L^{-1}$ NaCl 溶液(生理盐水)、$50.0g\cdot L^{-1}$ 的葡萄糖溶液、$19.0g\cdot L^{-1}$ 乳酸钠、$12.5g\cdot L^{-1}$ $NaHCO_3$ 等溶液。细胞在非等渗溶液中，由于渗透现象的产生，会引起细胞变形和破裂。

给伤病员进行大量补液时，常用于血浆等渗的 $0.154mol\cdot L^{-1}$ NaCl 溶液(生理盐水)，而不能用低渗或高渗溶液，这是与血浆渗透压有关的问题。

下面以不同浓度的 NaCl 溶液中红细胞形态变化为例进行说明。如将红细胞放到生理盐水中，红细胞与生理盐水渗透压相等，细胞内外达到渗透平衡，在显微镜下看到红细胞维持原状[图 1-4(a)]。如将红细胞置于 $0.256mol\cdot L^{-1}$ NaCl 溶液中，在显微镜下可以看到红细胞逐渐皱缩，这是因为此时红细胞内液的渗透压小于外部 NaCl 溶液的渗透压，水分子透过细胞膜向红细胞外渗透，使红细胞逐渐皱缩[图 1-4(b)]。皱缩后的细胞失去了弹性，当它们相互碰撞时，就可能粘连在一起形成血栓。将红细胞置于 $0.068mol\cdot L^{-1}$ NaCl 溶液中，在显微镜下可以看到红细胞逐渐膨胀，最后破裂，医学上称这种现象为溶血。这是因为红细胞内液的渗透压大于外部 NaCl 溶液的渗透压，水分子透过细胞膜向内渗透，使红细胞膨胀，以致破裂[图 1-4(c)]。溶血现象和血栓在临床上都可能造成严重的后果。

因此在临床治疗中，向患者大量输入液体的基本原则是用等渗溶液。有时根据治疗需要也可使用少量高渗溶液。常用的高渗溶液有 $100g\cdot L^{-1}$ 的 NaCl 溶液、$1mol\cdot L^{-1}$ 的乳酸钠溶液、$100g\cdot L^{-1}$ 的葡萄糖溶液和 $500g\cdot L^{-1}$ 的葡萄糖溶液等。如用 $500g\cdot L^{-1}$ 葡萄糖溶液给急救患者或低血糖患者进行静脉注射，但注射量不能太多，速度也不能太快。少量高渗溶液进入血液后，随着血液循环被稀释，并逐渐被组织细胞利用而使浓度降低，故不会出现细胞萎缩。

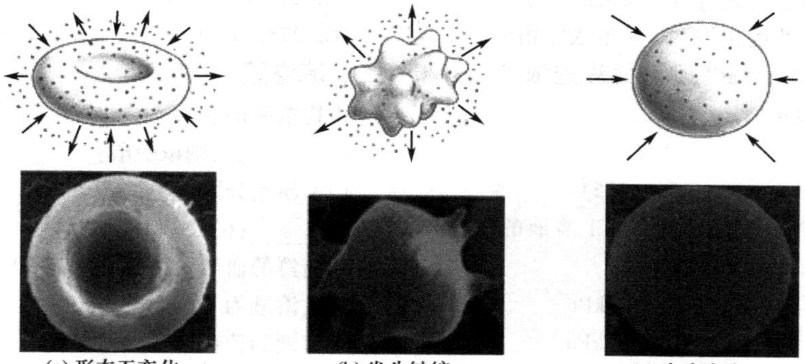

(a) 形态无变化 等渗溶液(0.154mol·L$^{-1}$)　(b) 发生皱缩 高渗溶液(0.256mol·L$^{-1}$)　(c) 发生膨胀 低渗溶液(0.068mol·L$^{-1}$)

图 1-4　红细胞在不同浓度 NaCl 溶液的形状

## 目标检测

### 一、单选题

1. 分散相粒子能透过滤纸,而不能透过半透膜的是(　　)
   A. 粗分散系　　B. 胶体分散系
   C. 分子、离子分散系　　D. 都不是
2. 下列关于分散系概念的描述,正确的是(　　)
   A. 分散系只能是液态体系
   B. 分散系为均一稳定的体系
   C. 分散相微粒都是单个分子或离子
   D. 分散系中被分散的物质称为分散相
3. 下列关于胶体分散系的描述,正确的是(　　)
   A. 其分散相粒子的直径小于 10nm
   B. 其分散相粒子的直径大于 100nm
   C. 其分散相粒子的直径在 1~100nm
   D. 其分散介质只能为水
4. 配制 300ml 0. 10mol · L$^{-1}$ NaOH 溶液,需要称取固体 NaOH 的质量是(　　)
   A. 1. 2 g　　B. 1. 2mg
   C. 4. 0 g　　D. 4. 0mg
5. 将 25. 0g NaCl 溶于水,配制成 500ml 的溶液,该溶液的质量浓度为(　　)
   A. 0. 0250g · L$^{-1}$　　B. 0. 0500g · L$^{-1}$
   C. 25. 0g · L$^{-1}$　　D. 50. 0g · L$^{-1}$
6. 生理盐水的浓度曾经是以质量-体积百分浓度来表示的。0. 90% 的 NaCl 溶液,即 100ml 溶液中含 0. 90g NaCl,则其物质的量浓度 $c_{\mathrm{NaCl}}$ 为(　　)
   A. 9. 0mol · L$^{-1}$　　B. 0. 308mol · L$^{-1}$
   C. 0. 154mol · L$^{-1}$　　D. 0. 154mmol · L$^{-1}$
7. 配制 1. 00mol · L$^{-1}$ HCl 溶液 1000ml,需质量分数为 37 % 的 HCl 溶液(密度为 1. 19kg · L$^{-1}$)的体积为(　　)
   A. 82. 9ml　　B. 829ml
   C. 119ml　　D. 8. 29ml
8. 已知 Na 的相对原子质量为 23. 0,Cl 为 35. 5。某患者需补充 $Na^+$ 50. 0 mmol,应输入生理盐水(　　)
   A. 123ml　　B. 1280ml
   C. 310ml　　D. 325ml
9. 在下列浓度表示法中,数值与温度有关的是(　　)
   A. 质量分数　　B. 质量摩尔浓度
   C. 物质的量浓度　　D. 摩尔分数
10. 非电解质稀溶液的蒸气压下降、沸点升高和凝固点降低的数值取决于(　　)
    A. 溶质的本性
    B. 溶液的温度
    C. 溶液的体积
    D. 溶液的质量摩尔浓度
11. 用只允许水分子透过,而不允许溶质粒子透过的半透膜将此溶质的稀溶液与浓溶液隔开,关于渗透作用下面描述正确的是(　　)
    A. 水从浓溶液向稀溶液渗透,最后达到平衡
    B. 水从稀溶液向浓溶液渗透,最后达到平衡
    C. 水从稀溶液向浓溶液渗透,不能达到平衡
    D. 水分子能自由透过半透膜,所以不会发生渗透
12. 欲使被半透膜隔开的 A、B 两种稀溶液间不发生渗透,应使两溶液(　　)

A. 物质的量浓度相等 B. 渗透浓度相等

C. 质量摩尔浓度相等 D. 质量浓度相等

13. 0.154mol · $L^{-1}$ NaCl 溶液的渗透浓度为(以 mmol · $L^{-1}$表示)(　　)

A. 0.308　　B. 308

C. 154　　D. 0.154

14. 在 37℃时,0.100mol · $L^{-1}$ NaCl 溶液的渗透压为(　　)

A. 44.8kPa　　B. 258kPa

C. 515 Pa　　D. 515kPa

15. 下列溶液的质量浓度相同,则渗透压最大的是(　　)

A. $C_{12}H_{22}O_{11}$　　B. $C_6H_{12}O_6$

C. KCl　　D. NaCl

16. 稀溶液的依数性的本质是(　　)

A. 溶液的凝固点降低 B. 溶液的沸点升高

C. 溶液的蒸气压下降 D. 溶液的渗透压

17. 温度为 $T$ 时,NaCl 溶液的渗透压为 $\Pi$,则此溶液的物质的量浓度为(　　)

A. $\Pi$/RT　　B. $\Pi$/2RT

C. $\Pi$/3RT　　D. $\Pi$/4RT

18. 下列溶液能使红细胞发生皱缩的是(　　)

A. 9.0g · $L^{-1}$的 NaCl 溶液

B. 1.0g · $L^{-1}$的 NaCl 溶液

C. 12.5g · $L^{-1}$的 $NaHCO_3$ 溶液

D. 100g · $L^{-1}$的葡萄糖溶液

19. 红细胞放入下列溶液中,导致溶血的是(　　)

A. 9.0g · $L^{-1}$的 NaCl 溶液

B. 0.090g · $L^{-1}$的 NaCl 溶液

C. 50.0g · $L^{-1}$的葡萄糖溶液

D. 100g · $L^{-1}$的葡萄糖溶液

20. 已知葡萄糖的摩尔质量 $M$ = 180g · $mol^{-1}$,50g · $L^{-1}$葡萄糖溶液的渗透浓度为(　　)

A. 27.8mmol · $L^{-1}$　　B. 278mmol · $L^{-1}$

C. 278mol · $L^{-1}$　　D. 27.8mol · $L^{-1}$

## 二、填空题

1. 市售浓硫酸密度为 1.84g · $ml^{-1}$,硫酸的百分比浓度为 98%,则浓硫酸:

(1) 质量分数为________;(2) 物质的量浓度为________;(3) 摩尔分数为________。

2. 将新鲜的血液滴入某水溶液中,若红细胞皱缩,则此溶液为________溶液。

3. 稀溶液的依数性是指稀溶液的________、________、________、________性质,适用的条件是________。

## 三、计算题

1. 将 9.0g NaCl 溶于 1L 纯化水中配成溶液,计算该溶液的质量分数、质量浓度、物质的量浓度和质量摩尔浓度。

2. 现需 2.2L 浓度为 2.0mol/L 的 HCl,应取 $w$(HCl) = 20%、密度 $\rho$ = 1.10kg · $L^{-1}$的 HCl 多少毫升来配制?

3. 人的体温是 37℃,血液的渗透压约为 780kPa,设血液内的溶质都是非电解质,估计血液的总浓度。

4. 1L 糖水溶液中含蔗糖($C_{12}H_{22}O_{11}$) 7.18g,298K 时此溶液的渗透压是多少?

5. 37℃时血液的渗透压为 770kPa,配制 1L 与血液等渗的 NaCl 溶液,需 NaCl 多少克? 如何配制?

## 四、简答题

1. 在寒冷的冬天,往汽车水箱中加入甘油或乙二醇为什么可防止水结冰?

2. 红细胞的渗透浓度为 304mmol · $L^{-1}$,若将红细胞分别置于 20g · $L^{-1}$,9g · $L^{-1}$和 3g · $L^{-1}$的 NaCl 溶液中,将各呈什么状态?

3. 现有葡萄糖、氯化钠、氯化钙三种溶液,它们的浓度均为 0.1mol · $L^{-1}$,试比较三者渗透压的大小。

# 第二章　胶体溶液及表面现象

**学习目标**

1. 掌握溶胶、高分子溶液的性质及应用
2. 熟悉溶胶稳定的因素和聚沉的方法、凝胶的形成及性质
3. 了解表面张力与表面能的概念
4. 掌握表面活性物质的基本性质及其在医药上的应用

胶体分散系的分散相粒子直径在1～100nm,包括溶胶和高分子化合物溶液。溶胶是难溶性固体分散在分散介质中所形成的胶体分散系。

## 第一节　溶　　胶

根据溶胶分散介质的状态不同可分为固溶胶、气溶胶和液溶胶三类,即分散介质是固体的为固溶胶,分散介质是气体的为气溶胶,分散介质是液体的为液溶胶,又简称溶胶。溶胶是多相、高度分散、不稳定体系。

溶胶的制备方法有两种:一种是将粗大的颗粒粉碎(或分散)成细小的胶粒的分散法;另一种是使分子或离子聚集成胶粒的凝聚法,凝聚法可分为物理凝聚法和化学凝聚法两类。

**案例 2-1**

硫磺难溶于水,易溶于乙醇,当改变溶剂,将硫的乙醇溶液滴入水中可以得到硫溶胶,这是物理凝聚法。如将 $FeCl_3$ 溶液滴入沸水中,$FeCl_3$ 水解可形成红棕色透明的 $Fe(OH)_3$ 溶胶,这种通过化学反应使其生成难溶性物质,凝聚成胶体粒子的方法就是化学凝聚法。

用各种方法制得的溶胶都会含有一定的电解质分子或离子的杂质。这些杂质会影响溶胶的稳定性,因而需要净化。渗析法是最常用的净化胶体的方法,其依据是溶胶能扩散透过滤纸,不能透过半透膜。

**知识链接**　　**渗析法的应用**

渗析法可用于中草药中有效成分的分离提取。在中草药浸取液中,利用植物蛋白、淀粉、树胶、多聚糖等胶体溶液不能透过半透膜的性质而将它们除去;中草药注射剂也常由于存在微量的胶体状态的杂质,在放置中变浑浊,用半透膜可改变其澄明度。人工肾能帮助肾功能衰竭的患者去除血液中的毒素和水分也是基于渗析的原理。

### 一、溶胶的性质

#### (一) 溶胶的光学性质

在暗室中,用一束聚焦的光分别通过粗分散系、真溶液和胶体溶液时,在与光束垂直的方向观察,可以看到粗分散系是浑浊的,真溶液是透明的,而胶体溶液中却有一道发亮的光柱(图 2-1),这种现象称为丁铎尔现象,也称丁铎尔效应(Tyndall effect)。

图 2-1 丁铎尔现象

丁铎尔现象是由胶体粒子对光的散射而形成的。当可见光(波长400~700nm)射入粗分散系时,分散相粒子的直径远大于入射光波长,光线无法透过,主要发生反射,可观察到浑浊的现象;当可见光射入溶胶分散系时,分散相粒子的直径接近并小于入射光波长,发生散射现象,每个粒子好像一个光源,向各个方向发射出与入射光同频率的光波,可观察到一条发亮的光柱;当可见光射入分子或离子分散系时,分散相粒子的直径远小于入射光波长时,光的散射很微弱,光几乎全部透过,整个溶液是透明的。

## (二) 溶胶的动力学性质

**1. 扩散** 在超显微镜下观察溶胶时,可以看到胶体粒子不断地做无规则运动,这种运动称为布朗运动。布朗运动实质上是分散介质的分子热运动的结果。由于粒径大的分散相粒子受到周围粒径小的分散介质的撞击,在每一瞬间各个方向上的受力不平衡,使得分散相粒子处于无序的运动状态。布朗运动的存在,使胶粒具有一定的能量,可以反抗重力作用,使胶粒稳定,不易下沉。胶粒越小、温度越高、介质黏度越低,则布朗运动越激烈,胶粒越容易从高浓度区域向低浓度区域自动扩散,力图使浓度均匀。

**2. 沉降** 胶体中分散相粒子的密度一般大于分散介质的密度,在重力作用下有下沉的趋势,这种现象称为沉降。沉降的结果,使得溶胶下部的浓度增大,上部浓度降低,破坏了它的均匀性,又会引起扩散作用。当扩散速率与沉降速率相等时,体系处于动态平衡,形成一浓度梯度,称为沉降平衡。此时粒子浓度不再随时间变化,利用沉降平衡时分散相粒子的分布规律,可以研究、测定溶胶或生物大分子的相对分子质量;可以分离、纯化蛋白质等生物大分子。由于高度分散的胶粒很小,沉降速率很慢,为了加速沉降平衡的建立,常利用超速离心机。

## (三) 溶胶的电学性质

在一个U形管内注入红棕色的氢氧化铁溶胶(图2-2),小心地在溶胶液面上加入NaCl溶液(导电用,避免电极直接与溶胶接触),使溶胶与溶液间有明显的界面。在管的两端插入电极,通直流电后,可观察到负极一端红棕色界面上升,正极一端界面下降,表明氢氧化铁溶胶粒子带正电荷。在外电场的作用下,胶体粒子在分散介质中定向移动的现象称为电泳现象。

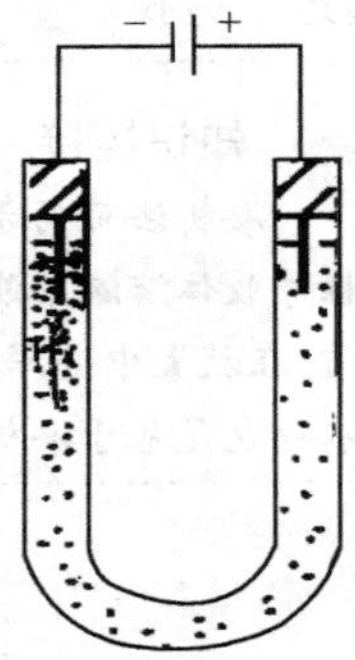

图 2-2 电泳现象

电泳现象的存在,可证明胶粒是带电的,电泳的方向可以判断胶粒所带电荷的种类。大多数金属氧化物和金属氢氧化物胶粒带正电,称为正溶胶;大多数金属硫化物、金属本身以及土壤所形成的胶粒则带负电,称为负溶胶。研究电泳现象不仅有助于了解溶胶粒子的结构和电学性质,还可以利用不同的蛋白质或核酸电泳速率的不同,将不同蛋白质或核酸分开。

溶胶粒子带电主要是因为溶胶中分散相与分散介质之间存在着界面,它们组成一种高度分散的多相体系,胶粒的总表面积很大,有吸附某种物质的趋势,胶粒常选择性地吸附某种离子而带电,吸附阳离子的胶粒带正电,吸附阴离子的胶粒带负电。

**知识链接**

**胶团结构**

胶核表面吸附离子时，优先吸附与自身有相同成分的离子。例如，用 $AgNO_3$ 与 KI 中制备 AgI 溶胶时，大量的 AgI 分子聚集成 AgI 胶核，其表面优先吸附 $Ag^+$ 或 $I^-$，若 KI 过量，优先吸附 $I^-$ 而带负电（图 2-3）。被胶核吸附的 $I^-$ 由于静电作用又吸引溶液中的 $K^+$，$K^+$ 由于本身的热运动，只有部分 $K^+$ 紧密地排列在胶核表面上，与 $I^-$ 组成吸附层，胶核和吸附层构成胶粒；在吸附层之外，还有部分 $K^+$ 分布在胶粒周围形成一个扩散层，胶粒和扩散层一起总称胶团。胶粒和扩散层的结合非常松散，电泳时，胶体粒子在分散介质中定向移动，通常所说的溶胶带电是指胶粒带电，整个胶团是电中性的。

AgI 胶团结构可以表示为

$[(AgI)_m nI^-(n-x)K^+]^{x-}xK^+$

胶核　吸附层　扩散层（带正电）

胶粒（带负电）

胶团（电中性）

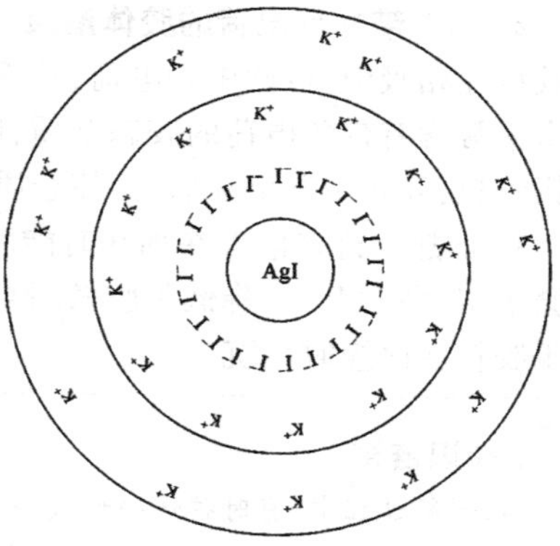

图 2-3　AgI 胶团结构示意图

## 二、溶胶的稳定性和聚沉

### （一）溶胶的稳定性

溶胶是高度分散的不稳定体系，但事实上有的溶胶却能保持数月、数年甚至更长的时间而不沉降，其原因主要是以下几点。

**1. 胶粒带电**　同一个分散系中，同种胶粒带同种电荷，相互排斥，从而阻止了胶粒在运动时互相接近聚合成较大的颗粒而沉降。胶粒带电越多，斥力越大，胶体越稳定。

**2. 溶剂化膜（水化膜）的存在**　胶核吸附层上的离子，水化能力强，在胶粒周围形成一个水化膜，阻止了胶粒之间的聚集。水化膜越厚，胶体越稳定。

**3. 布朗运动**　布朗运动产生的动能可克服部分重力的作用，使胶体具有一定的稳定性。但激烈的布朗运动，使粒子间不断地相互碰撞，可能合并成大的颗粒而引起聚沉。因此布朗运动不是胶体稳定的主要因素。

### （二）溶胶的聚沉

溶胶的稳定性是相对的、有条件的，一旦稳定因素被破坏，胶粒就会聚集成较大的颗粒而沉降，这个现象称为聚沉。

**案例 2-2**

江河入海口的三角洲是如何形成的，豆浆中加石膏为什么可以制成豆腐，明矾为什么可以净水，当同一支钢笔使用不同型号的墨水时，为什么会使笔孔堵塞，这些生活中的常识，都与溶胶的聚沉密切相关。

溶胶常用的聚沉方法有以下几点。

**1. 加入少量电解质。**　电解质加入后，与胶粒带相反电荷的离子能进入吸附层，中和胶粒所带的电荷，破坏水化膜，胶体稳定的主要因素被破坏，当胶粒运动时相互碰撞，就聚集成大的颗粒而沉降。

电解质对溶胶的聚沉能力，主要取决于与胶粒带相反电荷的离子的价数。与胶粒带相反电荷的离子价数越高，聚沉能力越强。对 $As_2S_3$ 负溶胶的聚沉能力是 $AlCl_3 > CaCl_2 > NaCl$；对 $Fe(OH)_3$ 正溶胶的聚沉能力是 $K_3[Fe(CN)_6] > K_2SO_4 > KCl$。

江河入海口三角洲的形成，就是由于河流中带有负电荷的胶态黏土被海水中带正电荷的钠离子、镁离子中和后沉淀堆积而形成的。

**2. 加入带相反电荷的胶体溶液** 将带有相反电荷的两种溶胶适量混合后，两种带相反电荷的胶粒互相吸引，彼此中和电荷，从而发生聚沉。明矾净水就是溶胶相互聚沉的典型例子。天然水中常含有带负电荷的胶态杂质，明矾的主要成分是硫酸铝，水解后能生成带正电荷的氢氧化铝胶粒，互相中和电荷后，促使杂质快速聚沉，从而达到净水的目的。

**3. 加热** 许多溶胶在加热时能发生聚沉，是由于加热使胶粒的运动速度加快，碰撞聚合的机会增多；同时升温，降低了胶核对离子的吸附作用，减少了胶粒所带的电荷，水化程度降低，有利于胶粒在碰撞时聚沉。

**知识链接** **药物沉淀与聚沉**

在制药过程中，有时胶体的形成会带来不利的影响，例如某药物成分以沉淀形式析出时，如果沉淀以胶态存在，由于胶粒细小，表面积巨大，吸附能力强，其表面能吸附溶液中许多杂质离子，不易洗涤干净，造成产品不纯和分离上的困难；过滤时，胶粒能穿过滤纸，容易丢失产品，使分析不准确。因此需要破坏胶体，促使胶粒快速沉降。

## 第二节 高分子化合物溶液

### 一、高分子化合物的概念

高分子化合物有天然和合成两大类。常见的天然高分子化合物有蛋白质、核酸、淀粉、动物胶等；人工合成的高分子化合物有塑料、橡胶、纤维等。大多数生物和生化药品都是天然高分子化合物，如增强人体免疫力的人血丙种球蛋白、抗病毒的干扰素、防止传染病的各类疫苗等。

高分子化合物是由一种或几种简单化合物重复连接而成的长链化合物，分子结构是链状的能卷曲的线性分子。与低分子化合物相比，具有相对分子质量大、结构和形状复杂等特征。一般高分子化合物的相对分子质量在 $10^4 \sim 10^6$ 范围内，而低分子化合物的相对分子质量大多在500以下。

### 二、高分子化合物溶液的形成和特征

#### （一）高分子化合物溶液的形成

高分子化合物由于其相对分子质量大，结构复杂，常温下是固体，比低分子化合物难溶，加入适当溶剂溶解后，以单个分子或离子形式存在，形成黏度大的溶液。由于溶剂分子小，钻到高分子中的速度远比高分子扩散到溶剂中的速度快，溶剂分子进去多了，可使高分子化合物卷曲的分子链舒展，体积膨胀，这是高分子化合物所特有的溶胀现象。随着溶剂分子不断进入高分子链段之间，高分子也扩散进入溶剂，彼此扩散，最后完全溶解形成高分子溶液。当用蒸发、烘干等方法除去溶剂后，再加入溶剂，高分子化合物仍能自动溶解，即它的溶解过程是可逆的。而溶胶一旦聚沉，一般很难或者不能用简单加入溶剂的方法使之复原。

高分子化合物溶液属于胶体分散系，与溶胶粒子一样具有布朗运动、扩散慢、不能透过半透膜的性质。由于其相对分子质量大，分散相粒子是单个分子，与分散介质间没有界面，是均匀、稳定的体系，因此，与溶胶性质也有所不同，与低分子溶液在性质上也存在许多

差异。

### (二)高分子化合物溶液的特征

**1. 稳定性强** 高分子化合物溶液在无菌,溶剂不蒸发的情况下,无需稳定剂,可以长期放置而不沉淀。稳定的主要因素是高分子化合物的分子结构中有许多亲水能力很强的基团,如—OH、—COOH、—$NH_2$等,当以水作溶剂时,高分子化合物表面能与水形成很厚的水化膜,使其能稳定分散于溶液中不易凝聚,而溶胶粒子的溶剂化能力比高分子化合物弱得多。

**2. 黏度大** 溶胶的黏度一般来说几乎与纯溶剂没有区别,而高分子化合物溶液即使浓度很低时,溶液的黏度也增加很多。主要是由于高分子化合物是链状分子,长链之间互相靠近而结合成枝状、网状,把溶剂包围在结构中失去流动性,结合后的大分子在流动时受到的阻力也很大,高分子的溶剂化作用束缚了大量溶剂,因此高分子化合物溶液的黏度比溶胶和真溶液要大得多。

**3. 盐析** 溶胶对电解质非常敏感,只需少量电解质就能使溶胶聚沉;若要使高分子化合物从溶液中析出,则需要大量电解质。这是因为溶胶稳定的主要因素是胶粒带电,少量的电解质就可中和胶粒电荷,使溶胶聚沉;高分子化合物溶液稳定的主要因素不是胶粒带电,而是其分子表面有很厚的水化膜,只有加入大量电解质才能把高分子化合物的水化膜破坏掉,使高分子化合物聚沉析出。

在高分子化合物溶液中加入大量电解质,使其从溶液中析出的过程称为盐析。不同的高分子化合物,盐析时需要的电解质的浓度不一样,利用这一点可分离蛋白质,如在血清中加硫酸铵,可使血清蛋白与球蛋白分开,因为球蛋白沉淀时需要的硫酸铵的浓度是2.0mol·$L^{-1}$,而血清蛋白沉淀时需要硫酸铵的浓度是3.0~3.5mol·$L^{-1}$。常用于盐析的电解质有硫酸铵、硫酸钠、硫酸镁、氯化钠等。

## 三、高分子化合物溶液对溶胶的保护作用

溶胶中加入高分子化合物溶液可以使溶胶的稳定性增加,这种现象称为高分子化合物溶液对溶胶的保护作用。

高分子化合物之所以能保护胶体,是由于高分子化合物都是链状能卷曲的线性分子,很容易吸附在胶粒表面包住胶粒,高分子化合物本身很稳定,有很厚的水化膜,溶液的黏度大,既可增加粒子的亲水性,又可增加介质的黏度,降低胶粒对溶液中异电离子的吸引以及胶粒之间互相碰撞的机会,从而大大增加溶胶的稳定性。

要保护溶胶必须加入足够量的高分子化合物。这是因为高分子化合物量少时,无法将胶粒表面完全覆盖,许多胶粒吸附在高分子化合物表面,高分子化合物将起到"搭桥"的作用,把多个胶粒连接起来,变成较大的聚集体而下沉,这种现象称为高分子化合物对溶胶的敏化作用。

**知识链接** **高分子化合物对溶胶保护作用的生理意义**

高分子化合物对溶胶的保护作用在生理过程上很重要。血液中所含的微溶性的无机盐类,如碳酸钙、磷酸钙等都是以溶胶的形式存在,由于血液中的蛋白质对这些盐类溶胶起了保护作用,所以它们在血液中的含量虽然比在水中的浓度提高了近5倍,但仍然能稳定存在而不聚沉。若血液中蛋白质减少,则难溶盐就可能沉积在肾、胆囊等器官中,形成各种结石。

# 第三节 凝 胶

## 一、凝胶的形成

高分子溶液和溶胶在温度降低或浓度增大时,失去流动性,变成半固体状态时的体系称为凝胶,形成凝胶的过程称为胶凝。凝胶的形成是由于体系中大量线形高分子化合物通过范德华力互相连接,形成了空间网状结构,将溶剂包藏在网眼中不能自由流动。

凝胶处于溶液和固体之间的中间状态,体系并不分成两层,而是以网状结构的整体存在,一方面它具有一定强度,可以保持一定形状,另一方面可以让许多物质通过它进行物质交换。人体的肌肉、脏器、细胞膜、皮肤、毛发、指甲、软骨都可看成凝胶。约占人体体重2/3的水,基本上都保持在凝胶中。凝胶对生命活动具有重要意义,没有凝胶,生物就不能兼备保持一定形状和进行物质交换这两种功能。

凝胶可分为脆性凝胶和弹性凝胶两类。脆性凝胶大多是无机凝胶(如硅胶、氢氧化铝等),它的网状结构坚固,不易伸缩,其具有多孔性及较大的内表面,广泛用作吸附剂或干燥剂,吸收溶剂后,体积和外形几乎不变,脆性凝胶烘干后体积缩小不多,但失去弹性而具有脆性,如硅胶。弹性凝胶富有弹性,比较柔软,可以拉长而不破裂,变形后能恢复原状,吸收溶剂后,体积显著膨胀变大,烘干后体积明显变小,但仍保持弹性,如明胶、琼脂、肌肉、皮肤等。

## 二、凝胶的主要性质

### (一) 膨胀作用(溶胀)

干燥的弹性凝胶自动吸收液体或蒸气,使其体积和质量增大的现象称为凝胶的膨胀作用(溶胀)。膨胀作用分为有限膨胀和无限膨胀,有限膨胀时凝胶膨胀到一定程度便停止,如木材在水中的膨胀;无限膨胀时凝胶能无限吸收溶剂,最终使凝胶的网状骨架完全消失而形成溶液,如动物胶在水中的膨胀。膨胀现象对于药用植物的浸取很重要,一般只有在植物组织膨胀后,才能将有效成分提取出来。

在生理过程中,溶胀起着非常重要的作用,植物种子只有在溶胀后才能发芽;有机体越年轻,溶胀能力越强,老年人血管硬化就与构成血管壁的凝胶溶胀能力降低有关。

### (二) 脱水收缩(离浆)

凝胶缓慢地自动地分离出一部分液体,使体积缩小的现象称为脱水收缩或离浆(图2-4),如常见的糨糊久置后要析出水,血块放置后便有血清分离出来。脱水收缩是膨胀的逆过程,是凝胶老化过程的一种表现形式,是凝胶体系内的粒子不断移动相互吸引靠近,促使网孔收缩,把一部分液体从网眼中挤出来的结果。凝胶体积虽然变小了,但仍保持原来的几何形状。脱水收缩现象在生命过程中普遍存在,因为人类的细胞膜、肌肉组织纤维等都是凝胶状的物质,老年人皮肤变皱主要是由细胞老化失水而引起的。

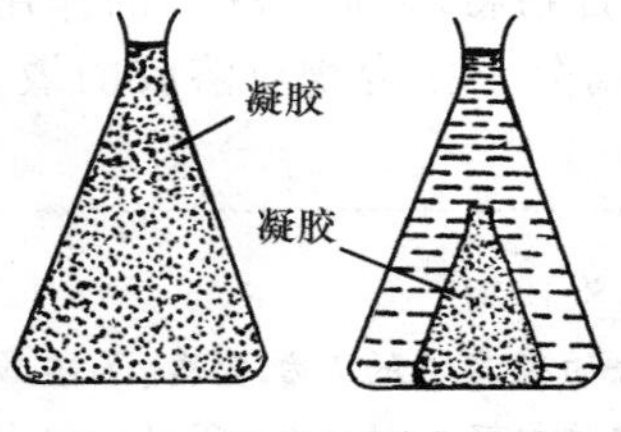

图2-4 凝胶的脱水收缩

### (三) 触变作用

凝胶不需加热,仅受到振摇或搅拌等外力作用,就变成具有流动性的溶液状态(稀化),外力解除后静置,又恢复成半固体凝胶状态(重新稠化),这种凝胶与溶胶相互转化的现象称为触变现象(图2-5)。触变作用的特点是凝胶结构的拆散与恢复是可逆的。触变现象的发生主要是因为凝胶的网状结构不稳定、不牢固，振摇即能破坏网络，释放液体。静置后，由于范德华力作用又形成网络，包住液体而形成凝胶。临床使用的药物中就有触变剂型的滴眼剂及抗生素油注射剂，这类药物使用时只需振摇数次，就会成为均匀的溶液。触变性药剂的特点主要是比较稳定，便于储藏。

图 2-5　凝胶的触变现象

**知识链接**

**智能凝胶**

智能凝胶除具有凝胶的一般特性外，还具有响应温度、pH 及光、电、磁等刺激，使某些理化性质发生突变的特点，是控释给药领域的研究热点。

智能凝胶给药的原理是：浸含药物的凝胶粒子在身体正常状态下呈收缩状态，其表面致密层可使药物保持在粒子内；当收到疾病信息后，凝胶体积膨胀，使浸含的药物通过扩散释放出来；身体恢复到正常时，凝胶又恢复到收缩状态，通过凝胶的溶胀与收缩，将药物以最佳时间、最佳剂量释放出来，从而达到定时、定量、定位发挥药物疗效的目的。

智能凝胶用于人的智能给药，不仅能减少传统给药方式的血药浓度波动，降低药物的不良反应、减少服药次数及屏蔽药物的不良气味，而且能提高药物的疗效，降低药物成本。

## 第四节　物质的表面现象

体系中物理性质和化学性质完全相同的部分称为相。两相接触的面称为界面，习惯把固相或液相与气相的界面称为表面，如水面、桌面，一切界面上所发生的现象统称表面现象。在药物的生产和研究中，表面现象与药物疗效的关系密切。

### 一、表面张力与表面能

两相界面上的分子具有一些特殊性质，主要是因为相表面上的分子与其内部分子所处的环境不同，受力状况不同，能量不同。现以液体表面为例说明界面分子的受力情况（图 2-6）。

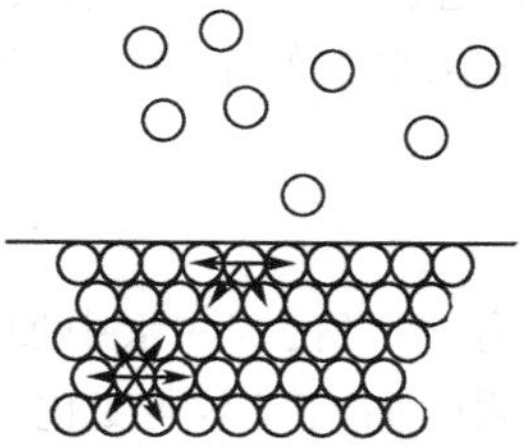
图 2-6　液体表面分子受力情况示意图

在液体内部的分子受到周围相同分子的吸引力是对称的，彼此互相抵消，其合力为零。而靠近表面的分子，由于下方密集的液体分子对它的吸引力远大于上方稀疏气体分子对它的吸引力，所受的合力垂直于液面指向液体内部，即液体表面分子受到向内的拉力，这种表面分子受到的指向内部的力称为表面张力（$\sigma$）。

如果要扩展液体的表面，即把一部分分子由内部移到表面上，则需要克服向内的拉力而消耗功。表面张力越大，需要消耗的功越多；扩展液体的表面积越大，消耗的功也越多。所做的功以势能形式储存于表面分子中，这表明表面分子比液体内部的分子具有更高的能量，这种液体表面层分子比内部分子多的能量称为表面能（$E$）。一定条件下，表面能 $E$ 与表面张力 $\sigma$、表面积 $\Delta A$ 之间有如下关系：

$$E=\sigma\Delta A$$

显然，一定质量的物质分得越细小，其表面积（$\Delta A$）越大，则表面能越高，体系越不稳定。例如，1g 水作为一个球体存在时，表面积为 4.85cm$^2$，表面能约为 $3.5\times10^{-5}$J，能量小，通常忽略。但若把这 1g 水，分为半径为 $10^{-7}$cm 的小球时，表面能约为 220J，相当于使这 1g 水温度升高 50℃所需的能量。

**知识链接** **药物疗效与分散程度**

许多药物高度分散后,其药效和毒性都会产生很大变化,如硫磺粉末难溶于水,不易被肠道吸收,但以溶胶状态存在的胶态硫在肠道中却极易吸收,以致产生极大毒性甚至死亡。某些难溶药物如地高辛微粉化处理后,将其粒径控制在 3.7μm 左右,可增加其在胃肠道中的溶解速度以改善其吸收。口服灰黄霉素,在同样疗效的情况下,粒径为 2.6μm 的用量仅为粒径为 10μm 用量的一半。

一切物体都有自动降低其势能的趋势,降低表面能有两种途径:一种是减小表面积。例如,小液滴自动合并成大液滴、乳浊液静止后自动分层,都是为了降低表面积。另一种是降低表面张力,这可以通过表面吸附来实现。

## 二、表面吸附

吸附是指固体或液体表面吸引其他物质分子、原子或离子,使其聚集在固体或液体表面,导致物质在两相界面上浓度与内部浓度不同的现象。其中吸附其他物质的物质称为吸附剂,被吸附的物质称为吸附质。例如,在中草药制剂中常加入活性炭来吸附色素,活性炭是吸附剂,色素是吸附质,色素在两相界面上的浓度远大于其在溶液中的浓度。吸附作用可以在固体表面发生,也可以在液体表面发生。

### (一) 固体表面的吸附

对于固体,它的表面积无法自动变小,只能通过吸附其他物质的原子、分子或离子,以使表面的不饱和力场达到某种程度的饱和,减小表面张力,降低固体的表面能,使固体表面变得较为稳定。固体表面的吸附按作用力性质不同,可以分为物理吸附和化学吸附。物理吸附中的吸附力是范德华力,此类吸附无选择性,吸附速率快,结合力较弱,吸附与解吸易达到可逆平衡。化学吸附的吸附力是化学键力,此类吸附有选择性,吸附与解吸速率都慢,结合比较稳定。

当其他条件相同时,固体表面积越大,固体吸附剂的吸附能力也越大。细粉状物质和多孔性物质具有很大的表面积,常作吸附剂,如活性炭、硅胶、分子筛、活性氧化铝等常用于吸附大气中的有毒有害气体或体内的重金属毒物,除去中草药中的植物色素,净化水中的杂质,治疗肠炎,干燥药物等。

### (二) 液体表面的吸附

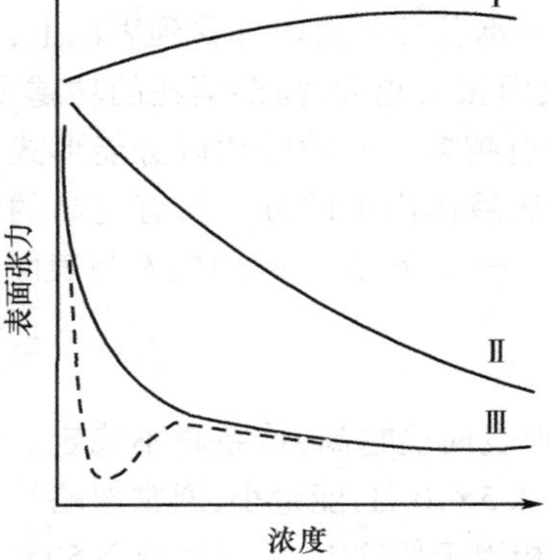


图 2-7 溶液的表面张力随不同溶质与浓度的变化关系

一定温度下,液体的表面张力为一定值,若在水中加入某种物质,水的表面张力随不同溶质的加入有不同变化,大致有三种情况(图 2-7):第一种是表面张力随溶质浓度的增大而增大,如强电解质(KOH、NaCl 等)和含有多羟基的有机物(如蔗糖)溶液;第二种是表面张力随溶质浓度的增大而缓慢降低,如醇、醛等溶液;第三种是表面张力随溶质浓度的增大,开始急剧下降,降至一定浓度时,溶液的表面张力趋于恒定,如高级脂肪酸盐(肥皂)、合成洗涤剂等。第二种液体无实用价值。

凡是能使溶液的表面张力显著降低的物质称为表面活性物质或称表面活性剂,凡是能使溶液的表面张力增加的物质称为表面惰性物质。表面活性物质具有实际的应用价值,加入溶质显著降低溶液的表面张力,从而降低体系的表面能，能使体系趋于稳定，有的表面活性物质本身就是药物或药剂中的辅料，因此本书将重点介绍表面活性物质。

## 三、表面活性物质

### （一）表面活性物质的基本性质

表面活性物质之所以能显著降低溶液的表面张力，是由于这类物质具有特殊的分子结构，分子中同时具有亲水的极性基团（如—COOH、—OH、$—NH_2$ 等）和疏水的非极性基团（或亲油基，如烃基、苯基等），如油酸分子 $CH_3(CH_2)_7CH{=}CH(CH_2)_7COOH$。这种不对称的两亲结构，决定了表面活性剂具有表面吸附、分子定向排列以及形成胶束等基本性质。当表面活性物质溶于水后，其极性基团插入水中，而非极性基团翘出水面，或朝向非极性的有机溶剂，在液面形成一层定向排列的单分子膜，使水和空气的接触面减小，溶液的表面张力急剧降低。当表面活性剂在溶液的表面或油水界面完全布满后，疏水基的疏水作用仍竭力促使其逃逸水环境，结果表面活性剂在溶液内部自聚，形成疏水基向里靠在一起，而亲水基朝外与水接触的直径在胶体范围的胶束。胶束的形成减小了疏水基与水接触的表面积，以胶束形式存在于水中的表面活性物质是比较稳定的（图 2-8）。形成胶束的浓度称为临界胶束浓度（CMC）。只有当表面活性物质的浓度超过 CMC 后，难溶性物质在水中的增溶作用才能明显地表现出来。

图 2-8　表面活性物质在溶液内部和表面层的分布

### （二）表面活性物质的应用

表面活性物质在日常生活、生产、科研和医药学中有广泛应用，可用作洗涤剂、消毒剂、乳化剂、悬浮剂、润湿剂、增溶剂等，这里简单介绍增溶剂、润湿剂和乳化剂。

**1. 增溶剂**　表面活性剂增大难溶性物质在水中的溶解度，并形成澄清溶液的过程称为增溶，有增溶能力的表面活性剂称为增溶剂。增溶作用不是溶解作用，溶解过程是溶质以分子或离子状态分散在溶剂中，因而使溶液的依数性有明显变化，而增溶过程往往是很多溶质分子一起进入胶束中，增溶发生后虽然胶束体积增大，但分散相粒子数目无明显改变，因而依数性不会明显变化。

**案例 2-3**

增溶作用在制药工业经常使用，如甲苯酚在水中的溶解度为 2%，溶解度很低，加入钠肥皂作为增溶剂，可使其溶解度增大到 50%；氯霉素在水中的溶解度为 0.25%，加入吐温作增溶剂可使其溶解度增大到 5%；苯在水中的溶解度为 0.07%，加入 10% 油酸钠作增溶剂可使其溶解度增大到 7%；其他维生素类、磺胺类、激素等药物常用吐温来增溶。小肠不能直接吸收脂肪，但却可以通过胆汁对脂肪的增溶作用而将其吸收。

**2. 润湿剂** 液体在固体表面黏附的现象称为润湿,能够促使液体在固体表面黏附的作用称为润湿作用,能起润湿作用的表面活性物质称为润湿剂。一些固体药物如硫磺、甾醇类、阿司匹林等疏水性强的药物,在制备混悬型液体制剂时,药物微粒表面不易被水润湿而漂浮于液体表面,只有加入润湿剂改变药物的润湿性能,才能制得符合要求的制剂。润湿剂广泛应用于外用软膏,可提高药物与皮肤的润湿程度,增加接触面积,更好地发挥药效。农药杀虫剂也普遍使用润湿剂,以改善药物与植物叶片和虫体的润湿程度,增加杀虫效果。

**3. 乳化剂** 乳剂是将两种互不相溶的液体(油和水)剧烈振摇后,一种液体以微小的液滴形式分散到另一液体中,形成的非均相液体制剂。乳剂可用于多种给药途径:静脉注射、肌内注射、口服和外用。由于乳剂中分散相分散程度高,药物吸收迅速,可以大大提高其效力。

非均相的两液体静置后,易分层,要想得到稳定的乳剂,就必须有使乳剂稳定的物质存在,这种物质称为乳化剂。常用的乳化剂是一些表面活性物质,如吐温类、司盘类、卵磷脂、硬脂酸钠等。将表面活性物质加到乳剂中,其分子在两相界面上定向排列,不仅降低了相界面表面张力,而且在细小液滴周围形成一层有足够机械强度的保护膜,使乳剂得以稳定存在。

## 目标检测

### 一、单选题

1. 溶胶的丁铎尔(Tyndall)现象是胶粒对光的( )
   A. 透射作用　B. 反射作用
   C. 折射作用　D. 散射作用
2. 在电场中,胶粒在分散介质中的定向移动,称为( )
   A. 电泳　B. 电渗
   C. 扩散　D. 电解
3. 0.001mol · $L^{-1}$ $AgNO_3$ 和 0.002mol · $L^{-1}$ KI 等体积混合,形成的溶胶粒子带电情况是( )
   A. 粒子不带电
   B. 粒子带正电
   C. 粒子带负电
   D. 可能带正电也可能带负电
4. 溶胶在一定时间内能稳定存在而不聚沉,主要原因是( )
   A. 溶胶的分散相粒子比分散介质的分子还小
   B. 溶胶的分散相粒子很大,扩散速率慢
   C. 溶胶的胶粒呈均匀分布,是均相系统
   D. 胶粒带电,相互排斥;胶粒带有水化膜保护,阻止彼此碰撞时聚结沉淀
5. 布朗运动产生是由于( )
   A. 外界的振动　B. 温度的起伏
   C. 液体的流动　D. 粒子间热运动碰撞
6. 将 10ml 0.1mol · $L^{-1}$ $AgNO_3$ 与 20ml 0.1mol · $L^{-1}$ KI 溶液混合。下列电解质中,对上述制备的 AgI 溶胶聚沉能力最强的是( )
   A. NaCl　B. $AlCl_3$
   C. KBr　D. $CaSO_4$
7. 关于电解质对溶胶的聚沉作用,下列说法错误的是( )
   A. 电解质的聚沉作用主要取决于反离子
   B. 反离子的价数越高,聚沉能力越强
   C. 反离子的价数越高,聚沉能力越弱
   D. 同价离子的聚沉能力也略有不同
8. 下列电解质对 $Fe(OH)_3$ 溶胶凝结能力最大的是( )
   A. NaCl　B. $KNO_3$
   C. $MgCl_2$　D. $K_2SO_4$
9. 大分子溶液和溶胶性质比较时,下面哪个结论是不正确的( )
   A. 均能产生丁铎尔现象
   B. 扩散速率均较慢
   C. 均不能通过半透膜
   D. 黏度均很小
10. 下列分散系有丁铎尔现象,加少量电解质可聚沉的是( )
    A. AgCl 溶胶　B. NaCl 溶液
    C. 蛋白质溶液　D. 蔗糖溶液
11. 对溶胶能起保护作用的是( )
    A. $CaCl_2$　B. NaCl
    C. $Na_2SO_4$　D. 明胶
12. 表面活性物质加入液体后( )
    A. 能显著降低液体表面张力
    B. 能增大液体表面张力
    C. 能降低液体表面张力
    D. 不影响液体表面张力

13. 下列叙述错误的是(　　)
   A. 胶体溶液的黏度都很大
   B. 胶体一定有布朗运动
   C. 凡是胶体都会产生丁铎尔现象
   D. 溶胶是不均匀、不稳定的体系
14. 下列事实与胶体性质无关的是(　　)
   A. 在豆浆里加入盐卤做豆腐
   B. 河流入海口处易形成沙洲
   C. 一束平行光线照射溶胶时,从侧面可以看到光亮的通路
   D. 三氯化铁溶液中滴入氢氧化钠溶液出现红褐色沉淀

## 二、填空题

1. 溶胶的动力学性质包括________、________、________。
2. 电解质使溶胶发生聚沉时,起作用的是与胶体粒子带电符号相________的离子。离子价数越高,其聚沉能力越________。(填"同"或"反"、"小"或"大")
3. 在引起溶胶聚沉的诸多因素中,最重要的是____________。

## 三、简答题

1. 高分子溶液和溶胶同属胶体分散系,其主要异同点是什么?
2. 使用不同型号的墨水,有时会使钢笔堵塞而写不出来,为什么?
3. 什么是凝胶?凝胶有哪些主要性质?
4. 什么是表面活性物质?它在结构上有何特点?有哪些主要用途?
5. 面粉生产厂为什么严禁吸烟?

# 第三章　原子结构

## 学习目标

1. 掌握原子核外电子排布的原则,能根据原子的电子层结构特征判断元素在周期表的位置
2. 理解四个量子数的意义和近似能级图
3. 理解原子的电子层结构与元素周期表、元素性质之间的关系
4. 了解原子核外电子运动的基本特点
5. 了解电负性的意义及其在周期表上的变化规律

随着科技的发展,人们认识到生命过程本质上是化学过程,生物医学已经发展到分子水平,这就要求在电子、量子水平上认识生命现象的内在本质。因此,学习和认识原子结构的基本理论,是从事现代生命科学研究的必要基础。

**案例 3-1**

2006 年,重庆市某灯具电镀车间的女工陈某,在工作了四个月后,发现全身开始浮肿,手臂皮肤也大面积溃烂,经查是由于单位防护措施不当,电镀池中的药水溅到手腕上造成 $Cr^{6+}$ 中毒引起的。$Cr^{6+}$ 是有毒的,在体内有致癌作用。但是 $Cr^{3+}$ 却是人体所必需的,与人体的胰岛素功能有关的糖耐量因子即 $Cr^{3+}$ 与氨基酸或有机酸的配合物,可见不同价态的同种金属离子对人体的作用差异巨大。再如,$Fe^{2+}$ 是血红蛋白和肌红蛋白的组成部分,是很多酶的活性中心,并且 $Fe^{2+}$ 容易被人体利用,而 $Fe^{3+}$ 则不具备上述功能。

同一种金属原子失去电子得到离子,失去的电子数不同得到的离子也不同,其生化作用也不同。那么,为什么同一种原子会失去不同数目的电子?电子在核外是如何运动的?又是如何分布的?这些都与原子结构有关,本章重点讨论这一问题。

## 第一节　核外电子运动状态

### 一、电子云的概念

氢原子的原子核外只有一个电子,电子在原子核外时刻不停地运动着,假设用一种特殊的照相机对电子连续不断地拍照,每一张照片记录了不同时刻电子与原子核之间的相对位置,如图 3-1 所示。结果发现,每张照片中电子的位置都不相同,时而出现在这里,时而出现在那里,做无规律运动。如果对此原子拍几万张甚至几十万张照片,并将这些照片叠加起来得到一张图像,如图 3-2 所示。电子在核外空间每一瞬间出现的位置,就好似在原子核外笼罩着一团电子形成的云雾,这就是“电子云”。

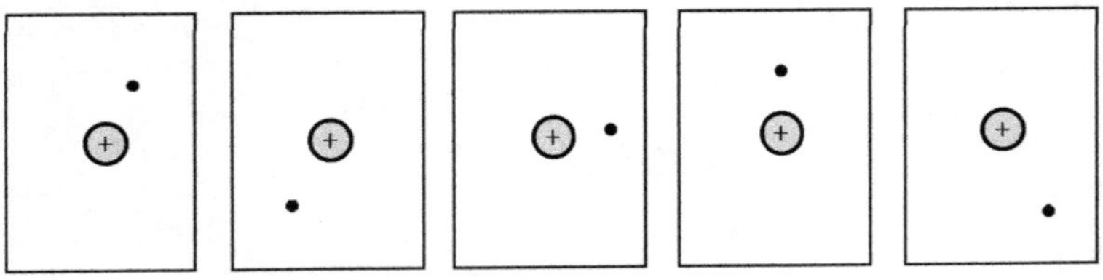

图 3-1　氢原子核外电子瞬间照片

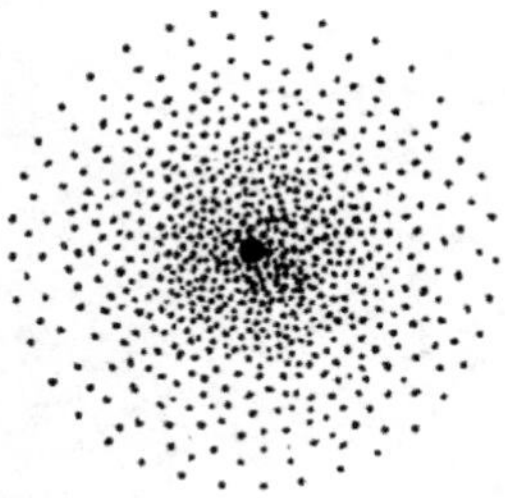

图 3-2　基态氢原子电子云图

对于宏观物体,我们可以在任意时间内同时准确测出它的位置和速度,从而画出物体的运动轨迹。而电子的质量非常小(为 $9.1\times10^{-31}$kg),在相对十分宽敞的原子核外做绕核高速运动。与宏观物体不同的是,电子围绕原子核的运动没有确定的轨道,无法确定电子在某时刻的空间位置和运动的速度,只能知道电子在不同区域出现的概率,在一些区域出现的概率大,在另一些区域出现的概率小。图 3-2 中,黑点密集的地方,表示电子在这一区域出现的概率密度(即电子在单位空间中出现的概率)较大,即电子出现的次数较多;黑点稀疏的地方,表示电子在这一区域出现的概率密度,即电子出现的次数较少。需要注意,电子云图中黑点的数目不是代表电子的数目,而是表示一个电子可能出现的瞬间位置。

用小黑点的疏密表示电子概率密度分布的图形称为电子云。氢原子的电子云为球形,离核越近密度越大,离核越远密度越小。这表示氢原子核外的电子离核越近,单位体积的空间中电子出现的机会越多;离核越远,单位体积的空间内,出现的机会越小。在离原子核 53pm 的球壳上,电子出现的概率最大,球壳以外的地方,电子云的密度就很低。因此,我们把电子出现概率最大的地方连接起来,作为电子云的界面,界面所构成的图形,就是电子云的界面图。这个界面所占据的空间范围称为原子轨道,如图 3-3 和图 3-4 所示。

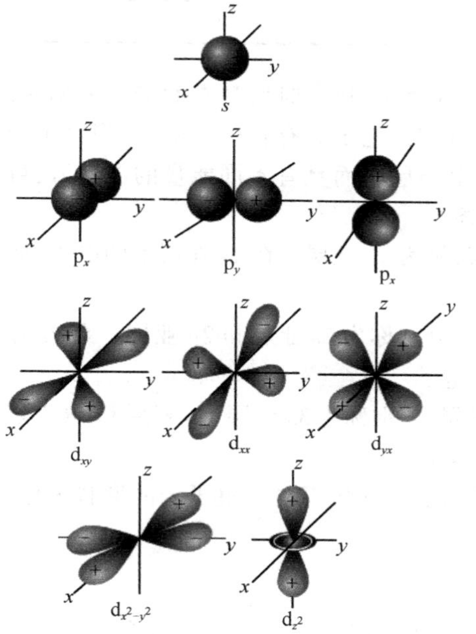

图 3-3 原子轨道轮廓图

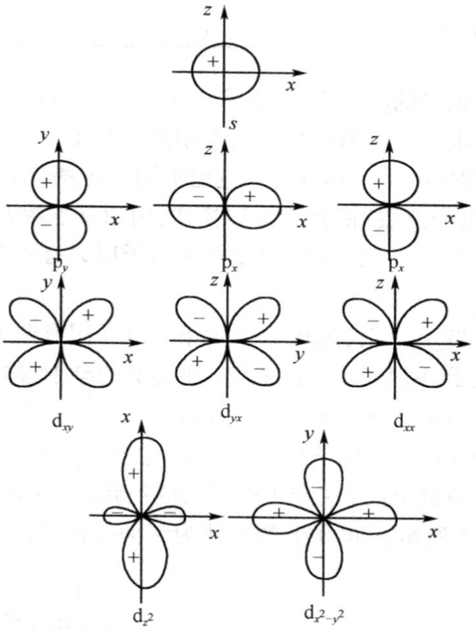

图 3-4 原子轨道的角度分布图

## 二、核外电子运动状态的描述

电子在核外的一定区域内做高速运动,具有一定的能量。实验证明,电子离核的远近,能反映出电子能量的大小,电子离核越近,能量越低;离核越远,能量越高。氢原子核外只有一个电子,它在离核 53pm 的球壳内电子出现的概率最大,这时的能量最低,称为基态。如果给氢原子增加能量,电子就会跃迁到离核较远的区域运动,这时的状态称为激发态。由此可见,核外电子的分层运动是由电子能量的不同引起的。对于多电子原子来说,电子在核外的运动状态比较复杂,需用四个参数——$n$、$l$、$m$ 和 $m_s$ 来描述。其中每一个参数反映一个方面的性状,这些参数被称为"量子数"。

(1) 主量子数 $n$——电子层:描述电子所属电子层(这里所称的电子层,是指电子在核外空间出现概率最大的一个区域)离核远近的参数。取值为 1,2,3,…,$n$ 等正整数,有∞个。习惯上常用大写英文字母来表示电子层:

| $n$ 取值 | 1 | 2 | 3 | 4 | 5 | 6 | 7 |
|---|---|---|---|---|---|---|---|
| 电子层 | K | L | M | N | O | P | Q |

现在已知的最复杂的原子,电子层数不超过七层。

电子层按离核由近到远的顺序,依次称为第一层或 K 层($n$=1),第二层或 L 层($n$=2),…。主量子数 $n$ 是决定电子能量高低的主要因素。对单电子原子(氢原子)来说,电子的能量完全由 $n$ 来决定,$n$ 值越小(电子离核越近),电子能量越低,电子越稳定。对于多电子原子,电子的能量除与 $n$ 有关外,还与电子云的形状有关。

(2) 角量子数 $l$——电子云形状:描述电子云形状(或电子所处亚层)的参数。取值 0,1,2,…,($n$-1),有 $n$ 个。习惯上用小写英文字母表示:

| $l$ | 0 | 1 | 2 | 3 | 4 | 5 | 6 |
|---|---|---|---|---|---|---|---|
| 亚层 | s | p | d | f | g | h | i |

精确的实验表明,在多电子原子中,同一电子层的电子,运动时所具有的能量还稍有差别,而且电子云的形状也不完全相同。当电子云形状相同时,电子具有相同的能量;当电子云形状不同时,电子所具有的能量也不同。这些处在同一电子层中而具有不同能量的电子云,可以采用“电子亚层”的概念加以描述,用角量子数 $l$ 来描述。

当 $n$=1 时,$l$=0,表示第一电子层只有一个亚层,称为 1s 亚层。在 1s 亚层上的电子,称为 1s 电子。

当 $n$=2 时,$l$=0,1,表示第二电子层有两个亚层,分别称为 2s 亚层和 2p 亚层。在 2s 亚层上的电子,称为 2s 电子;在 2p 亚层上的电子,称为 2p 电子。

当 $n$=3 时,$l$=0,1,2,表示第三电子层有三个亚层,分别称为 3s 亚层、3p 亚层和 3d 亚层。这三个亚层上的电子分别称为 3s 电子、3p 电子和 3d 电子。

角量子数 $l$ 决定了电子云的形状。不同亚层的电子云形状不同,s 电子云的形状为球形,如图 3-5 所示;p 电子云的形状为无柄哑铃形,如图 3-6 所示。

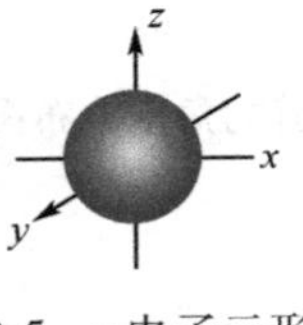


图 3-5 s 电子云形状

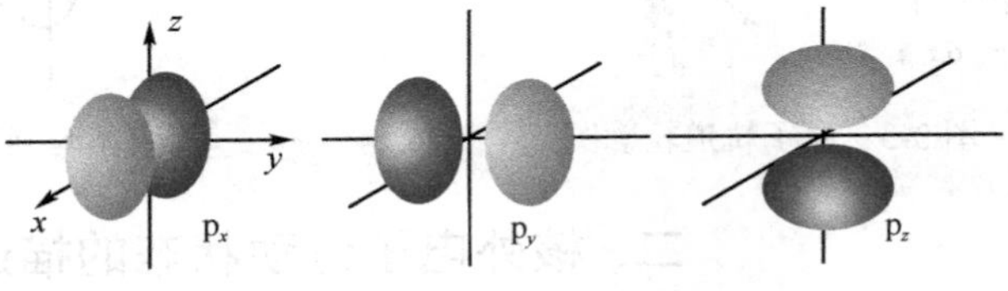


图 3-6 p 电子云形状

在多电子原子中,角量子数还影响电子的能量。这里需要说明的是:同一电子层中,电子的能量随角量子数 $l$ 的增加而增加,即 $E_{ns}<E_{np}<E_{nd}<\cdots$;电子的能量虽然由 $n$ 和 $l$ 共同决定,但前者是主要的,后者是次要的。

(3) 磁量子数 $m$——电子云的伸展方向:描述电子所属原子轨道的参数。同一亚层的电子云的形状虽然相同,但它们的电子云却有不同的伸展方向。每一种具有一定形状和伸展方向的电子云所占据的空间即为一个原子轨道。

$m$ 取值 0,±1,±2,±3,…,±$l$,共有 2$l$+1 个。磁量子数决定电子云在空间的伸展方向。例如,当 $l=1$ 时,$m=0,\pm1$,即 p 电子在空间有三个伸展方向,沿 $x$、$y$、$z$ 轴的方向伸展,分别称为 $p_x$ 轨道、$p_y$ 轨道和 $p_z$ 轨道,统称 p 轨道。s 轨道电子云是球形对称的,在整个球壳上电子云密度完全相等,没有方向性,因此 s 状态的电子只有 1 个轨道,称为 s 轨道;d 电子云有 5 种伸展方向,有五个轨道;f 电子云有 7 种伸展方向,有 7 个轨道。

电子的能量与磁量子数无关,也就是说,$n$ 和 $l$ 相同,而 $m$ 不同的各原子轨道,其能量完全相同。这种能量相同的原子轨道,称为简并轨道或等价轨道。例如,$2p_x$、$2p_y$ 和 $2p_z$ 三个轨道的能量相同,属于简并轨道。因此可知,同一亚层的 3 个 p 轨道、5 个 d 轨道、7 个 f 轨道都属于简并轨道。

综上所述,$n$、$l$、$m$ 三个量子数之间必须满足取值相互制约的条件。它们的每一合理组合即确定一个原子轨道。其中,$n$ 决定它所在的电子层,$l$ 确定它的形状,$m$ 确定它的空间伸展方向,$n$ 和 $l$ 共同决定它的能量。$n$、$l$、$m$ 的关系列于表 3-1 中。

**表 3-1 $n$、$l$、$m$ 的关系**

| $n$ | 电子层符号 | $l$ | 电子亚层符号 | $m$ | 亚层轨道数 | 电子层轨道数 |
|---|---|---|---|---|---|---|
| 1 | K | 0 | 1s | 0 | 1 | 1 |
| 2 | L | 0 | 2s | 0 | 1 | 4 |
| | | 1 | 2p | 0,±1 | 3 | |
| 3 | M | 0 | 3s | 0 | 1 | 9 |
| | | 1 | 3p | 0,±1 | 3 | |
| | | 2 | 3d | 0,±1,±2 | 5 | |
| 4 | N | 0 | 4s | 0 | 1 | 16 |
| | | 1 | 4p | 0,±1 | 3 | |
| | | 2 | 4d | 0,±1,±2 | 5 | |
| | | 3 | 4f | 0,±1,±2,±3 | 7 | |

由表 3-1 可知,每一电子层所具有的轨道数应为 $n^2$ 个。

(4) 自旋电子数 $m_s$——电子自旋:描述电子自旋状态的参数。电子在核外做高速运动的同时,本身还做自旋运动,电子自旋运动的方向用 $m_s$ 值来确定。$m_s$ 取值只有两个,即+1/2 和−1/2,说明电子的自旋方向只有两个,即顺时针方向和逆时针方向,一般用向上和向下的箭头("↑"和"↓")来表示。由于 $m_s$ 只有两个值,因此,每一个原子轨道最多只能容纳两个电子,其能量相等。

综上,根据四个量子数($n$、$l$、$m$ 和 $m_s$)就能确定原子核外每一个电子的运动状态。例如,基态锂原子最外电子层中的一个电子 $2s^1$,其运动状态为 $n=2,l=0,m=0,m_s=+1/2$ 或 $-1/2$。

## 三、多电子原子轨道的能级

原子中各电子层和电子亚层的电子能量是有差异的。为了表示这一差异,将原子中不同的电子层及亚层按能量高低排列成序,像台阶一样,称为能级。

鲍林根据光谱实验的结果,总结出多电子原子中轨道能级高低的近似图(图 3-7),称为近似能级图。图中每个小圆圈代表一个原子轨道,小圆圈位置高低表示能级高低;处在同一水平高度的几个小圆圈,表示能级相同的等价轨道;每个方框代表一个能级组,同一能级组内各能级之间能量相近、不同能级组之间能量相差较大;除第一能级组外,每一能级组都是由 $ns$ 轨道开始并以 $np$ 轨道结束。

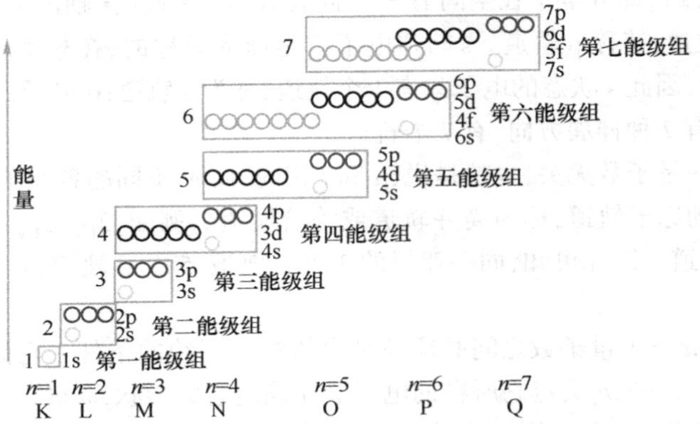


图 3-7　原子轨道近似能级图

**知识链接**

鲍林(Pauling,1901~1994 年),美国著名化学家,量子化学和结构生物学的先驱者之一。1954 年因在化学键方面的工作取得诺贝尔化学奖,1963 年因反对核弹在地面测试的行动获得诺贝尔和平奖,成为获得不同诺贝尔奖项的两人之一(另一人为居里夫人);也是唯一的一位每次都是独立地获得诺贝尔奖的获奖人。其后他主要的行动为支持维生素 C 在医学的功用。鲍林被认为是 20 世纪对化学科学影响最大的人之一,他所撰写的《化学键的本质》被认为是化学史上最重要的著作之一。他以量子力学入手分析化学问题,结论却以直观、浅白的概念重新阐述,即便未受量子力学训练的化学家也可利用准确的直观图像研究化学问题,影响甚为深远,如他所提出的许多概念:电负度、共振论、价键理论、蛋白质二级结构等概念和理论,如今已成为化学领域最基础和最广泛使用的观念。

由鲍林的近似能级图可知,多电子原子中,原子轨道的能级除了取决于主量子数 $n$ 外,还与角量子数 $l$ 有关。

(1) 当主量子数 $n$ 值不同,角量子数 $l$ 值相同时,$n$ 越大,电子的能量 $E$ 越高。

$E_{1s}<E_{2s}<E_{3s}<E_{4s}<\cdots$

$E_{2p}<E_{3p}<E_{4p}<\cdots$

$E_{3d}<E_{4d}<\cdots$

(2) 当主量子数 $n$ 值相同,角量子数 $l$ 值不同时,$l$ 越大,电子的能量 $E$ 越高。

$E_{2s}<E_{2p}$

$E_{3s}<E_{3p}<E_{3d}$

$E_{4s}<E_{4p}<E_{4d}<E_{4f}$

(3) 当主量子数 $n$ 值和角量子数 $l$ 值都不相同,且 $n\geqslant3$ 时,电子能量 $E$ 的高低可由近似能级图来确定。

## 四、基态原子中电子分布原理

根据实验结果和元素周期系的分析,基态原子中的电子分布遵循三条原理:泡利(Pauli)不相容原理、能量最低原理以及洪德(Hund)规则。

## （一）泡利不相容原理

1925年，美籍奥地利物理学家泡利指出，在一个原子中不可能有四个量子数完全相同的两个电子同时存在。由此可以推出：

（1）每一种运动状态的电子只能有一个。

（2）在同一原子轨道上最多能容纳两个电子，且自旋方向相反。

（3）s、p、d、f亚层最多容纳的电子数分别为2、6、10和14。

（4）各电子层最多可容纳 $2n^2$ 个电子。

## （二）能量最低原理

多电子原子处于基态时，在不违背泡利不相容原理的前提下，电子尽可能先占据能量最低的轨道，从而使原子体系的总能量最低，处于最稳定状态。

根据以上两个原理，几种元素原子的电子分布见表3-2（每一条短线代表一个轨道）。

**表3-2　元素原子的电子分布**

| 元素 | 轨道 | | |
|---|---|---|---|
| | 1s | 2s | 2p |
| H | ↑ | | |
| He | ↑↓ | | |
| Li | ↑↓ | ↑ | |
| Be | ↑↓ | ↑↓ | |
| B | ↑↓ | ↑↓ | ↑ ___ ___ |

**案例3-2**

碳原子核外有6个电子，前面有5个电子与硼原子的分布相同。请你分析一下，在不违背泡利不相容原理和能量最低原理的前提下，剩余的一个电子在3个2p轨道的分布有几种可能性？究竟采用哪一种分布方式？

| 2p | 2p | 2p |
|---|---|---|
| ↑↓ ___ ___ | ↑ ↑ ___ | ↑ ↓ ___ |
| 自旋相反的2个电子占1个轨道 | 自旋相同的2个电子分占2个轨道 | 自旋相反的2个电子分占2个轨道 |

## （三）洪德规则

1925年，德国物理学家洪德根据大量实验数据总结出一条规律：等价轨道上的电子总是最先占据不同的轨道，且自旋方向相同。

根据洪德规则，碳原子的2p电子的分布是↑ ↑ ___，而不是↑↓ ___ ___和↑ ↓ ___。而氮原子2p轨道上的3个电子分布是↑ ↑ ↑ 而不是↑↓ ↑ ___。

洪德规则符合能量最低原理。这是由于电子之间存在静电斥力，当某一轨道上同时存在两个电子时，必须对电子提供能量以克服其斥力。因此，分占不同轨道的两个成单电子的能量低于处于同一轨道的一对电子的能量。

但是，当等价轨道中的电子处于半充满、全充满或全空的状态时具有额外的稳定性。

全空　　$p^0$、$d^0$、$f^0$

全充满　　$p^6$、$d^{10}$、$f^{14}$

半充满　　$p^3$、$d^5$、$f^7$

此规则称为全满、半满、全空规则。例如，铬原子的外层电子分布是 $3d^54s^1$，而不是 $3d^44s^2$。铜原子的外层电子分布是 $3d^{10}4s^1$，而不是 $3d^94s^2$。

**案例 3-3**

钙原子的原子核外共有 20 个电子，其电子分布式为 $1s^22s^22p^63s^23p^64s^2$，而不是 $1s^22s^22p^63s^23p^63d^2$；铜原子的原子核外共有 29 个电子，其电子分布式为 $1s^22s^22p^63s^23p^63d^{10}4s^1$，而不是 $1s^22s^22p^63s^23p^63d^94s^2$。你能用多电子原子轨道的能级顺序，以及基态原子中电子分布原理解释这种现象吗？

## （四）电子构型的表示方法

根据多电子原子轨道的能级顺序，以及基态原子中电子分布的三个原理，就可以确定各元素基态原子的电子分布情况。电子在原子轨道中分布方式称为电子层结构，简称电子构型。表示原子的电子构型通常有以下两种形式。

（1）轨道表示式（或轨道图式）：它是用短线（或圆圈或框架）代表原子轨道，在短线上方或下方注明轨道的能级、短线上用向上和向下的箭头代表电子的自旋状态。例如，氮原子的轨道表示式为：

1s
2s
2p
1s
2s
2p

（2）电子排布式（或电子结构式）：在亚层（能级）符号的右上角用数字注明所排列的电子数。例如：

$^8O$　$1s^22s^22p^4$

外围电子（也称价电子或价层电子）构型对化学反应起重要作用，内层电子一般是不变的。与某一稀有气体电子构型相同的那部分内层电子，用稀有气体的符号加方括号表示，称为原子实，用原子实来表示内层电子结构。例如：

$^{11}Na$　$1s^22s^22p^63s^1$　　表示为 [Ne]$3s^1$

$^{27}Co$　$1s^22s^22p^63s^23p^63d^74s^2$　　表示为 [Ar]$3d^74s^2$

[Ne]表示类氖原子实，[Ar]表示类氩原子实。

为了简便起见，也可以把电子层结构用价电子层结构表示，价电子指的是能参与成键的电子。例如，硫的价电子层结构式为 $3s^23p^4$，锰的价电子层结构式为 $3d^54s^2$。

1~36 号元素基态原子的电子构型列于表 3-3。

**表 3-3　原子的电子构型**

| 周期 | 原子序数 | 元素名称 | 元素符号 | 原子实排布 | 价电子层型构 |
|---|---|---|---|---|---|
| 1 | 1 | 氢 | H | | $1s^1$ |
| | 2 | 氦 | He | | $1s^2$ |
| 2 | 3 | 锂 | Li | [He]$2s^1$ | $2s^1$ |
| | 4 | 铍 | Be | [He]$2s^2$ | $2s^2$ |
| | 5 | 硼 | B | [He]$2s^22p^1$ | $2s^22p^1$ |
| | 6 | 碳 | C | [He]$2s^22p^2$ | $2s^22p^2$ |
| | 7 | 氮 | N | [He]$2s^22p^3$ | $2s^22p^3$ |
| | 8 | 氧 | O | [He]$2s^22p^4$ | $2s^22p^4$ |

续表

| 周期 | 原子序数 | 元素名称 | 元素符号 | 原子实排布 | 价电子层型构 |
|---|---|---|---|---|---|
| 2 | 9 | 氟 | F | $[He]2s^22p^5$ | $2s^22p^5$ |
| | 10 | 氖 | Ne | $[He]2s^22p^6$ | $2s^22p^6$ |
| 3 | 11 | 钠 | Na | $[Ne]3s^1$ | $3s^1$ |
| | 12 | 镁 | Mg | $[Ne]3s^2$ | $3s^2$ |
| | 13 | 铝 | Al | $[Ne]3s^23p^1$ | $3s^23p^1$ |
| | 14 | 硅 | Si | $[Ne]3s^23p^2$ | $3s^23p^2$ |
| | 15 | 磷 | P | $[Ne]3s^23p^3$ | $3s^23p^3$ |
| | 16 | 硫 | S | $[Ne]3s^23p^4$ | $3s^23p^4$ |
| | 17 | 氯 | Cl | $[Ne]3s^23p^5$ | $3s^23p^5$ |
| | 18 | 氩 | Ar | $[Ne]3s^23p^6$ | $3s^23p^6$ |
| 4 | 19 | 钾 | K | $[Ar]4s^1$ | $4s^1$ |
| | 20 | 钙 | Ca | $[Ar]4s^2$ | $4s^2$ |
| | 21 | 钪 | Sc | $[Ar]3d^14s^2$ | $3d^14s^2$ |
| | 22 | 钛 | Ti | $[Ar]3d^24s^2$ | $3d^24s^2$ |
| | 23 | 钒 | V | $[Ar]3d^34s^2$ | $3d^34s^2$ |
| | 24 | 铬 | Cr | $[Ar]3d^54s^1$ | $3d^54s^1$ |
| | 25 | 锰 | Mn | $[Ar]3d^54s^2$ | $3d^54s^2$ |
| | 26 | 铁 | Fe | $[Ar]3d^64s^2$ | $3d^64s^2$ |
| | 27 | 钴 | Co | $[Ar]3d^74s^2$ | $3d^74s^2$ |
| | 28 | 镍 | Ni | $[Ar]3d^84s^2$ | $3d^84s^2$ |
| | 29 | 铜 | Cu | $[Ar]3d^{10}4s^1$ | $3d^{10}4s^1$ |
| | 30 | 锌 | Zn | $[Ar]3d^{10}4s^2$ | $3d^{10}4s^2$ |
| | 31 | 镓 | Ga | $[Ar]3d^{10}4s^24p^1$ | $3d^{10}4s^24p^1$ |
| | 32 | 锗 | Ge | $[Ar]3d^{10}4s^24p^2$ | $3d^{10}4s^24p^2$ |
| | 33 | 砷 | As | $[Ar]3d^{10}4s^24p^3$ | $3d^{10}4s^24p^3$ |
| | 34 | 硒 | Se | $[Ar]3d^{10}4s^24p^4$ | $3d^{10}4s^24p^4$ |
| | 35 | 溴 | Br | $[Ar]3d^{10}4s^24p^5$ | $3d^{10}4s^24p^5$ |
| | 36 | 氪 | Kr | $[Ar]3d^{10}4s^24p^6$ | $3d^{10}4s^24p^6$ |

## 第二节　电子层结构与元素周期表

元素周期律是自然科学的基本规律,是由俄国化学家门捷列夫于 1869 年总结出来的,他指出了元素的性质随着相对原子质量的增加而呈周期性的变化。根据这一规律将目前发现的 119 种元素排列成了元素周期表。

随着原子序数的递增,元素的性质呈周期性的变化,这一规律称为元素周期律。原子结构的研究证明,原子的价电子构型是决定元素性质的主要因素,而各元素原子的价电子构型则是随原子序数的递增而呈周期性地重复排列的,因此,原子核外电子排布的周期性变化是元素周期律的本质原因,元素周期表则是各元素原子核外电子排布呈周期性变化的反映。

### 一、元素周期性与电子层结构的关系

#### (一) 周期

目前使用的元素周期表中共有 119 种元素,在元素周期表中排列成七个周期;第一个周期

含两种元素，称为特短周期；第二、三周期各有 8 种元素，称为短周期；第四、五周期各有 18 种元素，称为长周期；第六周期有 32 种元素，称为特长周期；第七周期现在只有 23 种元素，尚未填满，称为不完全周期。

**知识链接** **新元素的人工合成**

1994~1996 年，德国达姆施塔特重离子研究中心的科学家先后合成了 110 号、111 号和 112 号元素。110 号元素的寿命极短，半衰期少于 1ms，2003 年将该元素正式命名为"Darmstadtium"，缩写为"Ds"；2004 年将 111 号元素正式命名为"Roentgenium"，化学符号是 Rg，这是一种人工合成的放射性化学元素，属于过渡金属ⅠB 族的成员，半衰期约 15ms，之后衰变成第 109 号元素；112 号元素尚未正式命名，通常被称为 Ununbium，元素符号 Uub，它的半衰期仅为 0.24ms。

1998 年，位于俄罗斯杜布纳的核研究联合研究所，科学家在用钙轰击钚的实验中，获得了 114 号元素（暂定为 Uuq），半衰期达 30s；2000 年，俄罗斯科学家和美国科学家合作，人工合成了 116 号元素，其寿命是 46.9ms；1999 年，美国科学家人工合成了 118 号元素，其存在时间仅为 0.012~0.261ms，并且会进行 α 衰变，依次生成 116 号、112 号、110 号等元素。114 号、116 号、118 号元素尚未被正式命名。

将元素周期表与图 3-7 加以比较，再结合表 3-3 中原子的电子构型，不难看出周期表与能级组有密切的关系。

（1）周期表中的周期数等于能级组数，元素原子的电子层数等于该元素所在的周期数。能级组有 7 个，相应就有 7 个周期。能级组的划分是周期系中各元素划分为周期的本质原因。

（2）元素所在的周期序数等于该元素原子外层电子所处的最高能级组序数，也等于该元素原子核外电子层的主量子数。

（3）每一个周期所含元素的数目与相应能级组最多容纳的电子数目一致。

（4）一个新的能级组的建立反映在周期表上是一个新周期的出现，每一周期的完成，事实上是原子中一个能级组被电子所饱和。

由此充分证明，元素性质的周期性变化是各元素原子中核外电子周期性排布的结果。

## （二）族

在周期表中共有 18 个纵行，将元素分为 16 个族：8 个 A 族（ⅠA~ⅧA，其中ⅧA 也可写成 0 族）和 8 个 B 族（ⅠB~ⅧB，也可写成Ⅷ，Ⅷ族包含 3 个纵行）。副族元素又称过渡元素，其中ⅢB 族的 57 号元素 La（镧）的位置，实际上代表 57~71 号的 15 种元素，称为镧系元素；第 89 号元素 Ac（锕）的位置代表 89~103 号的 15 种元素，称为锕系元素。镧系和锕系统称内过渡元素。

同族元素虽然电子层数不同，但其价电子层结构相同或相似。由于元素的性质主要取决于原子的外电子层结构，因此同族元素具有相似的性质。

（1）主族元素：主族元素的外电子构型为 $ns^{1\sim2}$ 或 $ns^2np^{1\sim6}$，族数与外电子总数（即最外层的 $ns$ 和 $np$ 轨道的电子数之和）相对应。例如，17 号元素 Cl 的外电子层结构为 $3s^23p^5$，价电子数为 7，即在ⅦA 族。ⅧA 族元素的价电子层结构是 $ns^2np^6$，已是稳定结构，化学性质很不活泼，不易成键，也将其称为 0 族元素。

主族元素的价电子构型完全相同，所余原子实的各亚层电子具有全满的特点，因此同一主族元素的性质非常相似。

（2）副族元素：也称过渡元素，副族元素的族数也与外电子层的电子数有关：①对于 $(n-1)$d 层的电子未充满的元素，族序数等于最外层的 $ns$ 和次外层的 $(n-1)$d 轨道的电子数之和（若电子数之和为 8~10，则为ⅧB 族）；②对于 $(n-1)$d 层的电子已充满的元素，族序数只取决于最外层 $ns$ 轨道的电子数，即ⅠB 族或ⅡB 族；③ⅢB 族包括镧系元素和锕系元素。

例如：

| 元素 | 价电子构型 | 族序列 |
|---|---|---|
| K | $4s^1$ | ⅠA |
| S | $3s^2 3p^4$ | ⅥA |
| Mn | $3d^5 4s^2$ | ⅦB |
| Fe | $3d^6 4s^2$ | Ⅷ |
| Cu | $3d^{10} 4s^1$ | ⅠB |

副族元素的价电子构型也基本相同，即 $ns$ 和 $(n-1)$d 能级构型相同，故同一副族元素也具有相似的性质。

## (三) 区

根据原子中最后一个电子填充的轨道(或亚层)不同，把周期表中的元素划分为 5 个区，如图 3-8 所示。各区元素在性质上各有一定的特征。

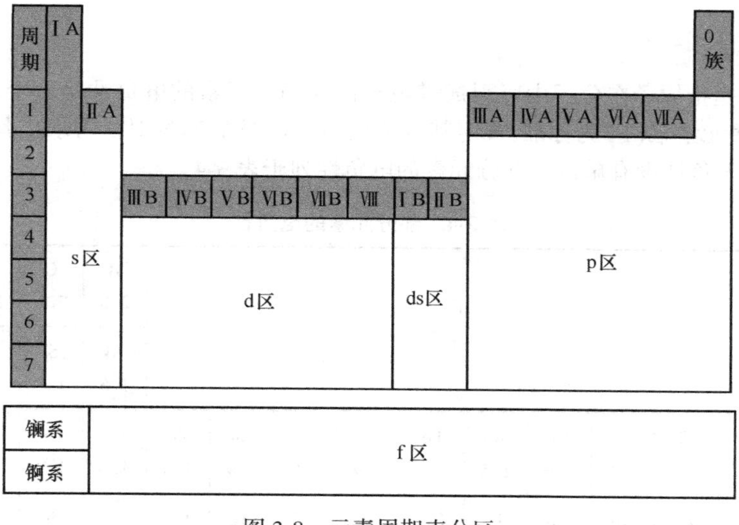


图 3-8 元素周期表分区

综上所述，基态原子的电子构型决定了元素在周期表中的位置，元素周期表实质上是各元素原子电子构型周期性变化的反映。

**【例 3-1】** 已知某元素位于第四周期ⅥA 族，试写出它的价电子构型和电子构型。

根据周期数=最外电子层的主量子数，主族元素族数=($ns+np$)轨道电子数之和，可知该元素的 $n=4$，有 6 个价电子，故价电子构型为 $4s^2 4p^4$。根据主族元素“原子实”各亚层具有全满的特点和电子层最大容纳电子数 $2n^2$，可知该元素的各层电子数为 2、8、18、6，故其电子构型为 $1s^2 2s^2 2p^6 3s^2 3p^6 3d^{10} 4s^2 4p^4$ 或[Ar]$3d^{10} 4s^2 4p^4$，该元素是硒(Se)。

**【例 3-2】** 已知某元素的原子序数为 26，试指出它属于哪一周期、哪一族、哪一区？是什么元素？

原子序数是 26，核外有 26 个电子，按能级组推算，填满第一到第三能级组需 2+8+8=18 个电子，剩余 8 个电子则填充在第四能级组的 4s、3d、4p 轨道上，故其电子构型为[Ar]$3d^6 4s^2$。

根据电子构型可知该元素属于第四周期、ⅧB 族、d 区，为铁元素(Fe)。

## 二、元素性质的周期性

元素的性质取决于原子的结构，原子的电子层结构存在着周期性的变化，从而使元素的基本性质也呈现出周期性。这里主要介绍原子半径和电负性的变化规律。

### （一）原子半径

单个原子的真实半径是很难测定的，但是可以通过 X 射线衍射等方法测定两原子的核间距离，然后以单质的晶体中相邻两原子核间距的一半作为元素的原子半径，单位是“纳米”（符号 nm）或“皮米”（符号 pm）。

同一周期中，从左到右原子半径逐渐减小。这是因为同一周期元素的电子层数相同，随着原子序数的增大，核电荷数递增，原子核对外层电子的引力逐渐增强，所以原子半径逐渐减小。

同一族中，从上到下，主族元素的原子半径逐渐增大；副族元素的原子半径略有增大，但副族中位于第五、六周期的原子半径很接近。同族元素从上到下，虽然核电荷数的增加，能使原子半径减小，但是电子层数的增加将使原子半径增大，且这种影响占优势，所以总的结果是原子半径递增。至于ⅢB 族以后，位于第五、六周期以后各副族元素的原子半径接近，则是由镧系收缩造成的。

### （二）电负性

电负性（$\chi$）是指原子在分子中吸引成键电子的能力。元素的电负性是一个相对数值，是以最活泼的非金属元素氟（F）为标准，规定其电负性为 4.0，然后通过对比再求出其他元素电负性的数值。因此，电负性没有单位。部分元素的电负性列于表 3-4。

**表 3-4　部分元素的电负性**

| | | | | | | | | | | | | | | | | |
|---|---|---|---|---|---|---|---|---|---|---|---|---|---|---|---|---|
| Li 1.0 | Be 1.5 | | | | | | H 2.1 | | | | | B 2.0 | C 2.5 | N 3.0 | O 3.5 | F 4.0 |
| Na 0.9 | Mg 1.2 | | | | | | | | | | | Al 1.5 | Si 1.8 | P 2.1 | S 2.5 | Cl 3.0 |
| K 0.8 | Ca 1.0 | Sc 1.3 | Ti 1.5 | V 1.6 | Cr 1.6 | Mn 1.5 | Fe 1.8 | Co 1.9 | Ni 1.9 | Cu 1.9 | Zn 1.6 | Ga 1.6 | Ge 1.8 | As 2.0 | Se 2.4 | Br 2.8 |
| Rb 0.8 | Sr 1.0 | Y 1.2 | Zr 1.4 | Nb 1.6 | Mo 2.1 | Te 1.9 | Ru 2.3 | Rh 2.2 | Pd 2.2 | Ag 1.9 | Cd 1.7 | In 1.7 | Sn 1.8 | Sb 1.9 | Te 2.1 | I 2.5 |
| Cs 0.7 | Ba 0.9 | La 1.1 | Hf 1.3 | Ta 1.5 | W 2.3 | Re 1.9 | Os 2.2 | Ir 2.2 | Pt 2.3 | Au 2.5 | Hg 1.9 | Tl 1.8 | Pb 1.8 | Bi 1.9 | Po 2.0 | At 2.2 |

从表 3-4 可以看出，元素的电负性在周期表中具有以下明显的变化规律。

（1）同一主族中的元素，自上而下，电负性逐渐降低，表示元素的金属性逐渐增强，非金属性逐渐减弱，吸引成键电子的能力减弱。

（2）同一周期的主族元素，从左向右，电负性逐渐增大，表示元素的非金属性逐渐增强，金属性逐渐减弱，吸引成键电子的能力增强。

（3）副族元素电负性的变化规律较差，同周期从左到右，总体趋向于增大。同族元素的电负性变化很不一致。

电负性的大小可以衡量元素的金属性和非金属性的强弱。一般来说，金属的电负性小于 2.0，非金属大于 2.0，但并非绝对界限。

## 目标检测

### 一、单选题

1. 下列各组量子数合理的是(  )
   A. 3,2,2,1/2　B. 3,0,-1,1/2
   C. 2,2,2,2　D. 2,0,-2,1/2
2. $n=3$,$l$ 的可能值是(  )
   A. 0,1,2　B. 1,2,3
   C. 0,2,3　D. 2,2,3
3. 如果主量子数 $n=3$,则该电子层含有的轨道数是(  )
   A. 5　B. 3
   C. 9　D. 10
4. 具有下面各组量子数的电子能量最高的是(  )
   A. 3,1,-1,-1/2　B. 2,1,1,-1/2
   C. 2,1,0,+1/2　D. 3,2,1,+1/2
5. 下列电子构型中正确的是(  )
   A. $1s^22s^12p^6$　B. $1s^22s^22d^1$
   C. $1s^22s^22p^5$　D. $1s^22s^22p^7$
6. 下列轨道中,能量最高的是(  ),最低的是(  )
   A. 4s　B. 3s
   C. 3p　D. 3d
7. 电子云形状为无柄哑铃形的是(  )
   A. 2s　B. 3p
   C. 4d　D. 5f
8. 半充满的简并轨道是(  )
   A. $2s^2$　B. $2p^6$
   C. $3d^5$　D. $4f^4$
9. 元素化学性质发生周期性变化的根本原因是(  )
   A. 元素的核电荷数逐渐增大
   B. 元素的原子半径呈现周期性变化
   C. 元素的金属性呈现周期性变化
   D. 元素的原子核外电子排布呈现周期性变化
10. 某元素的原子最外层电子构型是 $4s^1$,次外层电子构型是 $3d^{10}$,它在周期表中位置(  )
   A. 第四周期ⅡA 族　B. 第四周期ⅡB 族
   C. 第四周期ⅤB 族　D. 第四周期ⅠB 族
11. 元素电负性最大的是(  )
   A. F　B. I
   C. Na　D. N
12. 原子半径最小的是(  )
   A. C　B. N
   C. B　D. F

### 二、简答题

1. 说出符号 p,2p,$2p^1$ 所代表的含义。
2. 已知 A、B、C、D 四种元素原子的价电子构型分别为 $3s^23p^5$、$3d^84s^2$、$3d^{10}4s^1$、$3s^23p^6$。试回答:
   (1) 各元素属于哪一周期?哪一族?哪一区?
   (2) 各元素原子的电子构型及原子序数。
3. 写出下列元素的电子层结构:$^{6}C$、$^{11}Na$。
4. 外层电子排布满足下列条件之一的是哪一族或何种元素?
   (1) 具有 2 个 p 电子;
   (2) 量子数 $n=2$,$l=0$ 的电子有 2 个,并且 $n=2$,$l=1$ 的电子有 3 个;
   (3) 2p 电子半充满,2s 电子全充满。
5. 写出原子序数依次为 16、17 和 19 的三种元素基态原子的电子构型、所属的周期与族、生成的离子电子构型。

# 第四章　分子结构

## 学习目标

1. 掌握离子键的概念及特点
2. 了解现代价键理论的基本要点、共价键的参数和共价键的类型
3. 理解杂化以及杂化轨道的意义
4. 掌握 s-p 杂化的类型及其分子的空间构型
5. 了解氢键及其对物质性质的影响
6. 理解分子间作用力

分子由原子组成,分子内原子间的结合方式及其空间构型是决定分子性质的内在因素。为了了解物质的性质及化学反应的规律就需要进一步研究分子的结构。

在各种物质分子中,直接相邻的原子间的强烈相互作用力称为化学键。根据化学键的形成和性质不同,可分为离子键、金属键和共价键。

原子得失电子成为正负离子,由正离子和负离子通过静电引力而形成的化学键称为离子键。形成离子键的首要条件是成键原子间的电负性差值要大,一般要相差 1.7 以上。

金属晶体中,依靠一些能够流动的自由电子使金属原子或离子结合在一起形成的化学键称为金属键。金属键主要存在于固态或液态金属及合金中。

原子间通过共用电子对(电子云重叠) 而形成的化学键称为共价键。同种或电负性相差不太大(1.7 以下)的元素原子间的化学键都是共价键。

## 第一节　离　子　键

### 一、离子键的形成

我们以氯化钠的形成过程为例介绍离子键的形成。在形成氯化钠分子时,钠是活泼的金属元素,而氯是活泼的非金属元素。钠原子的最外层只有 1 个电子,容易失去最外层的 1 个电子,而氯原子最外层有 7 个电子,容易得到 1 个电子,这样一来,双方最外层都将形成 8 个电子的稳定结构。当金属钠与氯气反应时,就发生了这种电子的转移,形成了具有稳定结构的带 1 个正电荷的钠离子($Na^+$)和带 1 个负电荷的氯离子($Cl^-$),二者之间就会通过静电作用相互吸引;同时,两个原子的原子核之间,核外电子之间产生排斥力。当吸引力和排斥力达到平衡时便形成了稳定的化学键。

活泼金属元素(如 K、Na、Ca、Mg 等)与活泼非金属元素(如 F、O、Cl 等)之间化合时,都容易形成离子键。例如,NaCl、$CaF_2$、KBr、MgO 等都是靠离子键结合而成的化合物。

离子键的形成过程,可用电子式表示。例如:

氯化钠　$Na_{\times} + \cdot\ddot{\underset{..}{Cl}}: \longrightarrow Na^{+}[{}_{\times}\ddot{\underset{..}{Cl}}:]^{-}$

氧化镁　${}_{\times}Mg_{\times} + \cdot\ddot{\underset{..}{O}}\cdot \longrightarrow Mg^{2+}[{}_{\times}\ddot{\underset{..}{O}}{}_{\times}]^{2-}$

氟化钙　$\cdot\ddot{\underset{..}{F}}: + {}_{\times}Ca_{\times} + \cdot\ddot{\underset{..}{F}}: \longrightarrow [:\ddot{\underset{..}{F}}{}_{\times}]^{-}\ Ca^{2+}[{}_{\times}\ddot{\underset{..}{F}}:]^{-}$

## 二、离子键的特性

由于离子键是正负离子通过静电作用结合而成,离子是带电体,它的电荷呈空间球形对称分布。它可以在空间各个方向上与带相反电荷的任一离子相互吸引而成键;每一个离子还可以同时与多个带相反电荷的离子相互吸引而成键。因此,离子键既没有方向性又没有饱和性。例如,在氯化钠晶体中,每个钠离子周围吸引6个氯离子,每个氯离子周围同时吸引6个钠离子,这样相互交替吸引而成为有规则排列的晶体。

## 三、离子型化合物

正负离子之间靠离子键结合而成的化合物称为离子型化合物,简称离子化合物。例如,KCl、CaO、$MgBr_2$ 等都是离子化合物。

在离子化合物中,元素的化合价等于离子所带的电荷数,如 $Na^+$、$K^+$ 是+1 价,$Ca^{2+}$、$Mg^{2+}$ 是+2 价,$Cl^-$、$Br^-$ 是-1 价,$O^{2-}$、$S^{2-}$ 是-2 价。

**案例 4-1**

NaCl 在熔融或溶解状态下能导电,说明它是由带相反电荷的正负离子所组成的。Na 原子失去最外层的一个电子,成为带一个正电荷的 $Na^+$,Cl 原子得到一个电子成为带一个负电荷的 $Cl^-$。$Na^+$ 和 $Cl^-$ 依靠静电吸引力而形成离子键。离子键理论对电负性相差很大的两个原子之间所形成的化学键能予以较好的解释。但是像 $H_2$、$O_2$、$CH_4$ 等物质,它们的水溶液不能导电,说明它们不是由正负离子组成的。那么,组成这些分子的原子之间是靠什么力量结合在一起的,又是怎样结合的呢?

# 第二节 共价键理论

$H_2$、$O_2$、$CH_4$ 等分子,通过共用电子对形成稳定电子构型(形成共价键)。例如:

$$H\cdot + \cdot H \longrightarrow H\!:\!H\,(H—H)$$

鲍林和斯莱特在前人工作的基础上提出了包括杂化轨道理论的现代价键理论(valence bond theory,简称 VB 法),这一理论揭示了共价键的本质。

## 一、现代价键理论

### (一) 氢分子的共价键理论

当两个氢原子逐渐接近时,可能出现如下两种状态。

(1) 基态:当电子自旋相反的两个氢原子相互接近时,随着两个氢原子距离的减小,原子轨道能够重叠,这时核间的电子密度比较浓密,牢固地把两个氢核结合在一起,从而形成稳定的氢分子,如图 4-1(a)所示。

(2) 排斥态:当电子自旋方向相同的两个氢原子相互接近时,原子轨道不发生重叠,这时核间电子密度比较稀疏或几乎为零,两个氢原子不可能结合成氢分子,仍然保持为单个的氢原子,这种状态称为氢分子排斥态,如图 4-1(b)所示。

### (二) 价键理论的基本要点

(1) 具有自旋相反的未成对电子的两个原子相互接近时,才可形成稳定的共价键。若原子

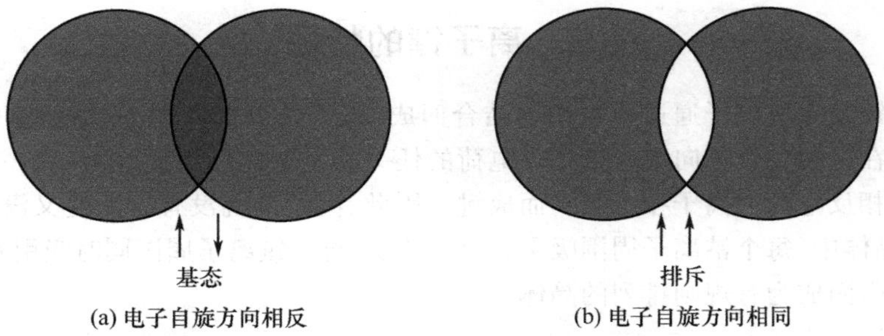


图 4-1　氢原子的两种状态

中没有未成对电子，则不能形成共价键。因此，稀有气体氦气的分子不是“$He_2$”，而是“He”。

（2）已成键的电子不能再与其他电子配对成键，因此共价键数目取决于原子中未成对电子的数目。

（3）成键时，两个原子的轨道重叠程度越大，两核间电子云越密集，所形成的共价键越牢固，这是轨道最大重叠原理。共价键的形成将尽可能沿着原子轨道最大重叠程度的方向进行。

## （三）共价键的特征

根据价键理论的要点，共价键具有两个基本特征。

（1）饱和性：一个原子含有几个未成对电子，就可以和几个自旋量子数不同的电子配对成键。或者说，原子形成的共价键数等于其未成对电子数，这就是共价键的饱和性。例如，H 原子只有一个未成对电子，它只能形成 $H_2$ 而不能形成 $H_3$。

（2）方向性：根据轨道最大重叠原理，原子形成共价键时在可能的范围内一定要采取沿着原子轨道最大重叠方向成键。轨道重叠越多，两核间电子云密度越大，形成的共价键就越牢固。例如，在形成氯化氢分子时，氢原子的 1s 电子与氯原子一个未成对的 $3p_x$ 电子形成一个共价键，在保持核间距 $d$ 一定的前提下，1s 电子只有沿着 $p_x$ 轨道的对称轴（$x$ 轴）方向才能发生最大程度的重叠，即如图 4-2(a) 所示。这时才能形成稳定的共价键，而图 4-2(b)、图 4-2(c) 表示原子轨道不重叠或很少重叠。

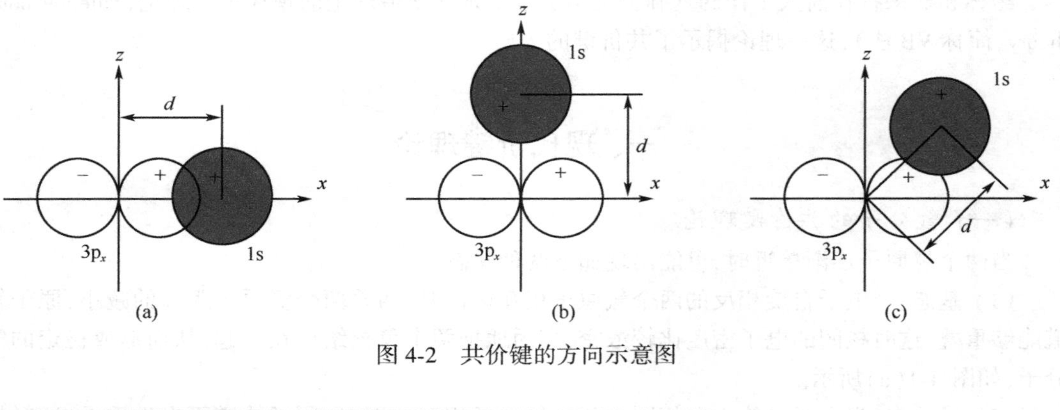


图 4-2　共价键的方向示意图

## （四）共价键的类型——σ 键与 π 键

根据成键时原子轨道的重叠方式不同，共价键可分为 σ 键与 π 键两种类型。

（1）σ 键：两个原子轨道通过键轴（核间连线）直线方向重叠而形成的共价键称为 σ 键。形象化的比喻是，σ 键以“头碰头”方式重叠。

（2）π 键：两个原子轨道通过键轴的一个平面侧面重叠而形成的键称为 π 键。π 键是以“肩并肩”方式重叠。

现以两个氮原子形成氮分子为例加以说明。

根据基态原子电子分布原理，氮原子的电子构型为 $1s^22s^22p_x^12p_y^12p_z^1$，每个氮原子有 3 个未成对的 2p 电子（$2p_x^12p_y^12p_z^1$）。因此，两个氮原子之间能形成三个共价键。当两个氮原子接近时，双方的 $2p_x$ 轨道沿 x 轴方向进行最大重叠，如图 4-3（a）所示，形成一个共价单键（$2p_x-2p_x\sigma$ 键）。每个氮原子仍有 2 个 p 电子（$2p_y^12p_z^1$），由于 $p_z$ 轨道、$p_x$ 轨道、$p_y$ 轨道之间彼此互相垂直，当 $p_x$ 轨道沿轴向重叠后，$p_z$ 轨道只能沿双方 z 轴相互平行的方向发生侧面重叠，形成 π 键，如图 4-3（b）所示。因此，不难看出，氮分子中两个氮原子是以一个 σ 键及两个 π 键相连接的，氮分子的结构可用 N≡N 来表示。

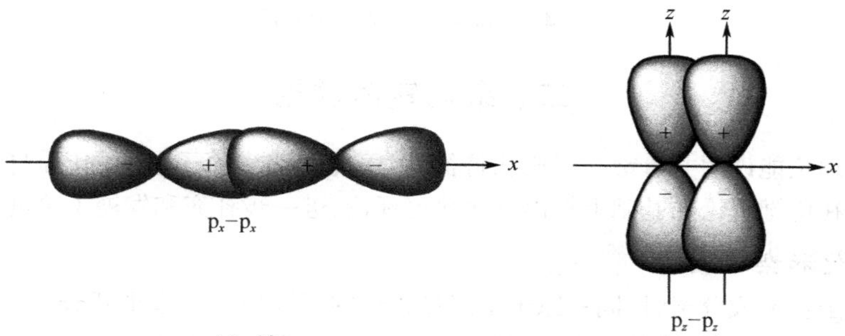


(a) σ键　(b) π键

图 4-3　$N_2$ 分子中 σ 键和 π 键的示意图

由于 σ 键和 π 键的形成方式不同，因此二者之间具有较大的差异，σ 键和 π 键比较如表 4-1 所示。

**表 4-1　σ 键与 π 键的比较**

| 比较内容 | σ 键 | π 键 |
|---|---|---|
| 轨道组成 | 由 s-s、s-p、p-p 轨道组成 | 由 p-p、p-d 轨道组成 |
| 成键方式 | “头碰头”重叠 | “肩并肩”重叠 |
| 重叠程度 | 大 | 小 |
| 键能 | 大 | 小 |
| 稳定性 | 高 | 低 |
| 存在形式 | 单键、双键及三键中 | 双键及三键中 |

**案例 4-2**

C 原子的电子组态为 $1s^22s^22p_x^12p_y^12p_z^0$。按照现代价键理论，你认为碳原子与氢原子结合时最多能形成几个共价键？键角可能是多少？

根据现代价键理论，碳与氢应形成 2 个共价键，且形成的键角为 90° 左右，如图 4-4（a）所示。而实验结果表明，甲烷分子中有 4 个 C—H 共价键，键角为 109°28′。显然，现代价键理论不能解释甲烷分子的空间结构及其成键数目，说明现代价键理论仍有缺陷。

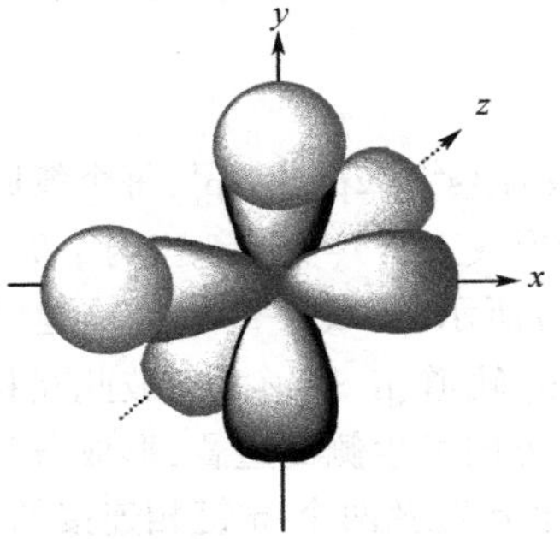


(a) 根据现代价键理论
碳与氢结合时的轨道示意图

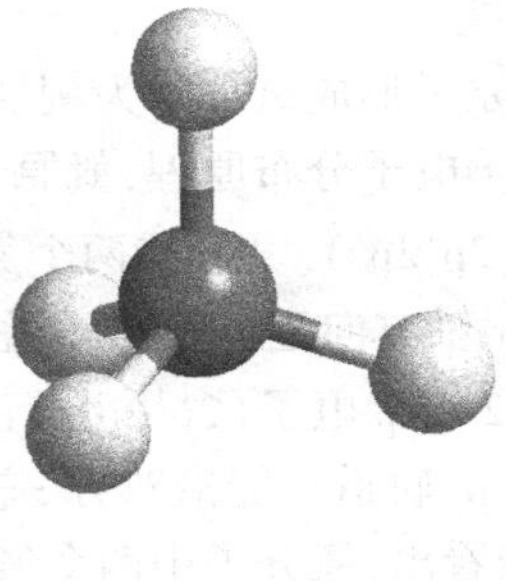

(b) 甲烷分子的球棍模型

图 4-4　碳氢原子结合示意图

## 二、杂化轨道理论

现代价键理论能说明共价键的形成和特征，但不能说明多原子分子的空间构型。1931 年，鲍林和斯莱特在价键理论的基础上提出杂化轨道理论，进一步补充和发展了价键理论。

### （一）杂化和杂化轨道

杂化是原子在形成分子时，同一原子中能量相近的不同原子轨道重新分配能量和确定空间取向，从而组合成一组新轨道的过程。所形成的新轨道称为杂化轨道。

### （二）杂化轨道类型与分子的空间构型

根据参与杂化的轨道种类不同，可分为 s-p 杂化和 d-s-p 杂化。下面仅讨论 s-p 型杂化，包括 $sp^3$ 杂化、$sp^2$ 杂化与 sp 杂化三种类型。

**1. $sp^3$ 杂化**　原子在形成分子时，由 1 个 $ns$ 轨道和 3 个 $np$ 轨道之间进行杂化的过程称为 $sp^3$ 杂化。形成的 4 个能量相等的等性杂化轨道称为 $sp^3$ 杂化轨道，其夹角为 109°28′。4 个 $sp^3$ 杂化轨道在空间呈正四面体形，每个 $sp^3$ 杂化轨道含有 1/4 的 s 成分和 3/4 的 p 成分。例如，C 原子的电子组态为 $1s^22s^22p_x^1\,2p_y^1\,2p_z^0$，在形成 $CH_4$ 分子时，C 原子的 1 个电子获得能量从 2s 轨道激发到 2p 的一个空轨道上，激发后的 4 个未成对电子分布于 1 个 2s 轨道和 3 个 2p 轨道，经 $sp^3$ 等性杂化成 4 个能量相等的 $sp^3$ 杂化轨道，4 个杂化轨道间的夹角为 109°28′，且每一个 $sp^3$ 新轨道一端膨大一端缩小。4 个 $sp^3$ 杂化轨道（膨大的一端）与 4 个 H 原子的 1s 轨道以“头碰头”的形式重叠形成 4 个 $sp^3$-s σ 键，构成稳定的具有正四面体形状的 $CH_4$ 分子，如图 4-5 所示。C 原子 $sp^3$ 杂化用轨道式表示为：

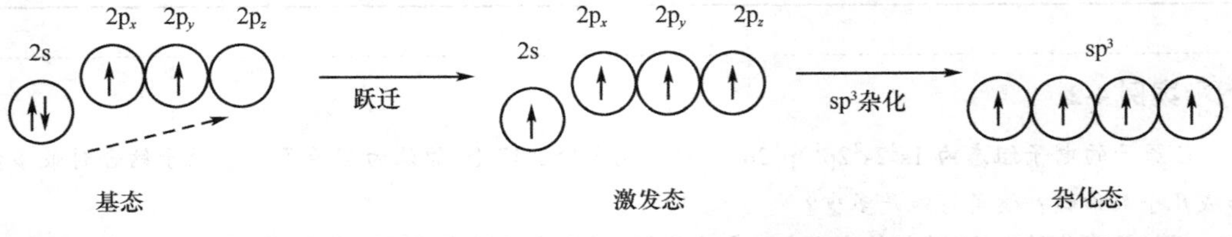


杂化后，轨道形状的改变满足轨道最大重叠原理；轨道方向的改变，使成键电子距离最远，斥力最小，能量降低。总之，杂化后能增大轨道重叠区域，增强成键能力，从而使分子更稳定。

**2. $sp^2$ 杂化**　原子在形成分子时，由 1 个 $ns$ 轨道和 2 个 $np$ 轨道之间进行杂化的过程称为 $sp^2$ 杂化。形成的 3 个能量相同的等性杂化轨道称为 $sp^2$ 杂化轨道，其夹角为 120°，3 个 $sp^2$ 杂化轨道在空间呈平面正三角形。每个 $sp^2$ 杂化轨道含有 1/3 的 s 成分和 2/3 的 p 成分。例如，B 原

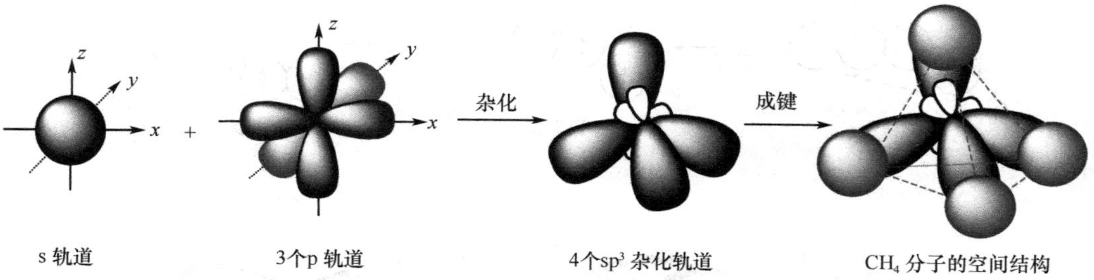


图 4-5 $CH_4$ 分子的形成

子的价电子层结构为 $2s^22p^1$，在形成 $BF_3$ 分子时，1 个 2s 电子被激发至 2p 轨道，经 $sp^2$ 等性杂化形成 3 个能量相等的 $sp^2$ 杂化轨道，如图 4-6(a)所示。B 原子的 3 个 $sp^2$杂化轨道与 3 个 F 原子的 p 轨道重叠，形成 3 个 $sp^2$-p σ 键。$BF_3$ 分子的空间构型为正三角形，如图 4-6(b)所示。

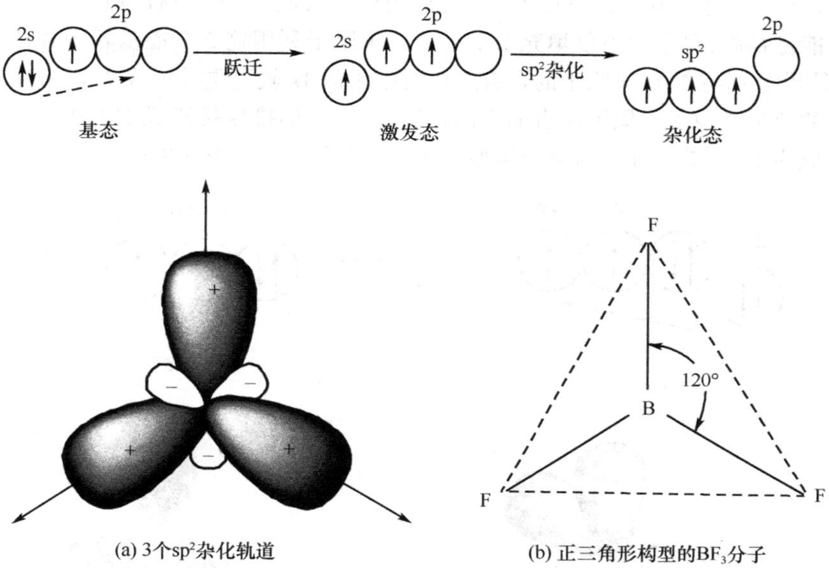


图 4-6 $BF_3$ 分子的形成

**3. sp 杂化** 原子在形成分子时，由 1 个 *n*s 轨道和 1 个 *n*p 轨道之间进行杂化的过程称为 sp 杂化。形成的 2 个能量相同的等性杂化轨道称为 sp 杂化轨道，其夹角为 180°，呈直线形。每个 sp 杂化轨道含有 1/2 的 s 成分和 1/2 的 p 成分。例如，Be 原子的价电子层结构为 $2s^22p^0$，在形成 $BeCl_2$ 共价分子时，它的 1 个 2s 电子被激发到 2p 轨道中，并经 sp 等性杂化形成 2 个能量相等的 sp 杂化轨道，Be 原子的 2 个 sp 杂化轨道分别与 2 个 Cl 原子的 3p 轨道以“头碰头”的方式重叠而形成 2 个 sp-p σ 键，成键后形成直线形分子。$BeCl_2$ 分子形成的杂化过程和空间构型如图 4-7 所示。

**4. 不等性杂化** 在形成的几个杂化轨道中，若它们的能量相等、成分相同，称为等性杂化。通常只有单电子的轨道或不含电子的空轨道之间的杂化是等性杂化，等性杂化轨道的空间构型与分子的空间构型相同；反之，若形成的杂化轨道的能量和成分不同，称为不等性杂化。有孤电子对轨道参加的杂化是不等性杂化。不等性杂化的空间构型与其分子的空间构型不同。

$H_2O$ 分子中 O 原子和 N 原子的杂化就属于 $sp^3$ 不等性杂化。在 $H_2O$ 分子中，O 原子是 $H_2O$

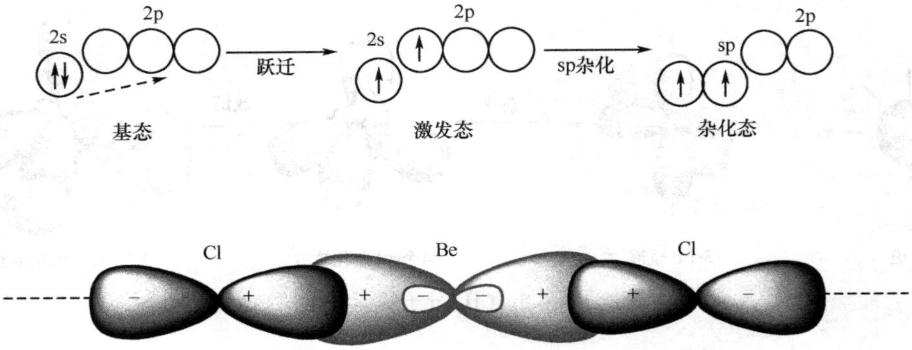


图 4-7 $BeCl_2$ 分子的形成

分子的中心原子，其价电子结构为 $2s^22p^4$。当 O 与 H 原子化合成 $H_2O$ 时，经 $sp^3$ 不等性杂化形成 4 个 $sp^3$ 不等性杂化轨道。其中有 2 个杂化轨道能量较低，每个轨道已填充 2 个电子。另外 2 个杂化轨道能量稍高，每个轨道仅填充 1 个电子。O 原子利用这 2 个能量相等各填充 1 个电子的 $sp^3$ 杂化轨道分别与 2 个 H 原子的含有未成对电子的 1s 轨道重叠形成 2 个 $sp^3$-s σ 键。由于含孤电子对的轨道在原子核周围所占的空间位置较多，它们排斥挤压成键电子对，致使 $sp^3$-s 键的夹角减小成为 104°45′。分子的空间构型为 V 形（或角形），如图 4-8 所示。

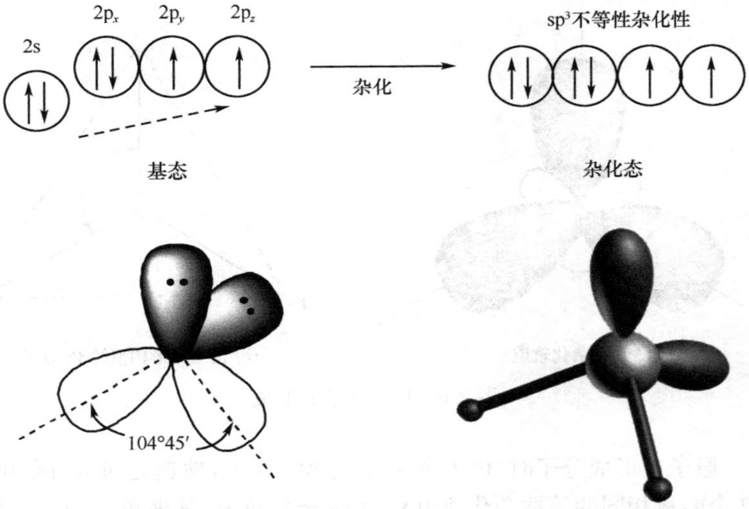


(a) O原子$sp^3$不等性杂化轨道示意图　　(b) $H_2O$分子的球棍模型

图 4-8 $H_2O$ 分子的结构示意图

$NH_3$ 分子形成时，N 原子也是 $sp^3$ 不等性杂化，所不同的是 $NH_3$ 分子中 N 原子只有 1 个 $sp^3$ 杂化轨道被孤电子对占据，与水分子相比，该轨道在原子核周围所占的空间较小，故 $NH_3$ 分子中 3 个 N—H 键的键角略小于 109°28′，而是 107°18′。分子的空间构型为三角锥形，如图 4-9 所示。

由以上可知，利用杂化轨道理论既可以说明某些共价化合物的成键情况，又可以说明它们的几何形状。

### （三）杂化轨道理论的要点

通过上述分析，可以总结出杂化轨道理论四个要点。

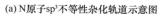

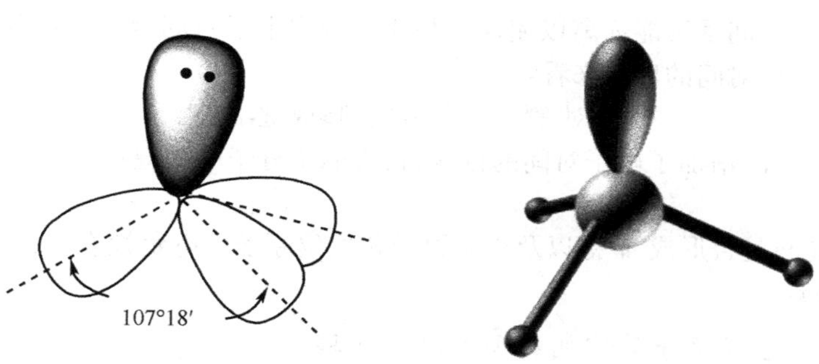


(a) N原子$sp^3$不等性杂化轨道示意图　　(b) $NH_3$分子的球棍模型

图 4-9　$NH_3$ 分子的结构示意图

(1)"杂化"只有在原子轨道形成分子的过程中才会发生。原子形成共价键时,可运用杂化轨道成键。例如,Be 与 Cl 形成 $BeCl_2$ 时,Be 原子是以杂化轨道与 Cl 原子形成 2 个 Be—Cl 键。

(2) 参与杂化的轨道是同一原子中的,且能量相近的原子轨道。例如,C 的 2s 和 2p 轨道,这些轨道在同一能级组中,能量接近。

(3) 有多少个原子轨道参与杂化,就能形成多少个杂化轨道。例如,$BF_3$ 分子中,B 原子的 1 个 2s 轨道和 2 个 2p 轨道参与了杂化,结果形成了 3 个 $sp^2$ 杂化轨道。

(4) 运用杂化轨道成键的原因是满足轨道最大重叠原理。例如,上述 $CH_4$ 分子的形成,如图 4-5 所示。

## 三、价层电子对互斥理论

分子的空间构型或分子形状,影响着物质的许多理化性质,如决定分子是否有极性,以及熔点和沸点的高低等物理性质。在生物体系(如人体)中,维持生命的化学反应取决于分子是否可以非常精确地契合在一起,若这种契合遭受破坏,就发生中毒、机体死亡。因此,掌握分子的几何形状及其影响因素对研究化学至关重要。

**案例 4-4**

$CO_2$ 分子在组成上同 $H_2O$ 分子相似,都是 $AB_2$ 型分子,且中心原子周围都有两个原子,$H_2O$ 分子的空间构型为 V 形,键角为 104°45′,而 $CO_2$ 分子的空间构型则为直线形,键角为 180°。又如,$NH_3$ 和 $BF_3$ 同是 $AB_3$ 型,但前者为三角锥形,后者为平面正三角形。很显然,运用杂化轨道理论虽然能较好地解释共价分子的空间构型,但却不能预测多数分子的空间构型,那么,我们怎样才能预测某种分子的具体形状呢?

杂化轨道理论较好地解释了多原子分子的空间构型。但是,一个分子的中心原子究竟采取哪种类型的轨道杂化,有时是难以预先确定的,因而也就难以预测分子的空间构型。1940 年,N. V. Sidgwick 与 H. M. Powell 提出了价层电子对互斥理论(简称 VSEPR 法),后来 R. J. Gillespie 与 R. S. Nybolm 又对该理论加以补充和发展。用价层电子对互斥理论预言分子构型比较简单,易于理解,推断的结果与实验事实基本符合。该理论适用于主族元素间形成的 $AB_n$ 分子或离子。

### (一) 价层电子对互斥理论的基本要点

(1) 分子或离子的空间构型取决于中心原子周围的价层电子对数。价层电子对是指 σ 键电子对与孤对电子。

(2) 价层电子对间尽可能远离以使斥力最小。价层电子对间斥力大小与价层电子对的类型有关。从价层电子对间的斥力来看：

孤对-孤对>孤对-成键>成键-成键

孤对电子的存在,增加了电子对间的排斥力,影响了分子中的键角,因此会改变分子构型的基本类型。

此外,斥力还与是否形成 π 键以及中心原子和配位原子的电负性有关,它们都影响着分子与离子的空间构型。

### (二) 推断分子或离子的空间构型的具体步骤

**1. 确定中心原子中价层电子对数** 中心原子价层电子对数等于中心原子的价电子数(等于主族族数)与配原子提供的共有电子数的总数和除以 2。规定:①作为配原子,氢和卤素原子均提供 1 个电子,氧族元素的原子不提供电子;②作为中心原子,卤素原子按提供 7 个电子计算,氧族元素的原子按提供 6 个电子计算;③对于多原子离子,计算其中心原子的价层电子总数时,还应加上负离子的电荷数或减去正离子的电荷数;④计算电子对数时,若剩余 1 个电子,则将这个电子视为 1 对电子;⑤分子或离子中的重键视为 1 对电子。

**2. 判断分子的空间构型** 根据中心原子的价层电子对数,从表 4-2 中找出相应的价层电子对构型后,再根据价层电子对中的孤对电子数,确定电子对的排布方式和分子的空间构型。

**表 4-2 中心原子的价层电子对构型和分子构型**

| 价层电子对数 | 价层电子对构型 | 成键电子对数 | 孤对电子数 | 分子类型 | 分子构型 | 实例 |
|---|---|---|---|---|---|---|
| 2 | 直线形 | 2 | 0 | $AB_2$ | 直线形 | $BeH_2$,$CO_2$ |
| 3 | 平面三角形 | 3 | 0 | $AB_3$ | 平面三角形 | $SO_3$,$BF_3$ |
| | | 2 | 1 | $AB_2$ | V 形 | $SO_2$,$PbCl_2$ |
| 4 | 四面体形 | 4 | 0 | $AB_4$ | 正四面体形 | $SO_4^{2-}$,$SiF_4$ |
| | | 3 | 1 | $AB_3$ | 三角锥形 | $NH_3$,$H_3O^+$ |
| | | 2 | 2 | $AB_2$ | V 形 | $H_2O$,$H_2S$ |
| 5 | 三角双锥形 | 5 | 0 | $AB_5$ | 三角双锥形 | $PF_5$,$PCl_5$ |
| | | 4 | 1 | $AB_4$ | 变形四面体形 | $SF_4$,$TeCl_4$ |
| | | 3 | 2 | $AB_3$ | T 形 | $ClF_3$ |
| | | 2 | 3 | $AB_2$ | 直线形 | $XeF_2$,$I_3^-$ |
| 6 | 八面体形 | 6 | 0 | $AB_6$ | 正八面体形 | $SF_6$,$AlF_6^{3-}$ |
| | | 5 | 1 | $AB_5$ | 四方锥形 | $BrF_5$,$IF_5$ |
| | | 4 | 2 | $AB_4$ | 平面正方形 | $XeF_4$,$IF_4^-$ |

**【例 4-1】** 请判断 $H_3O^+$的空间构型。

**解:** $H_3O^+$的中心原子是 O,O 作为中心原子提供 6 个电子,H 作为配体提供 1 个电子,$H_3O^+$的正电荷数是 1,价层电子对数为$(6+3\times1-1)/2=4$。根据表 4-2,价层电子对排布方式为正四面体,O 原子的孤对电子数是 1,所以,$H_3O^+$空间构型为三角锥形。

## 四、键 参 数

在描述化学键时,可以从质和量两方面着手。共价键的性质、类型属于质的一方面;而量的描述是指用来表征化学性质的物理量,如键能、键长、键角等,这些物理量统称键参数。

### (一) 键能

键能是从能量的角度表征键的强弱,通常是指在 298K 和 101.3kPa 条件下,将 1mol 理想气态分子 AB 分子解离成气态的 A 和 B 原子所需的能量，单位是 $kJ \cdot mol^{-1}$。

键能是衡量化学键牢固程度的最重要的参数。键能越大，键越牢固，分子也越稳定。

### (二) 键长

键长是两成键原子(离子)的核间平均距离，常用单位为皮米(pm)。键长可以用 X 射线衍射、电子衍射等实验技术精确地测定，也可以根据理论或经验方法计算而得。

对于同一族元素的单质或同类化合物的双原子分子，键长随原子序数的增大而增长；相同原子间形成的键数越多，则键长越短。一般来说，两原子间所形成的键长越短，表示键越牢固，分子也越稳定。

### (三) 键角

键角是指分子中同一原子形成的两个化学键之间的夹角，它是反映分子空间构型的重要参数。键角可以通过实验方法测定，也可以通过计算或根据价层电子对互斥理论推测而得。根据分子的键长和键角，可以推测分子的空间构型。例如，$NH_3$ 分子中，两个 N—H 键之间的键角为 107°18′，则可断定 $NH_3$ 分子的空间构型为三角锥形结构。

根据分子的键角和键长，不但可以推测分子的空间构型，还可推断出其物理 性质。例如，已知 $NH_3$ 分子中 H—N—H 键角为 107°18′，N—H 键长为 101. 9pm，就可以断定 $NH_3$ 分子是一个三角锥形的极性分子，如图 4-10(a)所示。又如，已知 $CO_2$ 分子中 O═C═O 键角为 180°，C—O 键长为 116. 2pm，就可以断定 $CO_2$ 分子是一个 直线形的非极性分子，如图 4-10(b)所示。

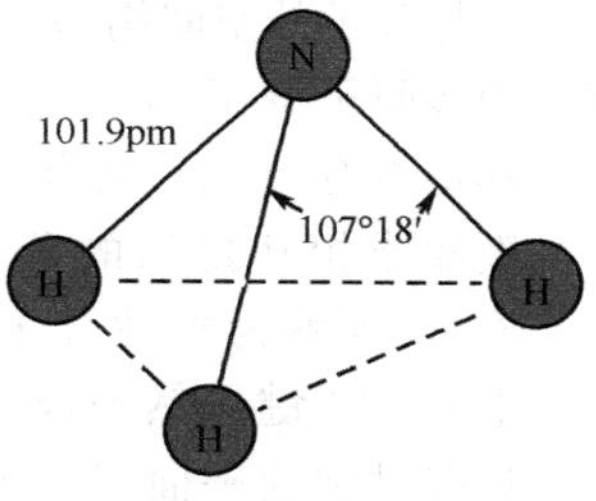

(a) $NH_3$分子

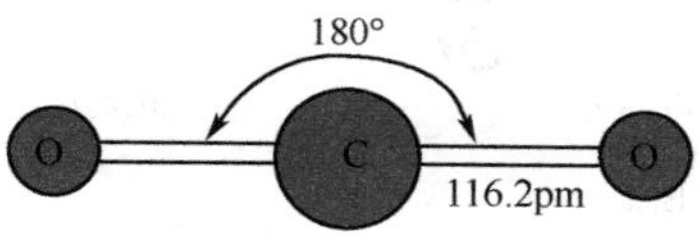

(b) $CO_2$分子

图 4-10　$NH_3$ 和 $CO_2$ 分子的键角和键长

**知识链接**

二氧化碳分子是直线形的，它的结构曾被认为是 O═C═O。但 $CO_2$ 分子中碳氧键键长仅为 116. 2pm，远小于碳氧双键键长(124pm)，大于碳氧三键键长(113pm)。故 $CO_2$ 分子中碳氧键应有一定程度的三键特征。

现在一般认为 $CO_2$ 分子的中心原子 C 采取 sp 杂化。2 个 sp 杂化轨道分别与 2 个 O 原子的 2p 轨道(含有一个电子)重叠形成 2 个 σ 键，C 原子上互相垂直的 p 轨道再分别与 2 个 O 原子中平行的 p 轨道形成 2 个大 π 键，如图 4-11 所示。

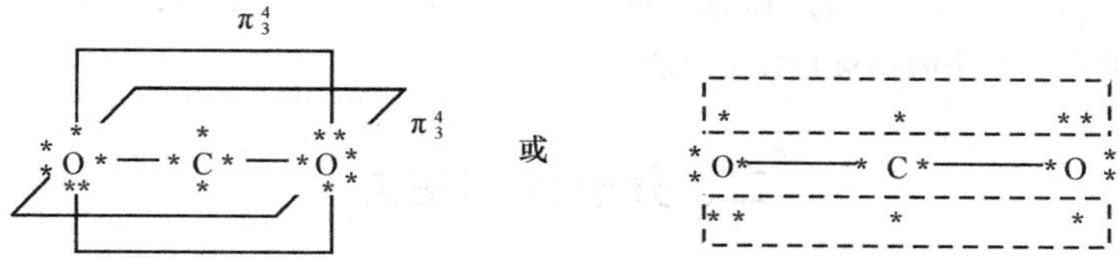


图 4-11　$CO_2$ 的分子结构

# 第三节 分子间作用力和氢键

在一定条件下,气体可以液化,液体也可以固化,说明分子之间存在作用力。分子间作用力本质上也属于一种静电引力,其大小与分子的极性有关。

## 一、分子的极性

每个分子都可以看成是由带正电荷的原子核和带负电荷的电子所组成的系统。分子内正负电荷的数量是相等的,因此分子呈电中性;但从分子内部电荷的分布看,却不一定均匀。假定分子内存在一个正电荷重心和一个负电荷重心(电荷各集中的一点),若正负电荷重心不重合,则该分子为非极性分子;若正负电荷重心重合,则该分子为非极性分子。分子的极性与键的极性是密切相关的。

对于双原子分子来说,分子的极性与键的极性是一致的。由非极性共价键结合形成的分子为非极性分子,如 $F_2$ 分子,两个 F 原子间共用电子对没有偏移,F—F 键是非极性键,$F_2$ 分子中正负电荷重心重合,故是非极性分子;由极性共价键结合的分子为极性分子,如 HF 分子,由于 F 的电负性比 H 的大,共用电子对偏向 F 原子,H—F 键是极性键,HF 分子中正负电荷重心不重合,故 HF 分子是极性分子。

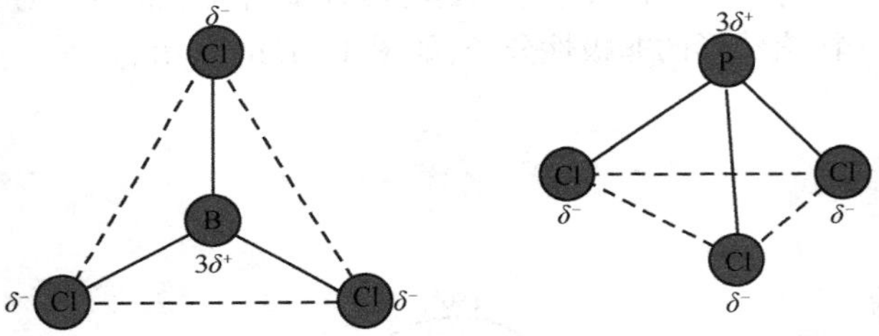


图 4-12 分子极性示意图

多原子分子是否有极性,与两个因素有关,一个是化学键的极性,另一个是分子的空间构型。由极性键组成的多原子分子,分子的空间构型决定其是否有极性。具有对称结构,键的极性能相互抵消的分子为非极性分子,否则就为极性分子,如 $BCl_3$ 分子中 B—Cl 键虽然为极性键,但该分子具有对称的平面三角形结构,分子中正负电荷重心重合,故 $BCl_3$ 是非极性分子。再如,$PCl_3$ 分子空间构型是三角锥体,三个极性 P—Cl 键加和的结果,使分子中正负电荷重心不重合,因而 $PCl_3$ 是极性分子。以上讨论的情况如图 4-12 所示。

**知识链接** 偶 极 矩

分子极性的大小常用偶极矩(符号为 $\mu$)来衡量。极性分子的偶极矩等于偶极长(正负电荷重心间的距离,用 $l$ 来表示)与正电重心或负电重心上的电量($q$)的乘积,如图 4-13 所示。

$$\mu = lq$$

偶极矩是一个矢量,方向从正电荷重心指向负电荷重心,数量级为 $10^{-30}$C · m。偶极矩等于零,分子是非极性的;分子的偶极矩越大,分子的极性越强,即分子中正负电荷分布的不对称程度越大。分子的偶极矩可由实验测得。

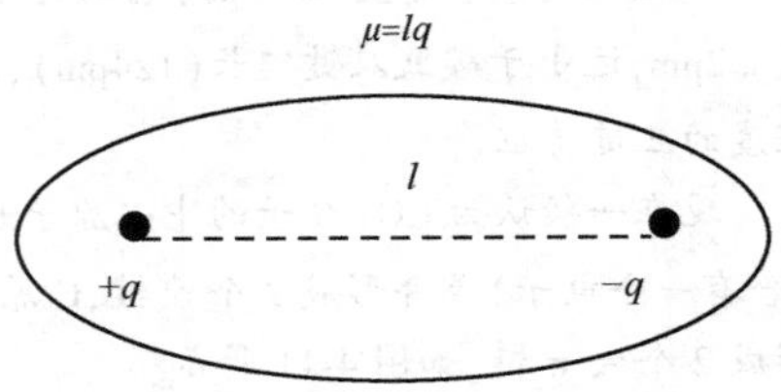


图 4-13 偶极矩示意图

## 二、分子间作用力

干冰直接升华成气态,冰融化进而再气化,都需要从环境吸热。但是,在这些变化过程中,分子组成($CO_2$ 或 $H_2O$)并没有改变,只是改变了分子之间的距离和相互作用状况。分子型物质的物态变化伴随有热效应（如蒸发热、升华热、熔化热等），说明分子间是有作用力的。分子间作用力又称范德华力（1873 年荷兰物理学家 van der Waals 首先提出分子间存在引力，因而得名），就是使分子聚在一起的一种弱作用力。

分子间作用力按其产生的原因和特点不同，分为取向力、诱导力和色散力三种。

### （一）取向力

极性分子一端为正一端为负，存在一个固有偶极。当极性分子之间相互接近时，固有偶极的同极相斥，异极相吸，使分子间发生相对转动而产生定向呈有秩序的排列，这种固有偶极间的相互作用力称为取向力，如图 4-14(a)所示。

取向力是一种静电引力，分子极性越大，分子间距离越小，取向力就越大。

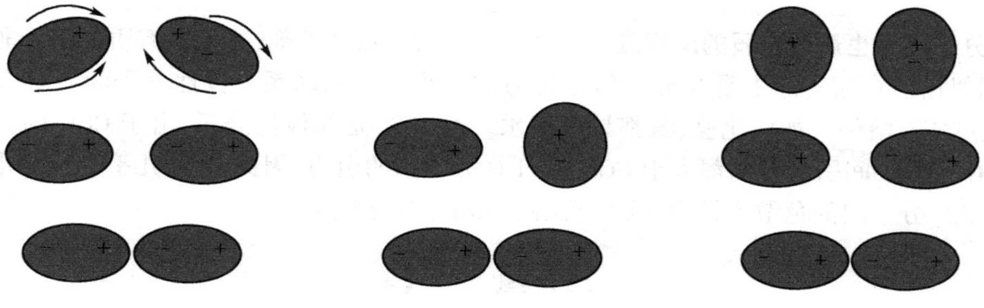

(a) 取向力　(b) 诱导力　(c) 色散力

图 4-14　分子间作用力示意图

### （二）诱导力

极性分子与非极性分子接近时，极性分子的固有偶极会诱导非极性分子的电子云发生变形，从而导致其正负电荷重心不相重合，产生诱导偶极。非极性分子的诱导偶极与极性分子的固有偶极之间相互吸引，产生静电作用力，称为诱导力，如图 4-14(b)所示。

诱导力的大小与极性分子的偶极矩有关，同时还与非极性分子的可极化性有关。同类物质的分子（如 $Cl_2$、$Br_2$、$I_2$），其可极化性随相对分子质量的增大而增大。

极性分子间也存在诱导力，极性分子与极性分子靠近时，也会相互诱导产生诱导偶极。

### （三）色散力

非极性分子本身没有偶极，但分子内的原子核和电子都在做一定形式的运动，在某一瞬间，分子中正负电荷重心发生偏移，不相重合，从而产生瞬时偶极。这种由于瞬时偶极之间相互吸引而产生的作用力称为色散力，如图 4-14(c)所示。

瞬时偶极虽然是短暂的，但原子核和电子在不断运动中，瞬时偶极也就不断地重复出现，所以分子间始终存在色散力。色散力的大小主要与分子是否容易变形有关。分子的变形性越大，越容易产生瞬时偶极，色散力也就越大。

由以上可知，非极性分子之间只有色散力；极性分子和非极性分子之间有诱导力和色散力；极性分子之间有取向力、诱导力和色散力三种。

分子间作用力不属于化学键范畴，它有如下几个特点：①存在于分子或原子间，是静电引力；②作用范围小，只有几百皮米，分子足够接近时才能显示出来；③作用能量小，它的能量只是化学键能量的 1/10～1/100；④无方向性和饱和性；⑤对于大多数分子，色散力是主要的，只有极性较大的分子（如 $H_2O$、$NH_3$ 等）取向力才占较大比例。

### （四）分子间作用力对物质性质的影响

分子间作用力是决定物质熔点、沸点和溶解度等物理性质的主要因素。

**1. 分子间作用力对熔点和沸点的影响** 共价分子型物质的熔点、沸点低；同类分子型物质的熔点、沸点随相对分子质量增加而升高。

**案例 4-5**

HCl 晶体的熔点和沸点都很低，分别为 158K 和 188K。这是因为 HCl 晶体是由单个小分子形成的分子型物质，晶体熔化时只需破坏由弱的分子间力组成的晶格结构，无需破坏分子内原子间的共价键。所以，分子型物质的熔点、沸点很低，因此，在常温、常压下它们很多是气体。

$F_2$、$Cl_2$、$Br_2$、$I_2$ 分子的熔点、沸点依次升高，是由于卤素单质是非极性分子，分子间的作用力主要是色散力。由于分子变形性随卤素单质相对分子质量的增大而增大，因此色散力也依次增大，故从 $F_2$ 到 $I_2$ 熔点、沸点依次升高。

**2. 分子间力也影响物质的溶解度** 极性溶质易溶于极性溶剂，非极性溶质易溶于非极性溶剂(即相似相溶)，这实际上是与分子间作用力的大小有密切联系。极性分子间有着强的取向力，彼此可相互溶解。如卤化氢、氨都易溶于水。而 $CCl_4$ 是非极性分子，由于 $CCl_4$ 的分子间引力和 $H_2O$ 的分子间引力分别都大于 $CCl_4$ 与 $H_2O$ 分子间的引力，因此 $CCl_4$ 几乎不溶于水。而 $I_2$ 分子与 $CCl_4$ 分子间的色散力较大，故 $I_2$ 易溶于 $CCl_4$，而较难溶于水。

## 三、氢　键

同族元素的氢化物的熔点和沸点一般随相对分子质量的增大而升高，根据这一规律，水的熔点和沸点应低于它的同族氢化物($H_2S$、$H_2Se$、$H_2Te$)。但实际上，水的熔点和沸点是最高的，而其余三种物质则符合上述规律，如图 4-15 所示。那么，水为什么会出现这种反常的现象呢？

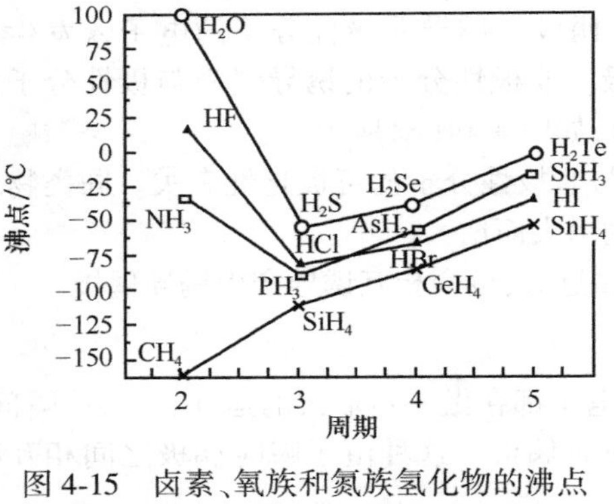


图 4-15　卤素、氧族和氮族氢化物的沸点

水的熔点和沸点呈现出递变中的反常现象。同样，氟化氢在卤化氢系列中，氨在氮族的三氢化物中也有这一现象。由此可断定，在水、氟化氢、氨三种物质中分子间除了分子间作用力外，还有一种特殊的作用力——氢键。

### (一) 氢键的形成

当氢与电负性很大、半径很小的元素 X(如 F、O、N) 以共价键结合后，共电子对偏向于 X 原子，使氢原子几乎成为只带有正电荷的原子核而具有较大的正电性，这个几乎赤裸的氢原子与另一个电负性较大并带有孤对电子的元素 Y 产生相当大的静电引力。这种因氢原子而引起的特殊的固有偶极间的吸引力称为氢键，通常用 X—H---Y 来表示(其中虚线表示氢键)，X 与 Y 可以相同，也可以不同。如氟化氢分子间的氢键：

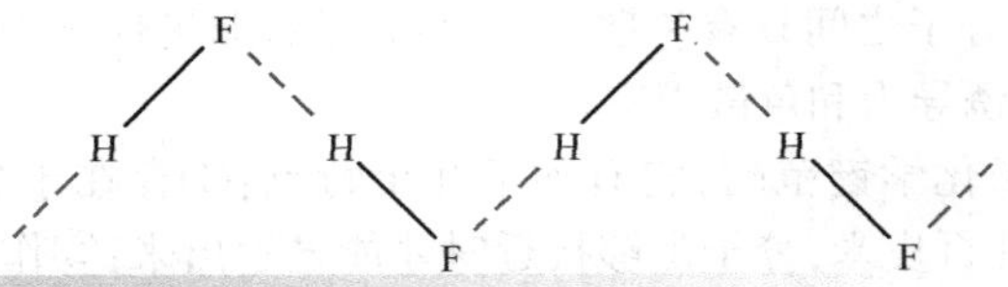


### (二) 氢键形成的条件

(1)有 H 原子，并且与电负性很大的元素 X 相结合。

(2)有一个电负性很大、半径较小并有孤对电子的 Y 原子，如 F、O 和 N。

(3)氢键的强弱与 X、Y 的电负性和半径大小有关。X、Y 的电负性大，氢键强；Y 的半径小，氢键也强。故下列氢键的强弱顺序是：

F—H---F >O—H---O>N—H---N

## (三) 氢键的分类

氢键可分为分子间氢键和分子内氢键两类。在分子之间形成的氢键称为分子间氢键，如水分子之间的氢键(相同分子通过氢键结合称为缔合)，氨水中氨分子与水分子之间的氢键等。

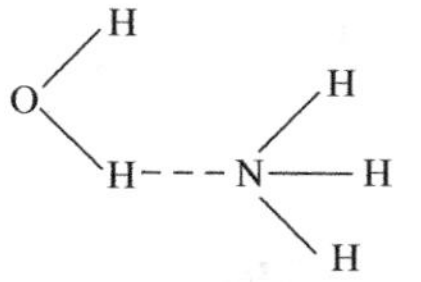

O—H---N氢键

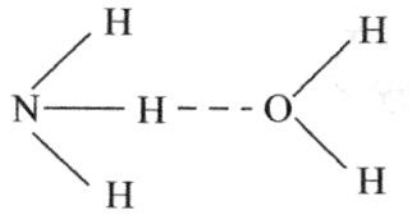

N—H---O氢键

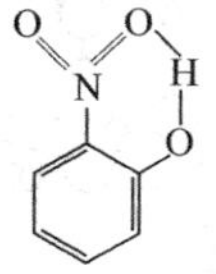

邻硝基苯酚

同一分子内的原子之间形成的氢键称为分子内氢键，如邻硝基苯酚中存在 O—H---O 氢键。

## (四) 氢键的特点

(1) 氢键仍属于静电作用力，它比化学键弱，但比分子间作用力强，是一种特殊的分子间作用力。

(2) 氢键有方向性和饱和性。氢键的方向性是指分子间氢键中 Y 原子与 X—H 形成氢键时，其方向尽可能与 X—H 键轴在同一个方向，以使 X 与 Y 距离最远，从而使两原子间的斥力最小，形成稳定的氢键(但对于分子内氢键来说，因受环状结构中其他原子键角的限制，X—H---Y 不可能在一直线上)；氢键的饱和性是指每一个 X—H 中的 H 原子最多只能与一个 Y 原子形成氢键，这是因为氢原子半径很小，当形成 X—H---Y 氢键后，第二个 Y 原子在靠近 H 原子时，将会受到已形成氢键的 Y 原子电子云的强烈排斥，不能再形成氢键。

## (五) 氢键对物质性质的影响

氢键对物质的熔点、沸点、溶解度、密度、黏度等均有影响。

**1. 氢键对熔点和沸点的影响**　分子间氢键相当于增强了分子间作用力，因而使化合物的熔点和沸点升高。而分子内氢键的存在则使物质比同类化合物的熔点和沸点降低。例如，邻硝基苯酚的熔点是 45℃，间位和对位的熔点分别是 96℃ 和 114℃，这是因为后两种化合物可形成分子间氢键，邻位形成的是分子内氢键。

**2. 氢键对溶解度的影响**　若溶质分子与溶剂分子间形成氢键，就会促进分子间的结合，使溶解度增大，例如，乙醇与水能以任意比例互溶。若溶质分子内形成氢键，如邻硝基苯酚，则在极性溶剂中的溶解度减小，在非极性溶剂中的溶解度增大。

**3. 氢键对密度或黏度的影响**　溶液中生成分子间氢键，能使溶液的密度 或黏度增加，而分子内氢键对密度或黏度无影响。例如，无水乙醇和水混合，溶液体积小于两者单独体积之和。

**知识链接**　　冰为什么能浮于水面上呢？

氢键使冰中的水分子之间形成四面体骨架(图 4-16)，每个氧原子周围有 4 个氢原子，其中的 2 个氢是以共价键结合的(这 2 个氢又会与其他的氧原子形成氢键)，另 2 个来自于与氧中孤电子对吸引生成氢键的氢，离氧的距离稍远。冰较水为空旷的结构而使其密度小于水，这就是冰山能漂浮在水面上的原因。

氢键在生命过程中也起着重要作用。脱氧核糖核酸(DNA) 是由磷酸、脱氧核糖和碱基构成的具有双螺旋结构的生物大分子，2 条多核苷酸链靠碱基(CO---H—N 和 CN---H—N)之间形成氢键配对而相连，即腺嘌呤(A)与胸腺嘧啶(T)配对形成 2 个氢键，鸟嘌呤(G)与胞嘧啶(C)配对形成 3 个氢键。这样，2 条链通过碱基间的氢键两两配对而保持双螺旋结构，如图 4-17 所示。此外，通过氢键形成的两特定碱基配对是遗传信息传递的关键，在 DNA 复制过程中有着重要的意义。

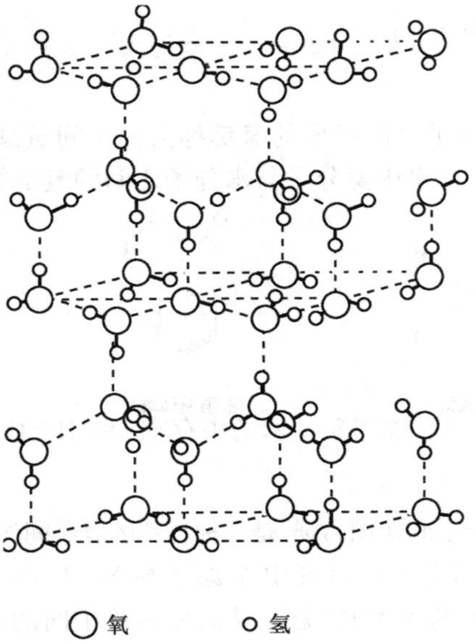


图 4-16　冰的结构

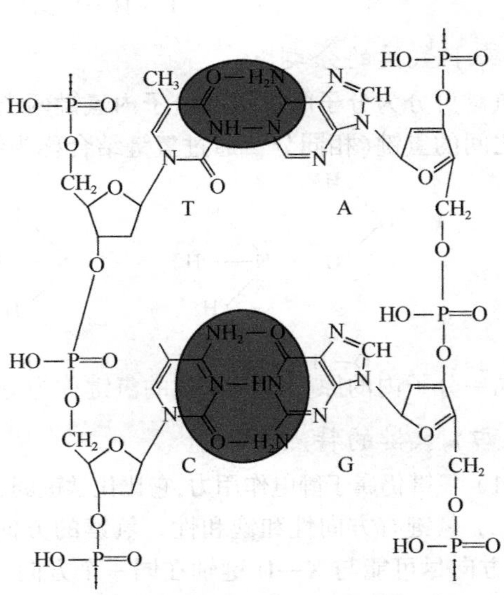


图 4-17　DNA 分子中的氢键

## 目标检测

### 一、单选题

1. $sp^3$ 杂化轨道的空间构型是(　　)
   A. 正三角形　　B. 直线形
   C. 正四面体形　　D. 三角锥形
2. 三氟化硼分子的空间构型是(　　)
   A. 四面体形　　B. 直线形
   C. 平面三角形　　D. 八面体形
3. 水分子空间构型是(　　)
   A. V 形　　B. 直线形
   C. 平面三角形　　D. 八面体形
4. 氨分子空间构型是(　　)
   A. 三角锥形　　B. 直线形
   C. 平面三角形　　D. 八面体形
5. 下列分子为极性分子的是(　　)
   A. 甲烷　　B. 二氧化碳
   C. 水　　D. 四氯化碳
6. 属于化学键的是(　　)
   A. 极性键　　B. 色散力
   C. 取向力　　D. 诱导力
7. 不属于化学键的是(　　)
   A. 离子键　　B. 氢键
   C. 共价键　　D. 配位键
8. 下列分子为非极性分子的是(　　)
   A. 二氧化碳　　B. 水
   C. 硫化氢　　D. 氨气
9. $NH_3$ 的水溶液中,溶质和溶剂分子间存在(　　)
   A. 离子键　　B. 配位键
   C. 氢键　　D. 共价键
10. 水具有反常的高沸点是由于水分子间存在(　　)
   A. 极性共价键　　B. 离子键
   C. 氢键　　D. 范德华力

### 二、简答题

1. 简要说明 σ 键和 π 键的形成和主要特征,并分析下列分子中存在何种共价键。
   (1) $N_2$;(2) HF
2. 判断 $SO_4^{2-}$ 的空间构型。
3. 判断下列各组分子间存在何种形式的分子间作用力。
   (1) $CCl_4$ 与 $CS_2$;(2) $CCl_4$ 与 $H_2O$
   (3) $H_2O$ 与 $NH_3$;(4) HBr 气体
4. 解释下列现象:沸点 HF> HI>HCl。
5. 请指出下列分子中哪些是极性分子,哪些是非极性分子?
   $CHCl_3$;$NCl_3$;$BCl_3$;HCl;$CO_2$

# 第五章　化学反应速率

**学习目标**

1. 掌握化学反应速率的基本概念及表示方法
2. 了解化学反应的有效碰撞理论和过渡状态理论
3. 理解活化分子、有效碰撞和活化能的概念及其意义
4. 掌握浓度、温度、催化剂对化学反应速率的影响
5. 了解利用化学反应的动力学原理,合理地选择化工生产条件

在研究各种类型化学反应时,往往都会涉及两方面的基本问题:一方面是化学反应所需要的时间,即化学反应进行的快慢问题;另一方面是化学反应完成的程度,即化学反应进行的限度问题。探讨这两方面的问题不仅对理论研究和生产实践具有重要指导意义;同时对掌握医学的基础理论知识,认识生物体内的生化反应、生理变化及药物的代谢等都有重要的意义。本章主要学习和讨论化学反应进行的快慢,即化学反应速率问题。

**案例 5-1**

大家知道,在日常生活中,无论是止咳糖浆、感冒胶囊等药物,还是酸奶、方便面等食品,都有其确定的保质期和保存条件;化学工业上物质的合成,如工业上合成氨的反应或许多药物的合成,需要选定适当的温度、压强或催化剂等。为什么一个反应的进行需要这样或那样的条件?为什么不同物质储藏的时间和储藏的要求不同呢?这些都与化学反应的速率密切相关。

## 第一节　化学反应速率

### 一、化学反应速率的概念和表示方法

人们在日常生活和生产实践中,会接触到各种类型的化学反应,不同的化学反应的速率差别很大,有的进行得非常快,瞬间即可完成,如火药的爆炸、溶液中简单离子间的反应等瞬间即可完成;而有的却又进行得极其缓慢,如氢和氧的混合物在常温下几十年甚至几百年也无法觉察到水的生成,石油和煤的形成需要经过上亿年的时间。由此可见,不同化学反应进行的快慢是不相同的。即使是同一化学反应,在不同反应条件下进行反应,其反应速率也会不同。

为了能定量地比较出化学反应进行的快慢程度,化学家引入了化学反应速率($v$)的概念。对于在一定条件下进行的化学反应,通常以单位时间内反应物或生成物浓度变化量的绝对值表示该化学反应的反应速率。浓度单位一般用 $mol \cdot L^{-1}$ 表示,时间单位根据反应进行的快慢可选用秒(s)、分(min)或小时(h)来表示。所以,化学反应速率的单位为 $mol \cdot L^{-1} \cdot s^{-1}$、$mol \cdot L^{-1} \cdot min^{-1}$ 或 $mol \cdot L^{-1} \cdot h^{-1}$。选用不同的物质计算反应速率时,要在反应速率($v$)的符号后括号内注明所选物质,如 $v$(D)或 $v$(H),因而化学反应速率的计算式可表示为:

$$\text{化学反应速率}(v) = \left|\frac{\text{某物质浓度变化量}}{\text{变化所用时间}}\right| = \left|\frac{\Delta c}{\Delta t}\right| \qquad (5\text{-}1)$$

对于同一化学反应,可选用反应体系中任一物质的浓度变化来表示反应速率。

**【例 5-1】** 在某一定条件下,合成氨的反应:

$$N_2 + 3H_2 \rightleftharpoons 2NH_3$$

| | | | |
|---|---|---|---|
| 初始浓度/(mol·$L^{-1}$) | 2.0 | 3.0 | 0 |
| 2s 末浓度/(mol·$L^{-1}$) | 1.6 | 1.8 | 0.8 |

此反应在该条件下,其反应速率分别用 $N_2$、$H_2$和 $NH_3$的浓度变化表示反应速率:

$$v(N_2)=\left|\frac{\Delta c(N_2)}{\Delta t}\right|=\left|\frac{2.0-1.6}{2}\right|=0.2(mol\cdot L^{-1}\cdot s^{-1})$$

$$v(H_2)=\left|\frac{\Delta c(H_2)}{\Delta t}\right|=\left|\frac{3.0-1.8}{2}\right|=0.6(mol\cdot L^{-1}\cdot s^{-1})$$

$$v(NH_3)=\left|\frac{\Delta c(NH_3)}{\Delta t}\right|=\left|\frac{0-0.8}{2}\right|=0.4(mol\cdot L^{-1}\cdot s^{-1})$$

上述计算结果表明,同一化学反应的反应速率,当选用不同物质的浓度变化计算反应速率时,其数值可能不同,但存在一定的比例关系,其比值与反应方程式中相应物质分子式前的系数比相一致,即 $v(H_2):v(N_2):v(NH_3)=3:1:2$。因而它们所代表的都是同一反应的反应速率,实际工作中通常选择浓度变化量容易测定的物质作为计算依据。

需要指出的是,大部分化学反应都不是匀速地进行,反应速率随反应时间而变,上述所计算的反应速率是指在 $\Delta t$ 时间内的平均速率。如果将反应的时间间隔取无限小,平均速率中 $\Delta t$ 无限趋近于零,即平均速率的极限值为在某时间反应的瞬时速率,只有瞬时速率才能准确表示化学反应在某一时刻的真实反应速率。

## 二、化学反应速率理论简介

有关化学反应速率理论,是 20 世纪初化学家路易斯和艾林在大量实验事实的基础上,分别提出的化学反应速率的碰撞理论和过渡状态理论。下面分别简单介绍这两种基本理论。

### (一) 碰撞理论

**1. 有效碰撞** 化学反应的速率虽然千差万别,但化学反应的过程是旧物质(反应物)的分子转化成新物质(生成物)分子的转变过程,在这个转变过程中,其实质是反应物分子中旧化学键的断裂和生成物分子中新化学键的形成。要实现旧化学键的断裂,需要克服原子之间结合力;新化学键的形成,需要克服原子之间相互靠近的阻力。因而,必须提供足够的能量,才能实现反应过程的转变。

20 世纪初,化学家在分子运动论基础上提出了气体反应的碰撞理论,该理论较为深刻地阐述了化学反应的过程。碰撞理论认为,反应物分子之间的相互碰撞是发生化学反应的前提条件,如果反应物分子之间不相互接触、相互碰撞,反应就无法发生。同时,化学反应速率与单位时间内分子间的碰撞频率成正比,碰撞频率越高,反应速率越快。根据实验测定,在标准状态下,分子相互碰撞频率的数量级高达 $10^{32}$次·$dm^{-3}\cdot s^{-1}$,甚至更高。如果每一次碰撞都能发生反应,那么一切气体反应物之间的反应都会爆炸性地瞬间完成,并且其化学反应速率也应该十分接近。但事实并非如此,实际上并不是每一次反应物分子间的碰撞都能发生化学反应。气体反应有快有慢,而且反应速率相差很大。例如,碘化氢气体的分解反应:

$$2HI(g)\rightleftharpoons H_2(g)+I_2(g)$$

在温度为 556K,浓度为 1.0mol·$L^{-1}$的条件下,根据相关理论计算其反应速率约是 $10^{11}$mol·$L^{-1}\cdot s^{-1}$,而实验值仅约为 $3.5\times10^{-7}$mol·$L^{-1}\cdot s^{-1}$,理论计算值约为实验测定值的 $2.86\times10^{17}$倍,两者相差甚远。为了说明上述事实,化学家提出了有效碰撞理论。该理论要点认为:在气体反应中,反应物分子间不断发生碰撞,在为数众多的碰撞中,大多数的碰撞没有发生反应,只有极少数能量较高的分子间的碰撞,才能导致旧化学键的断裂而发生化学反应。这种能发生反应的碰撞称为有效碰撞。可见,碰撞是分子间发生化学反应的必要条件,但并非充分条件。

**2. 活化分子和活化能**　在无数次的碰撞中,只有那些能量很高的分子之间的碰撞才能发生有效碰撞,从而发生化学反应。人们把那些能量很高,能够发生有效碰撞的分子称之为活化分子。因此,活化分子要比其他普通分子具有更高的能量,普通分子只有吸收足够的能量才能转变为活化分子。一定温度下的反应体系中,活化分子数在反应物总分子数中占有的比例越大,则单位体积、单位时间内发生有效碰撞的次数就越多,反应速率就越快。一定条件下,物质的内部蕴藏着能量,反应物分子具有一定的平均能量 ($\bar{E}$) ,其值低于该条件下反应体系内活化分子的平均能量 ($E^*$) 。托尔曼较严格地证明并提出了活化能 ($E_a$) 的概念,是指反应体系内活化分子的平均能量 ($E^*$) 与反应物分子的平均能量 ($\bar{E}$) 之差,即:

$$E_a = E^* - \bar{E} \qquad (5\text{-}2)$$

由此可见,一个化学反应,反应活化能 ($E_a$) 的大小是决定一定条件下化学反应速率大小的重要因素。不同的物质具有不同的结构和组成,其化学键能也就不同,所以对于不同物质间所进行的化学反应,具有不同的反应活化能。实践已证明,一般化学反应的活化能为 60～250kJ · $mol^{-1}$,反应的活化能越小,反应体系内的活化分子越多,化学反应速率就越大;反之,反应的活化能越大,化学反应速率就越小。当活化能小于 42kJ · $mol^{-1}$的化学反应,反应进行得很快,在室温条件,反应瞬间即可完成,对于活化能大于 420kJ · $mol^{-1}$的反应,化学反应进行得就很慢。

还需指出的是,化学反应速率的大小除与发生碰撞的分子能量有关外,还与其他因素有关。

碰撞理论是反应速率理论之一。这个理论在一定程度上对一些化学反应的反应速率的差别给出合理的解释,但对一些较为复杂的反应,这个理论也有其不足,即难以给出满意解释。

### (二) 过渡态理论

随着人们对物质内部结构认识的深入,20 世纪 30 年代艾林和波兰尼等化学家提出了化学反应速率的过渡态理论。这个理论认为,化学反应过程不只是通过反应物分子间的简单碰撞就能生成产物,而是要经过一个中间的过渡状态,即形成一个中间状态的活化配合物,然后再由中间状态的活化配合物转化为产物或反应物。

例如,反应物 AB 与 C 反应的过程可表示为:

$$\underset{\text{反应物}}{AB+C} \rightleftharpoons \underset{\text{活化配合物(过渡态)}}{[A\cdots B\cdots C]} \rightleftharpoons \underset{\text{生成物}}{A+BC}$$

活化配合物是反应物转化为生成物过程中的一种中间状态,故称其为过渡态。活化配合物具有较高的势能,其值高于反应物的势能,也高于生成物的势能。从能量角度看,活化配合物很不稳定,可以分解为产物,又可分解为原反应物,但它却是反应物向生成物转化必须逾越的一个能垒,这个能垒的高低相当于碰撞理论中的活化能,等于活化配合物具有的最低能量与反应物的最低能量之差。反应过程中势能的变化可用图形来表示。如图 5-1 所示,横坐标表示反应进程,纵坐标表示势能。从图 5-1 可以看出,由反应物 AB+C 到产物 A+BC 时必须克服的能量障碍越高,活化分子数越少,反应进行的速率就越慢;反之,反应速率就越快。

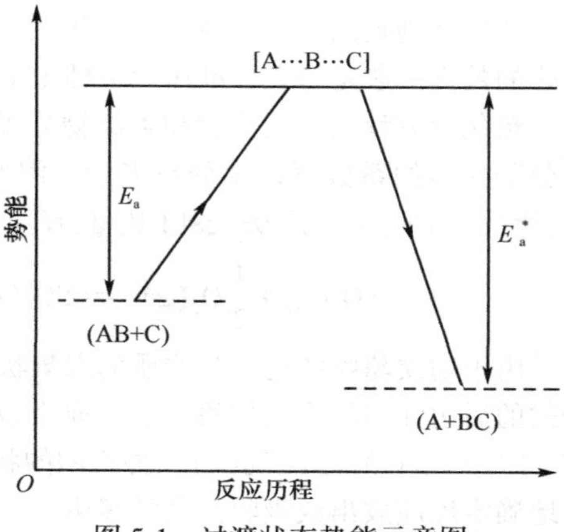


图 5-1　过渡状态势能示意图

**知识链接** 飞 秒 化 学

化学反应的实质是化学键的断裂和构成，也就是说，反应物如何转变成生成物。不管是碰撞理论还是过渡态理论，若能实际观察到反应物到生成物的变化过程，反应过程中生成的中间产物与起始物和最终产物都不同，化学反应将会更为可控，新的分子将会更容易制造。运用过去的测量技术是绝对无法实现的。20世纪80年代埃及和美国双重国籍的化学物理学家哈迈德·泽维尔用高速照相机拍摄化学反应过程，记录在其反应状态下的图像，以研究化学反应。这种照相机用激光以几十万亿分之一秒的速度闪光，可以拍摄到反应中一次原子振荡的图像。他创立的物理化学被称为飞秒化学。飞秒化学首次成功地发现了从反应物到生成物过程中的中间体的存在，观察到了反应的过渡态在势能面上的振荡和解离过程，成功地解释化学反应的速率理论。

## （三）化学反应热与热化学方程式

**1. 活化能与反应热** 在化学反应进行的过程中，常伴有放热或吸热现象。人们把在一定条件下，反应过程中放出或吸收的热量称为反应热。过程中放出热量，称为放热反应；若吸收热量，称为吸热反应。反应中对于可逆的基元反应（一步完成的简单反应）来说，反应热 $\Delta H$ 与正逆反应的活化能密切相关。根据过渡态理论，活化配合物的势能与反应物的势能之差，代表正反应的活化能（$E_{a正}$），活化配合物的势能与生成物的势能之差，代表逆反应的活化能（$E_{a逆}$）。正逆反应的活化能之差，称为该化学反应的反应热用 $\Delta H$ 表示，即：

$$\Delta H = E_{a正} - E_{a逆} \tag{5-3}$$

吸热反应，$\Delta H > 0$；放热反应，$\Delta H < 0$。

如果向右进行的反应是放热反应，那么向左进行的反应就是吸热反应，反之亦然。在同一条件下，对于同一化学反应，左、右两个方向放出或吸收的热量，其绝对值相等，符号相反。

**2. 热化学方程式** 化学反应的热效应，通常用热化学方程式来表示。常用的最简单方法是在化学方程式的右边用“-”号表示反应吸收热量，用“+”号表示反应放出热量，或在化学方程式的后边用 $\Delta H$ 的正、负来表示反应的吸热或放热。人们把这种表示化学反应与热效应关系的方程式称为热化学方程式。反应热通常用物质的量的单位摩尔来计算衡量一定量的物质在反应中放出或吸收的热量。例如，1mol 的碳完全燃烧生成二氧化碳，放出 393.5kJ 热量，可表示为：

$$C(s) + O_2(g) \xlongequal{\quad} CO_2(g) + 393.5kJ（或\ \Delta H = -393.5kJ \cdot mol^{-1}）$$

又如，完全燃烧 1mol 氢气生成水蒸气，放出 241.8kJ 热量。

$$2H_2(g) + O_2(g) \xlongequal{\quad} 2H_2O(g) + 483.6kJ（或\ \Delta H = -241.8kJ \cdot mol^{-1}）$$

这里特别提出注意写热化学方程式需要标明反应的温度和压力，如果不特别注明，表示反应热的数据一般是指在标准压力下即 101.325kPa，温度为 298.15K 即室温 25℃条件下测定的。

热化学方程式中反应物和生成物分子式前的系数只表示物质的量，而不表示分子个数，因而分子式前的系数可以用分数表示。例如，在 25℃、标准压力下，0.5mol $O_2$ 与 1mol $SO_2$ 完全反应，生成 1mol $SO_3$ 放出 98.28kJ 热量，反应的热化学方程式可写为：

$$SO_2(g) + \frac{1}{2}O_2(g) \xlongequal{\quad} SO_3(g) + 98.28kJ（或\ \Delta H = -98.28kJ \cdot mol^{-1}）$$

由于物质蕴藏的能量与物质的聚集状态有关，书写热化学方程式时要在反应物和生成物分子式的后边注明物质的聚集状态。通常以“g”表示气态，以“l”表示液态，以“s”表示固态。例如，冰(s)、水(l)、水蒸气(g)三种不同的状态具有不同的能量。只有注明了不同状态，才能较精确地确定反应放出或吸收热量的多少。

化学反应热通常可由实验来测出，但并不是所有化学反应的热效应都能通过实验方法准确测定。俄国化学家赫斯在大量的实验事实的基础上于 1840 年总结出一条经验规律：“不论一个化学反应是一步完成还是分几步完成，该反应的热效应总是相同的。”或者说：“一个化学反应如果分几步完成，则总反应的反应热等于各步反应反应热的代数和。”这一定律称为赫斯定律，也称反应热加和定律。赫斯定律是热化学计算的基础，能使热化学方程式可以像数学的代数方程式那样进行有关计算，使那些难于测定或不能直接测定的反应热效应通过已准确测定的反应热效应计算得到，从而减少了大量的实验工作，但在使用赫斯定律时，应注意的是总反应要与分几步完成的反应的反应条件相同。因此，赫斯定律具有十分重要的意义。

# 第二节 影响化学反应速率的因素

日常生活和工农业生产实践证明，不同的化学反应有着不同的反应速率；同一化学反应在不同的条件下，其化学反应的速率也存在着显著的差别。前者是由反应物的组成、结构和性质等内在因素起决定性的作用。内因的不同，决定化学反应的活化能大小不同，因而决定着反应速率的快慢不同。而后者是由反应的不同外界条件来决定，如反应物浓度的大小、温度的高低和催化剂的有无等因素的影响。掌握外界因素对化学反应速率影响的规律，将会对人们的日常生活和生产实践产生积极的作用。本节即讨论这些外界因素对化学反应速率的影响。

## 一、浓度对化学反应速率的影响

### （一）浓度对化学反应速率的影响

大量实验事实表明，在一定温度下，增大反应物的浓度，大多会加快其化学反应速率。例如，室温条件下，硫在空气中点燃可缓慢燃烧，而在纯氧中点燃则迅速燃烧，这是由于氧气在空气中只占有21%左右的缘故；相反，若减小反应物的浓度，会减慢化学反应速率，这说明反应物浓度对化学反应速率有较大的影响。这个事实可以用前面学习的化学反应碰撞理论进行解释。

对于任何一个化学反应，在一定温度下，反应物分子中活化分子百分数总是恒定值。增大反应物的浓度，等于增大了反应体系单位体积内活化分子的总数，这样，使得单位体积单位时间内反应物分子间的有效碰撞次数增加，从而使反应速率加快；反之，使化学反应速率减慢。

对于有气体参加的化学反应，压强的改变会影响到反应的速率。具体来讲，一定温度下某一化学反应，压强的改变对固体和液体物质的体积影响很小，可以忽略不计，但对气体体积的影响却很大。在保持温度不变的情况下，增大压强，气体的体积减小，气体物质的浓度增大，反应速率加快；相反，减小压强，气体的体积增大，气体物质的浓度减小，反应速率减慢。所以，压强对化学反应速率的影响，从本质上讲，与浓度对化学反应速率的影响相同。

### （二）质量作用定律

早在19世纪60年代，挪威科学家古德贝格和瓦格在大量实验数据的基础上，对化学反应速率与反应物浓度之间的关系进行了分析总结，得出：在其他条件不变的情况下，基元反应的化学反应速率与各反应物浓度的幂次方乘积成正比。其中各反应物浓度的幂次方等于反应方程式中各反应物分子式前的系数，基元反应是指一步完成由反应物转化为生成物的简单反应。

例如，某基元反应的化学方程式表示为：

$$mA+nB \xlongequal{} dD+eE$$

根据质量作用定律，反应速率与反应物浓度之间的定量关系可表示为：

$$v = kc_A^m c_B^n \tag{5-4}$$

式(5-4)又称速率方程。式中，$v$为反应的瞬时速率；$c_A$、$c_B$分别为A、B反应物的瞬时浓度；$m$、$n$分别为反应物A和B在化学方程式中分子式前的系数；$k$为速率常数，其物理意义为：在一定温度下,反应物为单位浓度时的反应速率。$k$ 是一个特征常数,其数值的大小与反应物的本性有关。因而,在相同的温度下,两个不同的化学反应 $k$ 值的大小一般不相同。$k$ 值与反应物的浓度大小无关,但受反应的温度和催化剂影响。因此,对某一化学反应来说,在不同的温度和催化剂的条件下反应,其 $k$ 值不同。

值得注意的是,对于某一化学反应的质量作用定律表示式中,反应物只包括气体反应物或溶液中的溶质反应物,固态和纯液态反应物不写入关系式中。因为前者的浓度随反应的进行是一个变数,而后者的浓度一般不发生改变,是一个常数。例如,煤在空气中的燃烧反应为一基元反应:

$$C(s)+O_2(g)=\!=\!=CO_2(g)$$

根据质量作用定律其速率方程式为:

$$v = kc_{O_2}$$

实际上,大多数化学反应往往并不是一步就能完成的简单反应,反应物转变为生成物需要经过若干步基元反应才能完成,向这类经过多步才能完成的复杂反应称为非基元反应。对于复杂反应速率方程式,一般不能只根据总反应方程式中各反应物前面的系数直接写出,其速率方程式只能以实验数据为依据来确定。

例如,非基元反应(复杂反应):

$$H_2+Cl_2=\!=\!=2HCl$$

根据实验数据得出该反应的速率方程式为:

$$v = kc_{Cl_2}^{1/2}c_{H_2}$$

## 二、温度对化学反应速率的影响

由家庭生活的常识知道,炎热的夏季,为使食物较长时间保存而不腐败变质,应把它们放在冰箱中进行低温储存。而氢和氧化合生成水的反应,在室温条件下,需要上亿年的时间,如果将其反应的温度升高到600℃左右,则反应瞬间完成,甚至爆炸。大量的事实说明,温度是影响化学反应速率的又一个重要因素。

对于温度对化学反应速率的影响,科学家很久以前就总结得出:同一化学反应在其他条件相同的情况下,升高反应的温度,可以加快化学反应速率;降低反应的温度,可以减慢化学反应速率。1884 年荷兰科学家范特霍夫在大量实验数据的基础上又归纳总结出一条更为直观的经验规则:在其他条件不变的情况下,化学反应的温度每升高 10℃,大多数化学反应的反应速率增加到原来的 2~4 倍。

温度升高之所以能使化学反应的速率加快,一方面是因为温度升高使得反应物分子的运动速度加快,从而增大了反应体系内单位体积单位时间反应物分子间的有效碰撞次数,因而加快了化学反应的速率;另一方面,其最根本原因是温度升高时,一部分普通反应物分子获取一定能量后而变成活化分子,使得反应体系内活化分子的总数增多,从而使单位时间单位体积内反应物分子间的有效碰撞次数显著增加,导致化学反应速率以几何级数的倍数增加。

温度对化学反应速率的影响,主要是体现在对质量作用定律表达式中速率常数 $k$ 值的影响。1889 年阿伦尼乌斯根据大量的实验事实提出了反应速率常数与温度间的定量关系,即阿伦尼乌斯经验公式:

$$k = Ae^{-\frac{E_a}{RT}} \tag{5-5}$$

或

$$\ln k = -\frac{E_a}{RT} + \ln A \tag{5-6}$$

式中，$k$ 为反应的速率常数；$T$ 为热力学温度；$E_a$ 为反应的活化能；e 为自然对数的底（e=2.718）；$R$ 为摩尔气体常量；$A$ 为给定化学反应的特征常数（积分常数）。从上述阿伦尼乌斯经验公式可以清楚地看出，反应的速率常数随温度成指数关系变化，当有微小的温度变化将会导致速率常数 $k$ 值发生较大的变化。

**【例 5-2】** 某一化学反应，已知其反应的活化能 $E_a = 103.3\text{kJ}\cdot\text{mol}^{-1}$，当反应的温度由 300K 升高到 310K 时，反应速率将增大到原来的多少倍？

**解**：根据阿伦尼乌斯公式（5-6），得：

$$\ln k_1 = -\frac{E_a}{RT_1} + \ln A \tag{1}$$

$$\ln k_2 = -\frac{E_a}{RT_2} + \ln A \tag{2}$$

将上述式（2）减去式（1）得：

$$\ln\frac{k_2}{k_1} = \frac{E_a}{R}\left(\frac{1}{T_1} - \frac{1}{T_2}\right)$$

把题目中的已知条件代入上式得：

$$\ln\frac{k_2}{k_1} = \frac{103.3\times10^3}{8.314}\left(\frac{1}{300} - \frac{1}{310}\right)$$

$$\approx 1.33$$

$$\frac{k_2}{k_1} \approx 3.8$$

由计算可以看出，对于上述反应，当温度升高 10℃，反应速率常数增大到原来的 3.8 倍。

温度与化学反应速率的关系已被人们广泛应用于实践，通过对反应的温度调节已达到有效地控制反应速率的目的。例如，对容易发生变质的药物和食品在储藏中，通常保存在冰箱中或阴冷处；药物生产企业测定药物有效期时，往往由于常温下反应较慢，留样监测费时费事，通常采用加热的方法加快其反应速率，利用阿伦尼乌斯经验公式求得其常温下的反应速率。

## 三、催化剂对化学反应速率的影响

在化学反应体系中，能显著改变其他物质的化学反应速率，但本身的质量、组成和化学性质在反应前后都保持不变的一类物质称为催化剂。例如，在加热氯酸钾制取氧气时加入的二氧化锰，以二氧化硫为原料接触法制硫酸，将二氧化硫氧化为三氧化硫时使用的五氧化二钒等都属于催化剂。人们通常把催化剂作用下进行的反应称为催化反应，催化剂改变化学反应速率的作用称为催化作用。在催化反应中，凡能加快化学反应速率的催化剂称为正催化剂；能减慢化学反应速率的催化剂称为负催化剂或抑制剂。催化剂改变化学反应速率的作用，被人们广泛地应用于工农业生产和生活实践，对那些不利的化学反应，通常使用负催化剂来减缓其化学反应的速率。例如，为防止药物的变质，橡胶、塑料的老化，金属的锈蚀等都需要加入一定量的抑制剂。对那些有利的化学反应，如工业上合成氨、制硫酸、石油的裂解加工等，为加快反应速率，提高效率通常使用正催化剂。而我们通常所说的催化剂一般是指正催化剂。

大量的科学实验研究表明，催化剂能显著加快化学反应速率的本质原因是催化剂参与了化学反应的过程，与反应物的分子形成了一种过渡态活化配合物，其势能较低且很不稳定，这样由于催化剂的使用改变了化学反应的历程，降低了反应的活化能（图 5-2），使更多的普通反应物分子转变为活化分子，从而增大了有效碰撞的频率，大大加快了化学反应的速率。因而，催化剂是影响化学反应速率的又一重要因素，其对反应速率的影响体现在对反应速率常数 $k$ 值的影响。

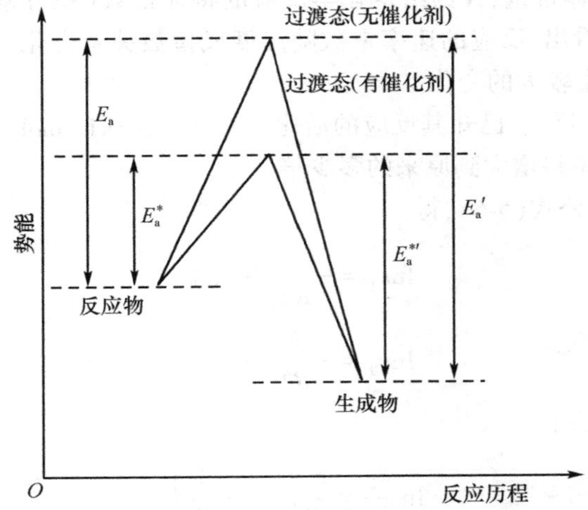


图 5-2　催化剂降低反应活化能示意图

催化剂改变反应速率的催化反应是十分重要且又普遍存在的，据统计，80%~90%的药物合成和化工生产过程都使用了催化剂。但值得注意的是，催化剂一般具有高度的选择性和高度的有效性，某种催化剂通常只对某些特定的反应起催化作用，而对其他化学反应则无任何催化作用。

酶是生物体内生命过程中的天然活体催化剂。在生物催化作用中，酶的选择性和有效性表现得更为神奇。许多在实验室难以实现的复杂反应，在常温常压下却能在生物体内通过酶的作用快速而高效地实现。例如，乳酸脱氢酶只对(－)-乳酸脱氢生成丙酮酸起催化作用，而对(＋)-乳酸就没有催化作用；人体消化道内的酶能使食物在常温常压下快速消化吸收，如蔗糖在纯的水溶液中几年甚至更长的时间也不被氧气氧化，但在特殊生物酶的催化作用下，只需几小时就能完成。正是它们的专一性和高效性，才确保了人体代谢过程的正常进行。因此，为了适应发展的需要，模拟酶的催化作用已成为当今化学家研究的重要课题。

以上讨论了浓度、温度、催化剂等外界条件对化学反应速率的影响，除这些主要外因的影响之外，还有反应物在反应过程中的接触面积、高能射线、超声波光照、激光等其他因素，也会对化学反应速率产生影响，在这里就不一一进行讨论了。

## 目标检测

### 一、单选题

1. 在一定条件下，将 6mol 的 $H_2$和 2mol 的 $N_2$充入 2L 的密闭容器中，4s 后测得$[N_2]=0.6mol\cdot L^{-1}$，则反应速率 $v(NH_3)$ 为（　　）

   A. $0.2mol\cdot L^{-1}\cdot s^{-1}$　　B. $0.5mol\cdot L^{-1}\cdot s^{-1}$

   C. $0.3mol\cdot L^{-1}\cdot s^{-1}$　　D. $0.4mol\cdot L^{-1}\cdot s^{-1}$

2. 关于催化剂的叙述不正确的是（　　）

   A. 能改变化学反应的历程

   B. 能降低反应的活化能

   C. 能使本身不反应的物质相互发生反应

   D. 反应前后本身的质量没有发生改变

3. 增加气体反应物的压强能加快化学反应速率的原因是（　　）

   A. 增加了反应体系内分子总数

   B. 增加了反应体系内活化分子总数

   C. 降低了化学反应的活化能

   D. 增加了单位体积内活化分子数

4. 一些药物需要保存在冰箱中，以防其变质，其主要作用是（　　）

   A. 避免与空气接触

   B. 保持药物干燥

   C. 避免药物受光照

D. 降低温度减缓药物变质反应速率

5. 实践经验表明，温度每升高 10℃，化学反应速率就增大到原来的 2 倍；假如使某反应的温度由 10℃升高到 50℃，则反应速率增大到原来的（　　）

A. 8 倍　　B. 4 倍

C. 64 倍　　D. 16 倍

6. 升高温度能加快化学反应速率的主要原因是（　　）

A. 增加了反应体系内分子碰撞的机会

B. 增加了反应体系内活化分子总数

C. 降低了活化分子的最低能

D. 改变了反应途径

## 二、填空题

1. 影响化学反应速率的外界因素主要有____________、________和________。

2. 在 25℃时，将 3.0 $mol \cdot L^{-1}$的 $N_2O_5$充入一密闭容器中，进行分解反应，80s 末测得各物质的浓度如下：

| | $2N_2O_5(g)$ | $\rightleftharpoons$ | $4NO_2(g)$ | $+O_2(g)$ |
|---|---|---|---|---|
| 开始浓度 | 3.0 | | 0 | 0 |
| 80s 末浓度 | 2.8 | | 0.4 | 0.2 |

则：$v(N_2O_5)=$________$mol \cdot L^{-1} \cdot s^{-1}$，$v(NO_2)=$________$mol \cdot L^{-1} \cdot s^{-1}$，$v(O_2)=$________$mol \cdot L^{-1} \cdot s^{-1}$。

3. 升高温度可使反应速率________，其主要原因是升高温度使________，从而增加了反应物中活化分子百分数。

## 三、计算题

1. 高温高压和催化剂的条件下，进行合成氨的反应，其反应式为：

$$N_2(g)+3H_2(g) \rightleftharpoons 2NH_3(g)$$

反应经过 10s 后 $NH_3$浓度增加了 6$mol \cdot L^{-1}$，在此 10s 内，用 $H_2$浓度的变化量表示反应速率是多少？

2. 已知某反应在 300K 时的反应速率常数为 $1.50 \times 10^{-2}$，310K 时的反应速率常数为 $3.50 \times 10^{-2}$，求该反应的活化能。

# 第六章　化学平衡

**学习目标**

1. 了解可逆反应和不可逆反应及化学平衡常数的意义
2. 熟悉化学反应平衡常数表达式的书写和化学平衡移动的原理
3. 掌握化学反应平衡常数和影响化学反应平衡移动的因素
4. 了解化学平衡移动原理的应用

在一定反应条件下，有些反应的反应速率很快，但反应物转化成生成物的程度却很小；而有些反应的反应速率虽然较慢，但有足够的时间让其充分反应，反应物几乎能全部转化为生成物，反应进行得比较彻底。一个有益于人类的化学反应，其利用价值的大小，不仅取决于其反应的速率，还要看其反应进行的程度，即反应物转化成生成物的利用率。因此，研究化学反应进行的程度，除了受反应物的结构、组成影响之外，还有哪些外界因素对化学反应进行的程度产生影响及产生怎样的影响，就凸显重要。所以本章将讨论学习化学平衡以及影响化学平衡的因素。

## 第一节　可逆反应与化学平衡

### 一、可逆反应

在一定条件下，有少数化学反应能够进行"彻底"，即反应物的转化率几乎能达到百分之百。在相同的条件下，生成物几乎不可能转化为反应物。例如：

$$NaOH+HCl = NaCl+H_2O$$

$$2KClO_3 \xrightarrow[\triangle]{MnO_2} 2KCl+3O_2\uparrow$$

这种在一定条件下，只能向一个方向即单向进行的反应称为不可逆反应。但实际上，大多数的化学反应在同一条件下，既能按反应方程式向正方向进行，又能向反方向进行。例如，在一定条件下，氢气和氮气反应生成氨气：

$$N_2(g)+3H_2(g) \longrightarrow 2NH_3(g)$$

相同的条件下，氨气也能分解生成氢气和氮气：

$$2NH_3(g) \longrightarrow N_2(g)+3H_2(g)$$

这种在一定条件下，既能向正方向进行又能向反方向进行的化学反应称为可逆反应。通常将从左向右进行的反应称为正反应，从右向左进行的反应称为逆反应。可逆反应与不可逆反应的区别在于：在一定条件下的密闭容器中，对于可逆反应，不管反应进行多长时间，最终是反应物和生成物同时存在，而不可逆反应却只有生成物。为了便于区分两者，一般在写化学方程式时，常用可逆号"$\rightleftharpoons$"代替等号来表示反应的可逆性。例如：

$$N_2(g)+3H_2(g) \rightleftharpoons 2NH_3(g)$$

$$H_2(g)+I_2(g) \rightleftharpoons 2HI(g)$$

$$2SO_3(g) \rightleftharpoons 2SO_2(g)+O_2(g)$$

### 二、化学平衡

在一定条件下，将一定量的氢气和氮气放入一密闭容器中，使其发生合成氨气的反应：

$$N_2(g)+3H_2(g) \rightleftharpoons 2NH_3(g)$$

当反应刚开始的瞬间，容器中只有氢气和氮气，而且它们的浓度此时最大，氨气的浓度为零，所以容器中只发生合成氨气的反应，即正反应速率最大，逆反应的速率为零。随着反应的不断进行，氢气和氮气的浓度逐渐减小，氨气的浓度逐渐增大。因此，正反应的速率逐渐降低，逆反应速率逐渐加快。随着反应的不断进行，当到达时间 $t$ 时，反应进行到一定程度。此时，正反应速率等于逆反应速率，即 $v_{正}=v_{逆}$，这时单位时间内正反应消耗氢气和氮气的分子数等于逆反应氨气分解生成氢气和氮气的分子数，容器中反应物 $N_2(g)$ 和 $H_2(g)$ 及生成物 $NH_3(g)$ 的浓度已不再随时间的变化而变化，反应在此条件下进行到了最大程度。反应过程中正反应和逆反应速率随时间的变化，如图 6-1 所示。在一定条件下，可逆反应的正反应速率等于逆反应速率，反应物和生成物的浓度已不再随时间的变化而变化，此时体系所处的状态在化学上被称为化学平衡状态。

化学平衡的主要特征是：当反应体系处于平衡状态时，从宏观上表现为静止状态，但实际上反应仍在进行，只不过是正反应速率与逆反应速率相等，各物质的浓度保持不变。因而，化学平衡是一种动态平衡。同时值得提出的是，这种平衡是有条件的、暂时和相对的平衡，一旦平衡所处的条件被打破，化学平衡将会随之被破坏，从而发生平衡移动，反应的限度也将随之发生变化。

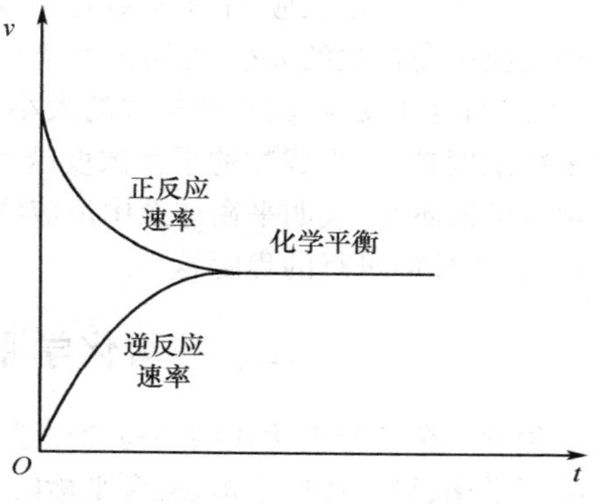


图 6-1　正逆反应速率变化示意图

# 第二节　化学平衡常数

## 一、化学平衡常数及意义

在一定条件下，可逆反应达到平衡状态时，反应物最大限度地反应转变成为生成物，反应体系内反应物和生成物的浓度均不再随时间变化而改变，即体系内各物质的浓度都是恒定值。大量的实验数据说明，在一定温度下的平衡体系中，反应物和生成物的浓度之间存在着一定的数量关系。

例如，对于任一可逆反应，用 A 和 B 表示反应物，G 和 H 表示生成物，用 $a$、$b$、$g$、$h$ 分别表示反应方程式中各物质分子前的系数，则可以用下式来表达其可逆反应化学方程式：

$$aA+bB \rightleftharpoons gG+hH$$

实验结果证明，在一定温度下达到平衡状态时，用[A]、[B]、[G]、[H] 分别代表各反应物和生成物的平衡浓度，则反应物和生成物的平衡浓度之间存在着如下关系：

$$K_c=\frac{[G]^g[H]^h}{[A]^a[B]^b} \tag{6-1}$$

式(6-1)表示：在一定温度下，当可逆反应达到平衡状态时，生成物浓度幂次方的乘积与反应物浓度幂次方的乘积之比是一个常数（各物质浓度的幂次方在数值上等于该物质在反应方程式中分子式前的系数）。这个常数表达式称为平衡常数表达式，$K_c$ 称为化学平衡常数。

对于气相反应而言，在恒温恒压条件下，气体的分压与其浓度成正比关系。因此，在平衡常数表达式中，也可以用平衡时各气体的平衡分压来替代各物质的浓度。例如，上述反应方程式中的反应物和生成物均为气态物质，并且各物质在平衡状态时的分压分别用 $p_A$、$p_B$、$p_G$、$p_H$ 来表

示,则

$$K_p=\frac{p_G^g\,p_H^h}{p_A^a\,p_B^b} \tag{6-2}$$

通过实验测定在一定条件下反应物和生成物的平衡浓度或平衡分压,代入式(6-1)或式(6-2)平衡常数表达式计算得到平衡常数,分别称为浓度实验平衡常数或压力实验平衡常数,两者的关系为:

$$K_p=K_c(RT)^{\Delta\nu} \tag{6-3}$$

式中,$\Delta\nu$ 为气态生成物的总计量系数与气态反应物总计量系数之差。

对于同一可逆反应,平衡常数是温度的函数,随温度的变化而变化,与其浓度的变化无关。可逆反应平衡常数的大小,是可逆反应反应物转化为生成物转化程度的标志。在同一反应条件下,不同的可逆反应,其平衡常数的大小可能不同,平衡常数的值越大,表明平衡体系中反应物的平衡浓度越小,生成物的平衡浓度越大,说明正反应的趋势越强,反应进行得越彻底;相反,平衡常数的值越小,表明平衡体系中反应物的平衡浓度越大,生成物的平衡浓度越小,正反应的趋势越弱,正反应进行的程度越小。

## 二、书写化学平衡常数表达式的注意事项

化学平衡常数表达式的书写和化学平衡常数计算的有关知识,为后续章节如酸碱平衡、沉淀溶解平衡、氧化还原平衡、配合平衡的学习奠定基础,化学平衡常数是化学工作中不可缺少的重要数据。在书写化学平衡常数表达式时,应注意以下几点。

(1) 在平衡常数表达式中所用各物质的浓度或分压,都是指可逆反应在一定条件下达到平衡时的平衡浓度或平衡分压,并且生成物的平衡浓度或平衡分压的幂次方乘积作分子,反应物的平衡浓度或平衡分压的幂次方乘积作分母,幂次方是反应方程式中分子式前的计量系数。例如,一定条件下,工业上合成氨的反应达到平衡:

$$N_2(g)+3H_2(g)\rightleftharpoons 2NH_3(g)$$

$$K_c=\frac{[NH_3]^2}{[N_2][H_2]^3}\text{或}K_p=\frac{p_{NH_3}^2}{p_{N_2}\,p_{H_2}^3}$$

(2) 平衡常数表达式要与平衡体系的化学方程式相对应,同一化学反应有不同的计量方程式表示式,因此平衡常数表达式不同,平衡常数值也不同。但其实际含义却是相同的。例如:

$$N_2(g)+3H_2(g)\rightleftharpoons 2NH_3(g)$$

$$K_1=\frac{[NH_3]^2}{[N_2][H_2]^3}$$

$$\frac{1}{2}N_2(g)+\frac{3}{2}H_2(g)\rightleftharpoons NH_3(g)$$

$$K_2=\frac{[NH_3]}{[N_2]^{\frac{1}{2}}[H_2]^{\frac{3}{2}}}$$

$$K_1=(K_2)^2$$

通过上述事例可以得出,在同一条件下,同一化学反应用不同的计量方程式来表示时,有不同的平衡常数表达式,但它们之间存在着一定的定量关系。

(3) 在反应体系中如有固体或纯液体参加时,它们的浓度通常看成常数,不写入平衡常数表达式中。例如:

$$C(s)+H_2O(g)\rightleftharpoons CO(g)+H_2(g)$$

$$K_c=\frac{[CO][H_2]}{[H_2O]}$$

（4）稀溶液中进行的反应，虽有水的参加或生成，但其浓度几乎保持不变，所以水的浓度也不写入平衡常数表达式中。例如：

$$Cr_2O_7^{2-}+H_2O \rightleftharpoons 2CrO_4^{2-}+2H^+$$

$$K_c=\frac{[CrO_4^{2-}]^2[H^+]^2}{[Cr_2O_7^{2-}]}$$

（5）可逆反应的正反应与逆反应的平衡常数存在互为倒数的定量关系。例如：

$$H_2(g)+I_2(g) \rightleftharpoons 2HI(g)$$

$$K_1=\frac{[HI]^2}{[H_2][I_2]}$$

$$2HI(g) \rightleftharpoons H_2(g)+I_2(g)$$

$$K_2=\frac{[H_2][I_2]}{[HI]^2}$$

在使用平衡常数进行计算时，必须注意与平衡常数相对应的化学计量方程式。

## 三、化学平衡的有关计算

### （一）已知平衡体系内各物质的平衡浓度求平衡常数

**【例 6-1】** 在某温度下，已知反应：

$$H_2(g)+Br_2(g) \rightleftharpoons 2HBr(g)$$

在$[Br_2]=0.2mol\cdot L^{-1}$、$[H_2]=1mol\cdot L^{-1}$、$[HBr]=3.2mol\cdot L^{-1}$时建立起化学平衡，求该反应的平衡常数$K_c$。

**解：**根据上述反应方程式可得，其平衡常数表达式为：

$$K_c=\frac{[HBr]^2}{[H_2][Br_2]}$$

将上述各物质的平衡浓度代入平衡常数表达式得：

$$K_c=\frac{(3.2)^2}{1\times0.2}=51.2$$

**【例 6-2】** 在某温度下，用炭与水反应的方法制备水煤气，其反应如下：

$$C(s)+H_2O(g) \rightleftharpoons CO(g)+H_2(g)$$

测得该反应各物质的浓度分别为$[H_2O]=1.6\times10^{-3}mol\cdot L^{-1}$、$[CO]=[H_2]=3.2\times10^{-3}mol\cdot L^{-1}$时建立平衡，求反应在该温度下的平衡常数$K_c$。

**解：**根据上述反应方程式，在炭与水反应中炭是固体，因而不代入平衡常数的表达式中，所以平衡常数的表达式为：

$$K_c=\frac{[CO][H_2]}{[H_2O]}$$

将题目中各物质的平衡浓度代入平衡常数表达式得：

$$K_c=\frac{3.2\times10^{-3}\times3.2\times10^{-3}}{1.6\times10^{-3}}$$

$$=6.4\times10^{-3}$$

### （二）已知反应体系内各物质平衡浓度，计算起始浓度

**【例 6-3】** 工业上接触法制硫酸，用二氧化硫催化氧化生成三氧化硫，其反应方程式为：

$$2SO_2(g)+O_2(g) \underset{\triangle}{\overset{V_2O_5}{\rightleftharpoons}} 2SO_3(g)$$

在某温度下达到平衡,平衡时各物质的平衡浓度分别为$[SO_2]=2mol \cdot L^{-1}$,$[O_2]=1mol \cdot L^{-1}$,$[SO_3]=3mol \cdot L^{-1}$,计算二氧化硫和氧气的开始浓度。

**解**:设$SO_2$、$O_2$的起始浓度分别为$x mol \cdot L^{-1}$、$y mol \cdot L^{-1}$,而$[SO_3]=0mol \cdot L^{-1}$,所以有:

$$2SO_2(g)+O_2(g) \underset{\triangle}{\overset{V_2O_5}{\rightleftharpoons}} 2SO_3(g)$$

| | | | |
|---|---|---|---|
| 开始浓度/$(mol \cdot L^{-1})$ | $x$ | $y$ | 0 |
| 平衡浓度/$(mol \cdot L^{-1})$ | 2 | 1 | 3 |

由反应方程式中的计量系数关系可得出,要生成$3mol \cdot L^{-1}$ $SO_3$,需消耗的$SO_2$浓度为$3mol \cdot L^{-1}$,需消耗$O_2$的浓度为$3\times\frac{1}{2}=1.5mol \cdot L^{-1}$,所以:

$SO_2$的起始浓度:

$$x=消耗浓度+平衡浓度=2+3=5\ (mol \cdot L^{-1})$$

$O_2$的起始浓度:

$$y=消耗浓度+平衡浓度=1+1.5=2.5\ (mol \cdot L^{-1})$$

### (三) 已知反应的开始浓度、平衡常数,计算各物质的平衡浓度和反应物的平衡转化率

**【例 6-4】** 已知可逆反应:

$$CO(g)+H_2O(g) \rightleftharpoons H_2(g)+CO_2(g)$$

在1000K达到平衡时,$K_c=1$。若CO和$H_2O$的起始浓度分别为$2mol \cdot L^{-1}$和$4mol \cdot L^{-1}$,计算反应平衡时各物质的平衡浓度及CO的转化率。

**解**:设平衡时体系内有$x mol \cdot L^{-1}$ $H_2$和$CO_2$,根据反应方程式的计量关系,平衡时分别为:

$$CO(g)+H_2O(g) \rightleftharpoons H_2(g)+CO_2(g)$$

| | | | | |
|---|---|---|---|---|
| 起始浓度/$(mol \cdot L^{-1})$ | 2 | 3 | 0 | 0 |
| 平衡浓度/$(mol \cdot L^{-1})$ | $2-x$ | $3-x$ | $x$ | $x$ |

根据反应方程式,其平衡常数表达式可写为:

$$K_c=\frac{[H_2][CO_2]}{[CO][H_2O]}$$

将平衡常数和各物质的平衡浓度代入上式得:

$$1=\frac{x \cdot x}{(2-x)\cdot(3-x)}$$

解得$x=1.2mol \cdot L^{-1}$,所以平衡时各物质的平衡浓度为:

$$[H_2O]=3-1.2=1.8(mol \cdot L^{-1})$$

$$[CO]=2-1.2=0.8(mol \cdot L^{-1})$$

$$[CO_2]=[H_2]=1.2\ (mol \cdot L^{-1})$$

$$CO的平衡转化率=\frac{CO的开始浓度-CO的平衡浓度}{CO的开始浓度}\times100\%$$

$$=\frac{2-1.2}{2}\times100\%=60\%$$

### (四) 根据可逆反应的"反应商$Q$"与该条件下平衡常数的关系,判断可逆反应所处的状态或反应进行的方向

平衡状态是可逆反应向右进行的最大限度,因而,在一定条件下,可逆反应达到最大限度的

重要标志是反应体系中各物质的浓度宏观上都是恒定值,不因时间而变化,其平衡常数是一定值,这一定值是平衡体系内生成物的平衡浓度的幂次方乘积与反应物的平衡浓度的幂次方乘积之比的定量反应。可见,只要知道一定温度下可逆反应的平衡常数 $K$ 值,同时又知道反应体系中各物质的开始浓度,就可以判断可逆反应是处于平衡状态,还是向哪一个反应方向进行。因此,把一定温度下,可逆反应在任意状态下反应体系内各生成物浓度幂次方的乘积与反应物浓度幂次方的乘积之比称为反应商,用符号 $Q$ 表示,对于任一可逆反应:

$$aA+bB \rightleftharpoons gG+hH$$

其反应商:

$$Q=\frac{[G]^g[H]^h}{[A]^a[B]^b}$$

反应商 $Q$ 与平衡常数 $K_c$ 的表达式相同,但它们是完全不同的两个概念。$Q$ 表达式中的浓度是反应体系内任意状态下各物质的浓度,而 $K_c$ 表达式中的浓度是指可逆反应在平衡状态下的各物质的平衡浓度。因而,可根据 $K_c$ 与 $Q$ 的相对大小比较,判断可逆反应是否进行到最大限度,同时预测可逆反应在非平衡状态时反应进行的方向。判断规则归纳如下。

(1) $Q < K_c$ 或 $\frac{Q}{K_c}<1$,可逆反应处于非平衡状态,反应向正反应方向进行,直到 $Q=K_c$ 为止。

(2) $Q = K_c$ 或 $\frac{Q}{K_c}=1$,可逆反应处于平衡状态(可逆反应进行到最大限度,体系中各物质的浓度都是恒定值)。

(3) $Q > K_c$ 或 $\frac{Q}{K_c}>1$,可逆反应处于非平衡状态,反应向逆反应方向进行,直到 $Q=K_c$ 为止。

### (五) 利用多重平衡规则计算平衡常数

在一定条件下,一个反应体系中同时存在几个可逆反应,且各自达到化学平衡状态,同时又有一种(几种)物质同时参与几种平衡的现象称为多重平衡。在多重平衡体系中,当其中一个可逆反应是由另外几个平衡反应相加(相减)而得到时,则该可逆反应的平衡常数与其他几个可逆反应平衡常数之间的关系,是另外几个可逆反应的平衡常数相乘(或商),这个规律称为多重平衡规则。

**【例 6-5】** 已知反应:

(1) $CoO(s)+H_2(g) \rightleftharpoons Co(s)+H_2O(g)$

(2) $Co_2O(s)+H_2(g) \rightleftharpoons Co(g)+H_2O(g)$

在 820K 的反应平衡常数分别为 $K_1=67$,$K_2=0.14$,试计算反应:

(3) $CoO(s)+CO(g) \rightleftharpoons Co(s)+CO_2(g)$

在 820K 时的平衡常数。

**解:**从上述三个反应式可以看出(3)=(1)-(2)

根据多重平衡规则可得 $K_3$:

$$K_3=\frac{K_1}{K_2}=\frac{67}{0.14}$$

$$K_3=4.8\times10^2$$

## 第三节 化学平衡的移动

通过上一节的学习,我们知道,化学平衡是指在一定条件下,可逆反应的正反应速率等于逆反应速率,反应物和生成物的浓度已不再随时间的变化而变化时体系所处的状态,但这种平衡状态是暂时的、相对的平衡状态。只要这种平衡状态所处的外界条件(浓度、压强、温度等)发生变化,根据外界条件对化学反应速率影响的原理可知,它们必将对可逆反应体系中的正反应速率和逆反应速率产生不同的影响,从而导致反应体系中正反应和逆反应的速率不再相等,原有的平衡状态就要遭到破坏,从平衡状态变为不平衡状态,正逆反应按不同的速率继续进行反应,再经历一定时间后,这个反应体系就会在新的条件下建立新的平衡状态。新平衡状态下反应物和生成物的浓度与原平衡状态下的反应物和生成物浓度相比,产生了差异,对反应体系来讲,平衡点发生了变化。人们把这种由于外界条件的改变而造成的可逆反应从原平衡状态向新平衡状态转变的过程,称为化学平衡的移动。

在新的平衡状态下,如果因化学平衡的移动而造成生成物的浓度比原平衡时的浓度增大,我们习惯上称之为化学平衡向正反应方向移动(或向右移动);如果因化学平衡的移动而造成反应物的浓度比原平衡时的浓度增大,我们习惯上称之为化学平衡向逆反应方向移动(或向左移动)。

根据可逆反应的特点,分析和掌握外界条件的改变对化学平衡移动的影响,如何创造条件使化学平衡向着有利的方向移动,将会对日常生活、生产及临床实践等产生积极的影响。本节我们将重点讨论浓度、压力、温度等外界因素对化学平衡产生的影响。

## 一、浓度对化学平衡的影响

在一定温度下,可逆反应:

$$aA+bB \rightleftharpoons dD+eE$$

达到平衡时,若增加反应物 A 或 B 的浓度,根据质量作用定律可知,必将增大可逆反应的正反应速率,使得正反应速率不再等于逆反应速率,即 $v_{正} = v_{逆}$,平衡状态将会被破坏,反应向着正反应方向进行。同时,使得反应体系内反应物 A 和 B 的浓度不断减小,生成物 D 和 E 的浓度不断增加,即正反应速率不断减小,逆反应速率不断增加,直到某一时刻 $t_0$ 时,又重新出现正反应速率等于逆反应速率($v^*_{正} = v^*_{逆}$),可逆反应在新的条件下建立新的平衡。由于增大反应物浓度导致正逆反应速率发生变化,在新的条件下建立新的平衡过程,可用图 6-2 表示。

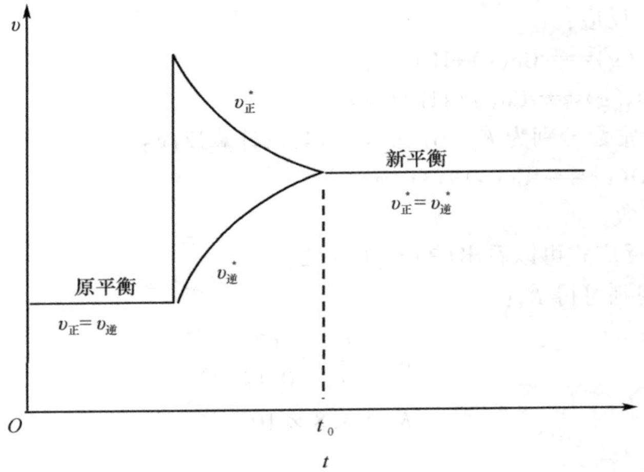


图 6-2 增大反应物浓度对平衡影响示意图

新平衡与原平衡相比,反应物和生成物的浓度都增大了,但反应物是人为增加的,在平衡移动的过程中浓度是减小的，只有生成物的浓度增加是由平衡移动而生成的。所以，可以得出结论：增大反应物浓度，化学平衡向正反应方向移动（或向右移动）。如果对上述可逆反应在原平衡中，减小生成物 D 或 E 的浓度，根据质量作用定律，必将减小可逆反应的逆反应速率，使得正反应速率不再等于逆反应速率，即 $v_{正} > v_{逆}$，平衡状态将会被破坏，反应向着正反应方向进行。反应体系内反应物 A 和 B 的浓度不断减小，生成物 D 和 E 的浓度不断增加，使得正反应速率不断减小，逆反应速率不断增加，直到某一时刻又重新出现正反应速率等于逆反应速率（$v_{正}^{*} = v_{逆}^{*}$），可逆反应在新的条件下建立新的平衡。新平衡与原平衡相比，反应物和生成物的浓度都减小了，但在由原平衡向新平衡转变的过程中，生成物的浓度是增加的。所以，可以得出结论：减小生成物浓度，化学平衡向正反应方向移动（或向右移动）。同理可以得出，增大生成物的浓度或减小反应物的浓度，平衡都会向逆反应方向移动（或向左移动）。

综上所述，在其他条件不变时，增大（或减小）平衡体系中某物质的浓度，平衡就向减小（或增大）该物质浓度的方向移动。

**案例 6-1**

动画片《大力水手》风靡世界。来罐菠菜，吹两下烟斗，向坏人冲过去……多么熟悉的记忆，这就是大力水手，一个诞生在 20 世纪 60 年代的卡通形象，每当大力水手遇到困难之时，吃下一罐菠菜后就能变得力大无穷，无所不能，借此表达了菠菜含有丰富的铁质、维生素等，具有很高的营养成分。当然这只是艺术的夸张，实际上，菠菜营养丰富，但同时也含有一种称为草酸（学名为乙二酸）的物质。草酸属于二元弱酸，味苦涩，溶于水，溶液中存在如下平衡：

$$\text{HOOC—COOH} \rightleftharpoons \text{HOOC—COO}^- + \text{H}^+$$

$$\text{HOOC—COO}^- \rightleftharpoons {}^-\text{OOC—COO}^- + \text{H}^+$$

以分子形式存在的草酸，是一种有毒的物质。从药理上看，大量的草酸会对人体的胃黏膜、肾脏造成伤害，草酸还能与人体内的 $Ca^{+}$ 形成草酸钙沉淀，使摄入的钙质不容易被吸收，造成人体缺钙。请利用平衡移动原理分析为什么草酸进入人体的胃中会对胃黏膜造成伤害？怎样吃菠菜才能既吸收菠菜的营养，又不被草酸伤害？

浓度对化学平衡的影响，还可以通过相关计算加以定量说明。

**【例 6-6】** $Fe(NO_3)_2$ 溶液和 $AgNO_3$ 溶液混合能发生下列反应：

$$Ag^+ + Fe^{2+} \rightleftharpoons Ag + Fe^{3-}$$

在 298K 时，将 0.10mol · $L^{-1}$ $Fe(NO_3)_2$ 溶液和 0.10mol · $L^{-1}$ $AgNO_3$ 溶液等体积混合，达到平衡时 $Ag^+$ 转化率为 20%。计算：（1）平衡时溶液中 $Ag^+$、$Fe^{2+}$ 和 $Fe^{3+}$ 的浓度；（2）该温度下的平衡常数；（3）在上述平衡的基础上，保持其他条件不变，再加入一定量的 $Fe^{2+}$，使加入后的 $Fe^{2+}$ 浓度达到 0.15mol · $L^{-1}$，反应再次达到平衡时溶液中 $Ag^+$、$Fe^{2+}$ 和 $Fe^{3+}$ 的浓度及 $Ag^+$ 转化率。

**解**：（1）根据题目已知条件可得：

反应中 $Ag^+$ 转化浓度 = 0.10 ×20% = 0.02（mol · $L^{-1}$）

| | $Ag^+$ + | $Fe^{2+}$ $\rightleftharpoons$ | Ag + | $Fe^{3+}$ |
|---|---|---|---|---|
| 起始浓度/（mol · $L^{-1}$） | 0.10 | 0.10 | 0 | 0 |

平衡浓度分别为：

$$[Ag^+] = 0.10 - 0.02 = 0.08\ (mol \cdot L^{-1})$$

$$[Fe^{2+}] = 0.10 - 0.02 = 0.08\ (mol \cdot L^{-1})$$

$$[Fe^{3+}] = 0.02\ (mol \cdot L^{-1})$$

（2）平衡常数：

$$K_c = \frac{[Fe^{3+}]}{[Ag^+][Fe^{2+}]}$$

$$K_c=\frac{0.02}{0.08\times0.08}=3.125$$

(3) $Q=\frac{0.02}{0.08\times0.15}=1.67$

$Q<K_c$

平衡要向增大分子减小分母的方向即正反应方向移动。

设再次达到平衡时,又有 $x$mol · L$^{-1}$ $Fe^{2+}$转化为 $Fe^{3+}$

| | $Ag^+$ + | $Fe^{2+}$ ⇌ | Ag + | $Fe^{3+}$ |
|---|---|---|---|---|
| 起始浓度/(mol · L$^{-1}$) | 0.10 | 0.10 | 0 | 0 |
| 平衡浓度/(mol · L$^{-1}$) | $0.08-x$ | $0.15-x$ | | $0.02+x$ |

$$K_c=\frac{[Fe^{3+}]}{[Fe^{2+}][Ag^+]}$$

$$K_c=\frac{0.02+x}{(0.08-x)(0.15-x)}=3.125$$

解得:

$$x=0.0104\text{mol}\cdot\text{L}^{-1}$$

则平衡浓度分别为:

$$[Ag^+]=0.08-0.0104=0.0696(\text{mol}\cdot\text{L}^{-1})$$
$$[Fe^{2+}]=0.15-0.0104=0.1396(\text{mol}\cdot\text{L}^{-1})$$
$$[Fe^{3+}]=0.02+0.0104=0.0304(\text{mol}\cdot\text{L}^{-1})$$

加入 $Fe^{2+}$后,使得 $Ag^+$的转化率由 20% 提高到 30.4%。

从上述计算结果可以得到启示,在化工生产实践中,常采用加大某些反应物的投入量,或从反应平衡体系中不断转移出生成物,尽可能使平衡向右移动,达到充分利用贵重原材料和提高其转化率的目的。例如,一定温度下煅烧碳酸钙制备生石灰的反应:

$$CaCO_3(s)\rightleftharpoons CaO(s)+CO_2(g)$$

为提高碳酸钙的利用率,可不断把生成的二氧化碳从煅烧窑中排出而实现。

## 二、压强对化学平衡的影响

由于固体、液体的体积受压力影响变化极小,因此对只有固体和液体反应的平衡体系,压力的改变几乎没有影响。但对有气体参加的可逆反应,改变反应体系的压强,情况可能就大不相同。

一定温度下,在密闭容器中进行的任一可逆反应:

$$aA(g)+bB(g)\rightleftharpoons dD(g)+eE(g)$$

达到平衡,则其平衡常数:

$$K_p=\frac{p_D^d\,p_E^e}{p_A^a\,p_B^b}$$

维持反应温度不变,将平衡体系的总压力增加到原来的 2 倍,所以反应体系内各反应物和生成物的分压都将增大到原来的两倍,即分别为 $2p_A$、$2p_B$、$2p_D$、$2p_E$。此时,反应体系内其反应体系内的反应商为:

$$Q_p=\frac{(2p_D)^d(2p_E)^e}{(2p_A)^a(2p_B)^b}=\frac{p_D^dp_E^e}{p_A^ap_B^b}2^{(d+e)-(a+b)}$$

$$Q_p=K_p2^{(d+e)-(a+b)}$$

或维持反应温度不变，将平衡体系的总压力减小到原来的二分之一，则反应体系内各反应应体系内的反应商为：

$$Q_p = \frac{(2p_D)^d(2p_E)^e}{(2p_A)^a(2p_B)^b} = \frac{p_D^d p_E^e}{p_A^a p_B^b}\left(\frac{1}{2}\right)^{(d+e)-(a+b)}$$

$$Q_p = K_p\left(\frac{1}{2}\right)^{(d+e)-(a+b)} = K_p 2^{(a+b)-(d+e)}$$

从上式可以得出：

（1）当 $a+b=d+e$ 时，即反应物分子的系数之和等于生成物分子的系数之和，不管是增大反应的总压强还是减小反应的总压强，其结果都是 $Q_p=K_p$，平衡不发生移动。例如：

$$CO(g)+H_2O(g) \rightleftharpoons CO_2(g)+H_2(g)$$

（2）当 $d+e>a+b$ 时，即反应物气体分子的系数之和小于生成物气体分子的系数之和，若增大压强，则 $Q_p>K_p$，体系不再平衡，要在新的条件下重新建立平衡，反应必须要向着反应商的分子减小、分母增大的方向移动，即向着逆反应方向移动，也就是向着气体分子系数之和减小的方向移动；若减小压强，则 $Q_p<K_p$，体系不再平衡，要在新的条件下重新建立平衡，反应必须要向着反应商的分子，增大、分母减小的方向移动，即向着正反应方向移动，也就是向着气体分子系数之和增大的方向移动，直到 $Q_p=K_p$ 时，可逆反应又在新压强基础上建立新的平衡。例如：

$$N_2O_4(g) \rightleftharpoons 2NO_2(g)$$

在保持反应的温度不变的情况下，增大压强，平衡向着逆反应即气体系数减小的方向移动，减小压强，平衡向着正反应即气体系数增大的方向移动。

（3）当 $d+e<a+b$ 时，即反应物分子的系数之和大于生成物分子的系数之和，若增大压强，则 $Q_p<K_p$，体系不再平衡，要在新的条件下重新建立平衡，反应必须要向着反应商的分子增大、分母减小的方向移动，即向着正反应方向移动，也就是向着气体分子系数之和减小的方向移动。若减小压强，则 $Q_p>K_p$，体系不再平衡，要在新的条件下重新建立平衡，反应必须要向着反应商的分子减小、分母增大的方向移动，即向着逆反应方向移动，也就是向着气体分子系数之和增大的方向移动，直到 $Q_p=K_p$时，可逆反应又在新压强基础上建立新的平衡。

如在保持反应的温度不变的情况下，增大压强，平衡向着正反应方向移动；减小压强，平衡向着逆反应方向移动。

根据上述压强对平衡移动的影响分析可以得出结论：在其他条件不变的情况下，压强只对有气体参加而且反应前后的气体分子数之和不相等的反应产生影响，增大反应体系的压强，平衡向着气体分子数减小的方向移动，减小反应体系的压强，平衡向着气体分子数增大的方向移动。

## 三、温度对化学平衡的影响

温度对化学平衡移动的影响与浓度和压强的影响有着根本的区别。在温度一定情况下，可逆反应的平衡常数是不变的，浓度或压强的改变对化学平衡移动的影响是通过改变体系内的反应商 $Q$ 值，此时只是改变了体系的平衡点，而温度对化学平衡的影响则是通过改变其平衡常数而实现的。

要解决温度对化学平衡影响的实质，就应了解可逆反应平衡常数与温度之间的关系。

根据前面学习的温度对化学反应速率影响的定量关系阿伦尼乌斯经验公式，可得出温度与可逆反应化学平衡常数之间的定量关系：

$$\ln\frac{K_2}{K_1}=\frac{\Delta H}{R}\left(\frac{T_2-T_1}{T_1-T_2}\right) \quad (6\text{-}4)$$

式中，$K_2$、$K_1$分别为可逆反应在温度是 $T_2$、$T_1$时的平衡常数；$\Delta H$ 为可逆反应的反应热，其值等于正逆反应的活化能之差。若正反应是吸热反应，则 $\Delta H>0$；那么逆反应就是放热反应，则 $\Delta H<0$。若某可逆反应的正反应是吸热反应，即 $\Delta H>0$，反应体系的温度由 $T_1$ 升高到 $T_2$，$T_2-T_1>0$，根据公式(6-4)可得平衡常数，反应商(温度 $T_1$ 时的平衡常数)小于平衡常数 $K_2$，所以平衡就要向增大反应商分子，减小反应商分母的正反应方向(吸热反应方向) 移动；相反，降低反应体系的温度，$T_2-T_1<0$，平衡常数 $K_2<K_1$，反应商(温度 $T_1$时的平衡常数)大于平衡常数 $K_2$，所以平衡就要向减小反应商分子，增大反应商分母的逆反应方向(放热反应方向)移动。例如：

$$N_2O_4(g) \rightleftharpoons 2NO_2(g)-56.9kJ\cdot mol^{-1}(\Delta H=56.9kJ\cdot mol^{-1})$$

当将上述可逆反应的温度从 $T_1$ 升高 $T_2$，反应向着 $N_2O_4$ 分解的正反应(吸热方向)移动，使得反应体系内的 $NO_2$ 浓度增大，颜色加深。如果将上述可逆反应的平衡体系放入冰水中降低温度，反应向着 $N_2O_4$ 生成的逆反应方向(放热方向)移动，使得反应体系内的 $NO_2$ 浓度减小，体系的颜色变淡。

综上所述，可以得出结论：其他条件一定，升高温度，可逆反应的平衡向着吸热反应的方向移动，降低温度，可逆反应的平衡向着放热反应的方向移动。

**案例 6-2**

关节炎是常见的疾病，尤其是在寒冷的季节或关节受冷更容易诱发。关节炎的病因是由于在关节滑液中形成尿酸钠晶体而引起，其化学机理为。

①$HUr$(尿酸)$+H_2O \rightleftharpoons Ur^-+H_3O^-$

②$Ur^-+Na^+ \rightleftharpoons NaUr$(固体)

从化学平衡移动的原理分析，对有关节炎疾病的患者，除进行必要的药物治疗外，日常应如何进行护理。

**知识链接** **催化剂与化学平衡**

催化剂的使用能加快化学反应速率，是因为催化剂改变化学反应历程，降低反应的活化能，提高反应体系内活化分子百分数，增加单位体积内有效碰撞的频率，加快化学反应的速率。但对已经达到平衡的可逆反应来说，催化剂的使用，同等程度地降低了正逆反应的活化能，即同等程度地加快了正逆反应的速率，反应体系内依然存在 $v_{正}=v_{逆}$，因此不会使平衡发生移动，只是能缩短没有达到平衡的可逆反应达到平衡的时间。

外界因素对化学平衡的影响情况，法国化学家勒夏特列于 1884 年概括总结出一条著名的规律：如果改变影响平衡体系的任一条件(如浓度、压强或温度)，平衡就向着能减弱这种改变的反应方向移动。这条规律称为勒夏特列原理，也称为平衡移动原理。但应当注意的是，勒夏特列原理只适用于已达到平衡的反应体系，对没有达到平衡的体系是不适用的。

## 目标检测

### 一、单选题

1. 可逆反应 $2SO_2+O_2 \rightleftharpoons 2SO_3+Q$ 达到平衡时，若降低温度，下列说法正确的是(　　)
   A. 正逆反应速率都加快
   B. 正逆反应速率都减慢
   C. 正反应速率加快，逆反应速率减慢
   D. 正反应速率减慢，逆反应速率加快
2. 在 $N_2+3H_2 \rightleftharpoons 2NH_3+Q$ 反应中，使用催化剂的目的是(　　)
   A. 使平衡向右移动

B. 使平衡向左移动

C. 加快正反应的速率，降低逆反应的速率

D. 缩短反应达到平衡的时间，提高合成氨的效率

3. 当可逆反应 $m\mathrm{A(g)}+n\mathrm{B(g)} \rightleftharpoons e\mathrm{E(g)}$ 达到平衡后，增大压强，A 的转化率增大，则下列关系正确的是（　　）

A. $m+n>e$　　B. $m+n=e$

C. $m+n<e$　　D. 都不对

4. 可逆反应 $2CO+O_2 \rightleftharpoons 2CO_2$ 在一定温度达到平衡后，则 $CO$、$O_2$、$CO_2$ 三种物质的平衡浓度之比是（　　）

A. 2∶1∶2　　B. 1∶1∶1

C. 0　　D. 无法判断

5. 在下列化学反应平衡中，如果既升高温度又降低压强，平衡向右移动的是（　　）

A. $2HI(g) \rightleftharpoons H_2(g)+I_2(g)-Q$

B. $2CO(g)+O_2(g) \rightleftharpoons 2CO_2(g)+Q$

C. $C(s)+CO_2(g) \rightleftharpoons 2CO_2(g)-Q$

D. $H_2(g)+Cl_2(g) \rightleftharpoons 2HCl(g)+Q$

6. 可逆反应 $C(s)+CO_2(g) \rightleftharpoons 2CO(g)$ 达到平衡后，下列说法正确的是（　　）

A. 化学反应已停止

B. 各物质浓度相等

C. 条件不变，各物质浓度不再改变

D. 各物质的物质的量相等

7. 某可逆反应在一定条件下达到平衡后，其一反应物的转化率为 25%，其他条件不变，加入催化剂，则该物质的转化率为（　　）

A. 大于 25%　　B. 等于 25%

C. 小于 25%　　D. 无法判断

8. 某可逆反应 $A(g)+B(g) \rightleftharpoons H(g)$ 在一定条件下密闭容器中建立平衡，如果保持温度不变，将体积缩小为原来的一半，则平衡常数为原来的（　　）

A. 2 倍　　B. 4 倍

C. 8 倍　　D. 不变

9. 对正反应是放热的可逆反应，若升高温度，下列数值变小的是（　　）

A. 正反应速率　　B. 逆反应速率

C. 逆反应速率常数　　D. 化学平衡常数

10. 某可逆反应 $A+B \rightleftharpoons H+D-Q$，反应在 20℃ 时平衡常数为 $K_1$，在 100℃ 平衡常数为 $K_2$，$K_1$ 与 $K_2$ 相比是（　　）

A. $K_2=K_1$　　B. $K_2>K_1$

C. $K_2<K_1$　　D. 无法比较

## 二、填空题

1. 影响化学平衡的外界因素主要有________、________、________和________，________其中________和________不影响平衡常数。

2. 对于可逆反应 $2NH_3(g) \rightleftharpoons N_2(g)+3H_2(g)$，平衡常数的表达式 $K_c=$________，而反应 $N_2(g)+3H_2(g) \rightleftharpoons 2NH_3(g)$ 的平衡常数的表达式 $K'=$________，$K_c$ 与 $K'$ 的关系是________。

3. 已知可逆反应 $2A+B \rightleftharpoons 2C$ 在一定条件下达到平衡，如升高温度生成物 C 的浓度增大，那么正反应是________热反应。如果改变物质 B 的质量，生成物 C 的浓度不变，则物质 B 是________态物质。如果 B 和 C 是气态物质，增大压强平衡向着 C 物质浓度减小的方向移动，则 A 可能是________态物质。

## 三、计算题

1. 已知反应 $FeO(s)+CO(g) \rightleftharpoons Fe(s)+CO_2(g)$ 在 1000℃时 $K_c=0.5$，若起始浓度 $[CO]=0.1\mathrm{mol \cdot L^{-1}}$，$[CO_2]=0.05\mathrm{mol \cdot L^{-1}}$，求：

(1) 反应物、生成物的平衡浓度各是多少？

(2) CO 的转化率是多少？

(3) 增加 FeO 的量，CO 的转化率是否增大？

2. 反应 $CO(g)+H_2O(g) \rightleftharpoons CO_2(g)+H_2(g)$，在 560℃ 时的平衡常数为 1。

(1) 若 CO 和 $H_2O$ 起始浓度 $[CO]=2\mathrm{mol \cdot L^{-1}}$，$[H_2O]=3\mathrm{mol \cdot L^{-1}}$。试计算在该条件下 CO 的平衡转化率。

(2) 在上述平衡状态的基础上，保持其他条件不变，使水蒸气的浓度增大到 $10\mathrm{mol \cdot L^{-1}}$，求 CO 的平衡转化率。

# 第七章 酸碱平衡

学习目标

1. 掌握强、弱电解质的区别,弱电解质的解离平衡,理解强电解质溶液理论
2. 理解酸碱质子理论,酸碱反应的实质及酸碱的强度等概念
3. 掌握一元弱酸(弱碱)水溶液酸碱性的表示及计算,了解酸碱指示剂的变色原理
4. 掌握缓冲溶液组成、缓冲原理、pH 计算及配制方法,了解人体血液中的缓冲对

许多化学反应特别是生物体内进行的酶催化反应,往往需要在一定的 pH 条件下才能正常进行。当溶液的 pH 不合适或反应过程中溶液的 pH 发生了较大变化时,就会影响反应的正常进行。因此,人体内环境的恒定(包括 pH 恒定)是对全身细胞活动以至对生命的必要保障。饮食会带来大量的酸和碱,体内代谢会产生酸碱变化,那么,为什么正常人体血液的 pH 能保持于 7.35~7.45 呢?

要保持血液和人体内环境的 pH 恒定,必须应对各种变化,所以要求机体有一强大而有效的生理调节机制。这个机制主要包括三个方面:血液中的缓冲系统能立即迅速地对抗 pH 的变化;肺脏进行气体交换,调节 $CO_2$ 的排出;肾脏的重吸收和分泌功能,调节 $H^+$的排泄。

## 第一节 电解质溶液

电解质是指在水溶液中或熔融状态下能够导电的化合物。根据电解质在水溶液中的解离程度可将电解质分为强电解质和弱电解质两类。强电解质在水溶液中完全解离,以离子的形式存在,如 NaCl、HCl、NaOH 等。弱电解质在水溶液中仅部分解离,以离子和分子的形式存在,如 $CH_3COOH$、$NH_3$、$H_2O$ 等。

在人的体液中含有多种电解质离子,如人体体液中的阳离子主要有 $Na^+$、$K^+$、$Ca^{2+}$、$Mg^{2+}$,阴离子主要有 $HCO_3^-$、$HPO_4^{2-}$、有机酸、蛋白质等。这些离子在体液中的存在状态和浓度对维持体液的渗透平衡、酸碱平衡以及在神经、肌肉等组织中的生理、生化过程等起着非常巨大的作用,同时也影响着人体许多生理现象和病理现象。

### 一、强电解质溶液理论

#### (一) 离子相互作用理论

强电解质和弱电解质在溶液中的解离行为有本质区别,强电解质在水中是完全解离的,强酸、强碱及绝大多数盐都是强电解质。例如,NaCl、HCl、NaOH 等都是强电解质。若将 10 000 个 NaCl 分子溶解于水中,它们应该全部解离成为 10 000 个 $Na^+$和 10 000$Cl^-$,即解离度(又称电离度)$\alpha$=100%。然而用电导法实验测定强电解质的解离度的结果表明:强电解质的解离度都小于 100%。表 7-1 列出了几种强电解质的解离度。

**表 7-1 几种强电解质的表观解离度(298K 0.1mol · $L^{-1}$)**

| 电解质 | NaCl | HCl | $H_2SO_4$ | $HNO_3$ | NaOH |
|---|---|---|---|---|---|
| $\alpha$/% | 87 | 92 | 67 | 92 | 91 |

为了解释强电解质在水溶液中完全解离，而实验数据又表现出不完全解离的现象，1923 年德拜和休克尔提出了离子相互作用理论。他们通过分析强电解质溶液中正负离子的行为，解释了产生这种现象的原因。

离子相互作用理论认为：强电解质在溶液中是完全解离的，但正负离子在溶液中并不是完全独立、自由地运动。由于强电解质完全解离，因而溶液中正负离子的浓度相对较大，带不同电荷的离子之间的相互吸引和带相同电荷的离子之间的相互排斥，使离子在溶液中的分布不均匀。每一个离子都被带相反电荷且不均匀分布的离子包围，形成球形对称的“离子氛”，每一个正离子周围形成了带负电荷的离子氛，每一个负离子周围形成了带正电荷的离子氛。如图 7-1 示，离子氛是不断运动的，它不断拆散又不断形成，离子氛的形成约束了每一个离子的自由运动，这就是离子间的相互牵制作用。

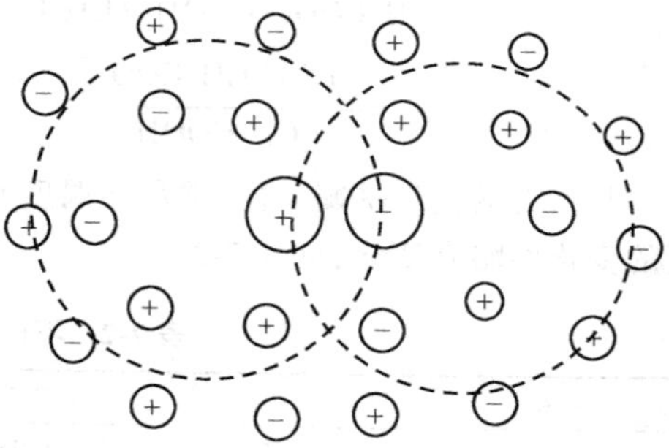

图 7-1 离子氛示意图

在强电解质溶液中，由于离子氛的存在，每个离子不能独立地自由运动。溶液中自由运动的离子的数目减少了，也就是每个离子不能百分之百地发挥它的导电作用，从而导致溶液的导电性降低。因此，根据导电性测定的强电解质的解离度都小于 100%。这种电离度反映了强电解质溶液中离子间相互牵制作用的程度，通常称为表观解离度。

### （二）活度和活度系数

在强电解质溶液中，起导电作用的自由离子的浓度小于溶液的实际浓度（配制浓度 $c$），这种能真正自由移动的浓度称为活度（即有效浓度），用 $a$ 表示。活度和浓度之间的关系是：

$$a=fc$$

式中，$f$ 称为活度系数或活度因子，$f$ 的大小反映了强电解质溶液中离子间相互牵制作用的强弱。对于某个离子，所在溶液中离子的总浓度越大，电荷数越高，离子氛的行为越显著，离子间相互作用越强，该离子的 $f$ 值越小，它的活度和浓度之间的偏差也就越大。反之，当溶液无限稀时，离子间的相互作用降到极微弱的程度，这时可近似认为 $f=1$，即离子的活度近似等于浓度；中性分子由于不带电荷，通常认为其活度也近似等于其浓度。

## 二、弱电解质溶液解离平衡

弱电解质在水溶液中仅部分解离为离子，弱酸、弱碱及少数盐是弱电解质，如 $CH_3COOH$、$NH_3$、$H_2O$、$H_2CO_3$ 等。弱电解质的解离是建立在分子和离子或离子和离子之间的一种平衡，它遵循化学平衡的一般规律。常用解离常数和解离度定量地描述弱电解质的解离平衡状态。

### （一）解离平衡常数和解离度

以一元弱酸（HA）为例，其在水溶液中的解离平衡可表示为：

$$HA \rightleftharpoons H^+ + A^-$$

在一定温度下 HA 的解离反应达到动态平衡时，分子和离子的浓度之间的关系符合质量作用定律。它的平衡常数可表示为：

$$K_i=\frac{[H^+][A^-]}{[HA]} \tag{7-1}$$

式中，$K_i$ 值的大小反映了弱酸 HA 解离为离子的趋势和能力。$K_i$ 值越大表示 HA 解离程度越大。

根据不同弱电解质的 $K_i$ 值,可以比较它们解离能力的相对强弱。因此,$K_i$ 称为解离平衡常数(简称解离常数)。弱酸的解离常数用 $K_a$ 表示,弱碱的解离常数用 $K_b$ 表示。如 $CH_3COOH$ 和 $NH_3 \cdot H_2O$ 的 $K_a$ 和 $K_b$ 分别表示为:

$$CH_3COOH \rightleftharpoons H^+ + CH_3COO^- \qquad NH_3 \cdot H_2O \rightleftharpoons NH_4^+ + OH^-$$

$$K_a = \frac{[H^+][CH_3COO^-]}{[CH_3COOH]} \qquad K_b = \frac{[NH_4^+][OH^-]}{[NH_3 \cdot H_2O]}$$

与所有的化学平衡一样,常数与温度有关而与浓度无关。例如 $CH_3COOH$ 的解离常数随温度的变化而略有变化,见表 7-2。

**表 7-2　不同温度下 $CH_3COOH$ 的 $K_a$**

| $T$/K | 293 | 303 | 313 | 323 | 333 |
|---|---|---|---|---|---|
| $K_a/\times10^{-5}$ | 1.75 | 1.75 | 1.70 | 1.63 | 1.54 |

解离度也是表示弱电解质相对强弱的指标之一,是指已解离的电解质分子数占电解质分子总数的百分数,用 $\alpha$ 表示:

$$\alpha = \frac{\text{已电离的电解质分子数}}{\text{电解质分子总数}} \times 100\%$$

例如,当温度为 25℃,0.1mol · L$^{-1}$乙酸的电离度 $\alpha = 1.32\%$,表示在此乙酸溶液中每 10 000 个乙酸分子中有 132 个分子电离成离子。

解离度和解离常数都可以用来比较弱电解质的相对强弱,它们既有联系又有区别。解离常数是弱电解质的一个特征常数,是化学平衡常数的一种形式,不受浓度的影响。而解离度则是转化率的一种形式,随浓度的变化而变化,见表 7-3。

**表 7-3　298K 不同浓度的 $CH_3COOH$ 溶液中 $CH_3COOH$ 的解离度**

| $c$/(mol · L$^{-1}$) | $2.14\times10^{-4}$ | $5.91\times10^{-5}$ | 0.02 | 0.10 |
|---|---|---|---|---|
| $\alpha$ | 0.2477 | 0.0540 | 0.0299 | 0.0135 |

以一元弱酸 HA 为例,可以导出 $K_a$ 与 $\alpha$ 之间的数量关系。设弱酸的浓度为 $c$(mol · L$^{-1}$),则:

$$HA \rightleftharpoons H^+ + A^-$$

初始浓度/(mol · L$^{-1}$)　　$c$　　0　　0

平衡浓度/(mol · L$^{-1}$)　　$c-c\alpha$　　$c\alpha$　　$c\alpha$

$$K_i = \frac{c\alpha \cdot c\alpha}{c - c\alpha} = \frac{c\alpha^2}{1-\alpha} \tag{7-2}$$

一般地,当 $\alpha<5\%$ 时,认为 $1-\alpha\approx1$,式(7-2)可简化为:

$$ki = c\alpha^2 \qquad \alpha = \sqrt{\frac{K_i}{c}} \tag{7-3}$$

式(7-3)反映出在一定温度下,弱电解质的解离度随浓度的变化情况。浓度增大,解离度减小;浓度降低,解离度增大。

### (二) 多元弱酸(弱碱)的分步电离

解离平衡分为单重平衡和多重平衡。$CH_3COOH$ 和 $NH_3 \cdot H_2O$ 等一元弱酸和一元弱碱的解离平衡是单重平衡,$H_2CO_3$、$H_3PO_4$ 等多元弱酸的解离平衡是多重平衡。多元弱酸(弱碱)在水溶液中的解离是分步进行的,每一步都有其对应的解离常数。例如,$H_2CO_3$ 分两步解离:

第一步：$H_2CO_3 \rightleftharpoons H^+ + HCO_3^-$　　　　$HCO_3^- \rightleftharpoons H^+ + CO_3^{2-}$

$$K_{a_1} = \frac{[H^+][HCO_3^-]}{[H_2CO_3]} = 4.3\times10^{-7} \qquad K_{a_2} = \frac{[H^+][CO_3^{2-}]}{[HCO_3^-]} = 5.61\times10^{-11}$$

$K_{a_1}$、$K_{a_2}$分别是 $H_2CO_3$ 的第一、第二级解离常数。其中 $K_{a_1} = 4.30\times10^{-7}$、$K_{a_2} = 5.61\times10^{-11}$，$K_{a_1}$、$K_{a_2}$说明两级解离平衡虽然同时存在，但解离程度相差很大。在 $H_2CO_3$ 水溶液中，同时存在 $H^+$、$HCO_3^-$、$CO_3^{2-}$ 及未解离的 $H_2CO_3$ 分子。若要计算 $H^+$或 $HCO_3^-$ 浓度时，可按第一级解离近似计算。

解离平衡是建立在一定条件下的动态平衡。当条件发生改变时，将发生平衡移动，直至在新的条件下建立新的平衡。

## 第二节　酸碱质子理论

人们对于酸和碱的认识经历了一个从现象到本质、从个别到一般的逐步深化的过程。我们熟知的酸碱解离理论（又称电离理论）认为：凡在水溶液中解离出的阳离子全部是 $H^+$的物质是酸；解离出的阴离子全部是 $OH^-$的物质是碱。这一理论对化学学科的发展、对酸碱本质的认识起了积极的作用。但该理论把酸碱局限于水溶液中，无法说明非水溶液中的酸碱问题；另外，该理论把碱局限于氢氧化物，也无法解释 NaCl、$Na_2CO_3$、$NaHCO_3$ 等物质表现较强碱性这一事实。因此，酸碱解离理论有很大的局限性。

1923 年丹麦化学家布朗斯特和英国化学家劳莱提出了一种较全面的酸碱理论，扩大了酸碱的范围，更新了酸碱的含义，这一理论被称为酸碱质子理论。

### 一、酸碱质子理论简介

酸碱质子理论认为：凡是能给出质子的物质都是酸，它们是质子给出体；凡是能接受质子的物质都是碱。根据酸碱质子理论我们知道，当一种酸给出一个质子后，它就变成碱；而当碱得到一个质子后，它就变成酸。根据酸碱质子理论，酸和碱不是孤立的而是相互关联的，酸（HA）给出质子后变成相应的碱（$A^-$），碱（$A^-$）接受质子后变成相应的酸（HA）。这种关系可表示为：

$$酸(HA) \rightleftharpoons H^+ + 碱(A^-)$$

如：$HCl \rightleftharpoons H^+ + Cl^-$；$CH_3COOH \rightleftharpoons H^+ + CH_3COO^-$；$H_2PO_4^- \rightleftharpoons H^+ + HPO_4^{2-}$；$HPO_4^{2-} \rightleftharpoons H^+ + PO_4^{3-}$；$H_2O \rightleftharpoons H^+ + OH^-$；$H_3O^+ \rightleftharpoons H^+ + H_2O$；$NH_4^+ \rightleftharpoons H^+ + NH_3$；$[Al(H_2O)_6]^{3+} \rightleftharpoons H^+ + [Al(H_2O)_5OH]^{2+}$

酸和碱的这种相互依存、相互转化的对应关系称为共轭关系。我们把仅相差一个质子的一对酸碱称为共轭酸碱对。酸失去一个质子后所生成的碱，称为该酸的共轭碱（如 $Cl^-$是 HCl 的共轭碱）；而碱结合质子后所生成的酸，称为该碱的共轭酸（如 HAc 是 $Ac^-$的共轭酸）。酸越强，它的共轭碱就越弱；碱越强，它的共轭酸就越弱。由此可见，共轭酸碱对间的强弱也是相互对应的。

值得一提的是，在质子理论中没有盐的概念。这是因为盐可以看做是酸和碱的混合物，甚至就是酸或碱。例如：$NH_4Cl$ 在水溶液中是以 $NH_4^+$ 和 $Cl^-$形式存在的。$NH_4^+$ 是一种阳离子酸，而 $Cl^-$是一种阴离子碱，所以 $NH_4Cl$ 是酸和碱的混合物。

### 二、酸碱反应

酸给出质子和碱接受质子都是不能单独完成的酸碱半反应，因为酸给出质子必须有另一种碱接受质子才能完成，同样一种碱接受质子必须有另一种酸给出质子。例如：

$$CH_3COOH+NH_3 \rightleftharpoons NH_4^+ + CH_3COO^-$$

这一酸碱反应包括两个酸碱半反应：

$$CH_3COOH \rightleftharpoons H^+ CH_3COO^-$$

$$H^+ NH_3 \rightleftharpoons NH_4^+$$

酸（$CH_3COOH$）给出质子变成其共轭碱（$CH_3COO^-$），碱（$NH_3$）接受质子变成对应的共轭酸（$NH_4^+$），反应过程涉及两个共轭酸碱对（$CH_3COOH$-$CH_3COO^-$和$NH_3$-$NH_4^+$），质子从酸转移到碱。酸碱反应的实质是两个共轭酸碱对之间的质子转移反应。酸碱反应可表示为。

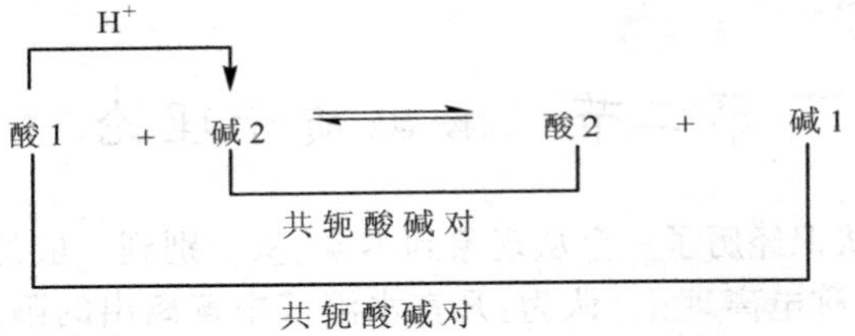


这种关系可表示为酸碱解离理论中的解离反应、中和反应以及水解反应且都是质子转移反应。

酸碱反应的方向及程度取决于酸碱的相对强弱。一般来说，酸碱反应总是由较强的酸和较强的碱作用，向着生成较弱的酸和较弱的碱的方向进行。相互作用的酸和碱越强，反应就进行得越完全。

另外，酸碱质子理论关于酸碱的描述不仅适用于水溶液，对于非水溶剂和无溶剂的情况均适用。例如：

$$NH_3(g) HCl(g) \rightleftharpoons NH_4Cl$$

## 三、酸碱的强度

不同的酸与基准碱反应，达到酸碱平衡时，有不同的平衡常数，这些平衡常数称为酸性解离常数，用 $K_a$ 表示。$K_a$ 越大，表示酸与基准碱反应越彻底，即酸给出质子的能力越强；反之则越弱。同样，不同的碱与基准酸反应，也有不同的平衡常数，用 $K_b$ 表示，称为碱性解离常数。$K_b$ 越大，表示碱接受质子能力越强，反之则越弱。大部分酸碱反应都是在水中进行的，水是两性物质。因此，通常选用 $H_2O$ 作为基准酸或基准碱。例如：

$$CH_3COOH+H_2O \rightleftharpoons H_3O^+ + CH_3COO^-$$

$$K_a=\frac{[H_3O^+][CH_3COO^-]}{[CH_3COOH]}$$

$$NH_3+H_2O \rightleftharpoons NH_4^+ + OH^-$$

$$K_a=\frac{[NH_4^+][OH^-]}{[NH_3]} \qquad (7\text{-}4)$$

在水溶液中，一对共轭酸碱对酸性解离常数和碱性解离常数的乘积是一常数。以$CH_3COOH$-$CH_3COO^-$为例：

对于 $CH_3COOH$：

$$CH_3COOH+H_2O \rightleftharpoons H_3O^+ CH_3COO^-$$

$$K_a=\frac{[H_3O^+][CH_3COO^-]}{[CH_3COOH]}$$

对于 $CH_3COO^-$：

$$CH_3COO^- + H_2O \rightleftharpoons CH_3COOH + OH^-$$

$$K_b = \frac{[CH_3COOH][OH^-]}{[CH_3COO^-]}$$

用 $K_w$ 表示 $[H_3O^+][OH^-]$，$K_w$ 称为水的离子积。这说明在一定温度下，水中的 $[H_3O^+]$ 与 $[OH^-]$ 的乘积为一常数。所以 $K_aK_b = K_w$，25℃时 $K_w$ 值为 $1.0\times10^{-14}$。这个关系说明，只知道了酸的离解常数 $K_a$，就可以计算出其共轭碱的 $K_b$，反之亦然。$K_a$ 和 $K_b$ 是成反比的，而 $K_a$ 和 $K_b$ 正是反映酸和碱的强度，所以，在共轭酸碱对中，酸的强度越大，其共轭碱的强度越小；碱的强度越大，其共轭酸的强度越小。

酸碱强弱的判断是酸碱理论中的一个重要内容。在酸碱质子理论中，判断酸碱强弱主要根据酸碱在溶剂中给出或接受质子能力的大小。酸碱给出或接受质子的能力除了与其自身性质有关之外，还与溶剂的性质密切相关。例如，HCl 和 $HNO_3$ 在水溶液中是同等强度的强酸，但在冰醋酸中，$HNO_3$ 的强度就不如 HCl 的。

因此，酸碱的强弱是相对的。在酸中酸的强度将减弱，在碱中碱的强度将减弱。在不同的溶剂的作用下，不仅酸和碱的强弱可以发生转变，而且酸碱本身也是可以转变的。酸可以变成碱，碱也可以变成酸。所以如果我们要比较酸碱的强弱，就必须在同一溶剂中进行。

# 第三节 溶液的酸碱性

## 一、水的质子自递反应

水是最重要的一种溶剂，因为一些生命现象都与物质在水溶液内的反应有关。根据酸碱质子理论可知：水是两性物质，它既可以给出质子，又可以接受质子。因此两个水分子之间也可以发生质子的传递，这种发生在同种分子之间的质子传递反应称为质子自递反应，也称水的解离反应，其离子方程式为：

$$H_2O + H_2O \rightleftharpoons H_3O^+ + OH^-$$

也可以简写成：

$$H^+ + OH^- \rightleftharpoons H_2O$$

在一定的温度下，水的质子自递反应达到平衡，其平衡常数可表示为：

$$K_i = \frac{[H^+][OH^-]}{[H_2O]^2}$$

由于纯水中只有极少量的水分子间发生了质子自递反应，因此 $[H^+][OH^-]$ 可以认为是常数。令 $K_i[H_2O]^2 = K_w$，则：

$$K_w = [H^+][OH^-] \tag{7-5}$$

由式(7-5)可知，在一定的温度下，纯水中的 $[H^+] = [OH^-] = 1.0\times10^{-7}\,mol \cdot L^{-1}$，而其乘积为一常数，$K_w$ 称为水的质子自递常数，又称水的离子积。在 25℃时，由实验测得纯水的 $K_w$，$[H^+][OH^-] = 1.0\times10^{-14}$。我们知道水的电离过程是吸热过程，温度升高，水的电离反应将向右移，电离程度将增大，导致水的离子积增大。

从表 7-4 的数据可以看出，温度对水的离子积常数影响显著，如在 373K 时水的离子积是 273K 时的 7184 倍。一般情况下，室温下水的离子积 $K_w = 1.0\times10^{-14}$。因此在纯水及任何的稀溶液中，$[H^+]$ 和 $[OH^-]$ 的乘积都是一个常数，常温下为 $1.0\times10^{-14}$。

表 7-4 不同温度下水的离子积常数

| 温度/K | $K_w$ | 温度/K | $K_w$ |
|---|---|---|---|
| 273 | $1.03\times10^{-16}$ | 303 | $1.89\times10^{-14}$ |
| 283 | $3.60\times10^{-15}$ | 313 | $3.80\times10^{-14}$ |
| 291 | $7.40\times10^{-15}$ | 323 | $5.60\times10^{-14}$ |
| 293 | $8.60\times10^{-15}$ | 333 | $1.26\times10^{-13}$ |
| 295 | $1.00\times10^{-14}$ | 353 | $3.40\times10^{-13}$ |
| 298 | $1.27\times10^{-14}$ | 373 | $7.40\times10^{-13}$ |

## 二、溶液的酸度

### (一) 溶液酸碱性的表示

式(7-5)不仅适用于纯水，同样适用于一切稀的水溶液。往纯水中加入酸或碱，酸碱只能使水的解离平衡发生移动，而不能中止水的解离。因此，不论是酸性水溶液、碱性水溶液还是中性水溶液(或纯水)都存在着 $H^+$ 和 $OH^-$。

往纯水中加入强酸，由于 $H^+$ 浓度的增大，水的解离平衡向左移动。当重新建立新的平衡时，仍然保持 $[H^+][OH^-]=K_w$，只是 $[OH^-]$ 相对减小了。同理，往纯水中加入强碱，$K_w$ 值也不变，只是 $[H^+]$ 相应地减小。可见，酸性溶液显酸性及碱性溶液显碱性的原因是溶液中 $[H^+]$ 和 $[OH^-]$ 相对大小不同而已。

$$[H^+]=1.0\times10^{-7}\text{mol}\cdot\text{L}^{-1}=[OH^-] \qquad \text{中性溶液}$$
$$[H^+]>1.0\times10^{-7}\text{mol}\cdot\text{L}^{-1}>[OH^-] \qquad \text{酸性溶液}$$
$$[H^+]<1.0\times10^{-7}\text{mol}\cdot\text{L}^{-1}<[OH^-] \qquad \text{碱性溶液}$$

溶液的酸碱性常用 $[H^+]$ 来表示，两者之间可通过 $K_w=[H^+][OH^-]$ 公式相互换算。但是当溶液中的 $H^+$ 的浓度很小时，再用 $[H^+]$ 来表示溶液的酸碱度就很不方便。为此，化学上采用 pH 来表示溶液的酸碱性。pH 就是溶液中氢离子浓度的负对数。

$$\text{pH}=-\lg[H^+]$$

也可以用 pOH 来表示溶液的酸碱度，pOH 就是溶液中氢氧根离子的负对数：

$$\text{pOH}=-\lg[OH^-]$$

在常温下，因为 $[H^+][OH^-]=1.0\times10^{-14}$，所以 pOH + pH = 14。

例如，若 $[H^+]=1.0\times10^{-2}\text{mol}\cdot\text{L}^{-1}$，$\text{pH}=-\lg1.0\times10^{-2}$，pH = 2

若 $[OH^-]=1.0\times10^{-2}\text{mol}\cdot\text{L}^{-1}$，则 $[H^+]=\dfrac{K_w}{[OH^-]}=\dfrac{1.0\times10^{-14}}{1.0\times10^{-2}}=1.0\times10^{-12}\text{mol}\cdot\text{L}^{-1}$，pH = 12

溶液酸碱度与 pH 的关系为：

中性溶液　　pH = 7
酸性溶液　　pH<7
碱性溶液　　pH>7

### (二) 一元弱酸(弱碱)水溶液的酸碱性

以一元弱酸(HA)为例，介绍一元弱酸中 $[H^+]$ 的计算方法。在浓度为 $c(\text{mol}\cdot\text{L}^{-1})$ 的 HA 水溶液中，存在着以下解离平衡：

$$HA \rightleftharpoons H^+ + A^-$$

起始浓度/($mol \cdot L^{-1}$)　　$c_0$　　0　　0

平衡浓度/($mol \cdot L^{-1}$)　　$c_0-[H^+]$　　$[H^+]$　　$[A^-]$

由于$[H^+]=[A^-]$

$$K_a=\frac{[H^+][A^-]}{[HA]}=\frac{[H^+]^2}{c_0-[H^+]} \tag{7-6}$$

$$[H^+]^2+K_a[H^+]-c_0K_a=0$$

$$[H^+]=\frac{-K_a}{2}+\sqrt{\frac{K_a^2}{4}+K_ac_0} \tag{7-7}$$

式(7-7)是计算一元弱酸溶液中$[H^+]$的近似式,若$[H^+]\ll c_0$,式(7-7)可简化为:

$$[H^+]=\sqrt{c_0K_a} \tag{7-8}$$

式(7-8)是计算一元弱酸溶液中$[H^+]$的最简式。一般地,当$c_0K_a>20K_w$和$c_0/K_a\geqslant 500$时采用式(7-8)计算,相对误差小于5%。

同理,对于一元弱碱,当$c_0K_b>20K_w$,计算一元弱碱水溶液中$[OH^-]$的近似式为:

$$[OH^-]=\frac{-K_b}{2}+\sqrt{\frac{K_b^2}{4}+K_bc_0} \tag{7-9}$$

当$c_0K_b>20K_w$和$c_0/K_b\geqslant 500$时,计算一元弱碱水溶液中$[OH^-]$的最简式为:

$$[OH^-]=\sqrt{c_0K_b} \tag{7-10}$$

**【例 7-1】** 298K 时,$CH_3COOH$ 的 $K_a=1.76\times10^{-5}$,求 $0.1mol \cdot L^{-1}$的 $CH_3COOH$ 溶液的$[H^+]$。

**解:**$c_0K_a>20K_w$

$$c_0/K_a=\frac{0.10}{1.76\times10^{-5}}>500$$

可用最简式计算:

$$[H^+]=\sqrt{1.76\times10^{-5}\times0.10}=1.33\times10^{-3}(mol \cdot L^{-1})$$

**【例 7-2】** 求 $0.1mol \cdot L^{-1}$ $CH_3COONa$ 水溶液中的$[OH^-]$,已知 $CH_3COOH$ 的 $K_a=1.76\times10^{-5}$。

**解:**$CH_3COOH$-$CH_3COONa$ 是一对共轭酸碱对,则:

$$K_b=K_w/K_a=1.0\times10^{-14}/1.76\times10^{-5}=5.68\times10^{-10}$$

$$c_0K_b>20K_w,c_0/K_b>500$$

$$[OH^-]=\sqrt{5.68\times10^{-10}\times0.10}=7.51\times10^{-6}(mol \cdot L^{-1})$$

**【例 7-3】** 计算 $0.10mol \cdot L^{-1}NH_4Cl$ 水溶液的 pH($NH_4^+$ 的 $K_a=5.68\times10^{-10}$)。

**解:**在 $NH_4Cl$ 水溶液中,$NH_4^+$ 是一元弱酸,则:

$$c_0K_a>20K_w,c_0/K_a>500$$

$$[H^+]=\sqrt{5.68\times10^{-10}\times0.10}=7.54\times10^{-6}(mol \cdot L^{-1})$$

$$pH=-1g[H^+]=5.12$$

## 三、酸碱指示剂

酸碱指示剂一般为弱的有机酸或弱的有机碱,因其电离出来的离子与其分子在 pH 不同的溶液中具有不同的颜色,所以能指示溶液的酸碱性。例如,石蕊是一种弱的有机酸,在溶液中存在下列平衡:

$$\underset{\substack{\text{石蕊分子}\\ \text{红色}}}{HIn} \rightleftharpoons H^+ + \underset{\substack{\text{石蕊离子}\\ \text{蓝色}}}{HI^-}$$

从电离方程式可以看到，溶液中既存在石蕊分子，也存在石蕊离子，所以我们看到的是紫色。当向此溶液加酸时，溶液中[$H^+$]增大，电离平衡向左移动，[HIn]增大，红色加深，[$In^-$]减小，蓝色变浅，当 pH≤5 时，溶液以 HIn 的颜色为主，显示红色；相反，当向此溶液加碱时，溶液中[$OH^-$]增大，电离平衡向右移动，[$In^-$]增大，蓝色加深，[HIn]减小，红色变浅，当 pH≥8 时，溶液以 $HI^-$的颜色为主，显示蓝色。由此可见，石蕊指示剂由红色变为蓝色时，溶液的 pH 从 5.0 变为 8.0。

指示剂由一种颜色变为另一种颜色时溶液的 pH 变化范围称为指示剂的变色范围。指示剂的变色范围一般是由实验测定得到的(表 7-5)。

**表 7-5　常用酸碱指示剂变色范围**

| 指示剂 | 甲基橙 | 石蕊 | 酚酞 |
|---|---|---|---|
| 变色范围 | 3.1～4.4 | 5～8 | 8.2～10 |
| 溶液颜色 | 红色、橙色、黄色 | 红色、紫色、蓝色 | 无色、浅红色、红色 |

# 第四节　缓 冲 溶 液

## 一、缓冲溶液的组成和作用原理

### (一) 缓冲溶液和缓冲作用

在以下两种溶液中，分别加入 1 滴 $1mol \cdot L^{-1}$的 HCl 或 NaOH 时，溶液的 pH 变化见下表。

| 溶液 | $0.10mol \cdot L^{-1}$ NaCl | $0.10mol \cdot L^{-1}$ $CH_3COOH$ 和 $0.10mol \cdot L^{-1}$ $CH_3COONa$ |
|---|---|---|
| 原溶液 pH | 7.0 | 4.76 |
| 加入一滴酸后的 pH | 3.0 | 4.75 |
| 加入一滴碱后的 pH | 11.0 | 4.77 |
| 溶液 pH 的变化 | 每次改变 4 个 pH 单位 | 每次改变 0.01 个 pH 单位 |

结果表明，在 NaCl 中加入一滴酸，pH 会明显降低；加入一滴碱，pH 会明显升高。而在乙酸和乙酸钠混合溶液中加入少量酸或少量碱，pH 几乎不变。这说明 NaCl 没有抗酸和抗碱能力，而乙酸和乙酸钠混合溶液有抗酸抗碱能力。

能对抗外来的少量酸或少量碱(或稀释)，而保持溶液的 pH 几乎不变的作用称为缓冲作用。具有缓冲作用的溶液称为缓冲溶液。

### (二) 缓冲溶液的组成

缓冲溶液之所以具有缓冲作用，是因为缓冲溶液中含有抗酸成分和抗碱成分，而且两种成分通常是一对共轭酸碱对，它们之间存在化学平衡，通过给出或接受质子来相互转化。我们把这一对物质称为缓冲对或缓冲系。常见的缓冲对有三种类型：

弱酸及其对应的盐

弱酸(抗碱成分)-对应的盐(抗酸成分)

$$CH_3COOH\text{-}CH_3COONa$$

$$H_3PO_4\text{-}NaH_2PO_4$$

$$H_2CO_3\text{-}NaHCO_3$$

弱碱及其对应的盐

弱碱(抗酸成分)-对应的盐(抗碱成分)

$$NH_3 \cdot H_2O\text{-}NH_4Cl$$

多元弱酸的酸式盐及其对应的次级盐

多元弱酸的酸式盐(抗碱成分)-对应的次级盐(抗酸成分)

$$NaHCO_3\text{-}Na_2CO_3$$

$$NaH_2PO_4\text{-}Na_2HPO_4$$

### (三) 缓冲作用原理

缓冲溶液是如何对抗外来的酸和碱,而保持溶液的 pH 不变的呢?这要从缓冲溶液的组成及其电离平衡移动来说明。现以 $CH_3COOH$-$CH_3COONa$ 缓冲溶液为例来说明缓冲溶液的缓冲作用原理。

在 $CH_3COOH$-$CH_3COONa$ 缓冲溶液中,存在下列两个电离平衡:

$$CH_3COOH \rightleftharpoons H^+ + CH_3COO^-$$

$$CH_3COONa \rightleftharpoons Na^+ + CH_3COO^-$$

由于 $CH_3COOH$ 是弱酸,在溶液中仅有小部分电离成 $H^+$ 和 $CH_3COO^-$,绝大部分以 $CH_3COOH$ 分子存在;$CH_3COONa$ 是强电解质,在水溶液中完全电离成 $Na^+$ 和 $CH_3COO^-$,溶液[$CH_3COO^-$]增大,对 $CH_3COOH$ 的电离产生了同离子效应,因此又进一步抑制了 $CH_3COOH$ 的电离,导致 $CH_3COOH$ 的电离度更小,因而溶液中大量存在着 $CH_3COOH$ 和 $CH_3COO^-$(主要来自 $CH_3COONa$ 的电离),而[$H^+$]却非常小。

当向上述溶液中加入少量强酸(如 HCl)时,$H^+$ 与溶液中的 $CH_3COO^-$ 结合生成弱电解质 $CH_3COOH$,平衡向左移动,消耗了增加的 $H^+$,结果使 $CH_3COOH$ 的浓度略有增加,$CH_3COO^-$ 的浓度略有减小,$H^+$ 浓度几乎不变,溶液的 pH 几乎不变。抗酸的离子方程式是:

$$H^+ + CH_3COO^- \rightleftharpoons CH_3COOH\text{(抗酸离子方程式)}$$

其中,$CH_3COO^-$($CH_3COONa$)抵抗外来少量酸,是抗酸成分。

当向上述溶液中加入少量强碱(如 NaOH)时,$OH^-$ 与溶液中的 $H^+$ 结合生成了难电离的 $H_2O$,平衡向右移动,同时 $CH_3COOH$ 又有 $H^+$ 生成,补充了由于反应而消耗的 $H^+$,结果溶液中 $CH_3COO^-$ 的浓度略有增加,$CH_3COOH$ 的浓度略有减小,而 $H^+$ 浓度几乎没有降低,溶液的 pH 几乎不变。

$$OH^- + CH_3COOH \rightleftharpoons CH_3COO^- + H_2O\text{(抗碱离子方程式)}$$

其中 $CH_3COOH$ 抵抗了外来的少量碱,是抗碱成分。

通过上述讨论可知,缓冲溶液的缓冲作用原理是:缓冲溶液中存在着相对较多的抗酸成分与抗碱成分,它们通过质子转移平衡的移动,来调节溶液 $H^+$ 的浓度,从而使溶液的 pH 基本保持不变。

## 二、缓冲溶液 pH 的计算

根据缓冲对的质子转移,可计算 pH:

$$HA + H_2O \rightleftharpoons A^- + H_3O^+$$

$$K_a = \frac{[H_3O^+][A^-]}{[HA]}$$

$$[H_3O^+] = \frac{K_a[HA]}{[A^-]}$$

$$pH = pK_a + \lg\frac{[A^-]}{[HA]} \quad (7\text{-}11)$$

式(7-11)称为亨德森-哈赛尔巴赫方程,也称缓冲公式。设组成缓冲溶液的共轭(HA)的浓度为 $c_a$,共轭碱($A^-$)的浓度为 $c_b$,由于 $A^-$对 HA 具有同离子效应,缓冲对的浓度较大,因此可近似地认为$[HA]=c_a$,$[A^-]=c_b$,式(7-11)可近似为:

$$pH = pK_a + \lg\frac{c_b}{c_a} \quad (7\text{-}12)$$

式(7-12)是计算缓冲溶液 pH 的近似公式。式中 $c_b/c_a$ 称为缓冲比,$c_b+c_a$ 称为缓冲溶液的总浓度。

由式(7-12)可知:

(1) 缓冲溶液的 pH 主要取决于共轭酸碱对中弱酸的 $K_a$ 值,其次取决于缓冲比(共轭碱和共轭酸的浓度比)。

(2) 对于同一缓冲对组成的不同浓度的缓冲溶液,其 pH 只取决于缓冲比。改变缓冲比,缓冲溶液的 pH 也随之改变,当缓冲比为 1 时,缓冲溶液的 $pH=pK_a$。

(3) 适当稀释缓冲溶液,缓冲比不变,所以缓冲溶液的 pH 也不变。

**【例 7-4】** 计算由 $0.08mol\cdot L^{-1}$的 $CH_3COOH$ 和 $0.20mol\cdot L^{-1}$的 $CH_3COONa$ 的溶液等体积混合成的缓冲溶液 pH($K_a=1.76\times10^{-5}$)。

**解**:缓冲溶液中缓冲对的浓度分别为:

$$c(CH_3COOH)=0.08/2=0.04(mol\cdot L^{-1})$$

$$c(CH_3COO^-)=0.20/2=0.10(mol\cdot L^{-1})$$

又因:

$$pK_a=-\lg K_a=-\lg(1.76\times10^{-5})=4.75$$

代入缓冲公式,得:

$$pH=4.75+\lg(0.10/0.04)=4.75+0.40=5.15$$

**【例 7-5】** 计算 $0.10mol\cdot L^{-1}$的 $NH_3$ 和 $0.05mol\cdot L^{-1}$的 $NH_4Cl$ 缓冲溶液的 pH(已知 $NH_3$ 的 $K_b=1.79\times10^{-5}$)。

**解**:此体系的共轭酸是 $NH_4^+$,共轭碱是 $NH_3$,则:

$K_a=K_w/K_b=1.00\times10^{-14}/1.79\times10^{-5}=5.59\times10^{-10}$

$pK_a=-\lg K_a=-\lg(5.59\times10^{-10})=9.25$

代入缓冲公式,得:

$$pH=9.25+\lg(0.10/0.05)=9.25+0.30=9.55$$

## 三、缓冲溶液的配置

缓冲溶液有标准缓冲溶液与非标准缓冲溶液,表 7-6 列出了 1960 年国际纯粹与应用化学学会(IUPAC)确定的五种标准缓冲溶液。在测定溶液的 pH 时,可将它们作为标准参照液。配制和使用的标准缓冲溶液应按其具体要求,严格操作。

表 7-6　pH 标准缓冲溶液

| pH 标准缓冲溶液 | pH 标准值(298 K) |
|---|---|
| 饱和酒石酸氢钾(0.034mol · $L^{-1}$) | 3.557 |
| 0.05mol · $L^{-1}$邻苯二甲酸氢钾 | 4.008 |
| 0.025mol · $L^{-1}$ $KH_2PO_4$-0.025mol · $L^{-1}$ $Na_2HPO_4$ | 6.865 |
| 0.008 695mol · $L^{-1}$ $KH_2PO_4$-0.030 43mol · $L^{-1}$ $Na_2HPO_4$ | 7.413 |
| 0.01mol · $L^{-1}$硼砂 | 9.180 |

非标准缓冲溶液是根据实际需要而配制的,常用来控制溶液的酸度。为了保证所配的缓冲溶液具有较强的能力,缓冲对的选用和缓冲溶液的配制通常按下列原则进行。

(1) 选择合适的缓冲对。选择缓冲对要考虑两个因素:一个是所配缓冲溶液的 pH 尽可能接近共轭酸的 $pK_a$ 值,从而使缓冲比接近 1∶1,这样的缓冲溶液缓冲能力较强;另一个是所选缓冲对物质不能与溶液中的主流物质发生作用,特别是药用缓冲溶液,缓冲对不能与主药发生配伍禁忌。另外,在加温灭菌和储存期内要稳定,不能有毒性等。

(2) 缓冲溶液的总浓度要适当。总浓度太低,缓冲能力太小,总浓度太高,造成浪费。实际工作中,一般为 0.05~0.50mol · $L^{-1}$。

实际配制缓冲溶液有两种方法:一是使用相同浓度的弱酸及其共轭碱,按一定体积比混合。设混合前弱酸及其共轭碱的体积为 $V(HA)$、$V(A^-)$,浓度为 $c$,混合后的浓度分别为 $c(HA)$、$c(A^-)$。

$$c(HA)=\frac{cV(HA)}{V(HA)+V(A^-)} \qquad c(A^-)=\frac{cV(A^-)}{V(HA)+V(A^-)}$$

$$pH=pK_a+\lg\frac{c(A^-)}{c(HA)}=pK_a+\lg\frac{V(A^-)}{V(HA)}$$

改变体积比[$V(A^-)/V(HA)$]就可制得实际需要的缓冲溶液。二是将弱酸与强碱或弱碱与强酸按一定体积比相混合。

几种简单的缓冲溶液的配制方法见表 7-7。

表 7-7　几种简单的缓冲溶液的配制方法

| pH | 缓冲溶液 | 配制方法 |
|---|---|---|
| 4.0 | $CH_3COONa \cdot 3H_2O$ | 20g 溶于适量的水,加 6mol · $L^{-1}$ $CH_3COOH$,稀释至 500ml |
| 5.0 | $CH_3COONa \cdot 3H_2O$ | 50g 溶于适量的水,加 6mol · $L^{-1}$ $CH_3COOH$,稀释至 500ml |
| 7.0 | $CH_3COONH_4$ | 77g 用水溶解后,稀释至 500ml |
| 8.0 | $NH_4Cl$ | 50g 溶于适量的水,加 15mol · $L^{-1}$氨水 207ml,稀释至 500ml |
| 9.0 | $NH_4Cl$ | 35g 溶于适量的水,加 15mol · $L^{-1}$氨水 24ml,稀释至 500ml |
| 10.0 | $NH_4Cl$ | 27g 溶于适量的水,加 15mol · $L^{-1}$氨水 197ml,稀释至 500ml |
| 11.0 | $NH_4Cl$ | 3g 溶于适量的水,加 15mol · $L^{-1}$氨水 3.5ml,稀释至 500ml |

## 四、血液中的缓冲对

缓冲溶液在医学上应用非常广泛。人体的各组织液都具有较稳定的 pH 范围,只有这样人体内的生物化学反应才能正常进行,物质的存在状态才正常。例如,成人胃蛋白酶的适宜 pH 范围是 1.5~2.0,pH>4 时失去活性。正常人血液的 pH 总是维持在 7.35~7.45 之间的狭小范围内,若 pH<7.35,酸中毒,pH>7.45,碱中毒,出现上述情况时,必须进行纠正,否则严重时将危及生命。血液的 pH 之所以能够维持在 7.35~7.45 之间,血液中存在一系列缓冲对是重要原因之一。人体血液的血浆中主要的缓冲对有 $H_2CO_3$-$NaHCO_3$、$H^-$蛋白质-$Na^+$蛋白质，$NaH_2PO_4$-$Na_2HPO_4$。红细胞中的缓冲对有 $H_2CO_3$-$KHCO_3$、$H^-$血红蛋白-$K^+$血红蛋白、H-氧合血红蛋白-$K^+$氧合血红蛋白、$KH_2PO_4$-$K_2HPO_4$。在这些缓冲对中，碳酸-碳酸氢盐缓冲对在血液中浓度最高，缓冲能力最大，对维持血液的正常 pH 起着决定性的作用。

很多因素都能引起血液中酸度的增加(pH 的减小)，如充血性心率衰竭和支气管炎，肺气肿引起的换气不足，患糖尿病和食用低碳水化合物和高脂肪食物引起代谢酸的增加，都会引起血液中氢离子浓度增加，此时会消耗大量的抗酸成分($HCO_3^-$)，同时生成大量的 $CO_2$。为了保持正常的 pH，人体首先是通过加快呼吸速度来排除多余的 $CO_2$，其次是通过肾脏调节(如延长 $HCO_3^-$ 的停留时间)，使[$HCO_3^-$]回升，从而使 $H_2CO_3$、$HCO_3^-$ 两种组分浓度恢复正常，维持血液 pH 基本不变。

当发高烧、气喘、严重的呕吐以及摄入过多的碱性物质(如蔬菜、果类)时，都会引起血液碱性增加，$H_2CO_3$ 浓度降低，$HCO_3^-$ 浓度增加。此时机体就要通过降低 $CO_2$ 的排出量及增加肾脏的 $HCO_3^-$ 排泄量来维持 $HCO_3^-$ 和 $CO_2$ 的浓度不变，从而维持血液的正常 pH。

总之，正常人血液的 pH 能够维持在 7.35~7.45 范围内，是由于人体内存在的缓冲对的作用及配合人体呼吸作用及肾脏的调节功能等。当出现酸中毒时，通常用碳酸氢钠或乳酸钠纠正；出现碱中毒时，通常用氯化铵纠正。

## 目标检测

### 一、单选题

1. 下列各组物质中，全部是弱电解质的是(　　)
   A. 乙酸、氨水、盐酸
   B. 氢硫酸、硫酸、硝酸银
   C. 氢氧化钾、氨水、碳酸
   D. 氢硫酸、碳酸、氨水
2. 在 $H_2CO_3 \rightleftharpoons H^+ + HCO_3^-$ 平衡体系中，能使解离平衡向左移动的条件是(　　)
   A. 加氢氧化钠　　B. 加盐酸
   C. 加水　　D. 升高温度
3. 在 0.1mol·$L^{-1}$氨水中，要使其解离度和 pH 都减小，应加入的物质是(　　)
   A. $NH_3$　　B. $H_2O$
   C. NaOH　　D. $NH_4Cl$
4. 下列溶液中酸性最强的是(　　)
   A. pH=5
   B. [$H^+$]=$10^{-4}$mol·$L^{-1}$
   C. [$OH^-$]=$10^{-8}$mol·$L^{-1}$
   D. [$OH^-$]=$10^{-12}$mol·$L^{-1}$
5. 已知成人胃液的 pH=1，婴儿的胃液 pH=5，则成人胃液中[$H^+$]是婴儿胃液中[$H^+$]的(　　)
   A. 5 倍　　B. 1/5 倍
   C. $10^{-4}$倍　　D. $10^4$ 倍
6. 下列各组物质不能组成缓冲系的是(　　)
   A. $NaHCO_3$-$Na_2CO_3$　　B. NaOH-NaCl
   C. $KH_2PO_4$-$K_2HPO_4$　　D. HAc-NaAc
7. 血液的血浆中存在很多缓冲对，其中浓度最大的缓冲对是(　　)
   A. $H_2CO_3$-$NaHCO_3$
   B. $NaH_2PO_4$-$Na_2HPO_4$
   C. $KH_2PO_4$-$K_2HPO_4$
   D. 血浆蛋白-$Na^+$-血浆蛋白

### 二、简答题

1. 写出下列物质的共轭碱：
HCl，$H_3O^+$，$H_2CO_3$，$H_2PO_4^-$，$NH_4^+$，$H_2S$
2. 写出下列物质的共轭酸：
$OH^-$，$NH_3$，$NH_2^-$，$CH_3CH_2OH$，[$Al(H_2O)_5OH$]$^{2+}$，$CO_3^{2-}$

### 三、计算题

1. 计算下列溶液的 pH：
(1) 0.20mol·$L^{-1}$的氨水与 0.20mol·$L^{-1}$的盐酸等体积混合；
(2) 0.20mol·$L^{-1}$的氨水与 0.20mol·$L^{-1}$的乙酸钠等体积混合；
(3) 250mL 0.20mol·$L^{-1}$的氨水与 50ml 0.20mol·$L^{-1}$的盐酸等体积混合；
(4) 0.20mol·$L^{-1}$的氢氧化钠与 0.20mol·$L^{-1}$的乙酸钠等体积混合；
(5) 100ml 0.20mol·$L^{-1}$的碳酸与 1.0ml 0.20mol·$L^{-1}$的氢氧化钠等体积混合；
2. 将 100ml 0.10mol·$L^{-1}$盐酸溶液加入 400ml 0.10mol·$L^{-1}$氨水中，求混合溶液的 pH。

# 第八章　沉淀-溶解平衡

**学习目标**

1. 了解难溶电解质的沉淀-溶解平衡,描述沉淀-溶解平衡,写出溶度积的表达式
2. 熟悉溶度积规则,学会用溶度积规则判断沉淀的生成和溶解
3. 熟练运用沉淀-溶解平衡对沉淀的溶解、生成、转化过程进行分析,利用溶度积与溶解度的关系进行相互求算

## 第一节　难溶电解质的溶度积

电解质在水中的溶解度,有的很大,有的很小。在一定温度下某固态物质在100g溶剂中达到饱和状态时所溶解的质量,称为这种物质在这种溶剂中的溶解度。在未注明的情况下,通常溶解度指的是物质在水里的溶解度,用字母 $S$ 表示,其单位是"g·(100g 水)$^{-1}$"。溶解度是一种物质在另一种物质中的溶解能力,通常用易溶、可溶、微溶、难溶等粗略的概念表示。物质溶解与否及溶解能力的大小,一方面取决于物质(溶剂和溶质)的本性;另一方面也与外界条件如温度、压强、溶剂种类等有关。通常把在室温下溶解度在10g·(100g 水)$^{-1}$以上的物质称为易溶物质,溶解度在1~10g·(100g 水)$^{-1}$称为可溶物质,溶解度在0.01~1g·(100g 水)$^{-1}$的物质称为微溶物质,溶解度小于0.01g·(100g 水)$^{-1}$的物质称为溶物质。

### 一、沉淀-溶解平衡

在水中,溶解是绝对的,不溶解是相对的。任何难溶电解质在水中都会溶解,在一定的温度和压力下,固液达到平衡状态时,溶剂水分子和固态表面粒子相互作用,使溶质粒子脱离固体表面成为离子进入溶液的过程称为溶解,溶液中离子在运动中相互碰撞重新结合成晶体从而成为固体状态并从溶液中析出的过程称为沉淀。溶解、沉淀两个相互矛盾的过程是一对可逆反应,当难溶电解质的溶解和沉淀速率相等时,达到一个平衡状态,称为沉淀-溶解平衡,此时溶液是一种饱和溶液。

在科研和生产过程中,经常要利用沉淀反应制取难溶化合物或抑制生成难溶化合物,以鉴定或分离某些离子。究竟如何利用沉淀反应才能使沉淀能够生成并沉淀完全或将沉淀溶解、转化,这些问题都需要涉及难溶电解质的沉淀-溶解平衡。

### 二、溶度积常数

在一定温度下,将难溶电解质晶体放入水中,就发生溶解和沉淀两个过程。当溶解和沉淀速率相等时,便建立了一种动态的多相平衡。例如,在一定温度下,将AgCl固体投入水中,$Ag^+$和$Cl^-$在水分子的作用下,会离开固体表面而进入溶液,形成离子,这是溶解过程。同时,已溶解的$Ag^+$和$Cl^-$又会回到固体表面,这是沉淀过程。当沉淀与溶解两过程达到平衡时,此时的状态为沉淀-溶解平衡。可以表示如下:

$$AgCl(s) \rightleftharpoons Ag^+(aq) + Cl^-(aq)$$

根据化学平衡常数的计算表达式,则有如下关系:

$$K=\frac{[Ag^+][Cl^-]}{[AgCl(s)]}$$

$$K[AgCl(s)]=[Ag^+][Cl^-]$$

由于 AgCl 是固体，$K$ 是一常数，所以 $K[AgCl(s)]$ 也是一常数，用 $K_{sp}$ 来表示。$K_{sp}=K[AgCl(s)]=[Ag^+][Cl^-]$

$K_{sp}$ 为溶度积常数，简称溶度积，表示在一定温度下，难溶电解质饱和溶液中各离子浓度的系数方次项的乘积为一常数。

对于任何难溶电解质 $A_mB_n$，在一定温度下，其饱和溶液中都存在下列沉淀-溶解平衡：

$$A_mB_n(s) \rightleftharpoons mA^{n+}(aq)+nB^{m-}(aq)$$

其溶度积的表达式是：

$$K_{sp}=[A^{n+}]^m[B^{m-}]^n$$

在一定温度下，$K_{sp}$ 的大小反映了难溶电解质的溶解能力和沉淀能力。当化学式所表示的组成中阴、阳离子个数比相同时，$K_{sp}$ 越大的难溶电解质在水中的溶解能力越强。$K_{sp}$ 的大小只与温度有关，与难溶电解质的质量无关，表达式中的浓度是沉淀溶解达到平衡时离子的浓度，此时的溶液是饱和溶液。$K_{sp}$ 的大小可以比较同种类型难溶电解质的溶解度大小，不同类型的难溶电解质不能用 $K_{sp}$ 比较溶解度大小。$K_{sp}$ 数值的大小可以通过实验测定，表 8-1 列出了一些难溶电解质的溶度积。

**表 8-1　一些难溶电解质的溶度积(298K)**

| 电解质 | $K_{sp}$ | 电解质 | $K_{sp}$ |
|---|---|---|---|
| $BaSO_4$ | $1.08\times10^{-10}$ | CuS | $6.3\times10^{-36}$ |
| $CaF_2$ | $3.45\times10^{-11}$ | $Mn(OH)_2$ | $1.9\times10^{-13}$ |
| $Ag_2CrO_4$ | $1.12\times10^{-12}$ | $Fe(OH)_3$ | $2.79\times10^{-39}$ |
| AgCl | $1.77\times10^{-10}$ | $Ca_3(PO_4)_2$ | $2.07\times10^{-33}$ |
| $Mg(OH)_2$ | $5.61\times10^{-12}$ | AgAc | $1.94\times10^{-3}$ |
| AgI | $8.52\times10^{-17}$ | AgBr | $5.35\times10^{-13}$ |
| $CaSO_4$ | $4.93\times10^{-5}$ | $BaCO_3$ | $2.58\times10^{-9}$ |
| $CaCO_3$ | $3.36\times10^{-9}$ | $Cu(OH)_2$ | $2.2\times10^{-20}$ |

## 三、溶度积和溶解度

$K_{sp}$ 和 $S$ 都可以表示难溶电解质的溶解能力，在一定条件下可以判断溶解度的大小，两者之间有一定的联系。根据溶度积关系式，可以进行溶度积和溶解度之间的计算，但在换算时必须注意采用物质的量浓度为单位来表示难溶物质的溶解度(1L 饱和溶液中所含溶解难溶物质的物质的量，单位 $mol\cdot L^{-1}$)。另外，由于难溶电解质的溶解度小，溶液很稀，难溶电解质饱和溶液的密度可以认为近似等于水的密度。

例如，对于 MA 型难溶电解质，在一定的温度下，在饱和溶液中，若其溶解度为 $S(mol\cdot L^{-1})$，则存在以下溶解-沉淀平衡：

$$MA(s) \rightleftharpoons M^+(aq)\,^+A^-(aq)$$

平衡时浓度/$(mol\cdot L^{-1})$　　　　$S$　　　　$S$

则有：

$$K_{sp}=[M^+][A^-]=S\times S$$

$$S=\sqrt{K_{sp}}$$

而对于难溶电解质 $A_mB_n$，在一定温度下，在其饱和溶液中，若 $A_mB_n$ 的溶解度为 $S$(mol·L$^{-1}$)，根据沉淀-溶解平衡式：

$$A_mB_n(s) \rightleftharpoons mA^{n+}(aq) + nB^{m-}(aq)$$

我们知道，$[A^{n+}] = mS$(mol·L$^{-1}$)，$[B^{m-}] = nS$(mol·L$^{-1}$)

$$K_{sp} = [A^{n+}]^m[B^{m-}]^n = (mS)^m(nS)^n$$

由上式可得：

$$S = \sqrt[m+n]{\frac{K_{sp}}{m^m n^n}}$$

显然，从上述的计算可以看出，只要知道难溶物质的 $K_{sp}$，就能求得该难溶物质的溶解度；相反，只要给出难溶物质的溶解度，就能求得该难溶物质的 $K_{sp}$。但对于不同类型的难溶电解质，溶解度和溶度积之间的计算关系不同，因此，只有对同一类型的难溶电解质，才能应用溶度积来直接比较其溶解度的相对大小。而对于不同类型的难溶电解质，则不能简单地进行比较，需要通过计算才能比较(表 8-2)。需要注意的是，在进行溶解度和溶度积的换算时应注意，溶解度 $S$ 用摩尔溶解度表示，单位为 mol·L$^{-1}$。还需要说明的是，上述溶度积与溶解度之间的换算是一种近似计算，适应于溶解度很小的难溶物质，而且离子在溶液中不发生副反应或者副反应程度较小的情况。

**表 8-2　几种类型难溶物质溶度积、溶解度比较(298K)**

| 难溶物质 | 难溶物质类型 | 溶度积 $K_{sp}$ | 溶解度/(mol·L$^{-1}$) |
|---|---|---|---|
| AgCl | AB | $1.77\times10^{-10}$ | $1.33\times10^{-5}$ |
| $BaSO_4$ | AB | $1.08\times10^{-10}$ | $1.04\times10^{-5}$ |
| $CaF_2$ | $AB_2$ | $3.45\times10^{-11}$ | $2.05\times10^{4}$ |
| $Ag_2CrO_4$ | $A_2B$ | $1.12\times10^{-12}$ | $6.54\times10^{-5}$ |

**【例 8-1】**　298K 时，$BaSO_4$ 的溶解度 $S$ 为 $2.43\times10^{-3}$ g·L$^{-1}$，求 $BaSO_4$ 的溶度积 $K_{sp}$。

**解：**

$$BaSO_4(s) \rightleftharpoons Ba^{2+}(aq) + SO_4^{2-}(aq)$$

$$K_{sp}(BaSO_4) = [Ba^{2+}][SO_4^{2-}]$$

$BaSO_4$ 的摩尔质量为 233.4g·mol$^{-1}$，故 $BaSO_4$ 的摩尔溶解度为：

$$\frac{2.43\times10^{-3}}{233.4} = 1.04\times10^{-5}(\text{mol}\cdot\text{L}^{-1})$$

由于 1mol$BaSO_4$ 溶解后能生成 1mol$Ba^{2+}$和 1mol$SO_4^{2-}$。因此，在 $BaSO_4$ 饱和溶液中有：

$$[Ba^{2+}] = [SO_4^{2-}] = 1.04\times10^{-5}\text{mol}\cdot\text{L}^{-1}$$

$$K_{sp}(BaSO_4) = [Ba^{2+}][SO_4^{2-}] = 1.04\times10^{-5}\times1.04\times10^{-5} = 1.08\times10^{-10}。$$

**【例 8-2】**　已知 298K 时 $Ag_2CrO_4$ 的溶度积是 $1.12\times10^{-12}$，计算其溶解度 $S$(g·L$^{-1}$)是多少？

**解：**设 $Ag_2CrO_4$ 的溶解度为 $x$ mol·L$^{-1}$，根据：

$$Ag_2CrO_4(s) \rightleftharpoons 2Ag^{+}(aq) + CrO_4^{2-}(aq)$$

可知达到沉淀-溶解平衡时，$[Ag^+] = 2x$mol·L$^{-1}$，$[CrO_4^{2-}] = x$mol·L$^{-1}$，

$$K_{sp}(Ag_2CrO_4) = [Ag^+]^2[CrO_4^{2-}] = (2x)^2x = 1.12\times10^{-12}$$

$$x = 6.54\times10^{-5}\text{mol}\cdot\text{L}^{-1}$$

$Ag_2CrO_4$ 的摩尔质量为 331.7g·mol$^{-1}$，所以溶解度为：

$$S = 6.54\times10^{-5}\times331.7 = 2.17\times10^{-2}(\text{g}\cdot\text{L}^{-1})$$

**【例 8-3】**　已知在 298K 时，$Ag_2CrO_4$ 和 AgCl 的 $K_{sp}$ 分别为 $1.12\times10^{-12}$ 和 $1.8\times10^{-10}$，试比较在此温度下 $Ag_2CrO_4$ 和 AgCl 在纯水中的溶解度大小？

**解**:由于这两种难溶电解质不是同一种类型,我们不能直接从溶度积的大小判断其溶解度的大小,须计算其溶解度,然后比较大小。

首先计算 $Ag_2CrO_4$ 的溶解度:

$$Ag_2CrO_4 \rightleftharpoons 2Ag^+ + CrO_4^{2-}$$

$$K_{sp}(Ag_2CrO_4) = [Ag^+]^2[CrO_4^{2-}]$$

设饱和溶液中 $Ag_2CrO_4$ 的摩尔溶解度为 $c_1 mol \cdot L^{-1}$,则溶液中$[Ag^+]$的浓度为 $2c_1 mol \cdot L^{-1}$,$[CrO_4^{2-}]$的浓度为 $c_1 mol \cdot L^{-1}$。

$$K_{sp}(Ag_2CrO_4) = (2c_1)^2 c_1 = 4c_1^3$$

$$c_1 = \sqrt[3]{\frac{K_{sp}}{4}} = 7.9 \times 10^{-5} mol \cdot L^{-1}$$

同理,设 AgCl 的饱和溶液中 AgCl 的摩尔溶解度为 $c_2 mol \cdot L^{-1}$。

$$AgCl \rightleftharpoons Ag^+ + Cl^-$$

$$K_{sp}[AgCl] = c_2 \cdot c_2 = c_2^2$$

所以,$c_2 = \sqrt{K_{sp}} = 1.25 \times 10^{-5} mol \cdot L^{-1}$。

根据计算结果可知,$Ag_2CrO_4$ 溶解度大,AgCl 溶解度小。

在例 8-3 中,$Ag_2CrO_4$ 的溶度积比 AgCl 小,但从计算的结果来看,$Ag_2CrO_4$ 在纯水中的溶解度比 AgCl 的溶解度却还要大。从表 8-2 中可以看出,对于同类型难溶物质,溶度积大的,摩尔溶解度也大,因此可以根据溶度积的大小来直接比较它们溶解度的相对高低。但是,对于不同类型的难溶物质,不能简单地根据它们的 $K_{sp}$ 来判断其溶解度的相对大小。

溶解度和溶度积都能反映物质溶解能力的相对大小,相同类型难溶电解质的 $K_{sp}$ 越大,其溶解度越大,$K_{sp}$ 越小,其溶解度越小。但不同类型的难溶电解质,由于溶度积表达式中离子浓度的幂指数不同,因此不能简单地从溶度积的大小来比较溶解度的大小。

但溶度积和溶解度也有差别:两者概念应用范围不同,溶度积 $K_{sp}$ 只用来表示难溶电解质的溶解度;$K_{sp}$ 不受离子浓度的影响,而溶解度则不同;用 $K_{sp}$ 比较难溶电解质的溶解性能,只能比较相同类型化合物,而溶解度则比较直观;$K_{sp}$ 只与温度有关,其数值大小可以通过实验测定,溶解度与电解质本性、温度有关,受同离子效应、盐效应的影响较大。

## 四、溶度积规则

难溶电解质的沉淀-溶解平衡是动态平衡,如果改变条件,如增加或减小离子浓度,则平衡会发生移动,直至达到新的平衡。在一定温度下,当难溶电解质溶液处于沉淀-溶解平衡状态时,此时为饱和溶液,溶液中各离子浓度幂的乘积为一常数,是溶度积常数,用 $K_{sp}$ 表示。当难溶电解质溶液处于任何状态时,我们把溶液中各离子浓度幂的乘积称为离子积,用符号 $Q$ 表示。$Q$ 的表达式和 $K_{sp}$ 表达式相似。溶度积 $K_{sp}$ 是离子积 $Q$ 的一个特例(溶液为饱和状态时)。

因此,通过比较难溶电解质离子积与溶度积常数,可以判断难溶电解质在一定的条件下,是否有沉淀生成或者溶解。

当 $Q<K_{sp}$ 时,溶液未达到饱和状态,若溶液中有沉淀存在,则沉淀会发生溶解,随着沉淀的溶解,溶液中离子浓度增大,直至 $Q=K_{sp}$ 时达到沉淀-溶解平衡;当 $Q=K_{sp}$ 时,溶液处于沉淀-溶解平衡状态,此时的溶液为饱和溶液,溶液中既无沉淀生成,又无固体溶解;当 $Q>K_{sp}$ 时,溶液处于过饱和状态,会有沉淀生成,随着沉淀的生成,溶液中离子浓度下降,直至 $Q=K_{sp}$ 时达到沉淀-溶解平衡。

利用溶度积与离子积大小来判断沉淀的生成或溶解的规则($Q<K_{sp}$,不饱和溶液,无沉淀析出;$Q=K_{sp}$,饱和溶液,平衡状态;$Q>K_{sp}$,过饱和溶液,沉淀析出)称为溶度积规则。溶度积规则是沉淀生成、溶解、转化的判断依据。

## 第二节 沉淀的生成和溶解

溶度积规则是难溶电解质关于沉淀生成和溶解平衡移动规律的总结。控制离子浓度就可以使系统生成沉淀或使沉淀溶解。溶度积规则主要应用于判断沉淀的生成与溶解、控制离子浓度使反应向需要的方向移动。

### 一、沉淀的生成

根据溶度积规则，当 $Q>K_{sp}$ 时，平衡就向生成沉淀的方向转化。因此，要生成沉淀就要增加难溶电解质离子的浓度，使离子积大于溶度积，这是沉淀生成的必要条件。

**【例 8-4】** 将 $0.001mol \cdot L^{-1}NaCl$ 和 $0.001mol \cdot L^{-1}AgNO_3$ 溶液等体积混合，是否有 AgCl 沉淀生成。（AgCl 的 $K_{sp}=1.8\times10^{-10}$）

**解**：两溶液等体积混合，体积增大一倍，浓度减小一半，即：

$$[Ag^+]=[Cl^-]=1/2\times0.001mol \cdot L^{-1}=0.0005mol \cdot L^{-1}$$

则：

$$Q=[Ag^+][Cl^-]=0.0005\times0.0005=2.5\times10^{-7}$$

因为 $Q>K_{sp}$，所以有 AgCl 沉淀生成。

**【例 8-5】** 在 10ml $0.1mol \cdot L^{-1}$ 的 $MgSO_4$ 溶液中加入 10ml $0.10mol \cdot L^{-1}$ $NH_3 \cdot H_2O$，是否有 $Mg(OH)_2$ 沉淀生成？

**解**：由于等体积混合，则各物质的浓度均减小一半，即：

$$[Mg^{2+}]=\frac{1}{2}\times0.10=5.0\times10^{-2}mol \cdot L^{-1}, [NH_3 \cdot H_2O]=\frac{1}{2}\times0.10=5.0\times10^{-2}mol \cdot L^{-1}$$

设混合后 $[OH^-]=x\ mol \cdot L^{-1}$，则有：

$$NH_3 \cdot H_2O \rightleftharpoons NH_4^+ + OH^-$$

平衡浓度/($mol \cdot L^{-1}$)　　$0.05-x$　　$x$　　$x$

$$K_b=\frac{[NH_4^+][OH^-]}{[NH_3 \cdot H_2O]}$$

由于 $0.05-x\approx0.05$，所以：

$$1.78\times10^{-5}=\frac{x^2}{0.05}$$

$$x=9.43\times10^{-4}$$

即：

$$[OH^-]=9.43\times10^{-4}mol \cdot L^{-1}$$

$$Q=[Mg^{2+}][OH^-]^2=0.05\times(9.43\times10^{-4})^2=4.45\times10^{-8}$$

$$K_{sp}^{\ominus}[Mg(OH)_2]=5.61\times10^{-12}$$

由于 $Q>K_{sp}^{\ominus}[Mg(OH)_2]$，因此有 $Mg(OH)_2$ 沉淀生成。

**【例 8-6】** 向 $0.010mol \cdot L^{-1}$ 的硝酸银溶液中滴入盐酸溶液（不考虑溶液体积的变化），问：

（1）当氯离子浓度为多少时开始生成氯化银沉淀？

（2）加入过量的盐酸溶液，反应完成后，溶液中氯离子浓度为 0.010mol/L，此时溶液中银离子是否沉淀完全？（已知 $K_{sp}(AgCl)=1.77\times10^{-10}$）

**解**：（1）向 $0.010mol \cdot L^{-1}$ 的硝酸银溶液中滴入盐酸溶液，根据溶度积规则，当溶液中的 $Cl^-$

浓度增大到能使 AgCl 的 $Q \geqslant K_{sp}$ 时，便会有沉淀生成，即：

$$Q = [Ag^+][Cl^-] = 0.010 \times [Cl^-] \geqslant K_{sp}$$

$$[Cl^-] \geqslant 1.77 \times 10^{-8} mol \cdot L^{-1}$$

即当 $[Cl^-] \geqslant 1.77 \times 10^{-8} mol \cdot L^{-1}$ 时，溶液中开始有沉淀生成。沉淀生成后，$Ag^+$ 浓度会逐渐降低，若要银离子继续析出，必须增大沉淀剂 $Cl^-$ 的浓度，使两种离子的离子积再次超过溶度积。

（2）若加入过量的盐酸溶液，使反应完成后，溶液中氯离子浓度为 $0.010 mol \cdot L^{-1}$，溶液中的 $Ag^+$ 浓度可根据溶度积规则计算得：

$$[Ag^+] = \frac{K_{sp}}{[Cl^-]} = 1.77 \times 10^{-8} mol \cdot L^{-1}$$

此时银离子的浓度已经非常小，为 $1.77 \times 10^{-8} mol \cdot L^{-1}$，我们认为银离子已经被沉淀完全。

在一定温度下，$K_{sp}$ 为一常数，故溶液中没有一种离子的浓度等于 0，也由于离子之间存在平衡关系，所以离子浓度不会随沉淀剂的加入而降至 0，一般来说，残留在溶液中离子浓度小于 $10^{-5} mol \cdot L^{-1}$ 时，我们认为离子沉淀完全。用沉淀反应来分离溶液中的某种离子时，为使离子沉淀完全，一般采取以下几种措施：选择适当的沉淀剂，使沉淀的溶解度尽可能小；可加入适当过量的沉淀剂；沉淀某些离子时，还必须控制溶液的 pH。沉淀的生成主要用于物质的检验、提纯及工厂废水的处理等。用沉淀法分离物质，还有很多具体问题，将在分析化学中深入学习。

## 二、沉淀的溶解

在科研和实际工作中，经常遇到使难溶电解质沉淀溶解的问题，根据溶度积规则，要使沉淀溶解，只要采取一定的措施，降低难溶电解质饱和溶液中有关离子的浓度，以使 $Q < K_{sp}$，沉淀就可以溶解，直到达到 $Q = K_{sp}$，建立新的平衡。主要有以下三种途径，可以降低离子浓度，使 $Q < K_{sp}$，从而使沉淀发生溶解。

（1）生成弱电解质使沉淀溶解。利用酸、碱或某些盐类与难溶电解质离子结合成弱电解质（如弱酸、弱碱、水）可以使该难溶电解质的沉淀溶解。例如，某难溶的弱酸盐 MA 溶于强酸 HB 的过程中，由于 $A^-$ 与 $H^+$ 生成弱酸 HA，从而使 $A^-$ 的浓度降低，MA 的 $Q < K_{sp}$。通常，我们用 $K_a$ 表示弱酸的平衡常数，用 $K_b$ 表示弱碱的平衡常数。

$$MA \rightleftharpoons M^+ + A^-$$

$$HB \longrightarrow B^- + H^+$$

$$\Updownarrow$$

$$HA$$

达到平衡时，$A^-$ 满足两个关系式：

$$MA + H^+ \rightleftharpoons M^+ + HA$$

$$K_b = \frac{[M^+][HA]}{[H^+]} = \frac{[M^+][HA]}{[H^+]}\frac{[A^-]}{[A^-]} = \frac{K_{sp}(MA)}{K_a(HA)}$$

即

$$K_b = \frac{K_{sp}}{K_a}$$

由此可以知道，利用化学反应可以使某一离子生成水、弱酸或弱碱等弱电解质而使沉淀溶解。

**【例 8-7】** $Mg(OH)_2$ 沉淀 0.10mol，如用 1L 氨水使其溶解，需要的氨水浓度是多少？（已知 $K_{sp}[Mg(OH)_2] = 5.61 \times 10^{-12}$，$K_b(NH_3 \cdot H_2O) = 1.77 \times 10^{-5}$）

**解**：$Mg(OH)_2$ 溶于铵盐的反应方程式是：

$$Mg(OH)_2(s)+2NH_4^+(aq) \rightleftharpoons Mg^{2+}(aq)+2NH_3(aq)+2H_2O(l)$$

$$K=\frac{[Mg^{2+}][NH_3]^2}{[NH_4^+]^2}=\frac{[Mg^{2+}][NH_3]^2[OH^-]^2}{[NH_4^+]^2[OH^-]^2}=\frac{K_{sp}[Mg(OH)_2]}{[K_b(NH_3)]^2}=\frac{5.61\times10^{-12}}{(1.77\times10^{-5})^2}=1.79\times10^{-2}$$

$Mg(OH)_2$ 完全溶解后，溶液中 $NH_4^+$ 的平衡浓度：

$$[NH_4^+]=\sqrt{\frac{[Mg^{2+}][NH_3]^2}{K}}=\sqrt{\frac{0.10\times(0.20)^2}{1.79\times10^{-2}}}=0.47mol\cdot L^{-1}$$

$$[NH_4^+]=(0.20+0.47)mol\cdot L^{-1}=0.67mol\cdot L^{-1}$$

则 1L 的氨水浓度是 $0.67mol\cdot L^{-1}$。

（2）利用氧化还原反应使沉淀溶解。加入一种氧化剂或还原剂，使某一离子发生氧化还原反应而降低难溶电解质的离子浓度，使 $Q<K_{sp}$，从而沉淀发生溶解。CuS、pbS、$Ag_2S$ 等难溶于酸，但可以通过加入氧化剂稀硝酸，发生氧化还原反应促使沉淀溶解。如 CuS 溶于 $HNO_3$ 中，$S^{2-}$ 被 $HNO_3$ 氧化成单质硫，导致溶液中 $S^{2-}$ 浓度降低，平衡时，$[Cu^{2+}][S^{2-}]<K_{sp}(CuS)$，沉淀溶解。反应的方程式为：

$$3CuS+2HNO_3+6H^+=3Cu^{2+}+2NO\uparrow+3S\downarrow+4H_2O$$

（3）生成配合物使沉淀溶解。在难溶电解质溶液中加入配位剂，可使难溶电解质的组分离子形成配离子，从而降低难溶电解质离子浓度而导致沉淀溶解。例如，向 AgCl 溶液中加氨水，$AgCl(s)+2NH_3 = [Ag(NH_3)_2]^++Cl^-$，由于生成了更稳定的配离子 $[Ag(NH_3)_2]^+$，$Ag^+$ 浓度降低，使 $Q<K_{sp}$，沉淀逐步溶解（详见配位化合物一章）。

以上介绍的使沉淀溶解的几种方法，都能降低难溶电解质组分离子浓度，使 $Q<K_{sp}$。

## 三、分步沉淀

在实际工作中，通常会遇到系统中同时含有几种离子，当加入某种沉淀剂时，几种离子均可能发生沉淀反应，生成难溶电解质。例如，在 $0.10mol\cdot L^{-1}$ 氯化钠 20ml 和 $0.10mol\cdot L^{-1}$ 碘化钠溶液 20ml 混合后，逐滴加入 $1mol\cdot L^{-1}$ $AgNO_3$ 的溶液，可以生成 AgI 和 AgCl 沉淀，但这些沉淀是同时生成还是按照先后顺序生成？我们可以通过实验进行观察，实验结果表明先生成黄色沉淀 AgI，后生成白色沉淀 AgCl，这些沉淀按一定顺序依次析出，这种现象称为分步沉淀。对于混合溶液中几种离子与同一种沉淀剂反应生成沉淀的先后次序，可用溶度积规则进行判断。

**【例 8-8】** 在浓度都为 $0.10mol\cdot L^{-1}$ 的含 $Cl^-$ 和 $I^-$ 的混合溶液中，逐滴加入 $AgNO_3$ 溶液，哪种溶液首先沉淀？为什么？当 AgCl 开始生成沉淀时，溶液中 $I^-$ 浓度是多少？[已知 $K_{sp}(AgCl)=1.77\times10^{-10}$，$K_{sp}(AgI)=8.51\times10^{-17}$]

**解**：

$$AgCl \rightleftharpoons Ag^++Cl^-$$

$$AgI \rightleftharpoons Ag^++I^-$$

当 $Cl^-$ 开始沉淀时，计算所需要的 $Ag^+$ 浓度为：

$$[Ag^+]=\frac{K_{sp}}{[Cl^-]}=\frac{1.77\times10^{-10}}{0.10}=1.77\times10^{-9}(mol\cdot L^{-1})$$

因此，生成 AgCl 沉淀时溶液中 $Ag^+$ 的浓度要达到 $1.77\times10^{-9}mol\cdot L^{-1}$。

当 $I^-$ 开始沉淀时，计算所需要的 $[Ag^+]$ 浓度为：

$$[Ag^+]=\frac{K_{sp}}{[I^-]}=\frac{8.51\times10^{-17}}{0.10}=8.51\times10^{-16}(mol\cdot L^{-1})$$

因此,生成 AgI 沉淀时溶液中 $Ag^+$ 的浓度要达到 $8.51\times10^{-16}mol\cdot L^{-1}$。

可见,沉淀 $I^-$ 所需要的 $[Ag^+]$ 比沉淀 $Cl^-$ 所需要的 $[Ag^+]$ 要小近 $10^6$ 倍,所以逐滴加入 $AgNO_3$ 溶液时,AgI 先沉淀,AgCl 后沉淀。

当 AgCl 开始生成沉淀时,所需的 $[Ag^+]$ 为 $1.77\times10^{-9}mol\cdot L^{-1}$,而此时溶液中 $[I^-]$ 为:

$$[I^-]=\frac{K_{sp}}{[Ag^+]}=\frac{8.51\times10^{-17}}{1.77\times10^{-9}}=4.81\times10^{-8}(mol\cdot L^{-1})$$

即当有 AgCl 沉淀开始生成时,$I^-$ 已经是 $4.81\times10^{-9}mol\cdot L^{-1}$,$I^-$ 可以认为沉淀完全。根据溶度积规则,适当控制条件可以达到分离的目的。

分步沉淀的次序与 $K_{sp}$ 及沉淀类型有关,沉淀类型相同的,被沉淀离子浓度相同,$K_{sp}$ 小的先沉淀,$K_{sp}$ 大的后沉淀,溶度积相差越大,沉淀分离效果越好;沉淀类型不同的,需要通过计算确定。此外,溶液中各离子的浓度改变也可以调换沉淀的顺序,因此分步沉淀次序还与被沉淀离子浓度有关。

## 四、沉淀的转化

借助于某种试剂,将一种难溶电解质转变为另一种难溶电解质的过程,称为沉淀的转化。沉淀转化在实际生产中有着重要意义,例如,在烧水锅炉中常易产生以 $CaSO_4$ 为主要成分的水垢,必须及时清除,否则会给生产带来危害。但是 $CaSO_4$ 既难溶于水又难溶于酸,不易除去。实际工作中先用 $Na_2CO_3$ 溶液处理,将 $CaSO_4$ 沉淀转化为可溶于酸的 $CaCO_3$ 沉淀,再用盐酸就可以除去 $CaCO_3$。

$$CaSO_4+CO_3^{2-}=\!=\!=CaCO_3+SO_4^{2+}$$

沉淀转化的实质是沉淀溶解平衡的移动,一般来讲,溶解度大的沉淀转化为溶解度小的沉淀容易实现。相同条件下,如果两种难溶电解质的溶解度相差越大,沉淀转化越完全。但是将溶解度较小的难溶电解质转化为溶解度较大的难溶电解质就比较困难。

中华口腔医学会公布的最新数据表明,龋齿在我国依然是一个严峻的问题,氟化物预防龋齿的化学原理就是沉淀的转化。牙齿表面釉质是一种难溶的矿物质羟基磷灰石 $[Ca_5(PO_4)_3(OH)]$,它在唾液中存在沉淀溶解平衡:

$$Ca_5(PO_4)_3(OH)\rightleftharpoons5Ca^{2+}+3PO_4^{3-}+OH^-$$

口腔内食物(如糖)在细菌和酶作用下产生有机酸(如乳酸),由于食物产生有机酸中和 $Ca_5(PO_4)_3(OH)$ 产生的 $OH^-$,使羟基磷灰石的沉淀溶解平衡向溶解的方向移动,从而导致龋齿的发生。但如果饮用水或者牙膏中含有氟离子,氟离子能与牙齿表面的 $Ca^{2+}$ 和 $PO_4^{3-}$ 反应生成更难溶的氟磷灰石 $[Ca_5(PO_4)_3F]$,沉积在牙齿表面:

$$F^-+5Ca^{2+}+3PO_4^{3-}\longrightarrow Ca_5(PO_4)_3F(\text{更难溶})$$

氟磷灰石比羟基磷灰石更能抵抗酸的侵蚀,并能抑制口腔细菌产生酸,因而能有效保护我们的牙齿,降低龋齿的发生率。这种通过添加 $F^-$ 使难溶的羟基磷灰石转化为更难溶的氟磷灰石,实质是沉淀转化的应用。

**【例 8-9】** 在 1L $Na_2CO_3$ 溶液中溶解 0.01mol 的 $CaSO_4$,$Na_2CO_3$ 的最初浓度是多少?[已知 $K_{sp}(CaSO_4)=4.93\times10^{-5}$,$K_{sp}(CaCO_3)=3.36\times10^{-9}$]

**解**:$CaSO_4(s)+CO_3^{2-}(aq)\rightleftharpoons CaCO_3(s)+SO_4^{2-}(aq)$

$$K=\frac{[SO_4^{2-}]}{[CO_3^{2-}]}=\frac{[Ca^{2+}][SO_4^{2-}]}{[Ca^{2+}][CO_3^{2-}]}=\frac{K_{sp}(CaSO_4)}{K_{sp}(CaCO_3)}=\frac{4.93\times10^{-5}}{3.36\times10^{-9}}=1.47\times10^4$$

平衡时 $[SO_4^{2-}]=0.01mol\cdot L^{-1}$,则 $[CO_3^{2-}]=\dfrac{[SO_4^{2-}]}{K}=\dfrac{0.01}{1.47\times10^4}=6.80\times10^{-7}mol\cdot L^{-1}$

因为溶解 0.01mol 的 $CaSO_4$ 需要消耗 0.01mol 的 $Na_2CO_3$,所以 $Na_2CO_3$ 的最初浓度 =(0.01+

$6.80\times10^{-7}$) mol · $L^{-1}$ ≈ 0.01mol · $L^{-1}$。

沉淀的生成、溶解、转化本质上都是沉淀溶解平衡的移动，影响平衡移动的因素主要有：①浓度，降低浓度，平衡向溶解方向移动；②温度，升温，多数平衡向溶解方向移动；③加入相同离子，平衡向沉淀方向移动；④加入可与体系中某些离子反应生成更难溶或更难电离物质或气体等，使平衡向溶解方向移动。

## 目标检测

### 一、选择题

1. 工业废水中常含有 $Cu^{2+}$、$Cd^{2+}$、$Pb^{2+}$ 等重金属离子，可通过加入过量的难溶电解质 FeS、MnS，使这些金属离子形成硫化物沉淀除去。根据以上事实，可推知 FeS、MnS 具有的相关性质是（　　）

A. 在水中的溶解能力大于 CuS、CdS、PbS

B. 在水中的溶解能力小于 CuS、CdS、PbS

C. 在水中的溶解能力与 CuS、CdS、PbS 相同

D. 二者均具有较强的吸附性

2. 对水垢的主要成分是 $CaCO_3$ 和 $Mg(OH)_2$ 而不是 $CaCO_3$ 和 $MgCO_3$ 的原因解释，其中正确的有（　　）

A. $Mg(OH)_2$ 的溶度积大于 $MgCO_3$ 的溶度积，且在水中发生了沉淀转化

B. $Mg(OH)_2$ 的溶度积小于 $MgCO_3$ 的溶度积，且在水中发生了沉淀转化

C. $MgCO_3$ 电离出的 $CO_3^{2-}$ 发生水解，使水中 $OH^-$ 浓度减小，对 $Mg(OH)_2$ 的沉淀溶解平衡而言，$Q<K_{sp}$，生成 $Mg(OH)_2$ 沉淀

D. $MgCO_3$ 电离出的 $CO_3^{2-}$ 发生水解，使水中 $OH^-$ 浓度增大，对 $Mg(OH)_2$ 的沉淀溶解平衡而言，$Q>K_{sp}$，生成 $Mg(OH)_2$ 沉淀

3. 有关 AgCl 沉淀的溶解平衡说法正确的是（　　）

A. AgCl 沉淀生成和沉淀溶解不断进行，但速率相等

B. AgCl 难溶于水，溶液中没有 $Ag^+$ 和 $Cl^-$

C. 升高温度，AgCl 沉淀的溶解度增大

D. 向 AgCl 沉淀中加入 NaCl 固体，AgCl 沉淀的溶解度不变

4. 在 $Ag_2CrO_4$ 的饱和溶液中加入 $HNO_3$ 溶液，则（　　）

A. 沉淀增加　　B. 沉淀溶解

C. 无现象发生　　D. 无法判断

5. 已知 $K_{sp}(AB) = 4.0\times10^{-10}$；$K_{sp}(A_2B) = 3.2\times10^{-11}$，则两者在水中的溶解度关系为（　　）

A. $S(AB)>S(A_2B)$　　B. $S(AB)<S(A_2B)$

C. $S(AB)=S(A_2B)$　　D. 不能确定

6. 已知 $K_{sp}(AB_2) = 4.2\times10^{-8}$，$K_{sp}(AC) = 3.0\times10^{-15}$，在 $AB_2$、AC 均为饱和的混合溶液中，测得 $[B^-] = 1.6\times10^{-3}$ mol · $L^{-1}$，则溶液中 $[C^-]$ 为（　　）

A. $1.8\times10^{-13}$ mol · $L^{-1}$　B. $7.3\times10^{-13}$ mol · $L^{-1}$

C. 2.3mol · $L^{-1}$　　D. 3.7mol · $L^{-1}$

### 二、填空题

1. 已知 AgCl 为难溶于水和酸的白色固体，$Ag_2S$ 为难溶于水和酸的黑色固体。向 AgCl 和水的悬浊液中加入足量的 $Na_2S$ 溶液并振荡，结果白色固体完全转化为黑色固体：

（1）写出白色固体转化为黑色固体的离子方程式：__________。

（2）简要说明白色固体转化为黑色固体的原因：__________。

2. 已知 $K_{sp}(CuS) = 6.3\times10^{-36}$，则其溶解度为__________mol · $L^{-1}$，在 0.050mol · $L^{-1}$ $CuSO_4$ 溶液中，CuS 的溶解度为__________mol · $L^{-1}$。

3. 在 $Ca_3(PO_4)_2$ 的饱和溶液中，已知 $[Ca^{2+}] = 2.0\times10^{-6}$ mol · $L^{-1}$，$[PO_4^{3-}] = 1.58\times10^{-6}$ mol · $L^{-1}$，则 $Ca_3(PO_4)_2$ 的 $K_{sp}$ 为__________。

4. 当 $Q<K_{sp}$，为不饱和溶液，无沉淀析出；$Q=K_{sp}$，为__________溶液，平衡状态；$Q>K_{sp}$，为过饱和溶液，有__________。

### 三、简答题

1. 请说出溶度积和溶解度的区别与联系。

2. 请描述溶度积规则。

### 四、计算题

在分析化学上用铬酸钾作指示剂的银量法称为“莫尔法”。工业上常用莫尔法分析水中的氯离子含量。此法是用硝酸银作滴定剂，当在水中逐滴加入硝酸银时，生成白色氯化银沉淀析出。继续滴加硝酸银，当开始出现砖红色的铬酸银沉淀时，即为滴定的终点。假定开始时水样中，$c(Cl^-) = 7.1\times10^{-3}$ mol · $L^{-1}$，$c(CrO_4^{2-}) = 5.0\times10^{-3}$ mol · $L^{-1}$。

（1）试解释为什么氯化银比铬酸银先沉淀。

（2）计算当铬酸银开始沉淀时，水样中的氯离子是否已沉淀完全。

# 第九章 氧化还原与电极电势

**学习目标**

1. 掌握电池反应、电极反应及原电池的符号表示方法
2. 掌握运用标准电极电势判断氧化剂和还原剂的强弱、氧化还原反应进行的方向
3. 理解影响电极电势的因素，能够运用能斯特方程进行相关的定量计算
4. 理解氧化值、氧化还原电对等氧化还原反应的基本概念
5. 了解电极电势产生的原因和标准电极电势的测定方法

氧化还原反应是一类广泛存在的重要反应，它与人们的生产、生活、环境及医药的关系都十分密切，如矿石的冶炼、金属腐蚀、消毒、杀菌、电解、电镀、生物体的新陈代谢和药物的质量控制等都要涉及氧化还原反应。

## 第一节 氧化还原反应的基本概念

### 一、氧 化 值

在氧化还原反应中，由于发生了电子转移，某些元素带电状态发生变化。为了描述元素原子带电状态的不同，人们提出了氧化值的概念，氧化值也称氧化数。

**知识链接** **氧化值的由来**

19世纪中叶，已建立了化合价概念，在氧化还原反应中，把化合价升高的过程称为氧化，而把化合价降低的过程称为还原。20世纪初，化合价电子理论的建立，把氧化还原反应中失去电子的过程称为氧化，而把得电子的过程称为还原。由于共价化合物在反应中电子的得失不明显，氧化还原反应的划分不明确。为了统一说明氧化还原反应，提出了氧化值的概念。

1970年，国际纯粹与应用化学联合会（IUPAC）对氧化值的定义是：氧化值是某元素一个原子的净电荷数，这个电荷数是假设把每个化学键的电子指定给电负性更大的原子而求得的。例如，在NaCl中，钠的氧化值为+1，氯的氧化值为−1。在$SO_2$中，硫的氧化值为+4，氧的氧化值为−2。由此可见，氧化值是元素在化合状态时人为规定的形式电荷数。

确定元素氧化值的规则如下。

（1）单质中元素的氧化值为0，如$H_2$、$N_2$、$O_2$中H、N、O的氧化值为0。

（2）在大多数化合物中，氢的氧化值一般为+1，只有与活泼金属（NaH、$CaH_2$）化合时为 −1。

（3）在简单原子离子中，元素的氧化值等于离子所带的电荷数。例如卤离子的氧化值为−1。

（4）通常，O在化合物中的氧化值一般为−2，但在过氧化物（如$Na_2O_2$、$H_2O_2$等）中的氧化值为−1，在超氧化物（如$KO_2$）中的氧化值为−1/2。

（5）在中性分子中，各元素氧化值的代数和为零。

（6）在多原子离子中各元素氧化值的代数和等于离子所带的电荷数。例如，$NO_3^-$：$(+5)+3\times(-2)=-1$。

根据上述原则，可以确定化合物中某元素的氧化值。

一种原子的氧化值可以从与其化合的其他原子的氧化值计算出来。

【例9-1】 计算$Na_2S_4O_6$中S元素的氧化值。

**解**:已知 O 的氧化值为-2,Na 的氧化值为+1。

设 S 元素的氧化值为 $x$,则有:

$$2\times(+1)+4x+6\times(-2)=0$$

$$x=2\frac{1}{2}$$

注意:元素氧化值可以是正数、负数、分数和零。

**知识链接** **国际纯粹与应用化学联合会(IUPAC)**

IUPAC 是国际科学理学会(ICSU)26 个科学联合会成员之一,1919 年成立于法国巴黎。法定永久地址和总部设在瑞士苏黎世,现秘书处设在美国纽约,属于非政府、非营利、代表各国化学工作者组织的联合会,其宗旨是促进会员国(Member Countries)化学家之间的持续合作;研究和推荐对纯粹和应用化学的国际重要课题所需的规范、标准或法规汇编;与其他涉及化学本性有关课题的国际组织合作;对促进纯粹和应用化学全部有关方面的发展作出贡献。

## 二、氧化还原反应及氧化剂和还原剂

按照氧化值的概念,氧化还原反应的定义应改为:反应前后有元素的氧化值发生了变化的化学反应。

在氧化还原反应中,元素氧化值升高的物质是还原剂,元素氧化值降低的物质是氧化剂。如反应 $Zn(s)+Cu^{2+}(aq) \rightleftharpoons Zn^{2+}(aq)+Cu(s)$ 中,$Cu^{2+}$ 是氧化剂,Zn 是还原剂;$H_2(g)+Cl_2(g) \rightleftharpoons 2HCl(g)$ 中,$Cl_2$ 是氧化剂,$H_2$ 是还原剂。

## 三、氧化还原电对的共轭关系

氧化还原反应是由还原剂被氧化和氧化剂被还原两个半反应所组成的。例如:

$$Zn(s)+Cu^{2+}(aq) \rightleftharpoons Zn^{2+}(aq)+Cu(s)$$

由以下两个由半反应组成:

$$Cu^{2+}(aq)+2e^- \rightleftharpoons Cu(s) \qquad \text{还原半反应}$$

$$Zn(s) \rightleftharpoons Zn^{2+}(aq)+2e^- \qquad \text{氧化半反应}$$

在半反应中,同一元素的两个不同氧化值的物种组成了电对。其中,氧化值较大的物种称为氧化态或氧化型,以 Ox 表示;氧化值较小的物种称为还原态或还原型,以 Red 表示。书写电对时,通常氧化型物质写在左侧,还原型物质写在右侧,中间用斜线“/”隔开,即一对电对表示为:氧化型/还原型,或“Ox/Red”。例如,$Cu^{2+}/Cu$,$Zn^{2+}/Zn$,$H^+/H_2$。

氧化型/还原型称为氧化还原电对。在氧化还原电对中,氧化型物质与还原型物质之间存在下列转化关系:

$$Ox+ze^- \rightleftharpoons Red$$

一对电对中的氧化型物质得电子,在反应中作氧化剂;还原型物质失电子,在反应中作还原剂。氧化型和还原型的这种相互依存又相互转化的关系与共轭质子酸碱对的关系相似,即共轭关系。

氧化型物质的氧化能力与还原型物质的还原能力也存在共轭关系,氧化型物质的氧化能力越强,其对应的还原型物质的还原能力就越弱;氧化型物质的氧化能力越弱,其对应的还原型物质的还原能力就越强。例如,电对 $MnO_4^-/Mn^{2+}$ 中,$MnO_4^-$ 氧化能力强,是强氧化剂,而 $Mn^{2+}$ 还原能力弱,是弱还原剂;$Zn^{2+}/Zn$ 电对中,$Zn^{2+}$ 是弱氧化剂,而 Zn 是强氧化剂。

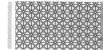

# 第二节　电 极 电 势

## 一、原 电 池

**案例 9-1**

将锌片放入 $CuSO_4$ 溶液中，锌片会逐渐溶解成 $Zn^{2+}$ 进入溶液，而溶液中的 $Cu^{2+}$ 则析出，Cu 沉积在锌片上。这是一个自发进行的氧化还原反应，反应方程式为：

$$Zn(s)+CuSO_4(aq) \rightleftharpoons ZnSO_4(aq)+Cu(s)$$

氧化还原反应通常是电子从还原剂转移(或偏移)到氧化剂的过程，但却测不到电流，原因何在？

这是由于锌片与 $CuSO_4$ 溶液直接接触，反应在锌片与 $CuSO_4$ 溶液接触的界面上进行，电子直接由锌片转移给 $Cu^{2+}$，而不是定向地移动，所以测不到电流。

若将一个氧化还原反应的氧化剂和还原剂不直接接触，令电子通过导线传递，则电子可做有规则的定向运动，从而产生电流，这种使氧化还原反应产生电流的装置称为原电池。

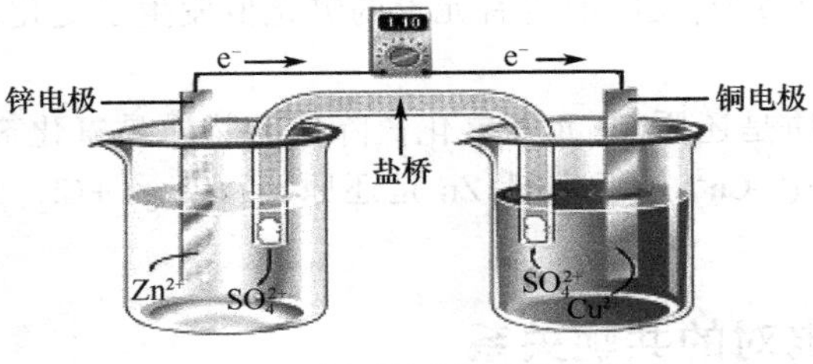


图 9-1　铜-锌原电池装置图

图 9-1 就是利用氧化还原反应设计成的铜-锌原电池。在盛有 $ZnSO_4$ 溶液的烧杯中插入锌片作电极，在盛有 $CuSO_4$ 溶液的烧杯中插入铜片作电极。这时锌片和 $CuSO_4$ 溶液分隔在两个烧杯中，互不接触，当然不会发生反应。若用盐桥把两个烧杯溶液连接起来，铜片和锌片用导线连接起来，接上检流计，检流计的指针就会发生偏转，说明氧化还原反应就发生了，锌片逐渐溶解，铜片上逐渐有铜析出。通过检流计指针偏转的方向，可以断定电子从锌电极流向铜电极。

**知识链接**　　**盐桥的作用**

原电池中的盐桥是一支倒置的 U 形管，管内装满用饱和 KCl(或 $NH_4NO_3$)溶液和琼脂制成的胶冻，相当于固体溶液，这样 KCl(或 $NH_4NO_3$)不致流出，而阴、阳离子可以自由移动。若在无盐桥的铜-锌原电池中，锌片上的 Zn 失去电子成为 $Zn^{2+}$ 进入溶液，使 $ZnSO_4$ 溶液因 $Zn^{2+}$ 增多带正电荷，会阻止锌片失去电子；而 $CuSO_4$ 溶液中的 $Cu^{2+}$ 得到电子转化为单质 Cu 沉积在铜片上，使 $CuSO_4$ 溶液因 $Cu^{2+}$ 减少带负电荷，阻止电子流向铜片，于是反应停止、电流中断。

因此，盐桥在原电池中起着非常重要的作用，它可以是构成原电池的通路，使溶液一直保持电中性，维持持续稳定的电流。

在原电池中，流出电子的电极为负极，流入电子的电极为正极。在铜-锌原电池中：

| 锌极 | 铜极 |
| --- | --- |
| 电子流出 | 电子流入 |
| 负极(电极电势低) | 正极(电极电势高) |
| 发生氧化反应 | 发生还原反应 |
| $Zn-2e^- \rightleftharpoons Zn^{2+}$ | $Cu^{2+}+2e^- \rightleftharpoons Cu$ |
| 总反应：$Cu^{2+}+Zn \rightleftharpoons Zn^{2+}+Cu$ | |

电子由负极(锌极)流向正极(铜极),即电流由正极流向负极。

原电池是由两个半电池(两个电极)组成,铜-锌原电池就是由锌半电池(锌片和 $ZnSO_4$ 溶液)和铜半电池(铜片和 $CuSO_4$ 溶液)组成,当然还有盐桥。

电极反应即半反应:

$$\text{氧化态}+ne^- \rightleftharpoons \text{还原态}$$

$$\text{还原态}-ne^- \rightleftharpoons \text{氧化态}$$

式中,$n$ 表示相互转化时的得失电子数。

为了书写方便,原电池的装置常用符号来表示。原电池符号的书写方法如下:

习惯上把负极(-)写在左边,正极(+)写在右边,其中"|"表示电极与电解质溶液之间的界面,"||"表示盐桥,将正极和负极连接起来,盐桥两侧是两个电极的电解质溶液;溶液要注明浓度,当溶液浓度为 $1mol \cdot L^{-1}$ 可不写,气体要注明分压。

例如,铜-锌原电池符号:$(-)Zn|ZnSO_4(c_1)||CuSO_4(c_2)|Cu(+)$

在写原电池符号时,若电极反应中无金属导体,需用惰性电极 Pt 或石墨(C)。若参加反应的物质中有纯气体、液体或固体,如 $Br_2(l)$、$Cl_2(g)$、$I_2(s)$,则应写在惰性导体的一边。例如,甘汞电极,其电极反应为:

$$Hg_2Cl_2(s)+2e^- \rightleftharpoons 2Hg(l)+2Cl^-$$

半电池反应:

$$Pt,Hg,Hg_2Cl_2|Cl^-(c)$$

从理论上将任何自发进行的氧化还原反应都可以设计成原电池。

**【例 9-2】** 将下列氧化还原反应设计成原电池,并写出它的原电池符号。

$2Fe^{2+}(1mol \cdot L^{-1})+Cl_2(101\ 325Pa) \rightleftharpoons 2Fe^{3+}(0.10mol \cdot L^{-1})+2Cl^-(2.0mol \cdot L^{-1})$

**解**:正极:

$$Cl_2+2e^- \rightleftharpoons 2Cl^-\text{(还原反应,得电子)}$$

负极:

$$Fe^{2+}-e^- \rightleftharpoons Fe^{3+}\text{(氧化反应,失电子)}$$

故原电池符号为:

$$(-)Pt|Fe^{2+},Fe^{3+}(0.10mol \cdot L^{-1}) \parallel Cl^-(2.0mol \cdot L^{-1})|Cl_2(p),Pt(+)$$

电极反应配平的原则如下。

(1) 与化学反应方程式一样,电极反应等式两端要保持物料平衡和电荷平衡。

(2) 在酸性介质中,在多氧原子的一端加 $H^+$,多一个氧原子,加两个 $H^+$,对面加一个水分子,以此类推。

(3) 在中性、碱性介质中,在多氧原子的一端加 $H_2O$,多一个氧原子,加一个 $H_2O$,对面生成 $OH^-$,以此类推。

如:$MnO_4^- + 5e^- + 8H^+ \rightleftharpoons Mn^{2+} + 4H_2O$

$MnO_4^- + 3e^- + 2H_2O \rightleftharpoons MnO_2 + 4OH^-$

$Cr_2O_7^{2-} + 14H^+ + 6e^- \rightleftharpoons 2Cr^{3+} + 7H_2O$

**知识链接** **干 电 池**

锌-锰干电池是日常生活中常用的干电池。正极材料为 $MnO_2$、石墨棒;负极材料为锌片;电解质为 $NH_4Cl$、$ZnCl_2$ 及淀粉糊状物。

电池符号可表示为

(−) $Zn|ZnCl_2,NH_4Cl$(糊状) ‖ $MnO_2|C$(石墨) (+)

负极反应：

$$Zn \rightleftharpoons Zn^{2+}+2e^-$$

正极反应：

$$2MnO_2+2NH_4^++2e^- \rightleftharpoons Mn_2O_3+2NH_3+H_2O$$

总反应：

$$Zn+2MnO_2+2NH_4^+ \rightleftharpoons Zn^{2+}+Mn_2O_3+2NH_3+H_2O$$

锌-锰干电池的电动势为1.5V。因产生的氨气被石墨吸附，引起电动势下降较快。如果用高导电的糊状KOH代替$NH_4Cl$，正极材料改用钢筒，$MnO_2$层紧靠钢筒，就构成碱性锌-锰干电池，由于电池反应没有气体产生，内电阻较低，电动势为1.5V，比较稳定。

## 二、电极电势的产生

**案例 9-2**

在铜-锌原电池中，电流从铜极流向锌极，说明铜极电势比锌极电势高。为什么这两个电极的电势不等，电极电势又是怎样产生的？

当把金属插入其盐溶液时，就构成了相应电极。一方面金属表面的金属原子因热运动和极性水分子的作用以水合离子进入溶液；另一方面溶液中的金属离子也有可能碰撞金属，而接受其表面的自由电子，转化为金属原子沉积在金属表面上，即存在如下动态平衡：

$$M(s) \rightleftharpoons M^{n+}(aq)+ne^-$$

金属越活泼(或溶液浓度越小)，越有利于正反应进行，金属离子进入溶液的速率大于沉积速率，金属原子失去电子转化为金属离子进入溶液，使溶液带正电荷，而电子留在金属内，使金属带负电荷，这样，溶液和金属的表面形成了双电子层，产生了电势差。

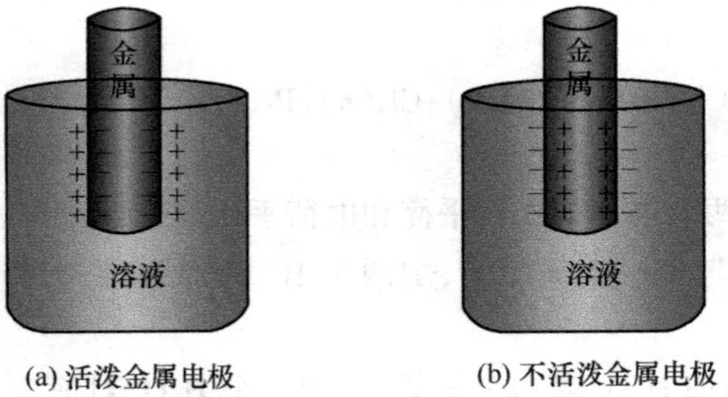


图 9-2　金属电极电势的产生示意图

反之，金属越不活泼，则金属离子越倾向于获得电子沉积在金属表面，溶液由于带正电的金属离子的减少而带负电荷；由于金属失去自由电子，金属表面带正电荷。这样，溶液和金属的表面也形成了双电子层(图 9-2)。

像这种金属与溶液之间因形成双电层而产生的稳定电势差称为金属的电极电势，以符号$\varphi_{M^{n+}/M}$表示。例如，铜-锌原电池中，锌电极的电极电势用$\varphi_{Zn^{2+}/Zn}$表示；铜电极的电极电势用$\varphi_{Cu^{2+}/Cu}$表示。

电极电势的大小主要由组成电极的材料性质，即金属的活泼性决定。但还受温度、溶液的酸碱性、溶液中离子的浓度等因素的影响。

在铜-锌原电池中，铜电极和锌电极之间有一定电势差，当用导线连接起来就产生了电流。其他的电极也有类似的情况，则不再赘述。

## 三、电极电势的测定

单个电极的绝对电极电势值是无法测定的，但可以通过比较，求得各电极的相对电极电势。

为此，必须选一个电极作为比较标准。国际上统一用标准氢电极作为测量电极电势的标准。

**1. 标准氢电极** 标准氢电极是将镀有一层海绵状铂黑的铂片浸入 $H^+$浓度为 1.0 mol·$L^{-1}$的酸溶液中，使铂黑吸附 100kPa 的高纯氢气至饱和。此时，铂电极吸附的氢气与酸溶液之间的平衡电极电势称为标准氢电极电势，并规定其电极电势为 0V。标准氢电极的构造如图 9-3 所示。

$$H_2 \rightleftharpoons 2H^+ + 2e^- \qquad \varphi^{\theta}_{H^+/H_2} = 0.000V$$

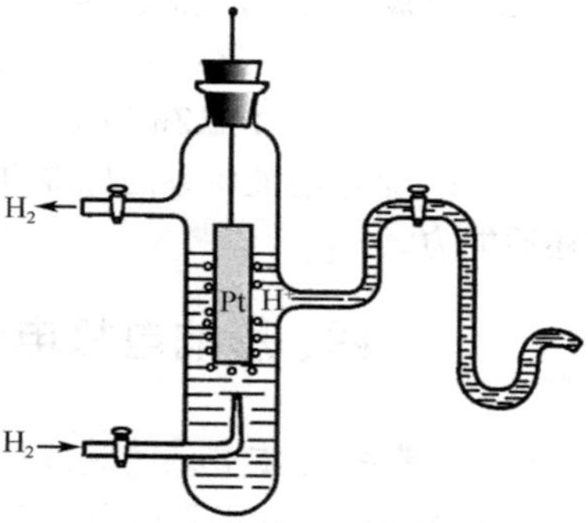


图 9-3 标准氢电极

**2. 标准电极电势** 标准电极电势是待测电对处于标准状态时的电极电势，用符号 $\varphi^{\theta}$ 表示。标准状态是指物质均为纯净物，组成电对的有关物质的浓度（活度）为 1.0mol·$L^{-1}$，若涉及气体，气体的压力为 101.325kPa（一个标准大气压，1atm），通常测定温度为 298.15K。

**3. 标准电动势（$E^{\theta}$）** 电池电动势为其两个电极的电势差。标准电动势是其两个电极都处于标准状态时的电势差，即：

$$E^{\theta} = \varphi^{\theta}_{(+)} \varphi^{\theta}_{(-)}$$

式中，$\varphi^{\theta}_{(+)}$ 为正极的标准电极电势；$\varphi^{\theta}_{(-)}$ 为负极的标准电极电势。

**4. 标准电极电势的测定** 各种电极的标准电极电势可通过测量该标准电极与标准氢电极组成原电池的电动势求的。如要测定锌电极的标准电极电势 $\varphi^{\theta}(Zn^{2+}/Zn)$，可将标准锌电极与标准氢电极组成原电池，测定其电动势（$E^{\theta}$），由于金属锌比氢气更易给出电子，所以锌电极为负极，氢电极为正极，原电池符号为：

$$(-)\ Zn \mid Zn^{2+}(1.0mol \cdot L^{-1}) \parallel H^+(1.0mol \cdot L^{-1}) \mid H_2(101\ 325pa), Pt\ (+)$$

在 298.15 K 时，测得此原电池的标准电动势 $E^{\theta} = 0.7600V$。

由于 $E^{\theta} = \varphi^{\theta}_{(+)} - \varphi^{\theta}_{(-)} = \varphi^{\theta}(H^+/H_2) - \varphi^{\theta}(Zn^+/Zn) = 0 - \varphi^{\theta}(Zn^{2+}/Zn) = 0.7600V$

$$\varphi^{\theta}(Zn^{2+}/Zn) = -0.7600V$$

同样，测定铜电极的标准电极电势，可将铜电极与标准氢电极组成原电池，氢电极为负极，铜电极为正极。该原电池电池符号为：

$$(-)\ pt, H_2(101\ 325\ pa) \mid H^+(1.0mol \cdot L^{-1}) \mid\mid Cu^{2+}(1.0\ mol \cdot L^{-1}) \mid Cu\ (+)$$

如用电位计测得，原电池的电动势为 0.3417 V，则：

$$E^{\theta} = \varphi^{\theta}_{(+)} - \varphi^{\theta}_{(-)} = \varphi^{\theta}(Cu^{2+}/Cu) - \varphi^{\theta}(H^+/H_2) = \varphi^{\theta}(Cu^{2+}/Cu) - 0 = 0.3417V$$

$$\varphi^{\theta}(Cu^{2+}/Cu) = 0.3417V$$

许多电极的标准电极电势都已测定，如：$\varphi^{\theta}(Zn^{2+}/Zn) = -0.7600V$、$\varphi^{\theta}(Cu^{2+}/Cu) = 0.3417V$。

不同电极电对的标准电极电势不同，标准电极电势的大小由氧化还原电对的性质决定。电对的 $\varphi^{\theta}$ 值越大，其氧化型物质氧化能力越强，是越强的氧化剂；其还原型物质还原能力越弱，是越弱的还原剂。相反，$\varphi^{\theta}$ 值越小，其还原型物质还原能力越强，是越强的还原剂。根据 $\varphi^{\theta}$ 值大小可以判断氧化型物质氧化能力和还原型物质还原能力的相对强弱。

例如，$\varphi^{\theta}(Zn^{2+}/Zn) = -0.7600V$、$\varphi^{\theta}(Fe^{2+}/Fe) = -0.447V$，氧化能力：$Fe^{2+} > Zn^{2+}$，还原能力：$Zn > Fe$。

**5. 使用标准电极电势表应注意的几个问题**

（1）标准电极电势无方向性——得失电子的反应方向无关。

$$Zn^{2+} + 2e^- \rightleftharpoons Zn \qquad \varphi^{\theta} = -0.7600V$$

$$Zn^{2+} \rightleftharpoons Zn - 2e^- \qquad \varphi^{\theta} = -0.7600V$$

(2) 电极电势无加和性——与电极反应中的计量数无关。

$$Zn^{2+}+2e^- \rightleftharpoons Zn \qquad \varphi^\theta(Zn^{2+}/Zn) = -0.7600V$$

$$1/2\ Zn^{2+}+e^- \rightleftharpoons 1/2\ Zn \qquad \varphi^\theta(Zn^{2+}/Zn) = -0.7600V$$

(3) $\varphi^\theta$ 是水溶液体系的标准电极电势,对于非标准态非水溶液体系不能用 $\varphi^\theta$ 比较物质氧化还原能力。

## 四、影响电极电势的因素——能斯特(Nerst)方程式

### (一) 能斯特方程

绝大多数电极并不是标准电极,而电极电势的大小,不仅取决于电对本性,还与反应温度、介质、氧化型和还原型物质的浓度、气体压力等因素有关。如果浓度和温度发生变化,电极电势也随之发生变化。对于任何一氧化还原电对:

$$Ox(氧化型) + ne^- \rightleftharpoons Red(还原型)$$

电极的电极电势与浓度、温度之间的定量关系可由能斯特方程式给出:

$$\varphi=\varphi^\theta+\frac{RT}{nF}\ln\frac{c(OX)}{c(Red)}$$

式中,$\varphi$ 为电极电势;$\varphi^\theta$ 为标准电极电势;$R$ 为摩尔气体常量,数值为 8.314;$F$ 为法拉第常量,数值为 96 485;$T$ 为绝对温度($t$+273.15K);$c$(Ox)为氧化型浓度;$c$(Red)为还原型浓度。凡是固体物质和纯液体,在计算时浓度规定为 1。

当温度为 298.15K 时,将各常数代入上式,将自然对数换算成常用对数,能斯特方程式可简化为:

$$\varphi=\varphi^\theta+(0.0592/n)\ \lg\frac{c(Ox)}{c(Red)}$$

应用能斯特方程式应注意以下两个问题:

(1) 如果组成电对的物质为固体或纯液体时,则它们的浓度项不列入方程式中,如果是气体,则以气体物质的相对分压表示。例如:

$$Br_2(l)+2e^- \rightleftharpoons 2Br^- \qquad \varphi=\varphi^\theta+(0.0592/2)\lg\frac{1}{c^2(Br^-)}$$

$$2H^+ + 2e^- \rightleftharpoons H_2 \qquad \varphi=\varphi^\theta+(0.0592/2)\lg\frac{c^2(H^+)}{p(H_2)/p^\theta}$$

(2) 如果在电极反应中,除氧化型、还原型物质外,还有参加电极反应的其他物质,如有 $H^+$、$OH^-$存在,则应把这些物质的浓度也表示在能斯特方程式中,如:

$$Cr_2O_7^{2-}+14H^+ + 6e^- \rightleftharpoons 2Cr^{3+}+7H_2O$$

$$\varphi=\varphi^\theta+(0.0592/6)\ \lg\frac{c(Cr_2O_7^{2-})c^{14}(H^+)}{c^2(Cr^{3+})}$$

### (二) 浓度对电极电势的影响

根据能斯特方程,氧化型物质或还原型物质的浓度(活度)的变化,将引起电极电势的变化。增大氧化型物质的浓度或降低还原型物质的浓度,都会使电极电势增大;相反,降低氧化型物质的浓度或增大还原型物质的浓度,将使电极电势减小。

**【例 9-3】** 已知 298.15K 时,$\varphi^\theta(Zn^{2+}/Zn)= -0.7600$ V,电极反应:$Zn^{2+}+2e^- \rightleftharpoons Zn$,$[Zn^{2+}]$ = 0.001mol · $L^{-1}$,求此时该电极的电极电势 $\varphi(Zn^{2+}/Zn)$值。

**解**:由电极反应得:

$\varphi(Zn^{2+}/Zn)=\varphi^{\theta}(Zn^{2+}/Zn)+(0.0592/2)\ \lg c(Zn^{2+})$

$=-0.7600+(0.0592/2)\ \lg 0.001=-0.8488(V)$

说明此时金属的还原能力较强。

**【例 9-4】** 已知 298.15 K 时，电极反应：$Cl_2(g)+2e^- \rightleftharpoons 2Cl^-$，$\varphi^{\theta}(Cl_2/Cl^-)=1.3579V$，$[Cl^-]=0.01mol \cdot L^{-1}$，$p(Cl_2)=5\times 101\ 325Pa$，求此时该电极的电极电势。

**解**：$Cl_2(g)+2e^- \rightleftharpoons 2Cl^-$

$$\varphi(Cl_2/Cl^-)=\varphi^{\theta}(Cl_2/Cl^-)+(0.0592/2)\ \lg=\frac{pCl_2/p^{\theta}}{c^2(Cl^-)}=1.3579+(0.0592/2)\lg(5/0.01^2)$$

$=1.497(V)$

说明此时 $Cl_2$ 的氧化能力较强。

## (三) 酸度对电极电势的影响

**【例 9-5】** 计算 $H_2(g)$ 压力为 101 325Pa，$T=298.15K$，中性溶液中氢电极的电极电势 $\varphi(H^+/H_2)$。

**解**：$2H^++2e^- \rightleftharpoons H_2$

$\varphi(H^+/H_2)=0+(0.0592/2)\ \lg[(10^{-7})^2/1]=-0.4144(V)$

说明此时 $H_2$ 的还原能力较强。

## (四) 沉淀的生成对电极电势的影响

**【例 9-6】** 温度为 298.15 K，在含有 $Ag^+/Ag$ 电对的体系中，电极反应：$Ag^++e^- \rightleftharpoons Ag$，$\varphi^{\theta}(Ag^+/Ag)=0.7994V$，若加入 NaCl 溶液，使产生 AgCl 沉淀，当 $[Cl^-]=1.0\ mol \cdot L^{-1}$ 时，计算该电对的电极电势 $\varphi(Ag^+/Ag)$。

**解**：$AgCl(s) \rightleftharpoons Ag^++Cl^-$　　　$K_{sp}(AgCl)=[Ag^+][Cl^-]$

当 $[Cl^-]=1.0mol \cdot L^{-1}$ 时，$[Ag^+]=K_{sp}(AgCl)/[Cl^-]=1.77\times10^{-10}mol \cdot L^{-1}$

对于电极　$Ag^++e^- \rightleftharpoons Ag$

$\varphi(Ag^+/Ag)=\varphi^{\theta}(Ag^+/Ag)+0.0592\lg[Ag^+]$

$=0.7994+0.0592\ \lg(1.77\times10^{-10})$

$\approx 0.222(V)$

这其实就是电极：Ag，AgCl(s) | $Cl^-(1.0mol \cdot L^{-1})$ 的标准电极电动势。

$AgCl(s)+e^- \rightleftharpoons Ag+Cl^-$　　　$\varphi^{\theta}(AgCl/Ag)=0.222V$

## (五) 弱电解质生成对电极电势的影响

**【例 9-7】** 温度为 298.15 K，在含有 $H^+/H_2$ 电对的体系中，加入 NaAc 溶液，生成弱酸 HAc。当 $p(H_2)=101\ 325Pa$，$[HAc]=[Ac^-]=1.0\ mol \cdot L^{-1}$ 时，求该电对的电极电势 $\varphi(H^+/H_2)$。

**解**：$HAc \rightleftharpoons H^++Ac^-$

$K_a=[H^+][Ac^-]/[HAc]$

当 $[HAc]=[Ac^-]=1.0\ mol \cdot L^{-1}$ 时，$[H^+]=K_a[HAc]/[Ac^-]=1.76\times10^{-5}\ mol \cdot L^{-1}$

$$\varphi(H^+/H_2)=\varphi^{\theta}(H^+/H_2)+(0.0592/2)\lg\frac{c^2(H^+)}{pH_2/p^{\theta}}$$

$=0+(0.0592/2)\ \lg(1.76\times10^{-5})^2/1=-0.281V$

这其实就是电极 Pt，$H_2$ | HAc(c)，$Ac^-(c)$ 的标准电极电动势

$2HAc+2e^- \rightleftharpoons H_2+2Ac^-$　　　$\varphi^{\theta}(HAc/H_2)=-0.281V$

# 第三节 电极电势的应用

## 一、比较氧化剂和还原剂的相对强弱

氧化剂和还原剂的强弱取决于其得失电子的能力，而氧化还原电对得失电子难易又与电极电势有关。电极电势的大小，反映了电极中氧化型物质得到电子的能力和还原型物质失去电子能力的强弱。

氧化剂和还原剂强弱与电极电势有如下关系。

(1) 电极电势值越大，氧化还原电对中的氧化态物质的氧化性越强，而电对中还原态物质的还原性越弱。

(2) 电极电势值越小，氧化还原电对中的还原态物质的还原性越强，而电对中氧化态物质的氧化性越弱。

由此可见，利用 $\varphi$ 值可判断氧化剂、还原剂的相对强弱：$\varphi$ 值大的电对中的氧化型物质的氧化能力强于 $\varphi$ 值小的电对中的氧化型物质。同理，$\varphi$ 值小的电对中的还原型物质的还原能力强于 $\varphi$ 值大的电对中的还原型物质的还原能力。

**【例 9-8】** 在 298.15K 的标准状态下，从下列电对中选择出最强的氧化剂和最强的还原剂，并列出各种氧化型物质的氧化能力和还原型物质的还原能力的强弱顺序。

$$Fe^{3+}/Fe^{2+}, Cu^{2+}/Cu, I_2/I^-, Sn^{4+}/Sn^{2+}, Cl_2/Cl^-$$

**解**：由附表七查得：

$$\varphi^{\theta}(Fe^{3+}/Fe^{2+}) = 0.771V, \varphi^{\theta}(Cu^{2+}/Cu) = 0.3417V, \varphi^{\theta}(I_2/I^-) = 0.5353V,$$

$$\varphi^{\theta}(Sn^{4+}/Sn^{2+}) = 0.151V, \varphi^{\theta}(Cl_2/Cl^-) = 1.3579V。$$

由此可见，在上述五对电对中，$\varphi^{\theta}(Cl_2/Cl^-)$ 最大，$\varphi^{\theta}(Sn^{4+}/Sn^{2+})$ 最小，因此在标准状态下，电对 $Cl_2/Cl^-$ 中的氧化型物质 $Cl_2$ 是最强的氧化剂；电对 $Sn^{4+}/Sn^{2+}$ 中的还原型物质 $Sn^{2+}$ 是最强的还原剂。

在标准状态下，该五对电对中氧化型物质的氧化能力由强到弱的顺序为：

$$Cl_2 > Fe^{3+} > I_2 > Cu^{2+} > Sn^{4+}$$

还原型物质的还原能力由强到弱的顺序为：

$$Sn^{2+} > Cu > I^- > Fe^{2+} > Cl^-$$

用电极电势比较氧化剂和还原剂的相对强弱时，要考虑浓度及溶液 pH 等因素的影响。在非标准状态下，若各电对的标准电极电势相差不大时，需要利用能斯特方程计算出各电对的电极电势，然后再进行比较；若各电对的标准电极电势相差较大（在 0.3 V 以上）时，也可以直接利用标准电极电势进行比较。

## 二、判断氧化还原反应自发进行的方向

任何一个氧化还原反应，理论上都可以设计成原电池。一个能自发进行的氧化还原反应，由该反应设计成的原电池电动势（$E$）必然大于零。因此，电池电动势（$E$）是氧化还原反应能否自发进行的一般性判断依据，其关系是：

$E > 0$ 时，氧化还原反应正向自发进行。

$E < 0$ 时，氧化还原反应逆向自发进行。

$E = 0$ 时，氧化还原反应处于平衡状态。

所以，只有 $\varphi_{(+)} > \varphi_{(-)}$ 时，氧化还原反应才能自发地向正反应方向进行。若反应是在标准状态进

行，可直接由 $\varphi^{\theta}$ 来判断反应进行的方向。若反应在非标准状态进行，一般需要通过能斯特方程式计算出 $\varphi$，再进行判断。

实际上，利用氧化剂和还原剂的相对强弱，判断氧化还原反应自发进行的方向更为方便。在氧化还原反应中，总是由较强氧化剂和较强还原剂反应，生成较弱的氧化剂和较弱的还原剂。

**【例 9-9】** 对于下列原电池：

$$(-)\ Cu \mid Cu\ (1.0\ mol \cdot L^{-1}) \parallel Ag^{+}(0.10\ mol \cdot L^{-1}) \mid Ag\ (+)$$

通过计算说明电池反应在 298.15 K 时，能否自发正向进行？

已知：$\varphi^{\theta}(Ag^{+}/Ag) = 0.7994V$

$\varphi^{\theta}(Cu^{2+}/Cu) = 0.3417\ V$

**解**：$\varphi(Ag^{+}/Ag) = \varphi^{\theta}(Ag^{+}/Ag) + 0.0592\ lg\ [Ag^{+}]$

$= 0.7994+0.0592\ lg(0.10) = 0.7402(V)$

$E = \varphi(Ag^{+}/Ag)-\varphi^{\theta}(Cu^{2+}/Cu)$

$= 0.7402-0.3417 = 0.3985(V)$

$E > 0$，该反应能正向自发进行。

由于 $\varphi(Ag^{+}/Ag)>\varphi^{\theta}(Cu^{2+}/Cu)$，因此 $Ag^{+}$ 为较强的氧化剂，Cu 为较强的还原剂，而该原电池的正向氧化还原反应中，$Ag^{+}$ 作氧化剂，Cu 作还原剂，所以该原电池反应能自发正向进行。

一般情况下，由于浓度对电极电势影响较小，因此当有关电对的标准电极电势相差较大（在 0.3 V 以上）时，可以直接利用标准电极电势代替电极电势来判断氧化还原反应进行的方向。

## 三、判断氧化还原反应进行的限度

氧化还原反应进行的限度可以由它的平衡常数来衡量，在 298.15 K 时，任一个氧化还原反应将其设计成原电池，发生如下反应：

$$\text{氧化剂} + \text{还原剂} \rightleftharpoons \text{还原产物} + \text{氧化产物}$$

$$aA + bB \rightleftharpoons cC + dD$$

其中正极电对反应：

$$aA + ne^{-} \rightleftharpoons cC$$

$$\varphi_{(+)} = \varphi^{\theta}_{(+)} + (0.0592/n)\ lg([A]^{a}/[C]^{c})$$

负极电对反应：

$$bB \rightleftharpoons dD - ne^{-}$$

$$\varphi_{(-)} = \varphi^{\theta}_{(-)} + (0.0592/n)\ lg([D]^{d}/[B]^{b})$$

$E = \varphi_{(+)} - \varphi_{(-)}$

$= \{\varphi^{\theta}_{(+)} + (0.0592/n)\ lg([A]^{a}/[C]^{c})\} - \{\varphi^{\theta}_{(-)} + (0.0592/n) lg([D]^{d}/[B]^{b})\}$

$= \varphi^{\theta}_{(+)} - \varphi^{\theta}_{(-)} + (0.0592/n)\ lg([A]^{a}[B]^{b}/[C]^{c}[D]^{d})$

当 $E = 0$ 时，两极间没有电势差，就没有电流产生，反应达到了平衡，即：

$$\varphi^{\theta}_{(+)} - \varphi^{\theta}_{(-)} + (0.0592/n)\ lg([A]^{a}[B]^{b}/[C]^{c}[D]^{d}) = 0$$

$$\varphi^{\theta}_{(+)} - \varphi^{\theta}_{(\varphi)} - (0.0592/n)\ lg\ ([C]^{c}[D]^{d}/[A]^{a}[B]^{b}) = 0$$

平衡时：

$$K = [C]^{c}[D]^{d}/[A]^{a}[B]^{b}$$

令 $E^{\theta} = \varphi^{\theta}_{(+)} - \varphi^{\theta}_{(-)}$

$E^{\theta} - (0.0592/n)\ lg\ K = 0$

推出：$lg\ K = n\ E^{\theta}/\ 0.0592$。

由此可见,原电池的标准电动势越大,对应的氧化还原反应的标准平衡常数也就越大,反应进行得越彻底。因此,可以直接用标准电动势的大小来估算氧化还原反应进行的程度。若 $n=1$ 时,则:

(1) 当 $\varphi^{\theta}_{(+)}-\varphi^{\theta}_{(-)}>0.3$ 或 $K>5.0\times10^{6}$ 时,反应基本上进行完全。

(2) 当 $\varphi^{\theta}_{(+)}-\varphi^{\theta}_{(-)}<-0.3$ 或 $K<2\times10^{-7}$时,反应不能正向进行或进行的很小。

**【例 9-10】** 试估计反应 $Zn + Cu^{2+} \rightleftharpoons Cu + Zn^{2+}$进行的程度(25℃)。

**解:**$\varphi^{\theta}(Cu^{2+}/Cu) = 0.3417\ V$,$\varphi^{\theta}(Zn^{2+}/Zn) = -0.7600V$。

$$E^{\theta} = \varphi^{\theta}(Cu^{2+}/Cu) - \varphi^{\theta}(Zn^{2+}/Zn) = 0.3417 - (-0.7600) = 1.1017(V)$$

$$\lg K = nE^{\theta}/0.0592 = 2\times1.1017/0.0592 = 37.2$$

$$K = [Zn^{2+}]/[Cu^{2+}] = 1.6\times10^{37}$$

$K$ 值很大,说明反应向右进行得很完全。

由于生成难溶化合物、配合物、弱电解质会影响有关电对的电极电势,所以,根据氧化还原反应的标准平衡常数与标准电池电动势间的定量关系,可以通过测定原电池电动势的方法来推算难溶电解质的溶度积、配合物的稳定、弱电解质的解离常数等。

**【例 9-11】** 要测定 $PbSO_4$ 的溶度积常数。在 298.15 K 时,将下列标准电极构成原电池,电池符号为:

$$(-)\ Pb,PbSO_4 \mid SO_4^{2-}(c) \parallel Sn^{2+}(c) \mid Sn\ (+)$$

该原电池的氧化还原反应为:

$$Sn^{2+} + Pb + SO_4^{2-} \rightleftharpoons PbSO_4 + Sn$$

测得:

$$E^{\theta} = 0.22V,已知$$

$$\varphi^{\theta}(Sn^{2+}/Sn) = -0.1377\ V,\varphi^{\theta}(Pb^{2+}/Pb) = -0.1264V。$$

**解:**$E^{\theta} = \varphi^{\theta}(Sn^{2+}/Sn) - \varphi^{\theta}(PbSO_4/Pb)$

$$\varphi^{\theta}(PbSO_4/Pb) = \varphi^{\theta}(Pb^{2+}/Pb) + 0.0592/2\ \lg c(Pb^{2+})$$

$$0.22 = -0.1377 - [-0.1264 + 0.0592/2\ \lg c(Pb^{2+})]$$

$$\lg c(Pb^{2+}) = -7.814,\ c(Pb^{2+}) = 1.53\times10^{-8}$$

$$K_{sp} = c(Pb^{2+})c(SO_4^{2-}) = c(Pb^{2+}) = 1.53\times10^{-8}$$

## 目标检测

### 一、选择题

1. 在 $CuSO_4$ 溶液中加入过量浓 $NH_3 \cdot H_2O$,电极电势 $\varphi(Cu^{2+}/Cu)$将会(　　)

A. 变大　　B. 变小

C. 不变　　D. 影响不大

2. 实验室可用二氧化锰与浓 HCl 反应制备氯气,是因为(　　)

A. $\varphi^{\theta}(MnO_2/Mn^{2+})$ 大于 $\varphi^{\theta}(Cl_2/Cl^-)$

B. $\varphi^{\theta}(MnO_2/Mn^{2+})$小于 $\varphi^{\theta}(Cl_2/Cl^-)$

C. 浓 HCl 中的 $H^+$和 $Cl^-$的浓度都很大,可使得 $\varphi(MnO_2/Mn^{2+})$大于 $\varphi(Cl_2/Cl^-)$

D. 可使得 $\varphi(MnO_2/Mn^{2+})$小于 $\varphi(Cl_2/Cl^-)$

3. $Pb^{2+}+2e^- \rightleftharpoons Pb$,$\varphi^{\theta}=-0.1263V$,则(　　)

A. $Pb^{2+}$浓度增大时,$\varphi$ 增大

B. $Pb^{2+}$浓度增大时,$\varphi$ 减小

C. 金属铅的量增大时,$\varphi$ 增大

D. 金属铅的量增大时,$\varphi$ 减小

4. 已知 $Fe^{3+}+e^- \rightleftharpoons Fe^{2+}$,$\varphi^{\theta}=0.771V$,当 $Fe^{3+}/Fe^{2+}$电极 $\varphi=0.750V$ 时,则溶液中必定是(　　)

A. $c(Fe^{3+})<1$

B. $c(Fe^{2+})<1$

C. $c(Fe^{2+})/c(Fe^{3+})<1$

D. $c(Fe^{3+})/c(Fe^{2+})<1$

5. 由反应 $Cu^{2+} + Zn \rightleftharpoons Cu + Zn^{2+}$ 组成的原电池[已知 $\varphi^{\theta}(Zn^{2+}/Zn) = -0.76V$,$\varphi^{\theta}(Cu^{2+}/Cu) = 0.34V$],测得其电动势为 1.00V,由此可知两个电极溶液中(　　)

A. $c(Cu^{2+}) = c(Zn^{2+})$

B. $c(Cu^{2+}) > c(Zn^{2+})$

C. $c(Cu^{2+}) < c(Zn^{2+})$

D. $Cu^{2+}$、$Zn^{2+}$的关系不得而知

6. 对于电对 $Cr_2O_7^{2-}/Cr^{3+}$，溶液 pH 上升，则其(　　)

A. 电极电势下降

B. 电极电势上升

C. 电极电势不变

D. $\varphi^\theta(Cr_2O_7^{2-}/Cr^{3+})$下降

7. 由电极 $MnO_4^-/Mn^{2+}$ 和 $Fe^{3+}/Fe^{2+}$ 组成的原电池。若加大溶液的酸度，原电池的电动势将(　　)

A. 增大　　B. 减小

C. 不变　　D. 无法判断

8. 已知 $\varphi^\theta(Fe^{3+}/Fe^{2+}) > \varphi^\theta(I_2/I^-) > \varphi^\theta(Sn^{4+}/Sn^{2+})$，下列物质能共存的是(　　)

A. $Fe^{3+}$和 $Sn^{2+}$　　B. $Fe^{2+}$和 $I_2$

C. $Fe^{3+}$和 $I^-$　　D. $I_2$ 和 $Sn^{2+}$

9. 已知 $A(s) + D^{2+}(aq) \rightleftharpoons A^{2+}(aq) + D(s)$ $E^\theta > 0$；$A(s) + B^{2+}(aq) \rightleftharpoons A^{2+}(aq) + B(s)$ $E^\theta > 0$，则在标准状态时，$D^{2+}(aq) + B(s) \rightleftharpoons D(s) + B^{2+}(aq)$为(　　)

A. 自发的　　B. 非自发的

C. 达平衡态　　D. 无法判定

## 二、填空题

1. 原电池通过________反应将________ 直接转化为电能。

2. 在下列情况下，铜锌原电池的电动势是增大还是减少？

(1) 向 $ZnSO_4$ 溶液加入一些 NaOH 浓溶液________；

(2) 向 $CuSO_4$ 溶液加入一些 $NH_3$ 浓溶液________

3. 已知 $\varphi^\theta(Fe^{3+}/Fe^{2+}) = 0.771V$，$\varphi^\theta(MnO_4^-/Mn^{2+}) = 1.51V$，$\varphi^\theta(F_2/F^-) = 2.87V$。在标准状态下，上述三个电对中，最强的氧化剂是________，最强的还原剂是________。

4. 将下述反应设计为电池，$Ag^+(aq) + Fe^{2+}(aq) \rightleftharpoons Ag(s) + Fe^{3+}(aq)$，其电池符号为________________________。

5. 某反应 $B(s) + A^{2+}(aq) \rightleftharpoons B^{2+}(aq) + A(s)$，$\varphi^\theta(A^{2+}/A) = 0.8920V$，$\varphi^\theta(B^{2+}/B) = 0.3000V$，该反应的标准平衡常数是__________。

6. 氢电极插入纯水中通氢气[$p(H_2) = 101.325$ kPa]，在 298K 时，其电极电势为________，是因为____________________。

## 三、判断题(正确的请在括号内打√，错误的打×)

1. 电极的 $\varphi^\theta$ 值越大，表明其氧化态越容易得到电子，是越强的氧化剂。(　　)

2. 标准氢电极的电势为零，是实际测定的结果。(　　)

3. 在由铜片和 $CuSO_4$ 溶液、银片和 $AgNO_3$ 溶液组成的原电池中，如将 $CuSO_4$ 溶液加水稀释，原电池的电动势会减少。(　　)

4. 在任一原电池内，正极总是有金属沉淀出来，负极总是有金属溶解下来成为阳离子。(　　)

5. 在酸性介质中 $Cl^- \longrightarrow Cl_2$，配平的半反应式为 $Cl_2 + 2e^- \rightleftharpoons 2Cl^-$。(　　)

6. 同一元素在不同化合物中，氧化值越高，其得电子能力越强；氧化值越低，其失电子能力越强。(　　)

7. 原电池电动势随着反应进行不断减少。同样，两电极的电极电势值也随之不断减少。(　　)

8. 对于某电极，如 $H^+$ 或 $OH^-$ 参加反应，则溶液的 pH 改变时，其电极电势也将发生变化。(　　)

## 四、计算题

1. 已知 $\varphi^\theta(Ag^+/Ag) = 0.799$ V，$K_{sp,AgCl} = 1.56 \times 10^{-10}$，求电极反应：$AgCl(s) + e^- \rightleftharpoons Ag(s) + Cl^-$ 的标准电极电势。

2. 已知电对 $H_3AsO_4 + 2H^+ + 2e^- \rightleftharpoons H_3AsO_3 + H_2O$，$\varphi^\theta(H_3AsO_4/H_3AsO_3) = 0.559V$；$I_3^- + 2e^- \rightleftharpoons 3I^-$，$\varphi^\theta(I_2/I^-) = 0.535V$。

(1) 计算下列反应在 298K 的标准平衡常数 $K$

$H_3AsO_3 + I_3^- + H_2O \rightleftharpoons H_3AsO_4 + 3I^- + 2H^+$

(2) 如果溶液的 pH = 7，反应向什么方向进行？

(3) 如果溶液中的 $H^+$浓度为 6 $mol \cdot L^{-1}$，反应向什么方向进行？

3. 有如下原电池：

$(-)Pt, H_2(p^\ominus) | HA(0.5mol \cdot L^{-1}) || NaCl(1 mol \cdot L^{-1}) | AgCl(s) | Ag(+)$

经测定知其电动势为 0.568V，试计算一元酸 HA 的电离常数。已知 $\varphi^\theta(AgCl/Ag) = 0.2223$ V，$\varphi^\theta(H^+/H_2) = 0.000V$。

# 第十章　配位化合物

**学习目标**

1. 掌握配合物的组成和命名
2. 了解配合物的几种类型和影响配位平衡的因素
3. 理解并掌握配合物的稳定常数和不稳定常数
4. 理解螯合物的概念

## 第一节　配位化合物的基本概念

配位化合物简称配合物，也常被称为络合物，是一类组成相对复杂而又广泛存在的重要化合物。最早发现的配合物就是亚铁氰化铁（普鲁士蓝），其化学式为 $Fe_4[Fe(CN)_6]_3$。它是在1704年普鲁士人狄斯巴赫在染料作坊中为寻找蓝色染料而得到的。配合物在生命过程中起重要作用，例如：人和动物血液中起着输送氧作用的血红素是一种含有亚铁的配合物；维生素 $B_{12}$ 是一种含钴的配合物，所以在进行药物分析时也要用到配合物的相关知识。

### 一、配合物的组成及命名

#### （一）配合物的定义

由一个金属阳离子和一定数目的中性分子或阴离子按一定空间构型以配位键结合而成的复杂离子称为配离子。配离子和其他带相反电荷的离子所形成的化合物称为配合物。如常见的 $NH_3$、AgCl 、$Hg(NO_3)_2$、KI 等化合物之间，还可以进一步反应形成复杂的化合物，化学反应方程式如下：

$$AgCl + 2NH_3 \rightleftharpoons [Ag(NH_3)_2]Cl$$
$$Hg(NO_3)_2 + 4KI \rightleftharpoons K_2[HgI_4] + 2KNO_3$$

在这些化合物中都有复杂的离子，即 $[Ag(NH_3)_2]^+$、$[HgI_4]^{2-}$。它们可在溶液中稳定存在，并像简单离子一样参加反应。

此外配合物也可以由金属原子和一定数目的中性分子组成，如五羰基合铁 $[Fe(CO)_5]$。还有一些配合物直接由金属阳离子和一定数目的中性分子或阴离子以配位键结合而成，如二氯二氨合铂（Ⅱ）$[Pt(NH_3)_2Cl_2]$。

自然界中还存在着一些化合物：如明矾 $[KAl(SO_4)_2 \cdot 12H_2O]$、光卤石 $[KCl \cdot MgCl_2 \cdot 6H_2O]$ 等，虽然看起来结构比较复杂，但是无论在晶体中或水溶液中都只含有 $K^+$、$Al^{3+}$、$Mg^{2+}$、$Cl^-$、$SO_4^{2-}$ 等简单的离子，所以它们不属于配合物，而称为复盐。

#### （二）配合物的组成

配合物一般分为内界和外界两个部分。内界是指配离子，是配合物的特征部分，由中心离子（或中心原子）和一定数目的配位体构成，写化学式时常用方括弧括起来。外界是指与配离子带相反电荷的离子，内界和外界以离子键相结合。如 $[Cu(NH_3)_4]SO_4$ 和 $K_3[Fe(CN)_6]$（图10-1）。

**1. 中心离子（或中心原子）**　一般是过渡金属离子，如 $[Cu(NH_3)_4]^{2+}$ 中的 $Cu^{2+}$，$[HgI_4]^{2-}$ 中

的 $Hg^{2+}$，$[Ag(NH_3)_2]^+$中的 $Ag^+$。但也有电中性原子作配合物形成体的，如$[Ni(CO)_4]$、$[Fe(CO)_5]$中的 Ni 和 Fe 都是中性原子。中心离子（或中心原子）位于配合物的中心，是配合物的形成体，它的核外都有空轨道，是电子的接受体，可以接受孤对电子形成配位键。

**2. 配位体**　与中心离子（或中心原子）以配位键相结合的中性分子或阴离子称为配位体。配位体中能提供孤对电子，直接与中心原子配位的原子称为配位原子。常见的配位体有无机配位体，如 $NH_3$、$H_2O$、$CN^-$、$SCN^-$、$X^-$等，其中 N、O、C、S、X 可以提供孤对电子，为配位原子；另外还有有机配位体，如醇、酚、醚、醛、酮、羧酸等。

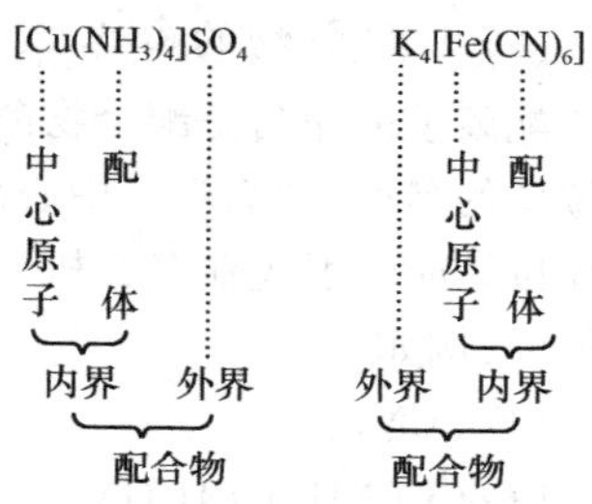


图 10-1　$[Cu(NH_3)_4]SO_4$ 和 $K_3[Fe(CN)_6]$的组成

根据配位体中配位原子个数可将配位体分为单齿配位体和多齿配位体。一个配位体中只含一个配位原子的配位体称为单齿配位体，如 $NH_3$、$H_2O$、$CN^-$等。一个配位体中同时有两个或两个以上配位原子与中心离子（或中心原子）以配位键相结合的配位体称为多齿配位体，如乙二胺（$H_2N—CH_2—CH_2—NH_2$ 简写为 en）为双齿配位体，乙二胺四乙酸$[(CH_2N)_2(CH_2COOH)_4]$（简称 EDTA）为六齿配位体。

**3. 配位数**　直接同中心离子（或中心原子）配位的配位原子的数目称为该中心离子（或中心原子）的配位数。一般中心离子（或中心原子）的配位数是 2、4、6、8（较少见），如$[Co(NH_3)_6]Cl$ 中与 $Co^{3+}$直接配位的配位原子是 6 个氨分子中的 6 个氮原子，配位数是 6，在$[Co(NH_3)_5H_2O]Cl_3$ 中与 $Co^{3+}$直接配位的配位原子是 5 个氨分子中的 5 个氮原子和 1 个水分子中的氧原子，配位数也为 6。

在计算配位数时，一般是先在配离子中确定中心离子和配位体，接着找出配位原子的数目。如果配位体是单齿的，那么配位体的数目就是该中心离子的配位数。例如，在$[Pt(NH_3)_4]Cl_2$ 和$[Pt(NH_3)_2Cl_2]$中，中心离子都是 $Pt^{2+}$，而配位体前者是 $NH_3$，后者是 $NH_3$ 和 $Cl^-$，由于配位体都是单齿的，所以配位数都是 4；如果配位体是多齿的，那么配位体的数目显然不等于中心离子的配位数，如：$[Pt(en)_2]Cl_2$ 中 en 是双齿配位体，即每一个 en 有两个氮原子同中心离子 $Pt^{2+}$配位，因此 $Pt^{2+}$的配位数不是 2，而是 4。常见中心离子配位数见表 10-1，常见配合物的分子组成见表 10-2。

**表 10-1　常见中心离子配位数**

| 中心离子 | 化合价 | 配位数 |
|---|---|---|
| $Ag^+$，$Cu^+$，$Au^+$ | +1 | 2 |
| $Cu^{2+}$，$Zn^{2+}$，$Hg^{2+}$，$Ni^{2+}$，$Co^{2+}$ | +2 | 4 |
| $Fe^{2+}$，$Fe^{3+}$，$Co^{2+}$，$Co^{3+}$，$Cr^{2+}$ | +2，+3 | 6 |

**表 10-2　常见配合物的组成**

| 配合物 | 配位数 | 中心离子 | 配位体 | 外界离子 |
|---|---|---|---|---|
| $[Cu(NH_3)_4]SO_4$ | 4 | $Cu^{2+}$ | $NH_3$ | $SO_4^{2-}$ |
| $[Ag(NH_3)_2]Cl$ | 2 | $Ag^+$ | $NH_3$ | $Cl^-$ |
| $K_2[HgI_4]$ | 4 | $Hg^{2+}$ | $I^-$ | $K^+$ |
| $Na_3[Fe(CN)_6]$ | 6 | $Fe^{3+}$ | $CN^-$ | $Na^+$ |

### (三) 配合物的命名

配离子的命名是配合物命名的关键,其命名顺序为:配位体数(用中文一、二、三等注明)—配位体的名称—“合”—中心离子名称—中心离子氧化数(加括号,用罗马数字注明),若有多种配位体时一般先命名无机配位体,后命名有机配位体;先命名阴离子配位体,后命名中性分子配位体,例如:

| | |
|---|---|
| $[Fe(CN)_6]^{4-}$ | 六氰合铁(Ⅱ)配离子 |
| $[CoCl_2(NH_3)_3(H_2O)]^+$ | 二氯三氨一水合钴(Ⅲ)配离子 |
| $[PtCl(NO_2)(NH_3)_4]^{2+}$ | 一氯一硝基四氨合铂(Ⅳ)配离子 |

配合物的命名服从一般无机化合物的命名原则,即先命名阴离子再命名阳离子,称为某化某或某酸某。若配离子为阳离子时,相当于盐中的金属阳离子,命名为外界离子化(酸)配离子。若配离子为阴离子,则把配离子作为酸根,命名为配离子“酸”外界离子,例如:

| | |
|---|---|
| $K_4[Fe(CN)_6]$ | 六氰合铁(Ⅱ)酸钾 |
| $H[AuCl_4]$ | 四氯合金(Ⅲ)酸 |
| $[CoCl_2(NH_3)_3(H_2O)]Cl$ | 氯化二氯三氨一水合钴(Ⅲ) |
| $[PtCl(NO_2)(NH_3)_4]CO_3$ | 碳酸一氯一硝基四氨合铂(Ⅳ) |
| $[Ni(CO)_4]$ | 四羰基合镍 |

【议一议】 配盐和复盐有何区别,如何验证?明矾$[KAl(SO_4)_2 \cdot 12H_2O]$、光卤石$[KCl \cdot MgCl_2 \cdot 6H_2O]$、铁铵矾$[NH_4Fe(SO_4)_2 \cdot 6H_2O]$等这些复杂化合物是不是配合物?

## 二、配合物的类型

### (一) 简单配合物

由单齿配体与中心离子直接配位形成的配合物,如$[Cu(NH_3)_4]SO_4$、$K_4[Fe(CN)_6]$等,根据配体种类的多少,又可分为单纯配体配合物,如$[Ag(NH_3)_2]Cl$、$[Co(NH_3)_6]Cl$和混合配体配合物,如$[Pt_2Cl_4(NH_3)_2]$、$[Co(NH_3)_2(H_2O)_2Cl_2]Cl_2$。

### (二) 螯合物

螯合物又称内配合物,是一类由多齿配位体与配离子结合而成的具有环状结构的配合物,如多齿配体乙二胺(图 10-2)中有两个 N 原子可以作为配位原子,能同时与配位数为 4 的 $Cu^{2+}$配位,形成两个五元环的稳定的离子,就好像螃蟹的双螯将中心离子钳在中间,$[Cu(en)_2]^{2+}$结构如下:

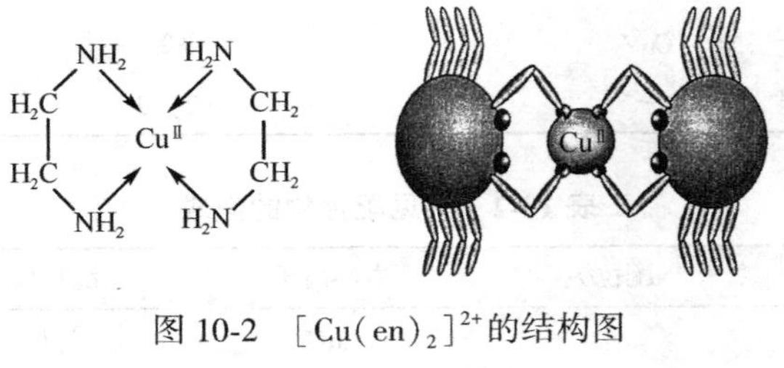


图 10-2 $[Cu(en)_2]^{2+}$的结构图

通常将提供多齿配体的配合剂称为螯合剂,螯合物的环称为螯环。EDTA 是常用的螯合剂,它是六齿配位体,能提供两个氮原子和四个羧基氧原子与金属配合,可以用一个分子将需要六配位的金属离子紧紧包裹起来,生成极稳定的产物,其化学结构如图 10-3 所示。

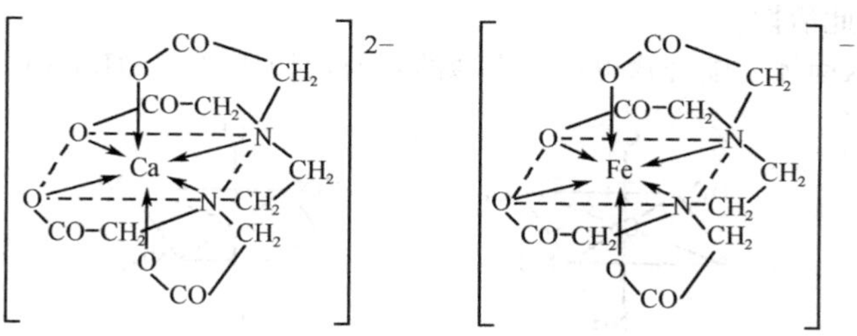


图 10-3　EDTA 与 $Ca^{2+}$、$Fe^{3+}$形成的螯合物结构图

螯合物与普通配合物的不同之处在于配位体不同，形成螯合物的条件是：

(1)螯合物的中心离子必须具有能接受孤对电子的空轨道。

(2) 螯合剂必须含有两个或两个以上的配位原子，以便与中心原子形成环状结构。

(3) 每两个配位原子之间被两个或三个其他原子隔开，以便形成稳定的五元环或六元环。

### (三) 多核配合物

多核配合物是指一个配合物中有两个或两个以上的中心离子的配合物。多核配合物中，两个金属离子之间是通过配体“桥联”的，即配体中的一个配位原子同时与两个中心离子结合形成多核配合物，这种配体称为桥联配体，简称桥基。作为桥联配体的是配位原子或基团中孤电子对数在一个以上，能同时与两个或两个以上的金属离子配位，$OH^-$、$Cl^-$、$H_2O$ 等就可作为桥联配体，如多核配合物$[(H_2O)_4Fe(OH)_2Fe(H_2O)_4]^{4+}$(图 10-4)。

## 三、配合物的立体构型和异构现象

在配离子中，中心离子居中央，配体在其周围，它们相对于中心离子的位置是按照一定空间位置分布的，这种分布称为配合物的立体构型。由于中心离子和配体的种类以及相互作用的情况不同，配位数相同的配合物可能有不同的立体构型，配合物的配位数不同，立体构型也不同。如$[Zn(NH_3)_4]^{2+}$为正四面体构型、$[Fe(CN)_6]^{3-}$为正八面体构型(图 10-5)。

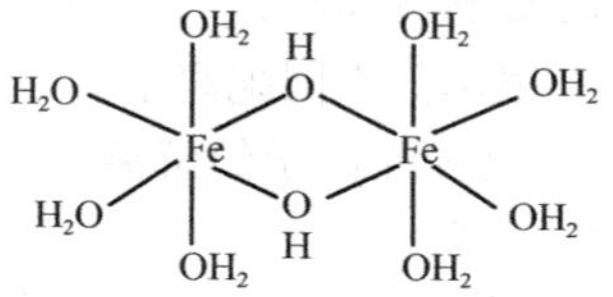


图 10-4　$[(H_2O)_4Fe(OH)_2Fe(H_2O)_4]^{4+}$

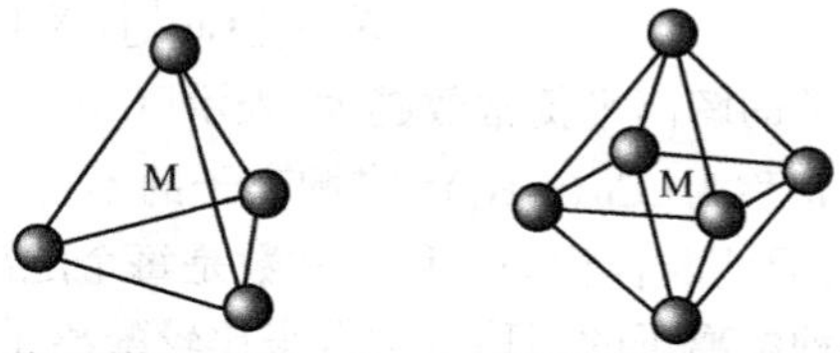


正四面体(tetrahedron)　正八面体(octahedron)

图 10-5　$[Zn(NH_3)_4]^{2+}$、$[Fe(CN)_6]^{3-}$构型

化学式相同而结构不同的化合物的性质必然不同，这种现象称为同分异构现象。配合物有多种异构现象，大部分是由于立体结构不同或内界组成和配位体的连接方式不同而引起的。配位体在中心离子周围因排列方式不同而产生的异构现象，称为立体异构现象。例如，平面正方形的$[PtCl_2(NH_3)_2]$可有顺式和反式两种异构体，如图 10-6 所示。

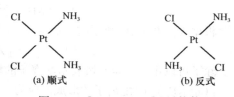

(a) 顺式　(b) 反式

图 10-6　$[PtCl_2(NH_3)_2]$异构体

$[PtCl_2(NH_3)_2]$的顺反异构体都是平面正方形，两者性质却不同，在人体内的生理、病理作用也有所不同，如现已发现顺式$[PtCl_2(NH_3)_2]$具有抑制肿瘤的作用，可作抗癌药物，而反式

$[PtCl_2(NH_3)_2]$则无此活性。

配位数为 6 的八面体型配合物也存在类似的几何构型如$[Co(NH_3)_4Cl_2]$(图 10-7)。

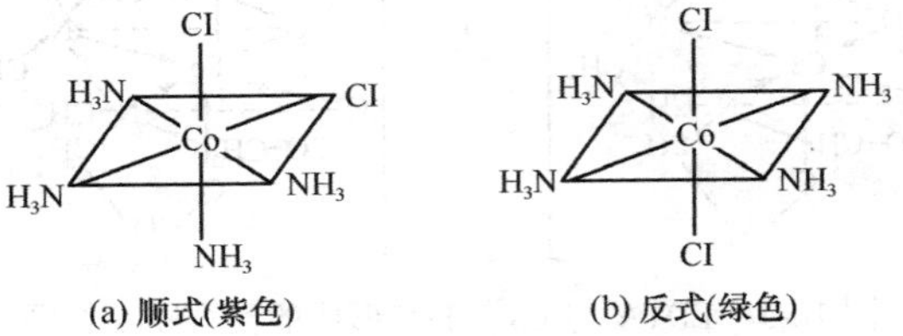


图 10-7 $[Co(NH_3)_4Cl_2]$构型

# 第二节 配 位 平 衡

## 一、稳定常数和不稳定常数

在两支盛有$[Cu(NH_3)_4]SO_4$溶液的试管中分别加入少量的 NaOH 溶液和 $Na_2S$ 液。第一支试管中无 $Cu(OH)_2$ 沉淀生成,第二支试管中则生成黑色 CuS 沉淀。你能够根据学习过的化学配合的原理解释这是为什么吗?

在盛有$[Cu(NH_3)_4]SO_4$溶液的试管中加入少量的 $Na_2S$ 溶液后,有黑色 CuS 沉淀生成,说明溶液中有少量的 $Cu^{2+}$存在,由此可以推断$[Cu(NH_3)_4]^{2+}$在水溶液中可以微弱地解离出极少量的 $Cu^{2+}$和 $NH_3$。而且配离子的解离是一个可逆的过程:

$$[Cu(NH_3)_4]^{2+} \rightleftharpoons Cu^{2+} + 4NH_3$$

正反应为$[Cu(NH_3)_4]^{2+}$解离为 $Cu^{2+}$和 $NH_3$的反应,称为解离反应;逆反应为 $Cu^{2+}$和 $NH_3$ 配合生成配离子的反应,称为配位反应。在一定条件下,当配位反应速率与解离反应速率相等时,配合物就达到了配位解离平衡,简称配位平衡。配离子的配位平衡与弱电解质的解离平衡相似,因此,也可以写出配离子的解离平衡常数:

$$K = [Cu^{2+}][NH_3]^4 / [Cu(NH_3)_4]^{2+}$$

配离子的解离平衡常数越大,表示$[Cu(NH_3)_4]^{2+}$配离子越易解离,即配离子越不稳定,所以这个常数 $K$ 称为$[Cu(NH_3)_4]^{2+}$配离子的不稳定常数,常用 $K_{不稳}$ 表示。不同配离子具有不同的不稳定常数,因此配合物的不稳定常数是每个配离子的特征常数,也称配离子的解离常数,可以通过比较各种配离子的不稳定常数来比较配离子的相对稳定性的大小:

$$[Cu(NH_3)_4]^{2+}\text{的 } K_{不稳} = 2.09 \times 10^{-13}$$

$$[Cd(NH_3)_4]^{2+}\text{的 } K_{不稳} = 2.75 \times 10^{-7}$$

$$[Zn(NH_3)_4]^{2+}\text{的 } K_{不稳} = 2.00 \times 10^{-9}$$

根据 $K_{不稳}$ 越大,配离子越不稳定,越易解离的原则,上面三种配离子的稳定性应为:

$$[Cd(NH_3)_4]^{2+} < [Zn(NH_3)_4]^{2+} < [Cu(NH_3)_4]^{2+}$$

除了可以用不稳定常数表示配离子的稳定性以外,也常用稳定常数来表示,如:
$[Cu(NH_3)_4]^{2+}$配离子的形成反应为:

$$Cu^{2+} + 4NH_3 \rightleftharpoons [Cu(NH_3)_4]^{2+}$$

其平衡常数为:

$$K = [Cu(NH_3)_4]^{2+} / [Cu^{2+}][NH_3]^4$$

该平衡常数越大,说明生成配离子的倾向越大,而解离的倾向就越小,即配离子越稳定,所以该常数也称$[Cu(NH_3)_4]^{2+}$的稳定常数。一般用 $K_{稳}$ 表示，不同的配离子具有不同的稳定常数，稳定常数的大小直接反映了配离子稳定性的大小，一些常见配离子的稳定常数列入附表六中。

很显然，稳定常数和不稳定常数之间存在如下关系：

$$K_{稳} = 1/K_{不稳}$$

由于配离子的形成是分步进行的，因此 $K_{稳}$ 是一个积累常数，它是由逐级稳定常数决定的，如：

$$Cu^{2+} + NH_3 \rightleftharpoons Cu(NH_3)^{2+}$$

第一级形成常数：

$$K_1 = [Cu(NH_3)^{2+}] / [Cu^{2+}][NH_3] = 1.41 \times 10^4$$

$$[Cu(NH_3)^{2+}] + NH_3 \rightleftharpoons [Cu(NH_3)_2^{2+}]$$

第二级形成常数：

$$K_2 = [Cu(NH_3)_2^{2+}]/[Cu(NH_3)^{2+}][NH_3] = 3.17 \times 10^3$$

$$[Cu(NH_3)_2^{2+}] + NH_3 \rightleftharpoons [Cu(NH_3)_3^{2+}]$$

第三级形成常数：

$$K_3 = [Cu(NH_3)_3^{2+}]/[Cu(NH_3)_2^{2+}][NH_3] = 7.76 \times 10^2$$

$$[Cu(NH_3)_3^{2+}] + NH_3 \rightleftharpoons [Cu(NH_3)_4^{2+}]$$

第四级形成常数：

$$K_4 = [Cu(NH_3)_4^{2+}] / [Cu(NH_3)_3^{2+}][NH_3] = 1.39 \times 10^2$$

$K_1$、$K_2$、$K_3$、$K_4$ 是配离子的逐级稳定常数，$K_{稳} = K_1K_2K_3K_4$

配合物的稳定常数（对 $ML_4$ 型来讲）的一般规律是 $K_1>K_2>K_3>K_4$。在做近似计算时，一般不需考虑中间过程，而是直接利用累积常数 $K_{稳}$ 即可，相同类型的螯合物稳定常数要比普通配合物大得多。

**【议一议】** 在$[Co(NH_3)_5Cl]SO_4$ 水溶液中可能存在哪些离子或分子？其中最多的是哪一种（除 $H_2O$）？

## 二、配位解离平衡的应用

利用配合物的稳定常数，可以判断配合反应进行的程度和方向，计算配合物溶液中某一离子的浓度等。

### （一）判断配合反应进行的方向

例如，配合反应：

$$[Ag(NH_3)_2]^+ + 2CN^- \rightleftharpoons [Ag(CN)_2]^- + 2NH_3$$

向哪个方向进行，可以根据配合物$[Ag(NH_3)_2]^+$和$[Ag(CN)_2]^-$的稳定常数来判断。

$$[Ag(CN)_2]^- 的 K_{稳} = 1.3 \times 10^{21}$$

$$[Ag(NH_3)_2]^+ 的 K_{稳} = 1.12 \times 10^7$$

显然上述配合反应向应生成更加稳定的$[Ag(CN)_2]^-$的方向进行的趋势很大。因此，在含有$[Ag(NH_3)_2]^+$的溶液中加入足够的 $CN^-$，$[Ag(NH_3)_2]^+$被破坏而生成$[Ag(CN)_2]^-$。

### （二）计算配离子溶液中有关离子的浓度

**【例 10-1】** 向 $CuSO_4$ 溶液中加入过量的氨水，使 $c([Cu(NH_3)_4]^{2+}) = 0.001mol \cdot L^{-1}$，$c(NH_3) = 1.0mol \cdot L^{-1}$，计算此溶液中的 $c(Cu^{2+})$？

**解**:查附表六得

$$K_{稳}([Cu(NH_3)_4]^{2+}) = 2.09 \times 10^{13}$$

设平衡时 $c(Cu^{2+}) = x mol \cdot L^{-1}$

$$Cu^{2+} + 4NH_3 \rightleftharpoons [Cu(NH_3)_4]^{2+}$$

平衡浓度/ (mol · L$^{-1}$)　　$x$　　1.0　　0.001

$$K_{稳}([Cu(NH_3)_4]^{2+}) = \frac{c([Cu(NH_3)_4]^{2+})}{c(Cu^{2+})c^4(NH_3)} = \frac{0.01}{1.0x}$$

解得

$$x = 4.8 \times 10^{-17}$$

所以

$$c(Cu^{2+}) = 4.8 \times 10^{-17} mol \cdot L^{-1}$$

### (三) 判断难溶盐生成问题

**【例 10-2】** 在 1L 例 10-1 的铜氨溶液中:

(1) 加入 0.001mol 的 NaOH,有无 $Cu(OH)_2$沉淀生成?

(2) 若改为加 0.001 mol 的 $Na_2S$,有无 CuS 生成?(不考虑溶液体积变化)

**解**:(1) $c(OH^-) = 0.001 mol \cdot L^{-1}$

查附表五　$K_{sp}[Cu(OH)_2] = 2.2 \times 10^{-20}$

根据溶度积规则,离子积:

$$Q_c = c(Cu^{2+})c(OH^-)^2 = 4.8 \times 10^{-17} \times 0.001^2 = 4.8 \times 10^{-23}$$

因 $Q_c < K_{sp}([Cu(OH)_2])$,所以无 $Cu(OH)_2$沉淀生成。

(2) 查附表五 $K_{sp}(CuS) = 6.3 \times 10^{-36}$

$$Q_c = c(Cu^{2+})c(S^{2-}) = 4.8 \times 10^{-17} \times 0.001 = 4.8 \times 10^{-20}$$

因为 $Q_c > K_{sp}(CuS)$,所以有 CuS 沉淀生成。

## 三、配位平衡的影响因素

配合物溶液中存在着配位平衡,向配合物溶液中加入某种试剂(如酸、碱、沉淀剂、氧化还原剂或其他配位剂),这些试剂与配合物各离子之间可能发生各种化学反应,导致配位平衡发生移动。

### (一) 溶液浓度的影响

**1. 酸效应**　根据酸碱质子理论,很多配位体都是质子碱,它们能与溶液中的 $H^+$结合生成共轭酸而使配位平衡向解离方向移动,导致配离子稳定性降低,这种效应称为酸效应。例如,在 $[Ag(NH_3)_2]^+$溶液中加入酸,由于 $NH_3$ 与 $H^+$生成 $NH_4^+$,配离子发生如下解离:

$$[Ag(NH_3)_2]^+ + 2H^+ \rightleftharpoons Ag^+ + 2NH_4^+$$

**2. 水解效应**　当溶液 pH 升高时,中心原子(或离子)(特别是高价金属离子)将发生水解而使配位平衡向离解的方向移动,导致配离子稳定性降低,这种效应称为水解效应。例如,溶液 pH 升高时,$[FeF_6]^{3-}$配离子发生如下解离:

$$[FeF_6]^{3-} + 3H_2O \rightleftharpoons Fe(OH)_3 + 3H^+ + 6F^-$$

在水溶液中,酸效应和水解效应同时存在,至于哪种效应为主,取决于配离子的稳定常数、配体的碱性以及金属氢氧化物的溶解性。一般在不发生水解效应的前提下,提高溶液的 pH 有利于配合物的生成。在人体内,酸度对配合物稳定性的影响也是普遍存在的。例如,胃液中 pH

≈2,许多金属离子无法与配体结合生成配合物,但当金属离子随消化液进入血液时,pH 值上升到 7 或更高一些,此时就易形成配合物。

### (二) 沉淀平衡的影响

若在配离子溶液中加入沉淀剂,金属离子和沉淀剂生成沉淀,会使平衡向解离方向移动。反之,若在沉淀中加入能与金属离子形成配合物的配位剂,沉淀也会转化为配离子而溶解。例如,在含有 AgCl 沉淀的溶液中加入氨水,AgCl 沉淀溶解转化为$[Ag(NH_3)_2]^+$配离子,再向此溶液中加入 KBr 溶液,则生成淡黄色的 AgBr 沉淀,然后加入 $Na_2S_2O_3$ 溶液,AgBr 沉淀溶解转化为$[Ag(S_2O_3)_2]^{3-}$配离子,接着加入 KI 溶液,又生成黄色的 AgI 沉淀,这一系列转化过程可表示为

$$AgCl + 2NH_3 \rightleftharpoons [Ag(NH_3)_2]^+ + Cl^-$$

$$[Ag(NH_3)_2]^+ + Br^- \rightleftharpoons AgBr\downarrow + 2NH_3$$

$$[Ag(S_2O_3)_2]^{3-} + I^- \rightleftharpoons AgI\downarrow + 2S_2O_3^{2-}$$

分析上述四个反应可知,每一个反应都包括配位平衡和沉淀平衡两个分平衡。这两个平衡既相互联系又相互制约。一般来说,配离子的 $K_s$ 和沉淀的 $K_{sp}$越大,沉淀越容易转化为配离子,反之,配离子的 $K_{稳}$ 和沉淀的 $K_{sp}$越小,配离子越容易转化为沉淀。

### (三) 氧化还原平衡的影响

当在配离子溶液中加入能与中心原子(或离子)或配位体发生氧化还原反应的物质时,金属离子或配体浓度降低,导致配位平衡向解离的方向移动。例如,在血红色的$[Fe(SCN)]^{2+}$溶液中加入 $SnCl_2$ 溶液,则血红色褪去,反应方程式如下

$$2[Fe(SCN)]^{2+} + Sn^{2+} \rightleftharpoons 2Fe^{3+} + Sn^{2+} + 2SCN^-$$

这是氧化还原平衡对配位平衡的影响;反之,配位平衡也会影响氧化还原平衡。溶液中金属离子形成配离子后,其浓度降低,从而使电极电势发生变化。金属离子形成的配离子越稳定,溶液中金属离子的浓度就越低,根据能斯特方程,相应的电极电势也越低。

### (四) 配位平衡之间的影响

向一种配离子溶液中,加入另一种能与该中心原子形成配离子的配位剂时,原来的配位平衡将发生移动。例如,在$[Ag(NH_3)_2]^+$溶液中加入足量的 $CN^-$后,将发生如下反应:

$$[Ag(NH_3)_2]^+ + 2CN^- \rightleftharpoons [Ag(CN)_2]^- + 2NH_3$$

其反应方向可根据平衡常数的大小来判断。上述反应的平衡常数计算可得 $1.1\times10^{14}$,由此可以看出,上述反应向右进行的趋势很大。一般来说,反应方向是由较不稳定的离子转化成稳定的离子。

**【议一议】** 向$[Cu(NH_3)_4]SO_4$ 溶液中分别加入盐酸、氨水、$Na_2S$ 溶液,会对下列平衡:$[Cu(NH_3)_4]SO_4 \rightleftharpoons Cu^{2+} + 4NH_3 + SO_4^{2-}$ 有何影响?

## 四、配合物的应用

随着配位化学的发展,配合物所涉及的范围和应用是十分广泛的,配位化合物在工农业生产和科学研究中发挥着越来越大的作用。主要包括以下几个方面。

(1) 由于离子在生成配合物时,常显示某种特征的颜色,在临床检验和药物分析中用于离子的定性与定量检验,也可应用于离子的分离、配位滴定和掩蔽干扰等。例如,检验体内是否含有汞农药,可将试样酸化后,加入二苯胺脲醇溶液,若出现紫色或蓝紫色,则证明有汞存在。

(2) 生物化学中配位化合物起着很重要的作用。生物体内的微量金属元素,尤其是过渡金属元素,主要是通过形成配合物来完成生物化学功能的。这些化合物在维持生物体内正常生理

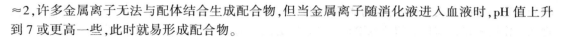

功能具有重要的意义。例如,生物体内和呼吸作用密切相关的血红素是一种含铁的配合物;植物光合作用中作为催化剂的叶绿素是一种含镁的配合物;维生素 $B_{12}$是含钴的配合物。

(3) 金属配合物或配体作为药物在临床上使用。自发现顺式二氯二氨合铂(Ⅳ)(顺铂)具有较高的抗癌活性以来,金属配合物药物被广泛地进行研究和临床试验。例如,含亚铁离子的富马酸铁可以治疗缺铁性贫血症;含铋的枸橼酸铋钾胶囊(丽珠得乐)可以抗幽门螺杆菌,是治疗胃溃疡的常用药。另外,还可以利用无毒的配体作为解毒剂,与体内有毒的金属原子(或离子)生成无毒的可溶的配合物排出体外。

(4) 生物体内的高效、高选择性生物催化剂——金属酶,有比一般催化剂高千万倍的催化效能。生物金属酶的研究对现代化学工业和粮食生产有重要意义。

(5) 配合物在工业上主要应用于湿法冶金,从矿石中提取稀有金属和有色金属。

**知识链接**　　**有毒金属元素的促排**

环境污染、职业性中毒、过量服用金属元素药物以及金属代谢障碍均能引起体内铅、镉、砷、铍等污染元素的积累和铁、钙、铜等必需元素的过量,造成金属中毒。对于金属中毒主要采用螯合疗法,即通过选择合适的配位体排出体内有毒或过量的金属离子,所用的螯合剂称为促排剂(或解毒剂)。例如,D-青霉胺毒性小,是汞、铅等重金属离子的有效解毒剂;柠檬酸钠(又称枸橼酸钠,$Na_3C_6H_5O_7$)是一种防治职业性铅中毒的有效药物,它能迅速减轻症状和促进体内铅的排出。在采用螯合疗法排出体内有害金属离子时,必须注意由于促排剂缺乏选择性,常会引起体内正常储存的必需元素的排出。例如,当以EDTA钠盐促排体内的铅时,常会导致血钙水平的降低而引起痉挛,但只需改用 $Na_2[Ca(EDTA)]$,即可顺利排铅而使血钙不受影响。

## 目标检测

### 一、选择题

1. 下列离子不属于配位化合物的是(　　)

A. $KAl(SO_4)_2$　　B. $K[HgI_4]$

C. $[Ni(CO)_4]$　　D. $H[AuCl_4]$

2. 下列配合物最稳定的是(　　)

A. $[Ag(NH_3)_2]^+$

B. $[Cu(NH_3)_2]^{2+}$

C. $[Fe(NH_3)_2]^{2+}$

D. $[Zn(NH_3)_2]^{2+}$

3. 下列物质可以作螯合剂的是(　　)

A. EDTA　　B. $NH_3$

C. CO　　D. $H_2O$

4. 在配离子$[Co(en)_2(NH_3)_2]^{3+}$和$[Fe(C_2O_4)_3]^{3-}$中,中心原子的配位数分别为(　　)

A. 2,3　　B. 4,3

C. 6,3　　D. 6,6

5. 配合物和螯合物所具有的共同点是(　　)

A. 有环状结构　　B. 有共价键

C. 有配位键　　D. 有离子键

6. 下列叙述正确的是(　　)

A. 配合物都含有配离子

B. 有配位键的离子一定是配离子

C. 配位数等于配位体数

D. 配离子的电荷数为外界离子电荷总数的相反数

7. 在$[Cu(NH_3)_4]SO_4$溶液中,存在如下平衡:$[Cu(NH_3)_4]SO_4 \rightleftharpoons Cu^{2+} + 4NH_3 + SO_4^{2-}$。向该溶液中分别加入以下试剂,能使平衡向左移动的是(　　)

A. HCl　　B. $NH_3$

C. NaCl　　D. $Na_2S$

### 二、填空题

1. 配位化合物一般分为________和________两个部分。配合物的内界与外界之间以________键相结合,而中心原子和配位原子之间以________键结合。

2. 在配离子中心,中心离子必须有________,配位体的配位原子必须有________。

3. $NH_3$、$H_2O$、$CN^-$、$SCN^-$的配位原子分别是______。

4. $NH_3$为______配位体,乙二胺四乙酸为______配位体。

5. 螯合物是中心原子与________结合形成的具有

________的配合物，螯合物一般比________要稳定。

6. 影响配位平衡的因素是________、________、________、________。

## 三、命名下列化合物，并指出配合物的中心原子、配体、配位原子和配位数。

(1) $[Co(NH_3)_6]Cl_3$

(2) $H[PtCl_6]$

(3) $K_3[FeF_6]$

## 四、写出下列配合物的化学式

(1) 四碘合汞(Ⅱ)酸钾

(2) 五氯一氨合铂(Ⅳ)酸钾

(3) 六硫氰合铁(Ⅲ)酸钾

## 五、请你解释下列现象

1. 在 $NH_4Fe(SO_4)_2$溶液中加入 KSCN，可出现血红色反应。

2. 在 $K_3[Fe(CN)_6]$溶液中加入 KSCN，溶液不变色。

## 六、计算题

1. 在含有 $2.5\times10^{-3}$ mol·L$^{-1}$的 $AgNO_3$ 和 0.41mol·L$^{-1}$的 NaCl 溶液中，如果不使 AgCl 沉淀生成，溶液中最少应加入 $CN^-$浓度为多少？
{$[Ag(CN)^{2-}] = 1.0\times10^{21}$，$K_{sp}(AgCl) = 1.56\times10^{-10}$}

2. 通过计算说明反应$[Cu(NH_3)_4]^{2+}+Zn^{2+} \rightleftharpoons [Zn(NH_3)_4]^{2+}+Cu^{2+}$能否向右进行？

# 第十一章　非金属元素选述

**学习目标**

1. 掌握重要的非金属单质及其化合物的性质和变化规律
2. 掌握重要的非金属单质及其化合物的结构
3. 理解重要的非金属单质及其化合物用途
4. 了解卤族、氧族、氮族、碳族、硼族元素的通性

从目前已发现的119种元素中，非金属元素有22种，除氢以外，都位于元素期表的p区，占据元素周期表的右上方位置。非金属元素原子的结构特征是最后一个电子填在$np$($ns^2np^{1\sim6}$)轨道中(除氢和氦)。

本章讨论的非金属元素主要有氟、氯、溴、碘、氧、硫、氮、磷、砷、碳、硼等单质及其化合物的相关内容。

## 第一节　卤素及其化合物

周期表中ⅦA族元素称为卤族元素，其中包括氟、氯、溴、碘和砹五种元素，简称卤素。希腊文原意是成盐的元素，这些元素都是典型的非金属元素，易与典型的金属元素化合成盐。砹是极微量的放射性元素，本章不作介绍。

### 一、卤素的通性

卤素元素的价电子构型为$ns^2np^5$，即它们原子的最外电子层有7个电子较容易获得一个电子形成氧化值为-1的化合物。卤素与其他各族元素比较，在各周期中有最大的电负性和最小原子半径，所以是各周期中最活泼的非金属。随着卤素原子半径的增大获得电子能力减弱，而失去电子能力增强。除氟外，其他卤素原子均能形成+1、+3、+5和+7价的化合物。由于它们能显示出多种不同的氧化态，因此氧化还原性质是本族元素的主要特性(表11-1)。

**表11-1　卤素的基本性质**

| 性质 | 氟(F) | 氯(Cl) | 溴(Br) | 碘(I) |
|---|---|---|---|---|
| 原子序数 | 9 | 17 | 35 | 53 |
| 相对原子质量 | 18.99 | 35.45 | 79.90 | 126.90 |
| 价电子构型 | $2s^22p^5$ | $3s^23p^5$ | $4s^24p^5$ | $5s^25p^5$ |
| 主要氧化值 | -1 | -1、0、+1 | -1、0、+1、 | -1、0、+1、 |
| | | +3、+5、+7 | +3、+5、+7 | +3、+5、+7 |
| 共价半径/pm | 64 | 99 | 114 | 133 |
| $X^-$半径/pm | 136 | 181 | 196 | 216 |
| 电负性 | 3.98 | 3.16 | 2.96 | 2.66 |

## 二、卤素单质

### （一）卤素单质的物质性质

常温下，$F_2$ 和 $Cl_2$ 是气体，$Br_2$ 是易挥发的液体，而 $I_2$ 为易升华的固体。且卤素单质均有颜色，并随着相对分子质量的增大，颜色加深。在常温下均为非极性双原子分子，除氟外，它们难溶于水，易溶于有机溶剂。单质分子仅靠色散力结合，所以卤素的熔点、沸点较低，并随着它们相对分子质量的增大而升高（表 11-2）。

**表 11-2　卤素单质的性质**

| 性质 | 氟（$F_2$） | 氯（$Cl_2$） | 溴（$Br_2$） | 碘（$I_2$） |
|---|---|---|---|---|
| 常温下的状态 | 气 | 气 | 液 | 固 |
| 颜色 | 浅黄 | 黄绿 | 红棕 | 紫黑 |
| 熔点/K | 53.56 | 172.16 | 265.96 | 386.86 |
| 沸点/K | 84.96 | 238.46 | 331.16 | 456.16 |
| 密度（常温） | $1.69g \cdot L^{-1}$ | $3.21g \cdot L^{-1}$ | $3.12g \cdot cm^{-3}$ | $4.93g \cdot cm^{-3}$ |
| 溶解度/（$mol \cdot L^{-1}$）（298K） | 反应 | 0.090（气） | 0.21 | $1.3\times10^{-3}$ |
| 解离能/（$kJ \cdot mol^{-1}$） | 154.8 | 246.9 | 193.2 | 150.9 |

另外，氟、氯、溴、碘的单质都具有刺激性气味和毒性，吸入它们的气体，会引起咽喉和鼻腔黏膜的炎症。

**知识链接**

**碘的用途**

碘是人体不可缺少的元素，当人体缺碘时会导致甲状腺肿大。幼儿缺碘的主要病症是痴呆、身体矮小、聋哑等，所以日常饮食中常用加碘盐来补充碘。

### （二）卤素单质的化学性质

卤素单质的化学性质很活泼，能与绝大多数的金属、非金属等单质直接化合，也能与许多还原性物质反应，在这些反应中卤素容易得到电子，具有较强的氧化性。其中 $F_2$ 的氧化性最强，它们的氧化性强弱顺序为 $F_2 > Cl_2 > Br_2 > I_2$。

**1. 卤素与单质的反应**　卤素单质能与金属和非金属反应生成卤化物。

$$2M + nX_2 = 2MX_n$$

$$H_2 + X_2 = 2HX$$

$$2P + 3X_2 = 2PX_3\text{（磷过量）}$$

$$2P + 5X_2 = 2PX_5\text{（}X_2\text{ 过量）}$$

式中，M 为金属单质；$X_2$ 为卤素单质。

**2. 卤素与化合物的反应**

（1）与还原性物质的反应：

$$H_2S + X_2 = S\downarrow + H_2O\ (X_2: F_2、Cl_2、Br_2、I_2)$$

（2）与水的反应有下列两种类型。

1）对水的氧化作用：

$$2X_2 + 2H_2O = 4H^+ + 4X^- + O_2$$

由于 $F_2$ 的氧化性很强，能激烈地将水氧化，而 $Cl_2$ 和 $Br_2$ 的反应依次减弱，$I_2$ 则几乎不能反应。

2）发生歧化反应：

$$X_2 + H_2O = H^+ + X^- + HXO$$

除 $F_2$ 外均能发生此歧化反应，此外，卤素单质与碱也能发生类似的歧化反应。

**3. 卤素单质与某些卤素离子反应**

$$F_2 + 2Cl^- = 2F^- + Cl_2$$

$$Cl_2 + 2Br^- = 2Cl^- + Br_2$$

$$Br_2 + 2I^- = 2Br^- + I_2$$

从上述反应可得出卤素单质作氧化剂的能力由 $F_2$ 到 $I_2$ 依次减弱，而卤素离子作还原剂的能力由 $F^-$ 到 $I^-$ 依次增强。氧化能力强的卤素单质可以氧化其后面的卤素离子。

## 三、卤化氢、氢卤酸和卤化物

### （一）卤化氢和氢卤酸

卤素的氢化物又称卤化氢，是由卤素单质与氢气化合而成，也可由卤化物与酸反应制得。例如：

$$H_2 + X_2 = 2HX$$

$$NaCl + H_2SO_4(浓) = NaHSO_4 + HCl\uparrow$$

$$NaBr + H_3PO_4(浓) = NaH_2PO_4 + HBr\uparrow$$

不同的卤素单质与氢化合时，所需的条件是不同的。氟与氢反应非常激烈，低温下也会发生爆炸；氯与氢在日光下或高温时会发生爆炸，在暗处反应缓慢；溴和碘只有在高温时才能与氢反应，并且生成 HI 和 HBr 的反应还是可逆的。

实验室通常用金属卤化物与酸反应制备卤化氢，如用氯化钠与浓硫酸共热制备 HCl；用溴化钠和碘化钾与非氧化性的浓磷酸共热制备 HBr 和 HI。

卤化氢都是无色具有刺激性气味的气体，它们的一些物理性质见表 11-3。

**表 11-3　卤化氢的物理性质**

| 性质 | HF | HCl | HBr | HI |
|---|---|---|---|---|
| 熔点/K | 189.9 | 158.2 | 184.5 | 222.2 |
| 沸点/K | 292.54 | 188.1 | 206 | 237.62 |
| 溶解度*/g | 35.3 | 42 | 49 | 57 |
| 键能/($kJ\cdot mol^{-1}$) | 565 | 431 | 362 | 299 |
| 表观电离度/0.1mol・$L^{-1}$(298K) | 8.5 | 92.6 | 93.5 | 95 |

* 表示 293K，101.3kPa，每 100g 水中所能溶解的质量。

从表 11-3 可以看出：卤化氢的熔点、沸点除 HF 外按 HCl→HBr→HI 按顺序依次增大，这是因为随着相对分子质量的增大分子间的色散力增大的缘故。HF 表现的异常现象是由于其分子间存在着氢键缔合作用而产生的。

由表 11-3 中键能值可知卤化氢的热稳定性，它们按 HF→HCl→HBr→HI 顺序热稳定性依次递减，HF 在 1273K（1000℃）时无明显分解，而 HI 在 593K（300℃）时就显著分解。

卤化氢是共价型的极性分子，在水中溶解度大，所得的水溶液称为氢卤酸。除氢氟酸外，氢氯酸、氢溴酸、氢碘酸都是强酸，酸性按 HF、HCl、HBr、HI 顺序递增。HX 具有还原性，其还原性强弱顺序为 HF < HCl < HBr < HI。

氢氟酸的特殊性质是与二氧化硅或硅酸盐反应生成气态氟化硅：

$$SiO_2 + 4HF \xlongequal{} SiF_4\uparrow + 2H_2O$$

$$CaSiO_3 + 6HF \xlongequal{} SiF_4\uparrow + CaF_2 + 3H_2O$$

根据氢氟酸这一特性，常用于玻璃器皿的刻蚀标记，也用于分析化学中硅的含量测定。因此不能用玻璃或陶瓷容器储存氢氟酸，通常储存在塑料器皿中。

**知识链接**

氢氟酸有毒性、腐蚀性强，接触皮肤引起肿胀，形成溃疡，伤口不易愈合，当皮肤不慎沾染 HF 时，应立即用大量的水冲洗，并涂敷氨水。

氢卤酸中最重要的是氢氯酸（俗称盐酸），它属于挥发性强酸。市售浓盐酸的含量约为37%，密度为 $1.19g \cdot cm^{-3}$，为无色的液体。工业用盐酸中，因含少量铁离子而略呈黄色。人体和动物的胃液中含盐酸约 0.5%，它有助于食物的消化和杀灭病菌的作用。

卤化氢都具有毒性，对呼吸系统有强烈刺激作用。氢氟酸在使用时要加倍小心或戴上橡皮手套，因它们接触皮肤会引起肿痛和不易治愈的灼伤。

**（二）卤化物和多卤化物**

卤化物可分为金属卤化物和非金属卤化物两类。前者多为离子型卤化物，具有离子化合物的特点，常见的有氯化钠、氯化钾、氯化钙等。氯化钠溶于水配制成浓度为 $9.0g \cdot L^{-1}$ 的生理盐水，用于出血过多、严重腹泻等所引起的缺水症，也可用于洗涤伤口。氯化钾常用于治疗各种原因所致的钾缺乏症和低血钾症，也可作为利尿药的辅助用药。无水氯化钙常用作干燥剂，在临床上可用于钙缺乏症和作抗过敏的药。后者多为共价型卤化物，具有离子化合物的特点。常见的有氯化氢、三氯化磷等。另外，$I_2$ 易溶于金属卤化物 KI 中形成 $KI_3$：

$$KI + I_2 \xlongequal{} KI_3$$

$KI_3$ 是多卤化物，在 $I_3^-$ 溶液中存在 $I_2$，仍可作 $I_2$ 溶液使用。在实验室配制 $I_2$ 溶液时，常把 $I_2$ 溶于 KI 溶液中，增加其溶解度。

## 四、卤素的含氧酸及其盐

通常由 Cl、Br、I 可形成次卤酸（HXO）、亚卤酸（$HXO_2$）、卤酸（$HXO_3$）和高卤酸（$HXO_4$）四种类型，各有相对应的盐。卤素含氧酸盐的性质比卤素含氧酸稳定得多，在卤素含氧酸及其盐中，比较重要的是氯的含氧酸及其盐。例如，次氯酸及其盐、氯酸及其盐和高氯酸及其盐等。

**（一）次氯酸及其盐**

次氯酸（HClO）是一元弱酸（$K_a = 4.6\times10^{-11}$），性质不稳定，易分解。

（1）当光照射时按下式分解：

$$2\ HClO \xlongequal{} 2HCl + O_2\uparrow$$

基于这个反应，次氯酸具有漂白和杀菌等作用。

（2）在溶液中分解：

$$3\ HClO \xlongequal{} 2HCl + HClO_3$$

将氯气通入熟石灰中，可制漂白粉。

$$2Cl_2 + 3Ca(OH)_2 \xlongequal{} CaCl_2 \cdot Ca(OH)_2 + Ca(ClO)_2 + 2\ H_2O$$

漂白粉是次氯酸钙、碱式氯化钙的混合物，其有效成分是次氯酸钙，为常用的杀菌消毒剂，其原因是次氯酸盐遇酸产生次氯酸，发挥着与次氯酸相同的作用。

$$Ca(ClO)_2 + H_2O + CO_2 \xlongequal{} CaCO_3 + 2HClO$$

$$Ca(ClO)_2 + 2HCl \xlongequal{} CaCl_2 + 2HClO$$

### （二）氯酸及其盐

氯酸仅存在于溶液中，含量高于40%即可分解。

$$3HClO_3 = Cl_2\uparrow + O_2\uparrow + HClO_4 + H_2O$$

氯酸是强酸，其强度近似于盐酸，它还是强氧化剂。

氯酸钾是最常见的氯酸盐，在催化剂 $MnO_4$ 作用下，200℃氯酸钾即可分解为氯化钾和氧气，是实验室制备 $O_2$ 方法之一。

$$2KClO_3 = 2KCl + 3O_2\uparrow$$

$KClO_3$ 是强氧化剂，与易燃物（如碳、磷、硫）混合，受撞击或摩擦即产生爆炸。因此可用它制造炸药、火柴、烟火等。

### （三）高氯酸及其盐

高氯酸（$HClO_4$）是最强的无机酸之一，也是强氧化剂，能够比较稳定地存在冷稀溶液中。在分析化学中，高氯酸的冰醋酸溶液是非水酸碱滴定常采用的标准溶液，可以用于对许多药品的含量测定。纯高氯酸为无色、黏稠状液体，与易燃物相遇会发生猛烈爆炸。

高氯酸盐较稳定，不易分解，其氧化性弱于氯酸盐。高氯酸盐一般易溶于水，只有高氯酸钾等少数难溶于水，在分析化学中利用此性质可定量测定钾。有些高氯酸盐有显著的水合作用，如无水 $Ba(ClO_4)_2$ 和 $Mg(ClO_4)_2$ 等都是优良的干燥剂和脱水剂。

卤素含氧酸及其盐的性质主要表现为酸性、氧化性、热稳定性，而这些性质都随分子中氧原子数的改变呈规律变化。以氯的含氧酸及其盐为例：

（1）酸性　$HClO_4 > HClO_3 > HClO_2 > HClO$

（2）氧化性　$HClO_4 < HClO_3 < HClO_2 < HClO$

$NaClO_4 < NaClO_3 < NaClO_2 < NaClO$

（3）热稳定性　$HClO_4 > HClO_3 > HClO_2 > HClO$

$NaClO_4 > NaClO_3 > NaClO_2 > NaClO$

## 五、拟 卤 素

拟卤素是指由两个或两个以上电负性较大的元素组成的原子团，由于形成这些原子团的分子或离子的性质与卤素单质或卤素离子相似，故称为拟卤素。

重要的拟卤素有氰$(CN)_2$、硫氰$(SCN)_2$和氧氰$(OCN)_2$等，它们的游离态以二聚体存在。常温下都是无色有刺激性的气体，有挥发性，与其对应的阴离子是氰根离子（$CN^-$）、硫氰根离子（$SCN^-$）、氰酸根离子（$OCN^-$）等。将拟卤素与卤素相似性质的表现简介如下。

（1）拟卤素的氢化物都为气体，溶于水生成氢拟卤酸。除氢氰酸为弱酸外，其他均为强酸。

$$HCN \rightleftharpoons H^+ + CN^- \quad K(HCN) = 6.2\times10^{-10}$$

（2）拟卤素能与金属生成盐的反应。

$$2Fe + 3(SCN)_2 = 2Fe(SCN)_3$$

（3）拟卤素在水或碱中能发生歧化反应。

$$(CN)_2 + H_2O = HCN + HOCN$$

$$(CN)_2 + 2OH^- = CN^- + OCN^- + H_2O$$

（4）拟卤离子具有还原性。

$$MnO_2 + 4H^+ + 2SCN^- = Mn^{2+} + (SCN)_2 + 2H_2O$$

（5）拟卤离子都为配位剂。

$$Fe^{3+} + 6SCN^- = [Fe(SCN)_6]^{3-}$$

所有氰化物均为剧毒品，$CN^-$能使人体中枢神经麻痹，毫克数量级即致死，使用时要特别注意。处理含氰化物的废液时，可利用其配位性或还原性，加入硫酸亚铁，使其生成无毒的 $K_4[Fe(SCN)_6]$，或加入次氯酸钾氧化为无毒的 KCNO。

硫氰酸盐大多易溶于水，其中硫氰化钾（KSCN）和硫氰化铵（$NH_4SCN$）是常用的化学试剂，也是检出 $Fe^{3+}$的特效而又灵敏的试剂。

# 第二节　氧族元素及其化合物

周期表中第ⅥA 族包括氧、硫、硒、碲、钋五种元素，也称氧族元素，其中硒、碲是稀有元素，钋是放射性元素。本节重点讨论氧、硫、硒及其化合物。

## 一、氧族元素的通性

氧族元素的价电子构型为 $ns^2np^4$，当它们与电负性较小的元素化合时，较容易获得两个电子形成氧化值为-2 的化合物。

氧族元素的原子半径、电负性等变化趋势与卤素相似，随核电荷数的增加呈现规律递变。它们的非金属性比卤素弱；氧、硫是非金属，硒、碲是两性元素，钋是典型的金属。

氧的电负性仅次于氟，常见的氧化值都为-2（$H_2O_2$ 和 $OF_2$ 除外），在硫、硒、碲等化合物中，常见的氧化值为-2、+2、+4、+6，并且化合物随氧化数升高而稳定性逐渐增大（表 11-4）。

**表 11-4　氧族元素的基本性质**

| 性质 | 氧(O) | 硫(S) | 硒(Se) | 碲(Te) | 钋(po) |
|---|---|---|---|---|---|
| 原子序数 | 8 | 16 | 34 | 52 | 84 |
| 价电子构型 | $2s^22p^6$ | $3s^23p^6$ | $4s^24p^6$ | $5s^25p^6$ | $6s^26p^6$ |
| 电负性 | 3.44 | 2.58 | 2.55 | 2.10 | 2.00 |
| 主要氧化值 | -2、0 | -2、0、+2 | -2、0、+2 | -2、0、+2 | — |
| | | +4、+6 | +4、+6 | +4、+6 | |

## 二、氧及其化合物

### （一）氧

氧是地壳中分布最广的元素，主要分布在大气、海洋中，还以盐和氧化物的形式广泛存在于岩石和土壤中。常见的氧单质是 $O_2$ 和 $O_3$，它们是同素异形体。

氧气是无色、无臭的气体，-183℃时为淡蓝色液体，-218.4℃时为蓝色固体，氧气微溶于水，通常情况下 1L 水中仅溶解 31ml$O_2$。

氧气比较活泼，主要化学性质是氧化性，利用其有较高的标准电极电势值，直接或间接地与许多单质和化合物发生化学反应。在高温下氧可使许多金属、非金属氧化或燃烧成具有酸性、碱性、两性的氧化物，还可以生成少数呈中性的非金属氧化物，如 CO、NO、$H_2O$ 等。

### （二）臭氧

在自然界，大气中的闪电、机器运转中的火花等都能产生一些臭氧（$O_3$）。臭氧在常温下是淡蓝色的气体，具有鱼腥气味。臭氧比氧的溶解度略大，0℃下 1L 水中溶解 490ml 的 $O_3$。微量臭氧对人健康有益，它不仅杀菌，还能刺激中枢神经，加速血液循环。当大气中的含量大于 1×

$10^{-6}$时，就会引起头痛、疲劳等症状。臭氧还具有保护地面的生物免遭强紫外线照射而受伤害的作用。

**知识链接** **国际保护臭氧层日**

在距离地面25~30km的大气平流层存在臭氧层保护层，它能吸收太阳光的紫外辐射，对地面上的生物有保护作用。但近年来，人类使用矿物材料和排入的氟利昂和哈龙等物质，引起臭氧过多分解，使臭氧层遭到破坏，在南极的上空还出现了臭氧层空洞，皮肤癌患者增加。所以在1995年1月23日，联合国决定每年的9月16日为国际保护臭氧层日。

臭氧是一种强吸热性物质，易放热分解出氧，反应异常激烈，即使在室温下低浓度的臭氧也能缓慢分解。

臭氧具有极强的氧化性，尤其在酸性溶液中，臭氧的氧化性仅次于$F_2$和原子氧。在常温下，臭氧缓慢分解成氧。

$$O_3 + 2H^+ + 2e^- \rightleftharpoons O_2 + H_2O \qquad \varphi^\theta = 2.07V$$

$$2I^- + H_2O + O_3 = 2OH^- + O_2 + I_2$$

利用臭氧与碘离子的反应，测定反应生成的$I_2$来定量分析气体中$O_3$的含量。通常利用臭氧的强氧化性，作漂白剂和消毒剂。还用它处理工厂的废水（如电镀生产中的废水含$CN^-$）和污水。

## （三）过氧化物

过氧化氢（$H_2O_2$）俗称双氧水。它是一种淡蓝色的黏稠状液体，能与水以任意比例混合。过氧化氢分子间存在的氢键缔合作用，使它具有较高的熔点（-1℃）和沸点（150℃）。通常所用的双氧水为过氧化氢的水溶液，市售商品为3%和30%的水溶液。

过氧化氢为极性分子，分子中有一过氧键（—O—O—），其结构如图11-1所示。

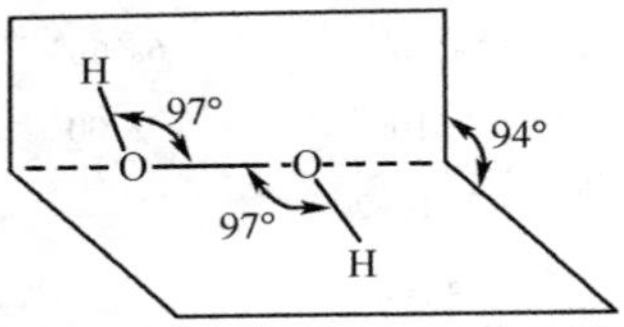


图11-1 $H_2O_2$分子结构

分子中氧的氧化值为-1，因此过氧化氢既具有氧化性又有还原性，其具体化学性质主要表现如下。

（1）受热分解。极纯的过氧化氢相当稳定。当遇光、加热或少量重金属离子及碱性介质存在时都会加速分解，若加热到153℃以上，则发生剧烈的爆炸分解。因此，过氧化氢应保存在棕色瓶中，放置在阴凉处。

$$2H_2O_2 = 2H_2O + O_2$$

【课堂活动】

醚等有机物因在空气中氧化产生过氧化物，极易发生爆炸，使用时常加入$[Fe(NCS)_2]^+$或KI检测过氧化物的存在，请大家讨论检测的原理。

（2）氧化还原性。过氧化氢中的氧的氧化值为-1，它有向-2价和0价转化的两种可能性，因此，它既具有氧化性又具有还原性。一般情况下，过氧化氢为强氧化剂，若遇更强的氧化剂时，则为还原剂。

$$H_2O_2 + 2H^+ + 2I^- = I_2 + 2H_2O$$

$$H_2O_2 + Cl_2 = 2Cl^- + O_2 + 2H^+$$

$$5H_2O_2 + 2MnO_4^- + 6H^+ = 2Mn^{2+} + 8H_2O + 5O_2$$

（3）弱酸性。过氧化氢是一种极弱的二元酸。

$$H_2O_2 \rightleftharpoons HO_2^- + H^+ \qquad K_{a_1} = 2.2\times10^{-12}$$

$$H_2O_2 + Ba(OH)_2 = BaO + 2H_2O$$

由于过氧化氢作为氧化剂的产物是 $H_2O$，作为还原剂的产物是 $O_2$。因此，过氧化氢在水溶液中反应后，本身不留下其他物质，是一种不污染溶液的"洁净"试剂，主要用作纸浆、棉织物、羊毛等的漂白剂。在医药方面，过氧化氢稀溶液可作为消毒杀菌剂，用于洗涤伤口、漱口等。

**案例 11-1**

药物分析中，常用比浊的方法检查碘化物中的氯化物。

分析：在酸性溶液中加入过量的过氧化氢，煮沸至溶液无色后，此时 $H_2O_2$ 把 $I^-$ 氧化成次碘酸根成为无色溶液。再加入硝酸和硝酸银溶液，只有 $Cl^-$ 与 $Ag^+$ 生成白色的 AgCl，并与标准氯化钠溶液比浊，溶液的浑浊度不超过标准溶液，则氯化物的含量符合要求。

## 三、硫及其化合物

### （一）单质硫

在自然界以单质硫和化合态硫两种形式存在，天然的单质硫存在于火山地区和地壳的岩层中，单质硫俗称硫黄，纯的单质硫是黄色晶状固体，性松脆，熔点为 119℃，沸点为 444.6℃。硫不溶于水，微溶于乙醇，易溶于二硫化碳中。硫经沸腾变成黄色蒸气再急速冷却，直接凝成硫的很小晶体粉末，称为硫磺，即药用的升华硫。硫有多种同素异形体，主要有斜方硫、单斜硫和弹性硫三种。硫的化学性质比较活泼，主要表现为氧化性和还原性。

**知识链接**

**氧化值的由来**

药典收载的硫磺是升华硫($S_8$)，此外药用硫还有沉降硫和洗涤硫两种，升华硫用于配制 10% 的硫磺软膏，外用治疗疥疮、真菌感染及牛皮癣等。洗涤硫和沉降硫可外用也可内服，内服有消炎、镇咳、轻泻的作用。

**1. 硫与一些单质的反应** 单质硫能与大多数的金属（除金、铂等外）和卤素（除 $I_2$ 外）、氧、氢、碳、磷等非金属直接化合。

$$Ag + S = AgS$$

$$Hg + S = HgS$$

$$Fe + S = FeS$$

$$H_2 + S = H_2S \uparrow$$

$$Cl_2 + S = SCl_2$$

**2. 硫与氧化性酸、强碱和某些盐的反应**

$$S + 2H_2SO_4(浓) = 3SO_2(g) + 2H_2O$$

$$3S + 6KOH = 2K_2S + K_2SO_3 + 3H_2O$$

$$Na_2SO_3 + S = Na_2S_2O_3$$

硫主要用于制造硫酸，也用于橡胶制品、纸张、火柴、焰火、硫酸盐、黑火药、药剂和农药等制造业中。

### （二）硫化氢、金属硫化物和硫的含氧酸及其盐

以化合态存在的硫分布很广，主要有硫化氢、金属硫化物和硫的含氧酸及其盐。

**1. 硫化氢** 自然界中硫化氢常含于火山喷出的气体和矿泉中。有机体腐败时，由于蛋白质分解便有硫化氢产生。在精炼石油时，也有大量硫化氢逸出，造成环境污染。

实验室中常用硫化亚铁与稀盐酸或稀硫酸反应来制备硫化氢气体。

$$FeS + 2HCl \longrightarrow FeCl_2 + H_2S\uparrow$$

硫化氢是一种无色有臭鸡蛋气味的有毒气体。吸入微量硫化氢时，头昏恶心，吸入大量会导致昏迷而致死。国家规定，空气中硫化氢的允许量不得超过0.01 mg·$L^{-1}$，主要是因为硫化氢能与血红素中$Fe^{2+}$结合生成FeS沉淀，使$Fe^{2+}$失去正常的生理作用。

硫化氢能溶于水，在20℃时，1L水中溶解2.6L的硫化氢。其水溶液呈酸性，称为氢硫酸。主要化学性质如下。

（1）弱酸性：氢硫酸为二元弱酸，分步解离如下。

$$H_2S \rightleftharpoons H^+ + HS^- \qquad K_{a_1} = 1\times10^{-7}$$

$$HS^- \rightleftharpoons H^+ + S^{2-} \qquad K_{a_2} = 7.1\times10^{-15}$$

（2）还原性：氢硫酸能与氧化剂反应，使$H_2S$中的-2价S氧化成单质或更高氧化态。

$$2H_2S + O_2 \longrightarrow 2H_2O + 2S\downarrow$$

$$H_2S + H_2SO_4(浓) \longrightarrow SO_2 + S\downarrow + 2H_2O$$

$$H_2S + 4H_2O + 4Cl_2 \longrightarrow H_2SO_4 + 8HCl$$

由于氢硫酸易被氧化，空气中的氧就能使它氧化而析出硫，故氢硫酸溶液搁置时间长会变浑浊。

**2. 金属硫化物** 金属硫化物可看作氢硫酸的正盐和酸式盐，如硫化钠（$Na_2S$）和硫氢化钠（NaHS）。

酸式盐都易溶于水，正盐中除碱金属的硫化物易溶于水，碱土金属如CaS、SrS、BaS等微溶于水外，大多都难溶于水（表11-5）。

**表11-5 常见硫化物的颜色和溶解性**

| 名称 | 化学式 | 颜色 | 在水中 | 在稀酸中 |
|---|---|---|---|---|
| 硫化钠 | $Na_2S$ | 白色 | 易溶 | 易溶 |
| 硫化锌 | ZnS | 白色 | 不溶 | 易溶 |
| 硫化锰 | MnS | 肉红色 | 不溶 | 易溶 |
| 硫化亚铁 | FeS | 黑色 | 不溶 | 易溶 |
| 硫化铅 | PbS | 黑色 | 不溶 | 不溶 |
| 硫化镉 | CdS | 黄色 | 不溶 | 不溶 |
| 硫化锑 | $Sb_2S_3$ | 橘红色 | 不溶 | 不溶 |
| 硫化亚锡 | $SnS_2$ | 褐色 | 不溶 | 不溶 |
| 硫化汞 | HgS | 黑色 | 不溶 | 不溶 |
| 硫化银 | $Ag_2S$ | 黑色 | 不溶 | 不溶 |
| 硫化铜 | CuS | 黑色 | 不溶 | 不溶 |

难溶于水的金属硫化物在酸中溶解情况有以下三种。

（1）能溶于HCl的硫化物有FeS、ZnS、MnS、PbS等，是一些具有较大$K_{SP}$硫化物。例如：

$$ZnS + 2HCl \longrightarrow ZnCl_2 + H_2S\uparrow$$

（2）能溶于$HNO_3$的硫化物有CuS、PbS、$Ag_2S$等，它们是一些具有较小$K_{SP}$硫化物。例如：

$$3CuS + 2NO_3^- + 8H^+ \longrightarrow 3Cu^{2+} + 3S\downarrow + 2NO\uparrow + 4H_2O$$

（3）溶于王水的硫化物只有HgS，因为HgS的$K_{SP}$非常小。例如：

$$3HgS + 2NO_3^- + 12Cl^- + 8H^+ \longrightarrow 3[HgCl_4]^{2-} + 3S\downarrow + 2NO\uparrow + 4H_2O$$

在金属硫化物的性质中，重要的就是它们在水中或酸中的溶解情况，以及它们大多数具有的特殊颜色，根据它们的溶解性和颜色不同，在分析化学中常用来鉴别和分离各种金属离子。

**3. 亚硫酸及其盐**　二氧化硫和水化合生成亚硫酸。亚硫酸很不稳定，容易分解生成水和二氧化硫。

$$H_2SO_3 = SO_2\uparrow + H_2O$$

亚硫酸是二元弱酸，具有酸的通性，成盐后除碱金属和铵盐易溶于水外，其余的盐为难溶或微溶。

$$H_2SO_3 \rightleftharpoons HSO_3^- + H^+ \qquad K_{a_1} = 1.2\times10^{-2}$$

$$HSO_3^- \rightleftharpoons SO_3^{2-} + H^+ \qquad K_{a_2} = 1.6\times10^{-8}$$

亚硫酸及其盐中的硫处于中间氧化态，因此，既具有氧化性又具有还原性，但以还原性为主。

$$5SO_3^{2-} + 2MnO_4^- + 6H^+ = 2Mn^{2+} + 5SO_4^{2-} + 3H_2O$$

只有在强还原剂存在时才表现氧化性。例如：

$$H_2SO_3 + 2H_2S = 3S\downarrow + 3H_2O$$

**4. 硫酸及其盐**　纯硫酸是无色的油状液体，10.2℃时凝固。市售浓硫酸含量为98.3%，密度为1.84g·cm$^{-3}$，沸点为338℃，属高沸点酸。

浓硫酸除了具有酸的通性外，还具有吸水性和脱水性。浓硫酸不但能强烈地吸收水分，还能从一些有机物中（包括皮肤、纤维织物）夺取与水分子组成相当的氢原子和氧原子，使这些有机物脱水后而炭化。因此，使用时必须特别注意。此外，浓硫酸还是一种强氧化性酸，尤其在加热时，能氧化许多金属和非金属。例如：

$$2H_2SO_4(\text{浓}) + C = CO_2\uparrow + 2SO_2\uparrow + 2H_2O$$

$$2H_2SO_4(\text{浓}) + Cu = CuSO_4 + SO_2\uparrow + 2H_2O$$

$$4H_2SO_4(\text{浓}) + 3Zn = 3ZnSO_4 + S\downarrow + 4H_2O$$

但金和铂即使加热也不与浓硫酸反应。此外，铁和铝等金属不与冷浓硫酸反应，其原因是铁、铝在冷浓硫酸中被钝化，所以可用铁器或铝器储存浓硫酸。

稀硫酸具有一般无机强酸的性质。硫酸盐可分为正盐和酸式盐，但只有钾、钠、钙、镁等才能生成正盐和酸式盐，其他金属只能生成正盐。

硫酸盐基本上为离子化合物，大多数易溶于水，只有锶、钡、铅硫酸盐难溶于水，钙、银硫酸盐微溶于水。硫酸盐易形成复盐，如$K_2SO_4\cdot Al_2(SO_4)_3\cdot 24H_2O$（明矾）、$K_2SO_4\cdot Cr_2(SO_4)_3\cdot 24H_2O$（铬钾矾）等。大多数硫酸盐还含有结晶水，如$CuSO_4\cdot 5H_2O$、$MgSO_4\cdot 7H_2O$、$ZnSO_4\cdot 7H_2O$等，含结晶水的硫酸盐一般易溶于水。

常见的酸式硫酸盐有$KHSO_4$和$NaHSO_4$，易溶于水，溶液显酸性。酸式硫酸盐脱水生成焦硫酸盐：

$$2NaHSO_4 = Na_2S_2O_7 + H_2O$$

**5. 硫代硫酸及其盐**　由于硫代硫酸不稳定，易分解，因此常用其盐。硫代硫酸钠（$Na_2S_2O_3\cdot 5H_2O$）俗称大苏打或海波，它是无色、透明的晶体，易溶于水。硫代硫酸钠在中性或碱性溶液中很稳定，但在酸性溶液中迅速分解：

$$Na_2S_2O_3 + 2HCl = 2NaCl + S\uparrow + SO_2\downarrow + H_2O$$

硫代硫酸钠是中等强度的还原剂，与$I_2$作用时，它被氧化为连四硫酸钠：

$$2Na_2S_2O_3 + I_2 = Na_2S_4O_6 + 2NaI$$

硫代硫酸钠与碘的反应是定量分析中碘量法的基本反应。

硫代硫酸盐有很强的配位性，$S_2O_3^{2-}$可作为配体与金属离子形成配合物：

$$2S_2O_3^{2-} + AgX = [Ag(S_2O_3)_2]^{3-} + X^-$$

硫代硫酸钠内服或静脉注射作卤素、氢化物、重金属砷、汞、铅的解毒剂;外用治疗疥疮和慢性皮炎。

## 四、硒及其化合物简介

硒是稀有的分散元素之一,以非晶态固体形式存在。硒的化学性质近似于硫,在室温下,硒在空气中燃烧发出蓝色火焰,生成二氧化硒($SeO_2$),也能直接与一些金属和非金属反应,可溶于浓硫酸、硝酸和强碱中。

硒的化合物主要有以下几种。

(1) 硒化氢($H_2Se$)。硒化氢是无色气体,有难闻的恶臭,毒性较大。溶于水的硒化氢能使许多重金属离子沉淀为硒化物。硒化氢不稳定,较硫化氢更易分解。

在与同族氢化物的热稳定性、还原性、酸性等方面比较如下:

热稳定性 $H_2O > H_2S > H_2Se$,酸性 $H_2O < H_2S < H_2Se$,还原性 $H_2O < H_2S < H_2Se$,这些物质递变的主要原因与形成氢化物的共价键键长和元素的电负性差异有关。

(2) 二氧化硒($SeO_2$)、亚硒酸($H_2SeO_3$)及其盐。二氧化硒易溶于水而成亚硒酸。亚硒酸既具有氧化性又具有还原性,亚硒酸主要表现氧化性,其氧化性比亚硫酸还强,可将亚硫酸氧化成硫酸。亚硒酸盐的氧化性也较亚硫酸盐强,属中强氧化剂。

(3) 硒酸($H_2SeO_4$)及其盐类。硒酸和硫酸相似,但其氧化性高于硫酸,是较强的氧化剂。硒酸盐与硫酸盐不同的是其属于较强的氧化剂。

氧化性:$H_2SeO_3 > H_2SO_3$,$H_2SeO_4 > H_2SO_4$

酸性:$H_2SeO_3 > H_2SO_3$,$H_2SeO_4 > H_2SO_4$

硒和硒化物是重要的半导体材料,具有优良的光电性能。在电子工业、冶金工业、石油工业等有较多用途。

微量硒具有抗癌作用,同时还用于缺硒患者以及克山病的防治。但过多使用有害。

**知识链接**

砷的毒性很大,不小心误服会引起全身器官中毒,致死。经常接触砷会造成血管痉挛及周边血液供应不足,进而造成四肢的坏疽,俗称乌脚病。在智利的 Antotagasta 曾经发现饮用水中的砷含量高到 20~400ppb,同时也有许多人有雷诺氏现象及手足发绀,结果导致血管纤维化并增厚以及心肌肥大,还会引起皮肤癌,孕妇经常接触砷会引起流产及婴儿的先天畸形等。

# 第三节 氮族元素及其化合物

周期表ⅤA 族包括氮、磷、砷、锑、铋五种元素,称为氮族元素。

## 一、氮族元素的通性

氮族元素的基本性质见表 11-6。

表 11-6 氮族元素的基本性质

| 性质 | 氮(N) | 磷(p) | 砷(As) | 锑(Sb) | 铋(Bi) |
|---|---|---|---|---|---|
| 原子序数 | 7 | 15 | 33 | 51 | 83 |
| 相对原子质量 | 14.01 | 30.97 | 74.92 | 121.75 | 208.98 |

续表

| 性质 | 氮(N) | 磷(p) | 砷(As) | 锑(Sb) | 铋(Bi) |
|---|---|---|---|---|---|
| 价电子构型 | $2s^22p^6$ | $3s^23p^6$ | $4s^24p^6$ | $5s^25p^6$ | $6s^26p^6$ |
| 主要氧化值 | ±1、±2、±3 | -3、+3、 | -3、+3 | +3、+5 | +3、+5 |
| | +4、+5 | +5 | +5 | | |
| 共价半径/pm | 70 | 110 | 121 | 141 | 152 |
| 电负性 | 3. 04 | 2. 19 | 2. 18 | 2. 05 | 2. 02 |

氮族元素的价电子构型为 $ns^2np^3$。主要氧化值为-3、+3、+5,与电负性较大的元素结合时,氧化值主要表现为+3、+5。

本族元素的性质随核电荷数递增呈规律性递变:氮是典型非金属,磷是不强的非金属,砷和锑是两性元素,铋是金属。本节重点讨论氮、磷和砷及其化合物。

## 二、氮及其化合物

氮在自然界主要以游离态存在于空气中,约占空气总体积的 78%。但也以化合态形式存在于多种无机物和有机物中,它是组成动植物体的蛋白质不可缺少的重要元素。

### (一) 氮

纯净的氮气($N_2$)是无色、无味、无臭的气体。氮气在 101. 3Pa、-195. 8℃为无色液体,-209. 9℃为雪状固体。它在水中溶解度很小,在常温常压下,1 体积水中大约溶解 0. 02 体积的氮气。

氮气不能燃烧,也不能支持燃烧。生物在氮气中不能生存。

氮气是双原子分子,2 个氮原子间以 3 个共价键方式结合,因而氮分子结构稳定。在通常情况下,氮气的性质很不活泼,很难与其他物质发生化学反应,但在高温下,氮气也能与氢、氧和金属等发生化学反应。

(1) 氮气与氢气的反应。在高温、高压,催化剂作用下,氮气与氢气直接化合成氨。

$$N_2 + 3H_2 = 2NH_3$$

(2) 氮气与氧气的反应。在放电条件下,氮气和氧气化合,生成无色的一氧化氮。

$$N_2 + O_2 = 2NO$$

一氧化氮不溶于水,在常温下容易与空气中氧气化合,生成红棕色并有刺激性气味的二氧化氮。

$$2NO + O_2 = NO_2$$

因此在大雷雨时,大气中常有少量的二氧化氮产生。

二氧化氮有毒,易溶于水,生成硝酸和一氧化氮。

$$3NO_2 + H_2O = 2HNO_3 + NO$$

二氧化氮还可以互相化合成无色的四氧化二氮气体。

$$2NO_2 = N_2O_4$$

(3) 氮气与金属的反应。氮气与锂、镁、钙等金属化合生成金属氮化物,在高温下:

$$3Ca + N_2 = Ca_3N_2$$

氮气主要用于合成氨、制造硝酸,也是氮肥、炸药的原料,还用来代替惰性气体填充灯泡和作焊接金属的保护气等。它也能用于保存粮食和水果。

## (二) 氨和铵盐

常温下,氨($NH_3$)为无色有刺激性气味的气体,是极性分子,极易溶于水。在 20℃时,1L 水能溶解 700L 的氨,氨的水溶液称为氨水。一般市售浓氨水含 $NH_3$ 约 28%,密度为 $0.91g \cdot cm^{-3}$。

常见氨的主要化学性质如下。

(1) 加合反应。由于氮原子存在孤对电子对,氨是电子对的给予体,能与电子对接受体发生加合反应。如氨与质子加合为 $NH_4^+$。

$$NH_3 + HNO_3 \longrightarrow NH_4NO_3$$

氨水溶液中存在以下平衡:

$$NH_3 + H_2O \rightleftharpoons NH_3 \cdot H_2O \rightleftharpoons NH_4^+ + OH^-$$

氨的加合作用很强,能与许多金属离子加合成配离子,如 $[Ag(NH_3)_2]^+$、$[Cu(NH_3)_4]^{2+}$ 等,还能与盐加合成晶形氨合物,如 $CaCl_2 \cdot 8NH_3$、$CuSO_4 \cdot 4NH_3$ 等。

(2) 氧化反应。氨中氮原子的氧化值为-3,是氮的最低氧化值,因此氨具有还原性,如 $NH_3$ 在纯氧中的燃烧,生成氮气和水。

$$4NH_3 + 3O_2 \longrightarrow 2N_2 + 6H_2O$$

在铂催化剂作用下,氨被氧化成一氧化氮,这个反应称为氨的催化氧化,是工业上制造硝酸的基础。

$$4NH_3 + 5O_2 \longrightarrow 4NO + 6H_2O$$

在高温下,氨将某些金属氧化物还原为金属或低氧化态氧化物。

$$2NH_3 + 3CuO \longrightarrow 3Cu + N_2 + 3H_2O$$

(3) 取代反应。氨分子中的氢原子可被其他原子或原子团取代,如氨基化钠($NaNH_2$)、亚氨基化钙($CaNH$)、氮化镁($Mg_2N_3$)。

许多金属的氨基化物、亚氨基化物和氮化物均易发生爆炸,故在制备和使用时要十分小心。例如,大量$[Ag(NH_3)_2]^+$溶液就不宜久存,其原因是该溶液在放置过程中会分解成易爆炸的 $Ag_3N$。

铵盐是氨和酸加合的产物。铵盐都是晶体,大多易溶于水,在水溶液中能水解。

固态铵盐受热极易分解,按组成铵盐的酸的性质不同,可分为以下三种类型:

挥发性酸组成的铵盐,受热时会有氨和酸(或酸酐)逸出。

$$NH_4Cl \longrightarrow NH_3\uparrow + HCl\uparrow$$

难挥发性酸组成的铵盐,受热时则只有氨气逸出。

$$(NH_4)_3PO_4 \longrightarrow 3NH_3\uparrow + H_3PO_4$$

氧化性酸组成的铵盐,受热时分解出的氨被酸氧化。

$$NH_4NO_3 \longrightarrow N_2O\uparrow + 2H_2O$$

若此反应加热到 300℃时,则 NO 又分解为 $N_2$ 和 $O_2$。

**知识链接** **氧化值的由来**

氮有从+1 到+5 的多种氧化物,如 $N_2O$、$NO$、$N_2O_3$、$NO_2$(或 $N_2O_4$)、$N_2O_5$,其中 NO 、$NO_2$ 比较重要,汽车尾气中含有的氮氧化合物(NO 和 $NO_2$)是大气污染的主要来源。

## (三) 亚硝酸及其盐

亚硝酸很不稳定,易分解生成硝酸并放出一氧化氮,仅存在于冷的稀溶液中。

$$3HNO_2 \longrightarrow HNO_3 + 2NO\uparrow + H_2O$$

亚硝酸是一元弱酸,其酸性仅比乙酸略强($K_a = 7.1\times10^{-4}$)。

亚硝酸盐比亚硝酸稳定。其盐大多数为无色晶体，除 $AgNO_2$ 微溶于水，受热易分解外，其余金属亚硝酸盐易溶于水，受热不易分解。

亚硝酸盐有毒，$NO_2^-$ 能把血红蛋白中的 $Fe^{2+}$ 氧化成 $Fe^{3+}$，使血红蛋白失去输氧能力。亚硝酸盐还有致癌作用。

在亚硝酸及其盐中，氮原子的氧化值为+3，是处于中间氧化态，因此亚硝酸及其盐既具有氧化性，又具有还原性。在酸性溶液中主要表现为氧化性：

$$2NO_2^- + 2I^- + 4H^+ \xlongequal{} 2NO + I_2 + 2H_2O$$

此反应能定量进行，常用此测定 $NO_2^-$ 的含量。

在碱性溶液中 $NO_2^-$ 可被空气中氧气所氧化，生成 $NO_3^-$。

【课堂互动】

家庭制作咸菜、酸菜、泡菜的容器下层，因处于缺氧状态，利于细菌繁殖，会产生什么化合物？

### （四）硝酸及其盐

纯硝酸是无色液体，易挥发，沸点为83℃，密度为 $1.63g \cdot cm^{-3}$。纯硝酸很不稳定，在常温下见光就会分解，受热时分解得更快。为了防止硝酸的分解，通常将其盛在棕色瓶、储放在阴凉处。

市售的浓硝酸约含 $HNO_3$ 69%，密度为 $1.49g \cdot cm^{-3}$。浓度为96%以上的硝酸，由于其中所含的 $NO_2$ 能从溶液中逸出，遇空气中的湿气生成了细小的硝酸雾滴，故称为发烟硝酸。

硝酸为一元强酸，除了具有酸的通性外，其主要表现为强氧化性。由于硝酸中氮处于最高氧化值(+5)，以及硝酸分子不稳定容易放出氧，因此，硝酸具有极强的氧化能力，不论稀硝酸还是浓硝酸都有氧化性，几乎能与所有的金属（除金、铂等外）或非金属发生氧化还原反应。硝酸作氧化剂时，本身被还原成各种低氧化态的产物，究竟是哪一种，这与硝酸的浓度、还原剂的性质和反应温度等因素有关，大致规律如下。

（1）浓硝酸反应的产物是 $NO_2$，稀硝酸的产物是 NO。

$$Cu + 4HNO_3(浓) \xlongequal{} Cu(NO_3)_2 + 2NO_2\uparrow + 2H_2O$$

$$C + 4HNO_3(浓) \xlongequal{} CO_2\uparrow + 4NO_2\uparrow + 2H_2O$$

$$3Cu + 8HNO_3(稀) \xlongequal{} 3Cu(NO_3)_2 + 2NO\uparrow + 4H_2O$$

$$3I_2 + 10HNO_3(稀) \xlongequal{} 6HIO_3 + 10NO\uparrow + 2H_2O$$

（2）活泼金属与稀硝酸反应产物可以是 $N_2O$，若与更稀的硝酸反应则生成铵盐。

$$4Zn + 10HNO_3(稀) \xlongequal{} 4Zn(NO_3)_2 + N_2O\uparrow + 5H_2O$$

$$4Zn + 10HNO_3(极稀) \xlongequal{} 4Zn(NO_3)_2 + NH_4NO_3 + 3H_2O$$

浓硝酸对铁、铝等金属有钝化作用，铁、铝可用作储存浓硝酸的容器。

硝酸盐大多为晶体，易溶于水。硝酸盐在高温时有强氧化作用，但它们的水溶液没有氧化性，若将溶液酸化，则具有氧化性。

硝酸盐性质不稳定，受热易分解。各种硝酸盐受热分解的产物，因金属活泼性不同而不同，一般可分为三类：活泼金属（电位序在镁之前）的硝酸盐受热分解时，放出氧气并生成亚硝酸盐；较活泼金属（电位序在镁、铜之间）硝酸盐受热分解时，生成金属氧化物并放出二氧化氮和氧气；不活泼金属（电位序在铜之后）硝酸盐受热分解时，生成金属单质同时放出二氧化氮和氧气。

在实际工作中，配制所需金属离子试剂溶液时，常选用硝酸盐是因为它易溶于水而且易于除去 $NO_3^-$。

## 三、磷及其化合物

磷的化学性质活泼,因此在自然界中不存在游离态的磷。磷主要以磷酸盐的形式存在于矿石中。其还广泛存在于动植物的有机体中,如在动物的骨骼、神经组织和植物的果实中都含有磷的化合物。磷对于维持生物体正常的生理机能有着重要的作用,它和氮一样是生物体中不可缺少的元素。

### (一) 磷

单质磷有多种同素异形体,如红磷、白磷和黑磷,其中最常见的是红磷和白磷。

红磷是暗红色粉末,不溶于水,也不溶于二硫化碳,燃点约为240℃,无毒。

白磷是无色透明晶体,不溶于水,但溶于二硫化碳,遇光会变黄。有剧毒,误食0.1g就能致死,皮肤经常接触白磷也会引起吸收中毒。白磷的燃点很低,约为40℃。

红磷和白磷可以互相转变,将白磷隔绝空气加热到260℃,就变成红磷;将红磷加热到416℃就升华,它的蒸气冷却后变成白磷。

磷的化学性质很活泼,主要表现为与氧、卤素和金属的直接化合。

(1) 磷与氧的反应。红磷性质较稳定,在空气中几乎不被氧化,要加热到240℃以上才能在空气中燃烧。

白磷极易与氧化合,即使在常温下与空气接触缓慢氧化,部分反应能量以光能的形式放出。这便是白磷在暗处发光的原因,称为磷光现象。当白磷在空气中缓慢氧化到表面上积聚的热量使温度达到40℃时,便达到了白磷的燃点,发生自燃。因此,白磷一般要储存在水中以隔绝空气。

虽然红磷和白磷的燃点不同,但是在空气中燃烧后,都生成五氧化二磷。

$$4P + 5O_2 \xlongequal{\quad} 2P_2O_5$$

此反应非常剧烈,会产生浓厚的白烟。五氧化二磷极易吸水,是一种气体干燥剂。

(2) 磷与卤素的反应。磷被卤素氧化时,通常氧化值显示+3或+5,磷在过量氯气中燃烧,生成白色固体五氯化磷($PCl_5$)。在不充足的氯气中燃烧,则生成无色液体三氯化磷($PCl_3$)。

$$2P + 5Cl_2 \xlongequal{\quad} 2PCl_5$$

$$2P + 3Cl_2 \xlongequal{\quad} 2PCl_3$$

白磷和红磷在性质上的差异,是由于它们具有不同的结构引起的。白磷分子是有4个磷原子结合而成的四面体形分子,而红磷分子的结构远比白磷复杂,目前尚未清楚。

白磷可用于制造磷酸,军事上用于制造烟幕弹和燃烧弹。红磷除用于农药外,主要用于制造安全火柴。

### (二) 磷酸及其盐

纯磷酸是无色透明的晶体,熔点为42.3℃,具有吸湿性,可以与水任意比例混溶。市售磷酸是黏稠状液体,浓度约85%,密度为$1.7g \cdot cm^{-3}$。

磷酸无氧化性,无挥发性,不易分解。磷酸为较强的配位剂,能与许多金属离子形成可溶性的配合物。例如,溶液中$Fe^{3+}$与$H_3PO_4$可形成无色的可溶性$H_3[Fe(PO_4)_2]$、$H[Fe(HPO_4)_2]$配合物。因此,在分析化学中用于掩蔽$Fe^{3+}$的干扰。浓磷酸能溶解惰性铜、钨、铌等金属,也是基于形成配合物。

磷酸是中等强度的三元酸(298K时,$K_{a_1}=7.6\times10^{-3}$,$K_{a_2}=6.3\times10^{-8}$,$K_{a_3}=4.5\times10^{-13}$),可生成三种类型的盐,一种正盐和两种酸式盐。例如,磷酸的钠盐有$Na_3PO_4$、$Na_2HPO_4$和$NaH_2PO_4$。所有的磷酸二氢盐都溶于水,磷酸一氢盐和正盐中只溶钾盐、钠盐和铵盐。

磷酸二氢钠和磷酸氢二钠是配制缓冲溶液常用的试剂，也是维持人体正常体液 pH 的主要缓冲对之一。

### (三) 次磷酸、亚磷酸及其盐

次磷酸($H_3PO_2$)是无色晶体，为一元中强酸($K_a=1.0\times10^{-2}$)，次磷酸及其盐都是还原剂。

在工业上，次磷酸钠用于漂白纸浆和木材。

纯亚磷酸($H_3PO_3$)是无色晶体，为二元中强酸($K_{a_1}=3.7\times10^{-2}$，$K_{a2}=2.9\times10^{-7}$)，能生成相应的两种盐，亚磷酸及其盐在溶液中都是还原剂。电极反应式为：

$$PO_4^{3-}+2H^++2e^-\rightleftharpoons PO_3^{3-}+H_2O$$

## 四、砷及其化合物

砷在地壳中含量不大，在自然界有游离态存在，但主要以硫化物存在于矿石中。

### (一) 砷

砷有几种同素异形体，其中最重要的是灰砷。灰砷为灰白色固体，略带金属光泽。在常温下，砷在水和空气中都比较稳定，不溶于稀酸，但能与硝酸、热浓硫酸反应。高温下能和氧、硫、卤素化合，如：

$$4As+3O_2 = 2As_2O_3$$

在强氧化剂作用下，也能生成氧化值为+5 的氧化物。

### (二) 氢化物

砷的氢化物称为砷化氢($AsH_3$)，它是无色、恶臭、剧毒的气体，不稳定，受热易分解成单质砷。由于单质砷在玻璃上凝结，形成亮黑色类似镜子的薄层，称为“砷镜”。利用此原理来检验微量砷化物的存在，称为马氏验砷法。

利用强还原剂将 $As_2O_3$ 转变为 $AsH_3$，在加热时，$AsH_3$ 分解析出的砷在玻璃表面上，形成砷镜，其反应如下：

$$As_2O_3+6Zn+12HCl = 2AsH_3+6ZnCl_2+3H_2O$$

$$2AsH_3 = 2As+3H_2$$

### (三) 氧化物及其水化物

砷的氧化物有三氧化二砷($As_2O_3$)和五氧化二砷($As_2O_5$)两种，三氧化二砷是白色的粉末状固体，俗称砒霜，剧毒，致死量约为 0.1g。微溶于水，在热水中溶解度稍大，生成亚砷酸($H_3AsO_3$)。

$$As_2O_3+3H_2O = 2H_3AsO_3$$

三氧化二砷具有两性，酸性显著，易溶于碱性溶液形成亚砷酸盐。

$$As_2O_3+6NaOH = 2Na_3AsO_3+3H_2O$$

三氧化二砷、亚砷酸及其盐，在碱性溶液中都是强还原剂，当遇到氧化剂时易被氧化。例如，碘能使亚砷酸氧化成砷酸($H_3AsO_4$)：

$$H_3AsO_3+I_2+H_2O = H_3AsO_4+2HI$$

砷酸的酸性比亚砷酸强，是一个中等强度的酸。

单质砷的用途较少，但它的化合物用途广泛，最重要的化合物就是三氧化二砷，它在医药上为杀菌剂，用于治疗慢性皮炎，如银屑病(牛皮癣)等。其水溶液用于治疗慢性髓性白血病，此外还用它制造杀虫剂和除草剂。

# 第四节 碳族元素和硼族元素及其化合物

## 一、碳族元素和硼族元素的通性

周期表ⅣA族包括碳、硅、锗、锡、铅五种元素,称为碳族元素。周期表ⅢA族包括硼、铝、镓、铟、铊五种元素,称为硼族元素。碳族和硼族元素的一些基本性质见表11-7和表11-8。

**表11-7 碳族元素的基本性质**

| 性质 | 碳(C) | 硅(Si) | 锗(Ge) | 锡(Sn) | 铅(pb) |
|---|---|---|---|---|---|
| 原子序数 | 6 | 14 | 32 | 50 | 82 |
| 相对原子质量 | 12.01 | 28.09 | 75.29 | 118.0 | 207.2 |
| 价电子构型 | $2s^22p^2$ | $3s^23p^2$ | $4s^24p^2$ | $5s^25p^2$ | $6s^26p^2$ |
| 主要氧化值 | +4、+2<br>-2、-4 | +4、+2 | +4、+2 | +4、+2 | +4、+2 |
| 共价半径/pm | 77 | 117 | 122.5 | 140.5 | 175 |
| 电负性 | 2.55 | 1.90 | 2.01 | 1.96 | 1.9 |

**表11-8 硼族元素的基本性质**

| 性质 | 硼(p) | 铝(Al) | 镓(Ga) | 铟(In) | 铊(TI) |
|---|---|---|---|---|---|
| 原子序数 | 5 | 13 | 31 | 49 | 81 |
| 相对原子质量 | 10.81 | 26.98 | 69.72 | 114.8 | 204.4 |
| 价电子构型 | $2s^22p^1$ | $3s^23p^1$ | $4s^24p^1$ | $5s^25p^1$ | $6s^26p^1$ |
| 主要氧化值 | +3 | +3 | +1、+3 | +1、+3 | +1、+3 |
| 共价半径/pm | 88 | 143.1 | 122.1 | 126.6 | 170.4 |
| 电负性 | 2.04 | 1.61 | 1.81 | 1.78 | 1.62 |

碳族元素、硼族元素的性质从上到下的变化为:由典型的非金属元素,经两性元素,过渡到典型的金属元素。碳族元素中碳、硅是非金属,锗、锡是两性元素,铅以金属性为主。硼族元素中除硼是非金属和铝是两性元素外,其余均为典型的金属元素。

碳族元素原子的价电子构型 $ns^2np^2$,常见氧化值为+4、+2。对碳、硅、锗、锡来说,氧化值为+4的化合物是稳定的,但对铅来说氧化值为+2的化合物是稳定的。

硼族元素原子价电子构型为 $ns^2np^1$,最高氧化值为+3,硼、铝一般形成氧化值为+3的化合物,从镓到铊,氧化值为+3的化合物稳定性降低,而氧化值+1的化合物稳定性增加。硼族元素原子的价电子数为3,而价轨道数为4,这种缺电子原子有时也能形成缺电子化合物,由于它们存在空的价电子轨道,能接受电子对,因此极易形成聚合分子和配合物。

## 二、碳及其化合物

碳在地壳里的含量为0.027%,在自然界中碳以游离态和化合态两种方式存在,且分布很广,化合态的碳种类很多,空气中的二氧化碳,地壳中的各种碳酸盐、煤、石油以及动植物体内的糖、脂肪、蛋白质、纤维素和其他有机物都是含碳的化合物,可以说碳是生命世界的栋梁。

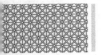

## (一) 碳

单质碳有定形碳和无定形碳两种,前者有金刚石、石墨、$C_{60}$等,而后者有木炭、焦炭、活性炭等,它们都属同素异形体。这里仅介绍单质碳的化学性质。

**知识链接**

$C_{60}$分子是一种由60个碳原子构成的分子,它形似足球,因此又称足球烯。$C_{60}$是单纯由碳原子结合形成的稳定分子,它具有60个顶点和32个面,其中12个为正五边形,20个为正六边形。其相对分子质量约为720。可用作润滑剂、可作火箭的燃料等,有广阔的应用前景。

在常温下,碳的化学性质不活泼,不受空气、酸、碱的作用。但在高温下,碳主要表现为还原性。

(1) 碳与氧、硫、氢等非金属反应。碳在氧气或空气中充分燃烧,生成二氧化碳,同时放出大量热量。

$$C + O_2 = CO_2$$

在空气不足时,生成一氧化碳。

$$2C + O_2 = 2CO$$

木炭加热1200℃以上时,能与氢化合,生成甲烷。

$$C + 2H_2 = CH_4$$

(2) 碳与金属反应。碳和钙在电炉里强热可生成碳化钙,又称电石,是制造乙炔气体的原料。

$$2C + Ca = CaC_2$$

(3) 碳与某些氧化物反应。在加热时,碳能从氧化铜中把铜还原出来。

$$C + CuO = Cu + CO_2\uparrow$$

水蒸气通过红热的碳时,能生成一氧化碳和氢气。

$$C + H_2O = CO + H_2$$

## (二) 碳的化合物

碳的化合物主要有一氧化碳、二氧化碳、碳酸($H_2CO_3$)及碳酸盐。

**1. 一氧化碳**　一氧化碳是无色、无臭、无味的气体,难溶于水。

一氧化碳有剧毒,当空气中的CO达0.1%时,可引起中毒,甚至使人致死。一氧化碳中毒的原因是由于它与血液中携氧的血红蛋白结合,形成非常稳定的配合物,使血红蛋白丧失携氧的能力和作用,造成组织窒息。

一氧化碳的主要表现为易燃性和还原性,一氧化碳在空气中燃烧时发出浅蓝色火焰,生成二氧化碳的同时还放出大量的热。一氧化碳在高温下,还原铁离子,如:

$$2CO + O_2 = 2CO_2$$

$$Fe_2O_3 + 3CO = 2Fe + 3\ CO_2$$

**2. 二氧化碳**　二氧化碳是无色无臭略带酸味的气体,能溶于水,在20℃时,1体积水约能溶解1体积的二氧化碳。二氧化碳易液化和固化,固体二氧化碳称为干冰,是一种制冷剂。

二氧化碳化学性质不活泼,在高温下才能和一些金属反应,如:

$$CO_2 + 2Mg = 2MgO + C$$

二氧化碳不能燃烧,也不支持燃烧,故作灭火剂。此外,它在近代发展的临界状态化学中常被用作介质,来分离中草药成分。

**3. 碳酸及碳酸盐**　碳酸为二元弱酸,仅存于水溶液中。它溶于水后只有一小部分转化成碳

酸,大部分仍以水合分子形式存在。故它的分步电离的方程式为:

$$CO_2 + H_2O \rightleftharpoons H^+ + HCO_3^- \quad K_{a_1} = 4.30\times10^{-7}$$

$$HCO_3^- \rightleftharpoons H^+ + CO_3^{2-} \quad K_{a_2} = 5.61\times10^{-11}$$

碳酸盐有正盐和酸式盐两种,它们的主要化学性质如下。

(1) 溶解性:所有酸式盐都溶于水,正盐中只有铵盐和钾、钠的碳酸盐溶于水,其余均不溶。

(2) 酸碱性:所有可溶性的碳酸盐和其酸式盐,水溶液均呈碱性,是由于这些盐都发生水解。也因为被水解的盐溶液显碱性,所以用碳酸盐溶液与某些金属离子反应时,产物不是这些金属的碳酸盐,而是氢氧化物或碱式碳酸盐。这主要由形成的碳酸盐和氢氧化物或碱式碳酸盐的溶解度大小决定的,如。

$$3CO_3^{2-} + 2Al^{3+} + 3H_2O = 2Al(OH)_3\downarrow + 3CO_2\uparrow$$

$$2Cu^{2+} + 2CO_3^{2-} + H_2O = Cu_2(OH)_2CO_3 + CO_2\uparrow$$

除 $Al^{3+}$ 外,$Fe^{3+}$、$Cr^{3+}$ 与碳酸钠溶液反应时,生成的是氢氧化铜沉淀,$Mg^{2+}$、$Zn^{2+}$、$Pb^{2+}$、$Fe^{2+}$ 与 $Cu^{2+}$ 一样,与碳酸钠溶液反应,也生成碱式碳酸盐沉淀。

## 三、硼及其化合物

硼在自然界主要以化合态存在,如硼酸、硼砂等。

纯硼酸($H_3BO_3$)为无色,有光泽的片状结晶,微溶于水。

硼酸为一元弱酸,其酸性是由于硼酸为路易斯(Lewis)酸,硼原子存在空的 p 轨道,可接受来自 $H_2O$ 中 O 提供的孤对电子对,而解离出氢离子。

$$B(OH)_3 + H_2O = B(OH)_4^- + H^+$$

硼酸与多元醇,如甘油结合成硼酸甘油,可使酸性增强,分析化学中基于此反应来测定硼酸的含量。

硼酸的弱酸性有杀菌作用,常用于配制成硼酸软膏、痱子粉等。

重要的硼酸盐是硼砂,是四硼酸的二钠盐($Na_2B_4O_7\cdot10H_2O$)。它为白色结晶,呈粉末状、易风化,易溶于水。在滴定分析中用作碱性基准物。

## 目标检测

### 一、填空题

1. 将氯气通入石灰水中,生成的产物是________________;其中__________为有效成分,用反应方程式表示该物质的漂白、杀菌作用____________________。
2. 酸性强弱比较 $HClO_4$____ $HClO_3$____ HClO;氧化性强弱比较 $HClO_4$____ $HClO_3$____ HClO(填“>”或“<”)
3. 受________的影响,$H_2O$ 的熔沸点比氧族其他元素的氢化物的熔沸点都____________。
4. 原子序数为 33 的元素其价电子构型为______,位于周期表的______周期,______族。
5. 不能用玻璃瓶储存氢氟酸的原因是(用化学方程式表示)__________________。

### 二、选择题

**(一) 单项选择题**

1. HClO、$HClO_3$、$HClO_4$ 酸性大小排列顺序正确的是( )
   A. $HClO_4$>$HClO_3$>HClO
   B. HClO>$HClO_3$>$HClO_4$
   C. $HClO_3$>$HClO_4$>HClO
   D. $HClO_4$>HClO >$HClO_3$
2. 在含有 $Br^-$ 酸性溶液中加入 $Fe^{3+}$ 的溶液时产生( )
   A. $FeBr_3$  B. $FeBr_2$
   C. $Fe(OH)_3$  D. $Fe^{2+}$+$Br_2$
3. 下列化合物中,不能由单质直接化合的是( )
   A. $FeCl_3$  B. $NO_2$
   C. $NH_3$  D. $PCl_3$
4. 下列不属拟卤素的性质的是( )

A. 游离态均为二聚体,具有挥发性

B. 拟卤离子是无机配位剂

C. 拟卤离子有还原性

D. 拟卤酸均为强酸

5. 在下列同类化合物中,还原性最强的是( )

A. 硫酸盐 B. 亚硫酸盐

C. 氢硫酸盐 D. 硫代硫酸盐

6. 在 $Na_2S$、$Na_2SO_3$、$Na_2SO_4$、$Na_2S_2O_4$ 四种固体化合物中,加入盐酸进行鉴别,若有刺激性气味的气体和黄色沉淀产生,则可判断该物质为( )

A. $Na_2S$ B. $Na_2SO_3$

C. $Na_2SO_4$ D. $Na_2S_2O_4$

7. 下列几种物质中能用来干燥氨气的是( )

A. 无水氯化钙 B. 五氧化二磷

C. 浓硫酸 D. 生石灰

8. 地壳中含量最多的金属元素与含量最多的非金属元素形成的化合物是( )

A. $Fe_3O_4$ B. $Al_2O_3$

C. FeS D. $Al_2S_3$

9. 在下列各组物质中不属于同素异形体的是( )

A. 氧气、臭氧、氧原子

B. 斜方硫、单斜硫、弹性硫

C. 石墨、活性炭、焦炭

D. 红磷、白磷、黑磷

10. 下列硫化物中在水中最不稳定的是( )

A. ZnS B. $Al_2S_3$

C. CuS D. $Ag_2S$

11. 下列物质的中心原子以 $sp^3$ 不等性杂化,其空间结构呈三角锥形的是( )

A. $H_2S$ B. $BF_3$

C. $NH_3$ D. $H_2O$

12. HClO 是比 $H_2CO_3$ 还弱的酸,反应 $Cl_2 + H_2O \rightleftharpoons HCl + HClO$ 达平衡后,要使 HClO 浓度增加,可加入( )

A. $H_2S$ B. $CaCO_3$

C. HCl D. $H_2O$

13. 下列说法中正确的是( )

A. 非金属氧化物都是酸性氧化物

B. 非金属氧化物都有氧化性

C. 与水反应生成酸的氧化物,不一定是该酸的酸酐

D. 凡是酸性氧化物都可以直接与水反应生成对应的酸

14. 下列各对物质相互作用时,在不同条件下,能得到不同产物的是( )

①$Cu + HNO_3$ ② $H_2SO_4$(浓) + HCl ③$H_2S + O_2$(点燃) ④$Na + O_2$

A. ① B. ①②

C. ①②③ D. ①②③④

15. 下列物质在常温下能储存在铁制容器中的是( )

A. 硝酸 B. 氢硫酸

C. 稀硫酸 D. 盐酸

16. 在 pH = 1 的溶液中,下列各组离子中能在溶液中大量共存的是( )

A. $Ba^{2+}$、$NO_3^-$、$Na^+$、$SO_4^{2-}$

B. $SO_4^{2-}$、$NH_4^+$、$Na^+$、$Cl^-$

C. $CN^-$、$Pb^{2+}$、$I^-$、$Fe^{3+}$

D. $Ba^{2+}$、$Cl^-$、$S_2O_3^{2-}$、$Na^+$

17. 在下列物质中,受热易分解成单质,可制成“砷镜”的是( )

A. As B. $AsH_3$

C. $As_2O_3$ D. $As_2O_5$

18. 在下列各物质中,属于一元酸的是( )

A. $H_3BO_3$ B. $H_2SeO_4$

C. $H_2S$ D. $H_3AsO_3$

19. 下列物质中属于路易斯酸的是( )

A. $H_3BO_3$ B. HF

C. $NH_3$ D. CO

20. 下列气态氢化物中最稳定的是( )

A. $NH_3$ B. HF

C. $H_2O$ D. $H_2S$

**(二)多项选择题**

1. 硫代硫酸钠的主要性质有( )

A. 遇强酸分解 B. 还原性

C. 配位性 D. 氧化性

E. 防腐性

2. 过氧化氢的化学性质主要有( )

A. 不稳定性 B. 酸性

C. 氧化性 D. 还原性

E. 消毒杀菌性

3. 下列说法正确的是( )

A. 亚砷酸盐在碱性溶液中具有还原性

B. 三氧化二砷俗称砒霜

C. 三氧化二砷具有两性,但其碱性较强

D. 砷化氢具有氧化性

E. 砷化氢受热分解为单质砷,可形成“砷镜”

4. 下列物质中能用作消毒剂的是( )

A. 氨水 B. 氯水

C. 臭氧　　D. 双氧水

E. 蒸馏水

5. 下列试剂中，能用于检验$I^-$的是(　　)

A. $Na_2S_2O_3$　　B. $AgNO_3+HNO_3$

C. 氯水+ $CCl_4$　　D. 氯水+ 淀粉

E. KSCN

6. 下列物质具有漂白作用的是(　　)

A. 氯水　　B. 次氯酸钙

C. 氯化钙　　D. 碳酸钙

E. 氟化氢

7. 硝酸具有的性质是(　　)

A. 酸的通性　　B. 挥发性

C. 不稳定性　　D. 毒性

E. 不稳定性

8. 某未知物溶液中加入盐酸产生使澄清的石灰水浑浊的无色气体，另取溶液加入氢氧化钠溶液则产生使红色石蕊试纸蓝色的无色气体，该溶液中存在(　　)

A. $SO_3^{2-}$　　B. $SO_4^{2-}$

C. $CO_3^{2-}$　　D. $S_2O_3^{2-}$

E. $NH_4^+$

9. 储运冷硫酸、浓硝酸的容器和管道可用下列金属制品(　　)

A. 铁　　B. 锌

C. 镍　　D. 铬

E. 锰

10. 下列各组离子（化合物）中，不能共存的是(　　)

A. $Na^+$、$SO_3^{2-}$、$H_2O_2$

B. $Ag^+$、$NO_3^-$、$Br^-$

C. $NH_4^+$、$OH^-$、$NO_3^-$

D. $K^+$、$NH_4^+$、$SO_4{}^{2-}$

E. $Na^+$、$SO_3^{2-}$、$H^+$

## 三、简答题

1. 鉴别 NaCl、NaBr 和 NaI 有哪几种方法？
2. 硫化物溶液和亚硫酸盐不能长久保存，为什么？
3. 为什么漂白粉露置于空气中容易失效？
4. 为什么铁和铝制的容器可以盛放浓硫酸和浓稀硝酸，但不能盛稀硫酸？
5. 为什么含 KI 的药品在空气中容易发黄变质？

# 第十二章　金属元素选述

**学习目标**

1. 掌握主族元素中常见的金属元素单质及其化合物的基本性质和变化规律
2. 理解过渡元素中常见的金属元素单质及其化合物的基本性质和变化规律
3. 了解常用的金属元素化合物药物
4. 了解生物金属元素在生物体内的作用

## 第一节　碱金属与碱土金属

碱金属和碱土金属在周期表的 s 区，分别为ⅠA 族和ⅡA 族。

ⅠA 族包括锂(Li)、钠(Na)、钾(K)、铷(Rb)、铯(Cs)、钫(Fr)六种元素，其中钫是放射性元素。由于它们的氧化物的水溶液显强碱性，因此通称为碱金属，本族元素的原子价电子构型为 $ns^1$。

ⅡA 族包括铍(Be)、镁(Mg)、钙(Ca)、锶(Sr)、钡(Ba)、镭(Ra)六种，其中镭是放射性元素。由于钙、锶、钡的氧化物介于“碱性的”碱金属氧化物和“土性的”难溶的 $Al_2O_3$ 等之间，因此通称为碱土金属，本族元素的原子价电子构型为 $ns^2$。

### 一、碱金属与碱土金属单质

#### (一) 碱金属的单质

碱金属元素的性质很活泼，在自然界中以化合态存在，它们的单质由人工制得。碱金属除铯略带金色光泽外，其余的都呈银白色，且质地柔软，能用刀子切开。

碱金属具有很强的还原性，它们与氧、硫、氯等非金属都能发生剧烈反应，还能从许多金属化合物中置换出金属。并且其活泼性随着原子半径的增大而增强。例如，钠和水剧烈反应，钾则更剧烈，而铷、铯遇水会发生爆炸。

实验室常用的钠、钾必须存放在煤油中(钾还需先用石蜡包裹)，隔离空气和水，以免发生燃烧和爆炸。

钠、钾可以和其他金属制成合金。例如，钠溶于汞中得到钠汞齐，钠还原性强，反应猛烈，不易控制，但钠汞齐却是平和的还原剂。

锂半径最小，极化能力强，表现出与钠和钾等的不同性质，它与ⅡA 族中的镁相似。锂的密度特别小，而且小于煤油的密度，因此锂只能保存在密度比锂小的液状石蜡中。锂与镁、铝制成的合金，具有质轻、强度大、塑性好等优良特点，尤其适用于航空、航天工程。锂也是一种能源材料，锂电池质量轻、体积小、寿命长，被用于心脏起搏器。

钠、钾具很强的还原性和较好传热性，在冶金工业是重要的还原剂，用于将钛、铌、钽等金属从它们的卤化物中还原出来，也可以用于制取过氧化物、氢化物等；钠钾合金是原子反应堆的导热剂。过去金属钠大量用于汽油抗爆剂(四乙基铅)的生产，因铅对环境有严重的污染，含铅汽油正逐渐被无铅汽油代替，近年来钠的消耗明显减少。

**知识链接**

现在锂离子电池由于具有容量大、寿命长、工作电压高(3.6V)、无记忆、无污染等优点,广泛应用于便携式摄像机、数码相机、手机和笔记本计算机等电子产品,几乎已成为人民生活的必需品。充电时,在外电场的驱动下锂离子从正极晶格中脱出,经过电解质,嵌入负极晶格中。放电时,过程正好相反,锂离子返回正极,电子则通过了用电器,由外电路到达正极与锂离子复合。锂电池负极是碳素材料如石墨等,正极是含锂的过渡金属氧化物,如 $LiMnO_2$ 等。

## (二) 碱土金属的单质

碱土金属与同周期的碱金属相比,其有效核电荷增加,金属半径减小,核对电子的引力增强,金属键增强,密度、硬度、熔点、沸点都比同周期的碱金属高。钙、锶、钡也质地柔软,可以用刀子切开,它们的单质基本上也有银白色金属光泽(只有铍为钢灰色)。

碱土金属中,除了铍都能与水反应,生成氢氧化物并放出氢气,同时产生热量,但反应的剧烈程度比碱金属弱。碱土金属与锂相近,与水反应较慢。

$$Ca+2H_2O \xlongequal{} Ca(OH)_2+H_2\uparrow$$

$$Mg+2H_2O \xlongequal{\Delta} Mg(OH)_2+H_2\uparrow$$

镁的主要用途是制取轻质合金,这种的合金具有很好的机械强度和质轻的特点,是很重要的结构材料,广泛用于飞机、导弹和汽车制造工业。目前在空间轨道飞行器上所用的镁比任何其他金属都多。

铍的熔点、沸点比其他碱土金属高,硬度也是碱土金属中最大的,但却有脆性。根据对角线规则,铍的化学性质与铝相似,它是两性金属,既可溶于酸又可溶于强碱,与热水不反应。铍的密度小,强度大,是优良的宇航材料;在原子能工业上,铍可用作中子源,提供大量中子,也可作为反应堆的减速剂;铍穿透 X 射线的能力居金属之首,所以常被用作 X 射线的窗口材料。但铍及其化合物都有毒性,主要伤害肺、肝、肾和骨骼,使用时必须采取严格的安全防护措施。铍和铜的合金因强度大、硬度高、有弹性和抗腐蚀性,广泛用于外科手术器械和制造弹簧等。

**知识链接** **碱金属和碱土金属的生物功能**

生物金属元素在生命过程中发挥着重要作用,碱金属和碱土金属元素主要有以下生物功能。

(1) 钠和钾的生物功能。$K^+$和 $Na^+$承担着传递神经脉冲的功能,从而保持神经肌肉的应激性;$K^+$和 $Na^+$对细胞具有通透性,对维持和调节体液渗透压有重要作用;体液中的 $Na^+$可参与氨基酸和糖的吸收。

(2) 钙的生物功能。钙可作为信使,在传递神经信息、触发肌肉收缩和激素的释放、调节心律等过程中都起重要作用;参与体内凝血过程;$Ca^{2+}$还是形成多种酶所必不可少的一部分;钙是骨骼、牙齿中羟基磷灰石的组成成分。

(3) 镁的生物功能。镁是机体维持正常生活必需的矿物质之一,是人体生化代谢过程中必不可缺少的元素,对 DNA 复制和蛋白质生物合成是必不可少的;镁占人体重量的 0.05%,人体内的镁以磷酸盐形式存在于骨骼和牙齿中,其余分布在软组织和体液中,$Mg^+$是细胞内液中除 $K^+$之外的重要离子。镁还是体内多种酶的激活剂,对维持心肌正常生理功能有重要作用。若缺镁会导致冠状动脉病变,心肌坏死,出现抑郁、肌肉软弱无力和晕眩等症状。

(4) 锂的生物功能。近年来研究表明,$Li^+$在人脑中有某些作用,它可以改变体内电解质平衡,$Li^+$的减少可引起中枢-肾上腺素和神经末梢的胺量降低。$Li_2CO_3$ 被广泛地应用于狂躁抑郁症的治疗。

## 二、重要的化合物

### (一) 碱金属重要的化合物

**1. 碱金属的氢化物** 碱金属在氢气流中加热可制得离子型氢化物 MH。这些氢化物都是白色的似盐型化合物,其中氢以 $H^-$形式存在,某些性质与相应的金属卤化物相似,其主要性质如下。

(1) 受热时分解生成氢气和游离的金属。

$$2MH \xlongequal{} 2M+H_2\uparrow$$

(2) 与水剧烈反应产生氢气和相应的氢氧化物。例如,NaH 在潮湿的空气中自动着火。

$$NaH+H_2O \xlongequal{} NaOH+H_2\uparrow$$

(3) $\varphi^{\ominus}(H_2/H^-)=-2.23V$,$H^-$比 $H_2$ 的还原性更强,能把一些金属从金属化合物中还原出来。

$$TiCl_4+4NaH \xlongequal{} Ti+4NaCl+2H_2\uparrow$$

在有机合成中,用 LiH 和 $AlCl_3$ 在乙醚中可以制得氢化铝锂($Li[AlH_4]$),这是一种复合氢化物,在有机合成被广泛用作还原剂。

**2. 碱金属的氧化物** 碱金属能形成三种氧化物。

在充足的空气中燃烧时,锂生成氧化锂($Li_2O$),钠生成过氧化钠($Na_2O_2$),而钾、铷、铯则生成超氧化物 $KO_2$、$RbO_2$、$C_SO_2$。

最常见的过氧化物为 $Na_2O_2$,它是淡黄色粉末或粒状物。$Na_2O_2$ 本身相当稳定,加热熔融也不分解,但遇到棉花等有机物易引起燃烧或爆炸。$Na_2O_2$ 的主要性质如下。

(1) 与 $H_2O$ 或稀酸作用生成 $H_2O_2$,同时放出大量的热,促使 $H_2O_2$ 分解生成 $O_2$。

$$Na_2O_2+2H_2O \xlongequal{} 2NaOH+H_2O_2$$

$$2H_2O_2 \xlongequal{} 2H_2O+O_2\uparrow$$

利用此性质,过氧化物可作氧化剂、漂白剂、消毒剂等。

(2) 与 $CO_2$ 作用生成碳酸盐和氧气。

$$2Na_2O_2+2CO_2 \xlongequal{} 2Na_2CO_3+O_2\uparrow$$

利用上述反应过氧化物可以用作防毒面具、高空飞行、潜水作业的供氧剂。

(3) 在碱性介质有较强的氧化性。

$$3Na_2O_2+Cr_2O_3 \xlongequal{} 2Na_2CrO_4+Na_2O$$

在分析化学上利用过氧化物可以将矿石中难溶的铬、锰等氧化成可溶的含氧酸盐。

**3. 碱金属的氢氧化物** 碱金属的氢氧化物都是白色固体,在空气中容易潮解和吸收二氧化碳。除了 LiOH 外,它们都易溶于水,同时放出大量的热,其水溶液呈强碱性。

在碱金属的氢氧化物中,氢氧化钠最重要。氢氧化钠又称烧碱、火碱、苛性钠。氢氧化物除了具有碱的通性外,还可以与一些两性金属及其氧化物反应。实验室盛放氢氧化钠溶液的试剂瓶用橡皮塞,而不用玻璃塞,就是由于氢氧化钠与玻璃中的 $SiO_2$ 反应生成有黏性的 $Na_2SiO_3$,易把瓶口粘住。

工业上生产氢氧化物主要用隔膜电解法。以食盐为原料,在生产过程中有副产物氯气产生,故又称氯碱工业。

隔膜电解法以精制食盐水为电解液,石墨为阳极,用石棉隔膜包围铁网为阴极的电解槽中电解。其反应如下:

阳极:$2Cl^- - 2e \longrightarrow Cl_2\uparrow$

阴极：$2H_2O+2e^- \longrightarrow 2OH^- + H_2\uparrow$

电解池反应：$2NaCl+2H_2O \xlongequal{} Cl_2\uparrow + 2NaOH + H_2\uparrow$

氢氧化物用途广泛，可用于造纸、制革、制皂纺织、玻璃、搪瓷、无机和有机等工业中。

## （二）碱土金属重要化合物

**1. 碱土金属的氧化物** 碱土金属在空气中和氧气反应，一般得到氧化物，只有钡能得到过氧化物。碱土金属的氧化物除 BeO 外，其余都为碱性氧化物。

（1）氧化镁：氧化镁（MgO）为白色固体，熔点在 2800℃以上。工业通常由煅烧菱镁矿（主要成分为 $MgCO_3$）来制备氧化镁。氧化镁为优质的耐火材料，常用于制造耐火砖、坩埚等。

（2）氧化钙：氧化钙（CaO）又称石灰、生石灰，由石灰石或大理石等煅烧制得。

氧化钙用途十分广泛，大量用于建筑、铺路和生产水泥。在冶金工业中，石灰可作为熔剂，除去钢中多余的硫、磷和硅。此外还可以用于造纸、食品工业和水处理。

**2. 碱土金属的氢氧化物** 碱土金属的氢氧化物溶解度较小，热稳定性差，其碱性随着原子序数的增加逐渐增强。

氢氧化钙[$Ca(OH)_2$]又称熟石灰、消石灰。它的溶解度较小，并且随温度的升高而降低。它可用石灰和水反应来制得。氢氧化钙主要用于建筑材料、制造漂白粉、硬水的软化、石油工业等。

## （三）碱金属、碱土金属离子的鉴定

**1. $Na^+$的鉴定**

方法一：焰色反应 用铂丝环蘸取少量钠盐或 $Na^+$溶液，在无色火焰上灼烧，火焰呈持久的黄色。焰色反应只能用作辅助实验。

方法二：乙酸铀酰锌法 在中性或乙酸酸性溶液中，$Na^+$与乙酸铀酰锌生成柠檬黄色结晶形黄色沉淀。步骤是：在盛有 $Na^+$溶液的试管中，加入乙酸酸化，再加入过量乙酸铀酰锌溶液，用玻璃棒摩擦试管内壁，溶液中有黄色沉淀生成，说明有 $Na^+$存在。

**2. $K^+$的鉴定**

方法一：焰色反应 用铂丝环蘸取少量钾盐或 $K^+$溶液，在无色火焰上灼烧，火焰呈紫色。焰色反应只能用作辅助实验。当钾盐中含有少量钠盐时，最好用蓝色钴玻璃片隔火观察，因紫色火焰会被钠的强烈的黄色所掩盖。

方法二：亚硝酸钴钠法 在中性或乙酸酸性溶液中，$K^+$能与亚硝酸钴钠生成橙黄色结晶形沉淀。步骤是：在盛有 $K^+$溶液的离心试管中，加入亚硝酸钴钠试液，观察有无橙黄色沉淀生成。必要时可离心分离。但必须在中性或弱酸性溶液中反应。

**3. $Mg^{2+}$的鉴定** 镁试剂法：在盛有 $Mg^{2+}$溶液的试管中加入 NaOH 试液，生成白色沉淀，再加入镁试剂（对硝基苯偶氮间苯二酚），沉淀变为蓝色（镁试剂在碱性溶液中显紫红色，在酸性溶液中显黄色）。

**4. $Ca^{2+}$的鉴定**

方法一：焰色反应 取 $Ca^{2+}$溶液用铂丝蘸取后在无色火焰上灼烧，火焰呈砖红色。

方法二：乙二酸铵法 在盛有 $Ca^{2+}$溶液的试管中，加入乙二酸铵试液，生成白色乙二酸钙沉淀，沉淀不溶于乙酸，但溶于盐酸和硝酸。

**5. $Ba^{2+}$的鉴定**

方法一：焰色反应 用铂丝蘸取含 $Ba^{2+}$溶液在无色火焰上灼烧，火焰呈黄绿色。

方法二：铝酸钾法 在盛有 $Ba^{2+}$溶液的试管中，加入铬酸钾（$K_2CrO_4$）试液，生成黄色的铬酸钡沉淀。沉淀不溶于乙酸，溶于盐酸和硝酸，生成橙色 $Cr_2O_7^{2-}$ 溶液。

知识链接　　**碱金属和碱土金属盐在医药中的应用**

(1) 氯化钠。氯化钠俗称食盐，主要存在于海水中。全世界的海洋里，大约含氯化钠4亿亿吨，每升海水中氯化钠含量达到25g。氯化钠是常用的调味剂和营养剂。在临床上用氯化钠来配制生理盐水(浓度为$9g \cdot L^{-1}$)，大量的生理盐水用于出血过多，或补充腹泻引起的缺水症，还可以洗涤伤口。

(2) 氯化钾。在临床上氯化钾是一种利尿药物，多用于心脏性或肾脏性水肿。氯化钾还用于治疗各种原因引起的缺钾症。

(3) 碘化钠和碘化钾。可用于配制碘酊，能增大碘的溶解度。碘化钠可用于配制造影剂。

(4) 硫代硫酸钠($Na_2S_2O_3 \cdot 5H_2O$)。市售的硫代硫酸钠俗称海波或大苏打，含有5分子结晶水，是很强的还原剂，在分析化学中用作滴定剂，在纺织、造纸工业上用作脱氯剂。硫代硫酸钠也是常用的配位剂，能与银离子形成配离子，利用此性质作为定影剂，除去胶片上未曝光的溴化银。医药上20%的硫代硫酸钠制剂内服治疗重金属中毒，外用可治疗慢性皮炎等皮肤病。10%的硫代硫酸钠注射剂可用于氰化物、砷、汞、铅、铋、碘中毒的治疗。

(5) 碳酸氢钠($NaHCO_3$)。碳酸氢钠又称小苏打、重碳酸钠。是一种细小的粉末，易溶于水。加热到60℃以上分解失去$CO_2$，是食品工业的膨化剂；在医疗上内服可中和过剩胃酸。在治疗酸中毒时，大量内服用等渗液(2%)或高渗液(5%)作静脉注射，以补充血液中的碱储备量。本品为不透明的单斜晶系小晶体，或白色粉末状，在潮湿空气中缓慢分解，故应密闭保存于干燥阴凉处。

(6) 碳酸锂。碳酸锂是一种抗躁狂药，主要用于治疗精神病。

(7) 硫酸镁($MgSO_4 \cdot 7H_2O$)。硫酸镁晶体易溶于水，溶液带有苦味。常温下从水溶液中析出含有7分子结晶水的水化物，在医药上用作轻泻剂，内服用作缓泻剂和十二指肠引流剂。硫酸镁与甘油调和是外用消炎药。

(8) 硫酸钡($BaSO_4$)。硫酸钡不溶于水，也不溶于酸，具有强烈吸收X射线的能力。在医疗上用作胃肠透视时的内服反对比剂，检查诊断疾病。因硫酸钡在胃肠道中不溶解，也不被吸收，能完全排出体外，因而对人体无害。钡盐中硫酸钡除外。其他大多数钡盐都有毒性。因此使用硫酸钡时必须保证纯度。硫酸钡可以制白色颜料，也可用于生产其他钡盐如碳酸钡、氯化钡等。

(9) 氯化钙($CaCl_2$)。无水$CaCl_2$有很强的吸水性，是常用的干燥剂。实验室的干燥器内常用无水氯化钙作干燥剂。

(10) 其他钙盐。常用的钙盐药物主要有葡萄糖酸钙、乳酸钙、磷酸氢钙等。临床上用于治疗急性钙缺乏症、慢性钙缺乏症、抗炎、过敏症，也可用来治疗镁中毒。

## 第二节　铝、锡和铅

### 一、铝

#### (一) 铝单质

纯铝是银白色的轻金属，具有良好的延展性、导电性、传热性和抗腐蚀性，无磁性，不发生火花放电。铝可以和许多元素形成合金。所以在汽车、船舶、飞机等制造业和日常生活中用途广泛。

铝的化学性质活泼，它可以和$O_2$、$Cl_2$、$N_2$等非金属反应。

铝与空气接触表面很快失去光泽，生成一层致密的氧化膜，阻止进一步被氧化。铝在冷的浓硫酸、浓硝酸中容易发生钝化，因此工业上可用铝制槽车运送浓硫酸或浓硝酸。

铝是活泼金属，易与氧气反应：

$$4Al(s)+3O_2(g) \xlongequal{} 2Al_2O_3(s)$$

这是一个放热反应，$Al_2O_3$ 的生成热比一般金属氧化物大得多。因此，在工业上利用铝来提炼一些难熔的金属或用于焊接钢轨，这类反应称为铝热反应。

$$Fe_2O_3+2Al \xlongequal{} Al_2O_3+2Fe$$

铝位于周期表中金属和非金属的交界处，它既具有明显的金属性，又具有一定的非金属性，既能和酸反应，又能和碱反应：

$$2Al+6H^+ \xlongequal{} 2Al^{3+}+3H_2\uparrow$$

$$2Al+2OH^-+6H_2O \xlongequal{} 2[Al(OH)_4]^-+3H_2\uparrow$$

### （二）铝的化合物

**1. 氧化铝** 氧化铝（$Al_2O_3$）是铝的重要化合物。$Al_2O_3$ 主要有两种变体：$\alpha$-$Al_2O_3$ 和 $\gamma$-$Al_2O_3$。它们的生成条件不同，结构性质也不同。

自然界中存在的 $\alpha$-$Al_2O_3$ 俗称刚玉。天然的 $\alpha$-$Al_2O_3$ 混有微量的杂质显不同的颜色，这类矿石称为宝石。若含微量的 Cr（Ⅲ）则呈红色，称为红宝石；含有微量的 Fe（Ⅱ）、Fe（Ⅲ）或 Ti（Ⅳ）称为蓝宝石。$\alpha$-$Al_2O_3$ 硬度大，仅次于金刚石，化学性质极不活泼，除了溶于熔融碱外，与所有试剂都不反应。

$\gamma$-$Al_2O_3$ 具有两性，能溶于酸或碱，故又称活性氧化铝，常用作吸附剂或催化剂载体。

**2. 氢氧化铝** 氢氧化铝是两性氢氧化物，既溶于酸又溶于碱，但其碱性略强于酸性，属于弱碱，不溶于氨水，因此实验室制氢氧化铝最好用铝盐溶液（一般用硫酸铝）和氨水制取。

$$Al(OH)_3+3HNO_3 \xlongequal{} Al(NO_3)_3+3H_2O$$

$$Al(OH)_3+NaOH \xlongequal{} Na[Al(OH^-)_4]$$

$$Al_2(SO_4)_3+6NH_3\cdot H_2O \xlongequal{} 2Al(OH)_3\downarrow+3(NH_4)_2SO_4$$

$Al(OH)_3$ 为无定形白色粉末，可用于制备铝盐，临床上内服用于中和胃酸，$Al(OH)_3$ 是良好的抗酸药，常制成氢氧化铝凝胶剂或氢氧化铝片剂，作用缓慢持久。

**3. 铝盐** 铝盐易水解，其水溶液水解后呈酸性。

（1）无水三氯化铝：无水三氯化铝（$AlCl_3$）为共价化合物，常温下无水 $AlCl_3$ 为白色粉末，加热到 180℃时升华，在 400℃时，气态 $AlCl_3$ 以双聚分子存在，在 800℃才完全分解为单分子。

无水 $AlCl_3$ 几乎能溶于所有的有机溶剂，而在水中则会强烈水解。若暴露在空气中，极易吸收水分而冒烟。因此制备无水 $AlCl_3$ 必须用干法合成。

无水 $AlCl_3$ 主要用于有机合成和石油工业的催化剂，如石油的裂解、铝的有机物的制备等。

（2）明矾：硫酸铝和钾、钠、铵的硫酸盐形成的复盐称为矾。明矾是铝矾中最常见的。明矾[$KAl(SO_4)_2\cdot 12H_2O$ 或 $K_2SO_4\cdot Al_2(SO_4)_3\cdot 24H_2O$]易溶于水，水解生成胶状的 $Al(OH)_3$，具有较强的吸附能力，所以明矾广泛用于水的净化，也可用于造纸业的上浆剂以及医药上的防腐、收敛和止血剂。

## 二、锡

### （一）锡单质

锡（Sn）在自然界中主要以锡石（$SnO_2$）存在。我国云南个旧市因锡矿开发历史悠久、储量丰富、冶炼技术先进、精锡纯度高而闻名国内外，有“锡都”之称。

锡是银白色的金属，质软、无毒，熔点低，具有很好的展性。锡在空气中很稳定，不易被氧化。锡能从稀盐酸中置换出氢，与稀硝酸作用生成 $Sn(NO_3)_2$，与浓硝酸作用生成 $H_2SnO_3$。

锡有三种同素异形体：灰锡（$\alpha$-Sn）、白锡（$\beta$-Sn）和脆锡（$\gamma$-Sn）。三者在不同温度下可以相互转化。灰锡呈灰色粉末状，白锡在 13.2℃ 下变成灰锡，这种转变较缓慢，但如果温度过低，反应就会加快，蔓延开来变成粉末状的灰锡，称为锡疫。因此，锡制品冬季不宜放在室外，锡铁皮罐装的食品也不宜冷藏。

### （二）锡化合物

**1. 锡氧化物和氢氧化物的酸碱性** 锡的氧化物有 $SnO$、$SnO_2$。锡的氢氧化物有 $Sn(OH)_2$、$Sn(OH)_4$。由于锡的氧化物不溶于水，因此制备锡的氢氧化物应用盐和碱反应。若在 Sn（Ⅱ）或 Sn（Ⅳ）的盐溶液中加入 NaOH 溶液就会生成 $Sn(OH)_2$ 的白色胶状沉淀。

$$Sn^{2+}+2OH^- = Sn(OH)_2\downarrow$$

$$Sn^{4+}+4OH^- = Sn(OH)_4\downarrow$$

锡氧化物和氢氧化物具有两性，低价态的两性偏碱，高价态的两性偏酸。

**2. 锡化合物的氧化还原性** Sn（Ⅱ）无论在酸性或碱性介质中都是较强的还原剂，并且在碱性介质中还原性更强。利用 Sn（Ⅱ）还原性可以鉴定 $Sn^{2+}$、$Hg^{2+}$ 和 Bi（Ⅲ）。

$$2HgCl_2+Sn^{2+} = Hg_2Cl_2\downarrow+Sn^{4+}+2Cl^-$$

$$Hg_2Cl_2+Sn^{2+} = 2Hg\downarrow+Sn^{4+}+2Cl^-$$

反应中生成白色丝状沉淀 $Hg_2Cl_2$，如果 $Sn^{2+}$ 过量，有黑色的 Hg 析出。由此可以鉴定 $Sn^{2+}$、$Hg^{2+}$。

在酸性介质中 $Sn^{4+}$ 能发生逆歧化反应：

$$Sn^{4+}+Sn = 2Sn^{2+}$$

**3. 常见的锡盐** 氯化亚锡（$SnCl_2\cdot H_2O$）为无色晶体，极易发生水解，生成碱式盐，同时 $Sn^{2+}$ 在空气中容易被氧化。

$$SnCl_2+H_2O = Sn(OH)Cl\downarrow+HCl$$

$$2Sn^{2+}+O_2+4H^+ = 2Sn^{4+}+2H_2O$$

因此，在配制其溶液时，应把氯化亚锡溶解在稀盐酸中，并加入锡粒防止氧化。$SnCl_2$ 有较强的还原性，是有机合成中重要的还原剂。

## 三、铅

### （一）铅单质

铅在自然界的主要矿石为铅矿石（PbS）。

铅为蓝白色的重金属，质软、有毒。铅在空气中表面易生成致密的氧化膜阻止反应进一步进行。铅与稀盐酸、稀硫酸几乎不反应，因为反应生成的 $PbCl_2$ 和 $PbSO_4$ 溶解度很小，覆盖在铅的表面，阻止反应继续进行，铅与硝酸反应生成 $Pb(NO_3)_2$。

铅能有效阻挡 X 射线和核裂变射线，而被用作放射性的防护材料。锡、铅还用于制造合金，如焊锡（Sn、Pb）、保险丝（Sn、Pb）、蓄电池的极板（Sn、Pb）等。铅和可溶性铅盐有毒，进入人体后不易排出而导致积累性铅中毒，对人体的神经系统、造血系统都有严重的危害，一旦中毒，较难治疗，所以食具、水管等不可用铅制造，同时对含铅废水采用沉淀法处理，使其转化成难溶物除去。

**知识链接** **铅中毒**

铅及其所有化合物易于被皮肤吸收。人体若每天摄入 1mg 铅，长期如此则会中毒。油漆和油灰中含有铅的化合物，它们是铅中毒的一个来源。铅进入人体以后，累积在骨骼中，与钙一同被带入血液中，$Pb^{2+}$ 与蛋白质中半胱氨酸的巯基反应，生成难溶盐。所以含铅的涂料不宜用于油漆儿童玩具和婴儿用家具。航空和汽车使用的燃料汽油中若加入了四乙基铅［$Pb(CH_3CH_2)_4$］等抗爆剂，可减少汽油燃烧时的振动现象，但排出的废气中含有对人体有害的 $PbBr_4$。为减少铅对空气的污染，人们正在努力研制四乙基铅的代用品。目前国际上已经限制向汽油内加烷基铅，并逐步实现汽油低铅化和无铅化。甲基叔丁基醚（MTBE）作为汽油抗爆添加剂已经在全世界范围内普遍使用，而我国正重点推广车用乙醇汽油。

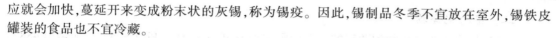

## （二）铅的化合物

**1. 铅氧化物和氢氧化物的酸碱性** 铅的氧化物有 PbO、$PbO_2$。PbO 呈黄色，加热至 488℃ 转变为红色 PbO，俗称"密陀僧"，是一种矿物药。$PbO_2$ 呈棕色。铅还有两种复合型的氧化物为鲜红的 $Pb_3O_4$（铅丹）和橙色的 $Pb_2O_3$。$Pb_3O_4$ 可以看成复合氧化物 $2PbO \cdot PbO_2$，$Pb_2O_3$ 可以看成复合氧化物 $PbO \cdot PbO_2$。铅丹具有直接灭细菌、寄生虫和制止黏液分泌的作用，医药上用作外科药膏。

PbO 是碱性氧化物，$PbO_2$ 是酸性氧化物，这符合高价酸性强、低价碱性强的规律。

铅的氢氧化物有 $Pb(OH)_2$、$Pb(OH)_4$。由于铅的氧化物不溶于水，因此，制备铅的氢氧化物应用盐和碱反应。

**2. 铅的化合物的氧化还原性** $PbO_2$ 是强氧化剂，在酸性介质中能把 $Mn^{2+}$ 氧化生成紫红色的 $MnO_4^-$，与浓盐酸作用放出 $Cl_2$，与浓硫酸反应放出氧气。

$$5PbO_2 + 2Mn^{2+} + 4H^+ = 2MnO_4^- + 5Pb^{2+} + 2H_2O$$

$$PbO_2 + 4HCl = PbCl_2 + Cl_2\uparrow + 2H_2O$$

$$4PbO_2 + 4H_2SO_4(浓) = 2Pb(HSO_4)_2 + 3O_2\uparrow + 2H_2O$$

在工业上，$PbO_2$ 主要用于制造铅蓄电池的正极材料。其放电时的反应如下：

正极（$PbO_2$） $PbO_2 + SO_4^{2-} + 4H^+ + 2e^- \longrightarrow PbSO_4 + 2H_2O$

负极（Pb） $Pb + SO_4^{2-} - 2e^- \longrightarrow PbSO_4$

总反应 $PbO_2 + Pb + 2H_2SO_4 \longrightarrow 2PbSO_4 + 2H_2O$

**3. 常见的铅盐** Pb（Ⅱ）盐大多数难溶，且有颜色特征，广泛用作颜料或涂料，如 $PbCrO_4$ 可作黄色颜料，俗称铬黄；$PbSO_4$ 可作白色油漆；$[Pb(OH)_2CO_3]$ 可作白色颜料，俗称铅白。可溶性的铅盐有毒，常见的可溶性铅盐有 $PbCl_2$、$Pb(NO_3)_2$ 和 $Pb(Ac)_2$。$Pb(NO_3)_2$ 是制备难溶性铅盐的原料。$Pb(Ac)_2$ 无色，有甜味，俗称铅糖，有很大毒性，故又称"铅霜"，它的毒性是由于 $Pb^{2+}$ 与蛋白质中的巯基反应生成难溶物。实验室中可用 $Pb(Ac)_2$ 试纸检验 $H_2S$ 气体。

$PbCl_2$ 是白色、难溶于水的固体，易溶于热水。$PbCl_2$ 和浓盐酸反应生成配合物。

$$PbCl_2 + 2HCl(浓) = H_2[PbCl_4]$$

黄色的 PbI 在卤化铅中溶解度最小，但它能溶于沸水，和 HI 也能形成配合物。

$$PbI_2 + 2HI = H_2[PbI_4]$$

白色的 $PbSO_4$ 难溶于水，但易溶于浓硫酸或饱和的乙酸铵溶液中。

$$PbSO_4 + H_2SO_4(浓) = Pb(HSO_4)_2$$

$$PbSO_4 + 2Ac^- = Pb(Ac)_2 + SO_4^{2-}$$

黑色的 PbS 不溶于稀酸，但能溶于浓盐酸或硝酸中。

$$PbS + 4HCl(浓) = H_2[PbCl_4] + H_2S\uparrow$$

$$3PbS + 8HNO_3 = 3Pb(NO_3)_2 + 3S\downarrow + 2NO\uparrow + 4H_2O$$

PbS 还可以和 $H_2O_2$ 反应生成白色的 $PbSO_4$，利用此反应可以漂白变黑的油画。

$$PbS + 4H_2O_2 = PbSO_4 + 4H_2O$$

$Pb^{2+}$ 的检验常用可溶性的铬酸盐，反应产生特殊的黄色沉淀 $PbCrO_4$，这一性质也可用于 $CrO_4^{2-}$ 的鉴定。

$$Pb^{2+} + CrO_4^{2-} = PbCrO_4\downarrow$$

**知识链接**

**含有铝、锡、铅的药物**

(1) 氢氧化铝(胃舒平的原料之一):氢氧化铝作药用常制成凝胶、干燥氢氧化铝和氢氧化铝片(胃舒平)。此三种都已收录《中国药典》,用于治疗胃酸过多、胃溃疡、十二指肠溃疡等症。

中和过多的胃酸后生成具有收敛作用的 $AlCl_3$,有局部止血效能。$Al(OH)_3$ 呈胶状时对溃疡面有保护作用,并能吸附细菌,起到杀菌作用。

氢氧化铝凝胶是白色黏稠的混悬液,遇冷易分层,因此应密封、防冻保存。

(2) 铅丹又称黄丹:主要成分为 $Pb_3O_4$ 或 $Pb_2O_3$,辛,微寒,常易引起慢性中毒,具有直接杀灭细菌、寄生虫和制止黏液分泌的作用。因此,对收敛、生肌、止痛有奇好效用。现已很少内服,外科主要用于制膏药。

(3) 明矾:明矾[$KAl(SO_4)\cdot 12H_2O$],又称苦矾(枯矾),因其能使蛋白质凝结,常用作局部收敛药,其0.5% ~2%溶液可用作洗剂(洗眼水或含漱剂等);外科用干燥明矾(脱水明矾)撒布伤口,可作为收敛性的止血剂,也可用于湿疮和皮炎的湿敷。

# 第三节　过渡金属元素

## 一、过渡金属元素通性

过渡元素包括ⅠB~ⅧB族元素,即d区和ds区元素(表12-1)。它们位于周期表中部,处在主族金属元素(s区)和主族非金属元素(p区)之间,故称为过渡元素。由于都是金属元素,也称过渡金属。

**表12-1　周期表中的过渡元素**

| ⅢB | ⅣB | ⅤB | ⅥB | ⅦB | Ⅷ | | | ⅠB | ⅡB |
|---|---|---|---|---|---|---|---|---|---|
| Sc(钪) | Ti(钛) | V(钒) | Cr(铬) | Mn(锰) | Fe(铁) | Co(钴) | Ni(镍) | Cu(铜) | Zn(锌) |
| Y(钇) | Zr(锆) | Nb(铌) | Mo(钼) | Tc(锝) | Ru(钌) | Rh(铑) | Rd(钯) | Ag(银) | Cd(镉) |
| La-Lu 镧系 | Hf(铪) | Ta(钽) | W(钨) | Re(铼) | Os(锇) | Ir(铱) | Pt(铂) | Au(金) | Hg(汞) |

通常按周期将过渡元素分成以下三个系列。①第一过渡系:第四周期从Sc到Zn;②第二过渡系:第五周期从Y到Cd;③第三过渡系:第六周期从Lu到Hg。过渡元素有许多共同的性质。

### (一) 原子的电子层结构和原子半径

过渡元素原子的价电子构型为$(n-1)d^{1\sim10}ns^{1\sim2}$。它们的共同特点是随着核电荷数的增加,电子依次填充在次外层的d轨道上,它对核的屏蔽作用比外层电子大,致使有效核电荷增加不多。故同周期元素的原子半径从左到右只略有减小[至ⅠB、ⅡB因$(n-1)d$亚层填满而略有增大]。

就同族的过渡元素而言,其原子半径自上而下也增加不大。特别是由于"镧系收缩"的影响,第二和第三过渡系元素的原子半径十分接近。

### (二) 单质的物理性质

由于过渡元素最外层一般为1~2个电子,容易失去,因此,它们的单质均为金属,单质的外观多为银白色或灰白色,有光泽。

过渡金属的密度、硬度、熔点和沸点一般都比较高(ⅡB族元素除外)。例如,单质中密度最大的是锇($22.48g\cdot cm^{-3}$),熔点最高的是钨(3370℃),硬度最大的为铬,银是所有金属中导热、导电性能最好的。这种现象与过渡元素的原子半径较小、晶体中除s电子外还有d电子参与成键等因素有关。因此过渡金属具有许多优良而独特的物理性质。

ⅡB 族元素熔沸点较低,汞是常温下唯一的液态金属。

### (三) 氧化值

过渡元素有多种氧化值。由于过渡元素外层的 s 电子与次外层 d 电子的能级相近,因此除 s 电子外,d 电子也能部分或全部作为价电子参与成键,形成多种氧化值。

### (四) 单质的化学性质

过渡元素具有金属的一般化学性质,但彼此的活泼性差别较大。第一过渡系都是比较活泼的金属,第二、第三过渡系的单质非常稳定。

### (五) 水合离子的颜色

过渡元素的水合离子往往具有颜色(表 12-2)。据研究,这种现象与许多过渡金属离子具有未成对的 d 电子有关。其中 $Cu^{+}$、$Ag^{+}$、$Zn^{2+}$、$Cd^{2+}$、$Hg^{2+}$ 等没有未成对的 d 电子,所以都是无色的。

表 12-2 过渡元素水合离子的颜色

| 未成对的 d 电子数 | 水合离子的颜色 |
|---|---|
| 0 | $Ag^{+}$、$Zn^{2+}$、$Cd^{2+}$、$Se^{3+}$、$Ti^{4+}$ 等均无色 |
| 1 | $Cu^{2+}$(天蓝色)、$Ti^{3+}$(紫色) |
| 2 | $Ni^{2+}$(绿色)、$V^{3+}$(绿色) |
| 3 | $Cr^{3+}$(蓝紫色)、$Co^{2+}$(粉红色) |
| 4 | $Fe^{2+}$(浅绿色) |
| 5 | $Mn^{2+}$(极浅粉红色) |

### (六) 容易形成配合物

由于过渡元素的离子或原子具有 $(n-1)$d、$n$s、$n$p 或 $n$、$n$p、$n$d 构型,它们各有 9 个价电子轨道,就它们的离子而言,其中的 $n$s、$n$p、$n$d 轨道是空的,$(n-1)$d 轨道也是部分空或全空,这种构型具备了接受配位体孤对电子并形成配合物的条件。另外过渡元素的离子半径较小,并有较大的有效核电荷,故对配体有较强的吸引力。

除离子外,过渡元素的原子也有空的 $n$p 轨道和部分 $(n-1)$d 轨道,同样能接受配体的孤对电子,而形成一些特殊的配合物。

## 二、铬及其化合物

### (一) 铬

铬是ⅥB 族元素,价电子构型为 $3d^{5}4s^{1}$。常见的氧化值为+2、+3 和+6。

铬具有银白色光泽,是最硬的金属,纯金属铬有延展性。其熔点、沸点较高,抗腐蚀性强,硬度也最大。大量用于制造合金,含铬、镍的钢称为不锈钢,它的抗腐蚀性很强,是机械设备制造的重要原材料。

铬与铝相似,也因易在表面形成一层氧化膜而钝化。未钝化的铬可以与 HCl、$H_2SO_4$ 等作用,甚至可以从锡、镍、铜的盐溶液中将它们置换出来;有钝化膜的铬在冷的 $HNO_3$、浓 $H_2SO_4$,甚至在王水中均不溶解。

铬是人体必需的微量元素,但铬(Ⅵ)化合物有毒。

### (二) 铬化合物

**1. 铬的氧化物和氢氧化物** 三氧化二铬($Cr_2O_3$)为绿色晶体,是一种绿色颜料,俗称铬绿。不溶于水,具有两性,溶于酸形成铬(Ⅲ)盐,溶于强碱形成亚铬酸盐($CrO_2^-$)。

$$Cr_2O_3+3H_2SO_4 = Cr_2(SO_4)_3+3H_2O$$

$$Cr_2O_3+2NaOH = 2NaCrO_2+H_2O$$

$Cr_2O_3$ 常用作媒染剂、有机合成的催化剂以及油漆的颜料,也是冶炼金属铬和制取铬盐的原料。

在铬(Ⅲ)盐中加入氨水或 NaOH 溶液,即有灰绿色的 $Cr(OH)_3$ 胶状沉淀析出。

$$Cr_2(SO_4)_3+6NaOH = 2Cr(OH)_3\downarrow+3Na_2SO_4$$

$Cr(OH)_3$ 难溶于水,是典型两性氢氧化物之一,能与酸或碱溶液作用生成相应的盐。此外,还能溶解在过量氨水中,生成配合物。

$$Cr(OH)_3+3HCl = CrCl_3+3H_2O$$

$$Cr(OH)_3+NaOH = NaCrO_2+2H_2O$$

**2. 铬(Ⅲ)盐及配合物**　常见的铬(Ⅲ)盐有 $CrCl_3\cdot6H_2O$(紫色或绿色)、$Cr_2(SO_4)_3\cdot18H_2O$(紫色)、铬钾矾 $KCr(SO_4)_2\cdot12H_2O$(蓝紫色)。它们都易溶于水,水合离子$[Cr(H_2O)_6]^{3+}$不仅存在于溶液中,也存在于上述化合物的晶体中。

$Cr^{3+}$除了与 $H_2O$ 形成配合物外,还可与 $Cl^-$、$NH_3$(i)、$Cr_2O_4^{2-}$、$CN^-$、$SCN^-$等配体形成单一配体配合物,也可以和不同的配体形成多配体配合物,如$[CrCl(H_2O)_5]^{2-}$、$[CrBrCl(NH_3)_4]^+$、$[CrSO_4(H_2O)_5]^+$等,配位数一般为 6。$Cr^{3+}$的配合物大多显色。

**3. 铬(Ⅵ)的化合物**　铬(Ⅵ)的化合物主要有 $CrO_3$、$K_2CrO_4$ 和 $K_2Cr_2O_7$。

三氧化铬($CrO_3$)为暗红色的针状晶体,易潮解,有毒,强氧化剂,遇有机物易引起燃烧或爆炸。$CrO_3$ 被称为铬(Ⅵ)酸的酐,简称铬酐。它遇水能形成铬(Ⅵ)的两种酸,$H_2CrO_4$ 和其二聚体 $H_2Cr_2O_7$,广泛用作有机反应的氧化剂和电镀时的镀铬液。

$CrO_3$ 可由固体 $K_2Cr_2O_7$(或 $Na_2Cr_2O_7$)和浓 $H_2SO_4$ 经复分解制得。向 $K_2Cr_2O_7$ 饱和溶液中加入过量浓 $H_2SO_4$ 即析出暗红色晶体 $CrO_3$(这种混合液有强氧化性,按一定比例混合后就是实验室常用于洗涤玻璃器皿的铬酸洗液,但由于铬(Ⅵ)有明显的毒性,这种洗液已经逐步被其他洗液所代替)。

$$K_2Cr_2O_7+H_2SO_4(浓) = 2CrO_3\downarrow+K_2SO_4+H_2O$$

由于 Cr(Ⅵ)的含氧酸无游离状态,因而常用的是铬酸盐。铬酸钠($Na_2CrO_4$)和铬酸钾($K_2CrO_4$)都是黄色晶体,前者和许多钠盐相似,容易潮解,这两种铬酸盐的水溶液都显碱性。

重铬酸钠($Na_2Cr_2O_7$)和重铬酸钾($K_2Cr_2O_7$)都是橙红色晶体,易潮解,它们的水溶液都显酸性。$Na_2Cr_2O_7$ 和 $K_2Cr_2O_7$ 的商品名分别称为红矾钠和红矾钾,都是强氧化剂,在鞣革、电镀等工业中广泛应用。由于 $K_2Cr_2O_7$ 无吸潮性,又易用重结晶法提纯,是分析化学中常用的基准试剂。但是 $Na_2Cr_2O_7$ 价廉,溶解度也比较大,若工业上重铬酸盐用量较大,要求纯度不高时,宜选用 $Na_2Cr_2O_7$。

$CrO_4^{2-}$ 和 $Cr_2O_7^{2-}$ 可以相互转化:

$$\underset{(黄色)}{2CrO_4^{2-}}+2H^+ \rightleftharpoons \underset{(橙红色)}{Cr_2O_7^{2-}}+H_2O$$

在酸性溶液中,$Cr_2O_7^{2-}$ 占优势,颜色呈橙红;在碱性溶液中,$CrO_4^{2-}$ 占优势,颜色呈黄色;在中性溶液中,二者的浓度相等时,颜色呈橙色。铬酸盐和重铬酸盐的性质差异主要表现在以下两个方面。

(1) 溶解性:重铬酸盐大都易溶于水,而铬酸盐中仅碱金属盐、铵盐、镁盐易溶,钙盐略溶,其余一般难溶于水。

$$Cr_2O_7^{2-}+2Pb^{2+}+H_2O = 2PbCrO_4\downarrow(铬黄)+2H^+$$

$$Cr_2O_7^{2-}+4Ag^++H_2O = 2Ag_2CrO_4\downarrow(砖红色)+2H^+$$

以上两个反应可分别用于鉴定 $Pb^{2+}$、$Ag^+$。

(2) 氧化性:$Cr_2O_7^{2-}$ 在酸性溶液中有强氧化性,可氧化 $H_2S$、$H_2SO_4$、HCl、HI、$FeSO_4$ 等物质,本身被还原为 $Cr^{3+}$。

$$Cr_2O_7^{2-} + 3SO_3^{2-} + 8H^+ \longrightarrow 2Cr^{3+} + 3SO_4^{2-} + 4H_2O$$

在酸性溶液中 $Cr_2O_7^{2-}$ 还能氧化 $H_2O_2$：

$$Cr_2O_7^{2-} + 4H_2O_2 + 2H^+ \xrightarrow{\text{乙醚}} 2CrO_3(\text{蓝色}) + 5H_2O$$

这是检验 Cr(Ⅵ)和 $H_2O_2$ 的灵敏反应。

**知识链接** 　　**含铬废水的处理**

在铬的化合物中，以 Cr(Ⅵ)的毒性最大。它对胃、肠等有刺激作用，对鼻黏膜的损伤最大，长期吸入会引起鼻膜炎甚至鼻中隔穿孔，并有致癌作用。我国国标规定工业废水含 Cr(Ⅵ)的排放标准为 $0.1mg \cdot L^{-1}$。

处理含铬废水方法主要有：①还原法，用 $FeSO_4$、$Na_2SO_3$、$Na_2S_2O_3$、$N_2H_4 \cdot 2H_2O$（水合肼）或含 $SO_2$ 的烟道废气等作为还原剂，将 Cr(Ⅵ)还原成 Cr(Ⅲ)，再用石灰乳沉淀为 $Cr(OH)_3$ 除去；②电解还原法，用金属铁作阳极，Cr(Ⅵ)在阴极上被还原成 Cr(Ⅲ)，阳极溶解下来的亚铁离子也可将 Cr(Ⅵ)还原成 Cr(Ⅲ)；③离子交换法，Cr(Ⅵ)在废水中常以阴离子 $CrO_4^{2-}$ 或 $Cr_2O_7^{2-}$ 存在，让废水流经阴离子交换树脂进行离子交换。交换后的树脂用 NaOH 处理，再生后重复使用。

## 三、锰及其化合物

### （一）锰

锰是周期表ⅦB 族元素，外形与铁相似。致密块状锰是银白色的，质硬而脆，粉末状为灰色，在地壳中的丰度为第 14 位。纯锰用途不大，常以锰铁的形式来制造各种合金钢，如软锰矿 $MnO_2 \cdot xH_2O$。

锰也是人体必需的微量元素，在心脏和神经系统中，起着举足轻重的作用。锰属于活泼金属，在空气中锰表面生成的氧化膜，可以保护金属内部不受侵蚀。粉末状的锰能彻底被氧化，有时甚至能起火。锰与冷水可置换出氢，与卤素、S、C、N、Si 能直接化合生成 $MnX_2$、MnS、$Mn_3N_2$ 等，锰溶于一般的无机酸，生成锰(Ⅱ)盐。锰(Ⅱ)强酸盐均溶于水，只有少数弱酸盐如 MnS、$MnCO_3$ 是难溶化合物。锰(Ⅱ)盐从溶液中结晶出来时，常为带结晶水的粉红色晶体。$Mn^{2+}$ 在酸性溶液中最稳定，它既不易被氧化，也不易被还原。欲使 $Mn^{2+}$ 氧化，必须选用强氧化剂，如 $NaBiO_3$、$PbO_2$、$(NH_4)_2S_2O_8$ 等。

$$2Mn^{2+} + 5NaBiO_3 + 14H^+ \longrightarrow 2MnO_4^- + 5Bi^{3+} + 5Na^+ + 7H_2O$$

反应产物 $MnO_4^-$ 即使在很稀的溶液中，也能显示其特征的红色。因此，上述反应可用来鉴定溶液中 $Mn^{2+}$ 的存在。

### （二）锰化合物

**1. 锰的氧化物**　锰的氧化物以及对应的水合物，随着锰氧化值的升高和离子半径的减小，碱性逐渐减弱，酸性逐渐增强。

$MnO_2$ 为棕黑色粉末，是锰最稳定的氧化物，在酸性溶液中有强氧化性，与浓 HCl 作用有氯气生成，与浓 $H_2SO_4$ 作用有氧气放出。

$$MnO_2 + 4HCl(\text{浓}) \longrightarrow MnCl_2 + Cl_2\uparrow + 2H_2O$$

$$2MnO_2 + 2H_2SO_4(\text{浓}) \longrightarrow 2MnSO_4 + O_2\uparrow + 2H_2O$$

前一反应常用于实验室制备少量氯气，但 $MnO_2$ 和稀 HCl 不反应。在锰(Ⅱ)盐溶液中加入 NaOH 或氨水，都能生成白色 $Mn(OH)_2$ 沉淀。

$$Mn^{2+} + 2OH^- \longrightarrow Mn(OH)_2\downarrow$$

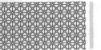

$$Mn^{2+} + 2NH_3 + 2H_2O \longrightarrow Mn(OH)_2 \downarrow + 2NH_4^+$$

**2. 氢氧化物** $Mn(OH)_2$ 具有强还原性，在空气中很快被氧化，由白色迅速变化为棕色。甚至溶解在水中的少量氧也能使它氧化，沉淀很快由白色变成棕色的水合二氧化锰。

$$2Mn(OH)_2 + O_2 \longrightarrow 2MnO(OH)_2$$

这个反应在水质分析中用于测定水中的溶解氧。反应原理是在经吸氧后的 $MnO(OH)_2$ 中加入适量 $H_2SO_4$ 使其酸化后，和过量的 KI 溶液作用，$I^-$ 被氧化而析出 $I_2$，再用标准 $Na_2S_2O_3$ 溶液滴定 $I_2$，经换算就得知水中的溶解氧的含量。

**3. 锰酸盐和高锰酸盐** 工业上制取 $KMnO_4$ 常以 $MnO_2$ 为原料，分两步氧化。首先在强碱性介质中将它氧化成锰酸钾，氧化剂是空气中的 $O_2$（实验室则用 $KClO_3$），$MnO_2$ 与 KOH 混合，经加热、搅拌、水浸得绿色 $K_2MnO_4$ 溶液，然后对其进行电解氧化，则 $MnO_4^{2-}$ 转化为紫色的 $KMnO_4$，经蒸发、冷却、结晶得紫黑色晶体。

$$2MnO_2 + 4KOH + O_2 \xrightarrow{\Delta} 2K_2MnO_4 + 2H_2O$$

$$2K_2MnO_4 + 2H_2O \xrightarrow{\text{电解}} \underset{\text{阳极}}{2KMnO_4} + 2KOH + \underset{\text{阴极}}{H_2 \uparrow}$$

$KMnO_4$ 俗称灰锰氧，紫黑色晶体，易溶于水，用途广泛，是常用的化学试剂。在医药上用作消毒剂，0.1%的稀溶液常用于水果和茶杯的消毒，5%溶液可治烫伤。

## 四、铁系元素及其化合物

### （一）铁、钴、镍的单质

铁（Fe）、钴（Co）、镍（Ni）位于周期表ⅧB 族，性质相似，属于中等活泼金属，统称铁系元素。它们都是具有光泽的白色金属，铁、钴略带灰色，镍为银白色。铁、镍有很好的延展性，而钴则较硬而脆。这三种金属都有强磁性，形成的许多合金都是优良的磁性材料。

铁在地壳中的丰度居第四位，仅次于铝。铁矿主要有磁铁矿（$Fe_3O_4$）、赤铁矿（$Fe_2O_3$）、褐铁矿（$Fe_2O_3 \cdot H_2O$）等。铁有生铁、熟铁之分，生铁含碳为 1.7%~4.5%，熟铁含碳在 0.1% 以下，而钢的含碳量介于二者之间。

铁、钴、镍属于中等活泼金属，在高温下能和氧、硫、氯等非金属作用。铁溶于 HCl、稀 $H_2SO_4$ 和 $HNO_3$，但冷而浓的 $H_2SO_4$、$HNO_3$ 会使其钝化。钴、镍在 HCl 和稀 $H_2SO_4$ 中的溶解比铁缓慢。和铁一样，钴和镍遇冷 $HNO_3$ 也会钝化。浓碱能缓慢侵蚀铁，而钴、镍在浓碱中比较稳定，镍质容器可盛熔融碱。

### （二）铁系元素的化合物

**1. 氧化物** 铁系元素的氧化物有低氧化态和高氧化态，低氧化态 FeO（黑色）、CoO（灰绿色）、NiO（暗绿色）具有碱性，溶于强酸而不溶于碱。高氧化态 $Fe_2O_3$（砖红色）、$Co_2O_3$（黑褐色）、$Ni_2O_3$（黑色）是难溶于水的两性氧化物，但以碱性为主。

$Fe_2O_3$ 俗称铁红，可作红色颜料、抛光粉和磁性材料。$Fe_3O_4$（$FeO \cdot Fe_2O_3$）的纳米材料，因其优异的磁性能和较宽频率范围的强吸收性，而成为磁记录材料和战略轰炸机、导弹的隐形材料。FeO、NiO、CoO 的纳米材料具有良好的热、电性能，可制成多种温度传感器。

低氧化态氧化物具有碱性，能溶于强酸而不溶于碱，是难溶于水的两性氧化物，但以碱为主。当它与酸作用时，生成铁（Ⅲ）盐。$Co_2O_3$ 和 $Ni_2O_3$ 也是难溶于水的两性偏碱性氧化物，与酸作用时，得不到钴（Ⅲ）和镍（Ⅲ）盐，而是钴（Ⅱ）和镍（Ⅱ）盐。

**知识链接**　　**磁性材料的组成**

常用的磁性材料称为铁氧体。它包括化学组成为 $M^{II}O \cdot 6Fe_2O_3$ 的六方晶系结构的永久硬磁体和化学组成为 $M^{II}O \cdot Fe_2O_3$ 的尖晶石结构的软磁体。在实用的软磁铁氧化体中，$M^{II}$ 一般为二价的锰、铁、镍、镁等离子。其中锰软铁氧化体为磁化性能最好的优良磁体，但其阻抗低，故用作低频的磁心材料。

**2. 氢氧化物**　铁系元素氢氧化物的氧化还原呈规律性变化。

向 $Fe^{2+}$、$Co^{2+}$、$Ni^{2+}$ 的溶液中加入碱都能生成相应的 $M(OH)_2$ 沉淀。通常条件下，由于从溶液中析出的 $Fe(OH)_2$ 迅速被空气中的氧氧化，往往看到先是被部分氧化的灰绿色沉淀，随后变为红棕色，这是由于 $Fe(OH)_2$ 逐步被氧化为 $Fe(OH)_3$ 所导致的。只有完全清除溶液中的氧时，才能得到白色的 $Fe(OH)_2$。

$$Fe^{2+}+2OH^- = Fe(OH)_2\downarrow(白)$$

空气中很快变成红棕色。

$$4Fe(OH)_2+O_2+2H_2O = 4Fe(OH)_3\downarrow(红棕)$$

粉红色的 $Co(OH)_2$ 较 $Fe(OH)_2$ 稳定，在空气中缓慢氧化成棕黑色的 $Co(OH)_3$ 或 $CoO(OH)$。

$$4Co(OH)_2+O_2+2H_2O = 4CoO(OH)\downarrow+4H_2O$$

$Ni(OH)_2$ 不能被空气中的 $O_2$ 所氧化，只是在强碱性条件下，并加入较强的氧化剂才能使其氧化成黑色的 $Ni(OH)_3$ 或 $NiO(OH)$。

$$2Ni(OH)_2+ClO^- = 2NiO(OH)+Cl^-+H_2O$$

**3. 铁系元素的盐类**

（1）铁（Ⅱ）盐：又称亚铁盐，如硫酸亚铁（$FeSO_4 \cdot 7H_2O$，绿矾）、氯化亚铁（$FeCl_2 \cdot 4H_2O$）、硫化亚铁（FeS）等。亚铁盐有一定的还原性，不易稳定存在。$FeSO_4$ 应用相当广泛，它与鞣酸作用生成鞣酸亚铁，在空气中被氧化成黑色的鞣酸铁，常用来制作蓝黑墨水。此外，$FeSO_4$ 还常用作媒染剂、鞣革剂和木材防腐剂等。

（2）铁（Ⅲ）盐：又称高铁盐，如三氯化铁、硫酸铁、硝酸铁等。铁（Ⅲ）盐的主要性质之一是容易水解，其水解产物一般是氢氧化铁：

$$Fe^{3+}+3H_2O = Fe(OH)_3\downarrow(絮状)+3H^+$$

氯化铁或硫酸铁用作净水剂，就是利用上述性质。它们的胶状水解产物和悬浮在水中的泥沙一起聚沉，浑浊的水即变清澈。

铁（Ⅲ）盐的另一性质是氧化性。工业上常用浓 $FeCl_3$ 溶液在铁制品上刻蚀字样，或在铜板上腐蚀出印刷电路，就是利用 $Fe^{3+}$ 的氧化性：

$$2FeCl_3+Fe = 3FeCl_2$$

$$2FeCl_3+Cu = 2FeCl_2+CuCl_2$$

（3）钴（Ⅱ）盐：氯化钴（$CoCl_2 \cdot 6H_2O$）是重要的钴（Ⅱ）盐，因所含结晶水的数目不同而呈现多种颜色。随着温度上升，所含结晶水逐渐减少，颜色随之变化：

$$\underset{粉红}{CoCl_2 \cdot 6H_2O} \xrightarrow{52.3℃} \underset{红紫}{CoCl_2 \cdot 2H_2O} \xrightarrow{90℃} \underset{蓝紫}{CoCl_2 \cdot H_2O} \xrightarrow{120℃} \underset{蓝色}{CoCl_2}$$

这种性质可用来指示硅胶干燥剂的吸水情况。$[Co(H_2O)_6]^{2+}$ 在溶液中显粉红色，用这种稀溶液在白纸上写的字几乎看不出字迹。将此白纸烘热脱水即显出蓝色字迹，吸收空气中潮气后字迹再次隐去，所以 $CoCl_2$ 溶液被称为隐显墨水。

**4. 铁系元素的配合物**　铁系元素形成配合物的能力很强，可形成多种配合物。例如，在含

有 $Fe^{2+}$ 的溶液中加入铁氰化钾，或在 $Fe^{3+}$ 溶液中加入亚铁氰化钾，都有蓝色沉淀形成：

$$K^++Fe^{2+}+[Fe(CN)_6]^{3-}=KFe[Fe(CN)_6]\downarrow(\text{滕氏蓝})$$

$$K^++Fe^{3+}+[Fe(CN)_6]^{4-}=KFe[Fe(CN)_6]\downarrow(\text{普鲁士蓝})$$

$Fe^{3+}$ 还可以与 $SCN^-$ 形成血红色的硫氰合铁配离子：

$$Fe^{3+}+6SCN^-=[Fe(SCN)_6]^{3-}$$

常用以上反应鉴定 $Fe^{2+}$ 和 $Fe^{3+}$ 的存在。

## 五、铜、锌、汞及其重要化合物

### (一) 铜及其重要化合物

**1. 铜** 自然界的铜主要以硫化矿存在，如辉铜矿（$Cu_2S$）、黄铜矿（$CuFeS_2$）、孔雀石[$Cu_2(OH)_2CO_3$]等；铜有很好的延展性、导电性和传热性。铜是宝贵的工业材料，它的导电能力虽然次于银，但比银便宜得多。目前世界上一半以上的铜用在电器、电机和电信工业上。铜的合金如黄铜（Cu-Zn）、青铜（Cu-Sn）等在精密仪器、航天工业方面都有着广泛的应用。

铜是许多动物、植物体内必需的微量元素。铜、银的单质和可溶性化合物都有杀菌能力。

**2. 铜的重要化合物**

（1）铜（Ⅰ）化合物：氧化亚铜（$Cu_2O$）为暗红色固体，有毒。难溶于水，对热稳定，但在潮湿空气中缓慢被氧化成 CuO。$Cu_2O$ 是制造玻璃和搪瓷的红色颜料，还用作船舶底漆（可杀死低级海生动物）和农业上的杀虫剂。它具有半导体性质，曾用作整流器的材料。此外，临床医学上用碱性酒石酸钾钠的铜（Ⅱ）盐溶液检查尿糖，就是利用生成 $Cu_2O$ 沉淀多少来判断尿糖的含量。

$Cu_2O$ 为碱性氧化物，能溶于稀酸，但立即歧化分解：

$$Cu_2O+H_2SO_4=CuSO_4+Cu+H_2O$$

铜粉和 CuO 的混合物在密闭容器中煅烧，即得 $Cu_2O$：

$$Cu+CuO\xrightarrow{800\sim900℃}Cu_2O$$

氯化亚铜（CuCl）是最重要的亚铜盐，它是有机合成的催化剂和还原剂，石油工业的脱硫剂和脱色剂，肥皂、脂肪等的凝聚剂。还用作杀虫剂和防腐剂。CuCl 能吸收 CO 生成 CuCl · CO，故在分析化学上作为 CO 的吸收剂等，应用颇为广泛。

（2）铜（Ⅱ）化合物：氧化铜（CuO）为黑色粉末，难溶于水。它是偏碱性氧化物，溶于稀酸：

$$CuO+2H^+=Cu^{2+}+H_2O$$

目前，工业上生产 CuO 常用废铜料，先制成 $CuSO_4$，再由金属铁还原得到纯净的铜粉。铜粉经焙烧得 CuO。

$$Cu+2H_2SO_4=CuSO_4+SO_2\uparrow+2H_2O$$

$$CuSO_4+Fe=FeSO_4+Cu$$

$$2Cu+O_2\xrightarrow{450℃}2CuO$$

氢氧化铜[$Cu(OH)_2$]为浅蓝色粉末，难溶于水。受热时脱水生成黑色 CuO，颜色随之变暗。$Cu(OH)_2$ 为两性偏碱的化合物，易溶于酸，只能溶于浓的强碱中，生成四羟基合铜（Ⅱ）配离子[$Cu(OH)_4$]$^{2-}$：

$$Cu(OH)_2+2OH^-=[Cu(OH)_4]^{2-}$$

$Cu(OH)_2$ 易溶于氨水，能生成深蓝色的四氨合铜（Ⅱ）配离子[$Cu(NH_3)_4$]$^{2+}$。

向 $CuSO_4$ 或其他可溶性铜盐溶液中加入适量的 NaOH 或 KOH，即析出浅蓝色的 $Cu(OH)_2$ 沉淀：

$$CuSO_4+2NaOH = Cu(OH)_2\downarrow+Na_2SO_4$$

铜(Ⅱ)盐很多,可溶的有 $CuSO_4$、$Cu(NO_3)_2$、$CuCl_2$ 等,难溶的有 CuS、$Cu_2(OH)_2CO_3$ 等。下面介绍几种重要的铜盐。

五水硫酸铜($CuSO_4\cdot5H_2O$)为蓝色晶体,俗称胆矾或蓝矾。在空气中慢慢风化,表面上形成白色粉状物。加热至250℃左右失去全部结晶水而成为无水物。无水硫酸铜为白色粉末,极易吸水,吸水后又变成蓝色的水合物。故无水硫酸铜可用来检验有机物中的微量水分,也可用作干燥剂。

硫酸铜有多种用途,如作媒染剂、蓝色颜料、船舶油漆、电镀、杀菌和防腐剂。硫酸铜溶液有较强的杀菌能力,可防止水中藻类生长。它和石灰乳混合制得的"波尔多液"能消灭树木的害虫。硫酸铜和其他铜盐一样,有毒。

工业用的硫酸铜常由废铜在600 ~700℃进行焙烧,使其生成氧化铜,再在加热下溶于硫酸:

$$2Cu+O_2 \xrightarrow{600\sim700℃} 2CuO$$

$$CuO+H_2SO_4 = CuSO_4+H_2O$$

所得粗品用重结晶法提纯。

在卤化铜中 $CuCl_2$ 较为重要。$CuCl_2\cdot2H_2O$ 为绿色晶体,在湿空气中易潮解,在干燥空气中又易风化。无水 $CuCl_2$ 为棕黄色固体,不但易溶于水,还易溶于乙醇、丙酮等有机溶剂。

碱式碳酸铜[$Cu(OH)_2\cdot CuCO_3\cdot xH_2O$]为孔雀绿色的无定形粉末。按 CuO : $CO_2$ : $H_2O$ 的比值不同而有多种组成,工业品 CuO 含量在66% ~78% 的范围内。铜生锈后的"铜绿"就是这类化合物。碱式碳酸铜是有机合成的催化剂、种子杀虫剂、饲料中铜的添加剂,也可用作颜料、烟火等。

工业上,采用可溶性铜盐与可溶性碳酸盐反应制备 $Cu(OH)_2CO_3$。为了保证产品的纯度,对反应系统中的 $Cu^{2+}$、$OH^-$ 和 $CO_3^{2-}$ 的浓度有严格的要求。

$$2Cu^{2+}+2OH^-+CO_3^{2-} = \underset{\text{(蓝绿色)}}{Cu_2(OH)_2CO_3\downarrow}$$

## (二) 锌及其重要化合物

**1. 锌** 锌是较活泼金属,能与许多非金属直接化合。它易溶于酸,也能溶于碱,是一种典型的两性金属。锌在潮湿空气中会氧化并在表面形成一层致密的碱式碳酸锌薄膜,能保护内层不再被氧化。常说的"铅丝"、"铅管",实际上都是镀锌的铁丝和铁管。据统计,全世界生产的锌有40% 用于制造镀锌钢板和白铁皮等。

锌是人体必需的微量元素。

**2. 锌的化合物**

(1) 氧化锌和氢氧化锌:氧化锌(ZnO)为白色粉末,不溶于水,是两性氧化物,既溶于酸,又溶于碱:

$$ZnO+2HCl = ZnCl_2+H_2O$$

$$ZnO+2NaOH = Na_2ZnO_2+H_2O$$

商品氧化锌又称锌氧粉或锌白,是优良的白色颜料。它遇硫化氢不变黑(因为 ZnS 也是白色),这一点优于铅白。它是橡胶制品的增强剂。氧化锌无毒,具有收敛性和一定的杀菌能力,故大量用作医用橡皮软膏。氧化锌又是制备各种锌化合物的基本原料。

氢氧化锌[$Zn(OH)_2$]为白色粉末,不溶于水,为两性化合物。氢氧化锌还能溶于氨水:

$$Zn(OH)_2+4NH_3 = [Zn(NH_3)_4]^{2+}+2OH^-$$

(2) 锌盐:无水氯化锌为白色固体,吸水性很强。主要用作有机工业的脱水剂、缩合剂和催化剂等。可由金属锌和氯气直接化合:

$$Zn+Cl_2 \xlongequal{} ZnCl_2$$

溴化锌和碘化锌都是白色结晶，也由单质直接合成，用于医药和分析试剂。

硫酸锌（$ZnSO_4 \cdot 7H_2O$）是常见的锌盐，俗称皓矾。大量用于制备锌钡白（商品名为“立德粉”），它由硫酸锌和硫化钡经复分解而得。实际上锌钡白是硫化锌和硫酸钡的混合物：

$$ZnSO_4+BaS \xlongequal{} ZnS \cdot BaSO_4 \downarrow$$

这种白色颜料遮盖力强，而且无毒，所以大量用于油漆工业。硫酸锌还广泛用作木材防腐剂和媒染剂。

硫化锌晶体中加入微量铜、锰、银等离子作激活剂，经光照射后可发出不同颜色的荧光，这种材料称为荧光粉，常用于制作荧光屏、夜光仪表和电视荧光粉等。

### （三）汞及其重要化合物

**1. 汞**　汞是常温下的液态金属，有许多宝贵性质在工业上得到应用。它的流动性好，不湿润玻璃，并且在 0～200℃ 体积膨胀系数十分均匀，适于制造温度计及其他控制仪表。汞的密度（$13.6g \cdot cm^{-3}$）是常温下液体中最大的，常用于血压计、气压表和真空封口中。此外，利用液态汞的导电性，用作电化学分析仪器，自动控制电路等。

汞能溶解许多金属形成液态或固态合金，称为汞齐。汞齐在化工和冶金中都有重要用途。例如，钠汞齐与水反应，缓慢放出氢，是有机合成的还原剂。在冶金工业中，曾利用汞溶解金属来提炼某些贵重金属。

**知识链接**　　**汞污染及含汞废水的处理**

汞进入人体，能迅速渗透到各组织中，积累在中枢神经、肝和肾内，引起头痛、震颤、食欲不振、睡眠不宁，严重时还会使语言失控，四肢麻木，甚至变形。发生在日本水俣镇的“水俣病”，就是由一家生产氯乙烯工厂排放的含汞废水经浮游生物—虾—鱼—人的食物链所导致的汞污染事件。

汞污染问题越来越引起全世界的高度重视，其污染源主要来自工业污染、金矿开采冶炼、火山喷发、燃煤污染和酸雨污染等。汞污染包括汞蒸气、无机汞盐、有机汞化合物（烷基汞）。含汞废水是世界上危害较大的工业废水之一，化学工业、冶金、电镀等是汞废水的重要来源。

含汞废水的处理方法通常有：①金属还原法，用铁屑、铜屑、锌等作还原剂处理含汞废水，直接回收金属汞，通常分为铜屑置换法、硼氢化钠还原法；②化学沉淀法，通常分为硫氢化钠、硫酸亚铁共沉淀，电石渣、三氯化铁沉淀等；③活性炭吸附法；④电解法；⑤离子交换法；⑥微生物法。

**2. 汞的重要化合物**

（1）氧化汞：有红、黄两种变体，一种是黄色氧化汞，一种是红色氧化汞，前者受热即变成红色。二者的晶体结构相同，只是晶粒大小不同，黄色的细小。它们都不溶于水，有毒，500℃分解为金属汞和氧气。汞盐中加碱得黄色的氧化汞：

$$Hg^{2+}+2OH^- \xlongequal{} HgO\downarrow(黄)+H_2O$$

硝酸汞受热分解得红色的氧化汞：

$$2Hg(NO_3)_2 \xrightarrow{300\sim330℃} 2HgO(粉红)+4NO_2\uparrow+O_2\uparrow$$

氧化汞用作医药制剂、分析试剂、陶瓷颜料等。黄色氧化汞的反应性能较好，需要量较大，是制备许多汞盐的原料。

（2）氯化汞和氯化亚汞：氯化汞（$HgCl_2$）为共价化合物，熔点较低（280℃），易升华，故俗称升汞，能溶于水[25℃，7g·（100g 水）]，有毒，内服 0.2～0.4g 就能致命。稀溶液可杀菌，医学上用于消毒，外科手术器械的消毒剂就是 1∶1000 的 $HgCl_2$ 稀溶液。

$HgCl_2$ 在水中解离度很小，主要以 $HgCl_2$ 形式存在，所以 $HgCl_2$ 有假盐之称。$HgCl_2$ 在酸性溶液中有较强的氧化性，当与适量 $SnCl_2$ 作用时，生成白色丝状的 $Hg_2Cl_2$；$SnCl_2$ 过量时，$Hg_2Cl_2$ 会进一步被还原为金属汞，沉淀变黑：

$$2HgCl_2+SnCl_2(\text{适量}) = Hg_2Cl_2\downarrow(\text{白})+SnCl_4$$

$$Hg_2Cl_2+SnCl_2(\text{过量}) = 2Hg\downarrow(\text{黑})+SnCl_4$$

此反应用于鉴定 Hg(Ⅱ)或 Sn(Ⅱ)。

$HgCl_2$ 主要用作有机合成的催化剂(如氯乙烯的合成)，其他如干电池、染料、农药等也有应用。医药上用它作防腐、杀菌剂。

氯化亚汞($Hg_2Cl_2$)微溶于水的白色粉末，少量无毒，略甜，故称为甘汞。$Hg_2Cl_2$ 不如 $HgCl_2$ 稳定，见光易分解，所以氯化亚汞应保存于棕色瓶中。

$$Hg_2Cl_2 = HgCl_2+Hg\downarrow(\text{黑})$$

$Hg_2Cl_2$ 与氨水反应可生成氨基氯化汞和汞：

$$Hg_2Cl_2+2NH_3 = Hg(NH_2)Cl\downarrow(\text{白})+Hg\downarrow(\text{黑})+NH_4Cl$$

$HgCl_2$ 与氨水反应生成氨基氯化汞和氯化铵：

$$HgCl_2+2NH_3 = Hg(NH_2)Cl\downarrow(\text{白})+NH_4Cl$$

因白色的氨基氯化汞和黑色的金属汞微粒混在一起，使沉淀呈黑灰色，所以上述反应可以用于鉴定和区别 $Hg_2^{2+}$ 和 $Hg^{2+}$。

$Hg_2Cl_2$ 常用于制作甘汞电极，在医药上曾用作轻泻剂。医药上作泻剂、利尿剂，常用于制作甘汞电极。

**知识链接**　**含过渡金属元素的常用药物**

(1) $KMnO_4$。高锰酸钾亦称灰锰氧，也称 PP 粉，为黑紫色、细长的三棱形结晶，带蓝色的金属光泽，无臭。$KMnO_4$ 是强氧化剂。利用它的强氧化能力可作为消毒防腐剂，如 0.05%~0.2% 的 $KMnO_4$ 稀溶液，外用冲洗黏膜、腔道、伤口等；灌洗膀胱或尿道(0.01%~0.02%)；口服 $KMnO_4$ 稀溶液(1∶1000)，可用于有机物中毒时洗胃，在公共场所用作消毒剂。高锰酸钾作为消毒药，它本身在中性溶液中被还原为褐色的二氧化锰，附着在物品上，可用还原剂——乙二酸、亚硫酸氢钠等洗去。保存高锰酸钾固体时，勿与有机物、浓硫酸等接触，以免发生爆炸。高锰酸钾水溶液长期放置也会有二氧化锰生成。

(2) $FeSO_4·7H_2O$。七水合硫酸亚铁也称绿矾、青矾或皂矾，为透明、淡蓝绿色的柱状结晶或颗粒；无臭，味咸、涩，带金属味。在干燥空气中易风化，易溶于水，不溶于乙醇。可作为内服药，治疗缺铁性贫血。因为硫酸亚铁在潮湿空气或水溶液中都易被氧化及水解，故药用都做成糖衣片或糖浆以防止氧化。

(3) $CuSO_4·5H_2O$。五水硫酸铜也称蓝矾或胆矾，是深蓝色三斜系结晶，有金属味。在空气中缓缓风化，易溶于水，水溶液显弱碱性，难溶于乙醇。内服为催吐剂，外用治疗砂眼、结膜炎和创面腐蚀。

(4) $ZnSO_4$。硫酸锌也称皓矾或锌矾，为无色透明柱状结晶或细针状结晶或颗粒状的结晶粉末；无臭，有金属涩味；在空气中有风化性，极易溶于水，水溶液显酸性，难溶于甘油，不溶于醇。外用配制滴眼溶液，利用其收敛性可以防止砂眼的发展。此滴眼液在中性或弱碱性溶液中，极易生成氢氧化锌或碱式盐的浑浊。因此，配制此滴眼液常加入硼酸作为缓冲剂，并加入氯化钠调成等渗溶液。

(5) ZnO。氧化锌俗称锌氧粉或锌白粉，为白色或淡黄色柔软的细微粉末。在空气中能慢慢吸收水分和二氧化碳而变为碱式碳酸锌，故应密闭保存。灼热氧化锌时呈黄色，冷却后又变成白色。它在水和醇中都不溶，而溶于稀酸和氢氧化钠溶液，表现出氧化锌的两性。它还可溶于氨水和碳酸铵溶液，生成$[Zn(NH_3)_4]^{2+}$。氧化锌常制成散剂、糊剂、混悬剂和软膏，利用其收敛性与抗生素合用，治疗湿疹、皮炎等皮肤病。

(6) $HgCl_2$。氯化汞也称升汞。为无色或白色斜方形的块状结晶或针状结晶,或白色的结晶性粉末,无臭。在水中的溶解度为 $1g\cdot(13.5ml)^{-1}$,在醇中的溶解度为 $1g\cdot(1.6ml)^{-1}$,氯化汞是弱电解质。加热至277℃熔化成无色液体,至300℃ 沸腾并产生白色的蒸气。氯化汞有强烈的毒性,外用作皮肤与器械的消毒。由于它的毒性,升汞片以及其溶液都着上特殊颜色,以示警惕,储液瓶也应有特殊的标志。

(7) HgO(黄色)。氧化汞也称黄降汞,为黄色至橙黄色无定形的细粉。它在水溶液中几乎不溶,也不溶于醇,能溶于稀盐酸或稀硝酸。黄降汞在空气中无变化,遇光颜色渐变,故应置避光容器内密闭保存于暗处。黄降汞杀菌力很强,做成眼药膏治疗眼睑缘炎、深层角膜炎和巩膜炎等。黄氧化汞软膏不宜与铁、锌、铜等金属器皿接触,否则会析出游离的汞,调配与储存时应注意。

(8) HgS(红色)。红色硫化汞也称朱砂,又称丹砂或辰砂。为天然硫化汞矿石。呈大小不一的块状,薄片状或细小颗粒状;暗红色或鲜红色,有光泽;质重而脆,易破碎;无臭无味。难溶于水和沸腾的盐酸或硝酸,而溶于王水中。人工合成的朱砂是由汞硫加热升华而成。朱砂有镇静、催眠,可治疗惊风、癫痫、心悸、失眠、多梦等病。外用能抑杀皮肤的细菌和寄生虫。

**过渡金属元素在生物体内的作用**

过渡金属元素在生命过程中发挥着重要作用,过渡生物金属元素的代表性生物功能包括以下几方面。

(1) 铁的生物功能。动物体内的铁大部分以与蛋白质相结合形成血红蛋白、肌红蛋白、铁蛋白以及转铁蛋白等的形式存在。血液中的铁主要以血红蛋白的形式存在于红细胞中,而在血浆中铁则以转铁蛋白形式存在。转铁蛋白作为铁的传递体循环于血液中,在铁的代谢中起重要作用。生物体内的天然氧载体具有可逆载氧能力,能把从外界吸入体内的氧气运送到各种组织,供细胞内进行维持生命所必需的各种氧化作用。

(2) 锌的生物功能。人体内大约共有 18 种含锌金属酶和 14 种锌激活酶。锌酶涉及生命过程各个方面。例如,碳酸酐酶是一种相对分子质量高达 30 000 的锌酶,它具有一系列的生物功能,包括光合成、钙化、维持血液 pH、离子输送和 $CO_2$ 交换等。该酶是目前所知道的催化效率最高的酶之一。

锌也是合成 DNA、RNA 和蛋白质所必需的,缺乏锌的大白鼠 DNA、RNA 和蛋白质的合成量降低。此外,DNA 合成时的基因活化过程也需要锌。实验还证明,锌在加速伤口愈合、视网膜定位、视觉反应中起着重要作用。

(3) 铜的生物功能。体内大约有 12 种含铜酶。这些含铜酶具有从铁的利用到皮肤的着色等多种生物学效应。红细胞中的铜 60% 以上以血细胞铜蛋白的形式存在,血细胞铜蛋白也被称为超氧化物歧化酶(SOD)。SOD 有防御氧阴离子自由基的毒性、抗辐射损伤、预防衰老以及防止肿瘤和炎症等重要作用。血浆中的铜大多以血浆铜蓝蛋白的形式存在,血浆铜蓝蛋白是相对分子质量约为 160 000 的 $\alpha$-球蛋白。它是一种与铁代谢过程有关的氧化酶。

(4) 钼的生物功能。钼在动物生长中的必需性是在 1953 年被证明的。实验发现黄素酶(黄嘌呤氧化酶)是含钼的金属酶,其活性受钼支配。此外,生物体内的醛氧化酶、硝酸盐还原酶、亚硫酸氧化酶、固氮酶等都是含钼的金属酶。

(5) 钴的生物功能。钴是一种人体必需的微量元素。钴的生物学效应主要是它在维生素 $B_{12}$ 系列辅酶中的作用。维生素 $B_{12}$ 是重要的含钴生物配位化合物,在生物体内的功能实际上是通过辅酶 $B_{12}$ 参与碳的代谢作用,促进核酸和蛋白质合成、叶酸储存、硫醇活化、骨磷脂形成,促进红细胞发育与成熟。因此,维生素 $B_{12}$ 能有效地治疗恶性贫血。

钴离子也是某些酶必需的辅因子,但只发现其中的甘氨酰甘氨酸二肽酶存在于动物体内。

## 目标检测

### 一、选择题

1. 碱金属和碱土金属都不具有的性质是(　　)

A. 与水剧烈反应　　B. 与酸反应

C. 与碱反应　　D. 与强还原剂反应

2. 下列金属单质不能保存在煤油中的是(　　)

A. Li　　B. Na

C. K　　D. Rb

3. 下列关于 $Al(OH)_3$ 性质的叙述错误的是(　　)

A. $Al(OH)_3$ 是两性的,其酸性与碱性相当

B. $Al(OH)_3$ 是两性的,其酸性弱于碱性

C. 可溶于酸

D. 可溶于过量的强碱

4. 实验室的铬酸洗液,若变绿而失效时,可用那种试剂使其再生(　　)

A. 浓硫酸　　B. 浓硝酸

C. 双氧水　　D. $KMnO_4$

5. 为除去钢粉中的少量氧化铜杂质,采用下列哪种方法合适(　　)

A. 用热水洗　　B. 用浓盐酸洗

C. 用氨水洗　　D. 用盐酸洗

6. 汞能用于制造温度计是因为(　　)

A. 膨胀系数均匀,不润湿玻璃

B. 室温时蒸气压低

C. 能溶解金属

D. 常温时不活泼

7. 下列保存物质的方法正确的是(　　)

A. 固体氢氧化钠应保存在盛有石蜡的玻璃瓶中

B. 浓硫酸可以储存在铝制容器中

C. 金属钠通常保存在干燥的塑料瓶中

D. 硝酸常保存在胶塞玻璃瓶中

8. 关于 $Na_2CO_3$ 和 $NaHCO_3$ 的叙述中正确的是(　　)

A. $NaHCO_3$ 比 $Na_2CO_3$ 更易溶于水

B. $Na_2CO_3$ 和 $NaHCO_3$ 都易受热分解,产生使石灰水变浑浊的气体

C. 物质的量相同的 $Na_2CO_3$ 和 $NaHCO_3$ 与足量稀盐酸反应,产生的气体一样多

D. $Na_2CO_3$ 能与石灰水反应产生沉淀,而 $NaHCO_3$ 则不能

9. 将一定质量的 NaOH 固体长期露置在空气中后,其质量(　　)

A. 增加　　B. 减少

C. 不变　　D. 无法确定

10. 钾和钠的化学性质非常相似,下列解释合理的是(　　)

A. 化合价相同　　B. 都是碱金属

C. 都有强还原性　　D. 最外层电子数相同

11. 欲使三氯化铝中的铝离子全部沉淀,最好加入下列试剂中的(　　)

A. NaOH　　B. $NH_3 \cdot H_2O$

C. HCl　　D. $CO_2$

12. 实验室制取氢氧化铝的最佳方案是(　　)

A. $Al+H_2O$　　B. $Al_2O_3+H_2O$

C. $AlCl_3+NaOH$　　D. $Al_2(SO_4)_3+NH_3 \cdot H_2O$

13. 某强碱性的透明溶液中所含的一组离子可能是(　　)

A. $Na^+$、$Cl^-$、$Al^{3+}$、$Ca^{2+}$

B. $K^+$、$S^{2-}$、$HCO_3^-$、$NH_4^+$

C. $Fe^{2+}$、$Na^+$、$K^+$、$Cl^-$

D. $AlO_2^-$、$Na^+$、$K^+$、$Cl^-$

14. 为防止 $FeCl_2$ 溶液变质,应加入一定量的(　　)

A. 铁钉和稀硫酸　　B. 铁钉和稀盐酸

C. 铁钉　　D. 氧化亚铁和盐酸

## 二、简答题

1. 为什么可用过氧化钠作为潜水密封舱中的供氧剂?

2. $FeCl_3$ 溶液与 $Na_2CO_3$ 溶液作用时为什么生成的是氢氧化铁沉淀,而不是碳酸铁沉淀?

3. 试说明为什么铝不溶于水而溶于 $NH_4Cl$ 和 $Na_2CO_3$ 的水溶液。

4. 在 $Fe^{3+}$ 的溶液中加入 KCNS 溶液时出现血红色,但加入少许铁粉后,血红色立即消失,这是什么原理?

5. $KMnO_4$ 溶液为什么保存在棕色瓶内?

6. 铜器在潮湿的空气中放置为什么会慢慢生成一层铜绿?

7. $Fe^{3+}$ 能腐蚀 Cu,而 $Cu^{2+}$ 又能腐蚀 Fe,二者是否有矛盾?

## 三、解释下列实验现象

1. 黄色的 $BaCrO_4$ 沉淀与浓盐酸作用得到的溶液显绿色。

2. 向 $K_2Cr_2O_7$ 溶液中加入 $Pb^{2+}$,生成的是黄色的 $PbCrO_4$ 沉淀。

3. 向黄色的 $K_2CrO_4$ 溶液中加入适量 $HNO_3$,溶液变为橙红色。

4. $Cr(OH)_3$ 可溶解在 $NH_3$-$NH_4Cl$ 溶液中。

5. $Mn(OH)_2$ 沉淀在空气中放置,颜色由白色变为褐色。

6. 深绿色的 $K_2MnO_4$ 遇酸则变为紫红色的溶液和棕色的沉淀。

# 第十三章　生物无机化学基本知识

**学习目标**

1. 理解最营养浓度定律
2. 了解生物元素和分类
3. 了解金属生物元素的存在形式和主要生物功能
4. 了解矿物药及其特点
5. 了解生物无机化学的应用

生物无机化学又称无机生物化学或生物配位化学，于20世纪60年代，在无机化学和生物学的相互交叉和相互渗透中发展起来的一门边缘学科。它是在分子、原子水平上研究生物体内的金属（和少数非金属）元素及其化合物，特别是痕量金属元素与生物配体之间的相互作用。近年来，理论化学方法和近代物理测定方法的飞速发展，使得揭示生命过程奥秘的生物无机化学研究成为可能，生物无机化学正是这个时候作为一门独立学科应运而生。

**知识链接**

**生物无机化学的研究内容**

生物无机化学作为一门边缘学科，虽然形成的时间不长，但其研究所涉及的内容比较广泛，其主要研究对象是具有生物活性的生物金属配合物。目前其研究主要包括以下几个方面。

（1）无机元素，尤其是微量元素在生物体内的存在形式，分布与代谢，与生物大分子的相互作用和所形成的生物金属配合物的结构、性质和生物活性，微量元素在生物体内所参与的化学反应的机理以及其生物功能。

（2）金属离子在体内的运送途径和各种离子载体的性质、结构和功能。离子载体可运送金属离子通过生物膜，是保持金属离子生物作用的前提。

（3）环境污染元素对人体健康的影响，探讨某些地方病和重金属中毒发生的机理与防治。

（4）研究与金属离子有关的生理、病理机制和新型药物的合成等。

（5）生命元素的生物矿化以及与环境的关系。

## 第一节　生物元素

生物元素是指在生物体内维持正常生物功能的元素。在生物体内广泛参与生命活动的蛋白质、核酸、脂类和糖类都含有碳、氢、氧、氮、磷、硫等元素，这些元素在体内是以有机化合物的形式存在，被称为生物非金属元素。在生物体内的电解质含有 $K^+$、$Na^+$、$Ca^{2+}$、$Mg^{2+}$ 等离子，骨骼中的无机盐，各种酶、辅酶、结合蛋白的辅基中含有的 Fe、Mn、Co、Cu、Zn、Mo 等金属元素，被称为生物金属元素。

### 一、生物元素的分类

人类在地球上生存，人体不断地与自然界进行着物质的交换。所以，人体血液中化学元素的丰度同地壳中的元素的丰度是惊人的相似。自然界存在的 94 种稳定元素中，在现代人体内已发现了 60 余种。按照体内元素的生物作用，可将它们分成人体必需元素、有益元素和有害元素。

**案例 13-1**

2009 年 5 月 15 日我国第 16 个"防治碘缺乏病日",今年的宣传主题为"全社会共同参与,持续消除碘缺乏病"。"防治碘缺乏病日"是为了提高对"碘缺乏病"危害的认识,促进国民身体健康而设立。为什么我国如此重视碘缺乏的防治? 碘的缺乏会对人类产生什么影响呢?

碘是影响智力发育的重要微量元素,碘缺乏病是目前人类所面临的全球性公共卫生问题,是由于自然环境碘缺乏造成机体甲状腺激素不足所表现的一组疾病的总称。碘缺乏病所造成种种不同的损伤取决于碘缺乏的程度和持续时间,轻者可为智力或体力发育落后;重者表现为地方性甲状腺肿(简称地甲肿)、地方性克丁病(简称地克病)两种;其中最严重的危害是造成脑发育障碍、损伤智力、降低人口素质。

我国是碘缺乏危害十分严重的国家,至 2007 年止,有 4.25 亿人口生活在缺碘环境里,涉及地域广,威胁人口多,特别是对新婚育龄妇女、妊妇、婴幼儿的危害更为突出。但现实生活中。人们缺少碘缺乏危害和预防知识,因此普及防病知识,提高自我保健意识,加强宣传教育是当前消除碘缺乏病工作中十分紧迫的任务。

**1. 人体必需元素**　参与构成人体和维持机体正常生理功能的元素称为人体必需元素。"必需"的含义为:①元素存在于健康组织中,并与一定的生物化学功能有关;②在各组织中有一定的浓度范围;③从机体中排除这种元素将引起再生性生理变态,重新引入这种元素变态可以清除。

生物元素按其在人体中含量又可分为宏量元素和微量元素。O、C、H、N、Ca、P、K、S、Cl、Na、Mg 这 11 种元素占人体总质量的 99.95%,它们是构成机体各种细胞、组织、器官和体液的主要元素,因此称它们为人体宏量元素,也称生命结构元素。表 13-1 类列了人体的主要元素的组成。

表 13-1　体重 70kg 人的元素平均含量

| 元素 | 含量/g | 元素 | 含量/g | 元素 | 含量/g |
|---|---|---|---|---|---|
| H | 6 580 | Na | 70 | Mn | <1 |
| C | 12 590 | K | 250 | Mo | <1 |
| N | 1 815 | Mg | 42 | Co | <1 |
| O | 43 550 | Ca | 1 700 | Cu | <1 |
| P | 680 | Cl | 115 | Ni | <1 |
| S | 100 | Fe | 6 | I | <1 |
| | | Zn | 1~2 | | |

F、Si、V、Cr、Mn、Fe、Co、Ni、Li、Al、Cu、Zn、Se、Sn、Mo、I、As 这 17 种元素占人体总量的 0.05%,称为必需微量元素。微量元素在体内的含量虽少,但它们在生命活动过程中的作用却极为重要。

以上 28 种元素之所以为必需元素,是因为它们不仅为生物分子中的组成元素,而且具有特异性的功能。例如,作为结构材料,Ca、P 构成骨骼、牙齿,C、H、O、N、S 构成生物大分子;有的金属离子组成金属酶;含有 $Fe^{2+}$ 的血红蛋白负责运载 $O_2$ 和 $CO_2$ 的作用;$Ca^{2+}$ 与氨基酸中的羧酸结合起到传递某种生物信息的作用;存在于体液中的 $Na^+$、$K^+$、$Cl^-$ 等起到维持体液中水、电解质平衡和酸、碱平衡的作用。

生物元素在维持人体正常的生理功能上起到很大的作用,表 13-2 列出了部分生物元素的主要生理功能和摄入来源。

表 13-2　生物元素的主要生理功能和对人体的影响

| 元素 | 生物功能 | 缺量引起的症状 | 积累过量引起的症状 | 摄入来源 |
|---|---|---|---|---|
| Fe | 储存、输送氧，参与多种新陈代谢过程 | 缺铁性贫血、龋齿、无力 | 青年智力发育缓慢、肝变硬 | 肝、肉、蛋、水果、绿叶蔬菜等 |
| Cu | 血浆蛋白和多种酶的重要成分，有解毒作用 | 低蛋白血症、贫血、冠心病 | 类风湿性关节炎、肝硬化、精神病 | 干果、葡萄干、葵花子、肝、茶等 |
| Zn | 控制代谢的酶的活性部位，参与多种新陈代谢过程 | 贫血、高血压、早衰、侏儒症 | 头昏、呕吐、腹泻、皮肤病、胃癌 | 肉、蛋、奶、谷物 |
| Mn | 多种酶的活性部位 | 软骨畸形、营养不良 | 头痛、昏昏欲睡、功能失调、精神病 | 干果、粗谷物、核桃仁、板栗、菇类 |
| I | 人体合成甲状腺素必不可少的原料，甲状腺中控制代谢过程 | 甲状腺增大、克丁病 | 甲状腺增大、疲怠 | 海产品、奶、肉、水果、加碘食盐 |
| Co | 维生素 $B_{12}$ 的核心 | 贫血、心血管病 | 心脏病、红细胞增多 | 肝、瘦肉、奶、蛋、鱼 |
| Cr | 铬(Ⅲ)使胰岛素发挥正常功能，调节血糖代谢 | 糖尿病、糖代谢反常、动脉粥样硬化、心血管病 | 肺癌、鼻膜穿孔 | 各种动物中均含微量铬 |
| Mo | 染色体有关酶的活性部位 | 龋齿、肾结石、营养不良 | 痛风病、骨多孔症 | 豌豆、谷物、肝、酵母 |
| Se | 正常肝功能必需酶的活性部位 | 心血管病、克山病、肝病、易诱发癌症 | 头痛、精神错乱、肌肉萎缩，过量中毒致命 | 日常饮食、井水中 |
| Ca | 在传递神经脉冲、触发肌肉收缩，释放激素、血液的凝结以及正常心律的调节中起作用 | 软骨畸形、痉挛 | 胆结石、动脉粥样硬化 | 动物性食物 |
| Mg | 在蛋白质生物合成中必不可少 | 惊厥 | 麻木症 | 日常饮食 |
| F | 氟离子能抑制糖类转化成腐酸酶，是骨骼和牙齿正常生长必需的元素 | 龋齿 | 斑釉齿、骨骼生长异常、严重者瘫痪 | 饮用水、茶叶、鱼等 |

**2. 有益元素**　B、F、Si、V、Cr、Ni、Se、Br、Sn 这 9 种元素属于有益元素。人体没有这些元素时生命尚可维持，但不能认为是健康的。

**3. 有害元素**　有害元素也称污染元素，是在人体中存在并能显著毒害机体的元素。目前已经明确的有害元素有 Cd、Hg、Pb、As、Be。(表 13-3)研究资料表明，现代人体内有害元素的含量在逐年增加。因此，人类必须阻止环境污染，保护自己生存的空间，阻止有害元素进入人体内。

表 13-3　污染元素对人体的危害

| 元素 | 危害 | 最小致死量($\times10^{-4}\%$) |
|---|---|---|
| Be | 致癌 | 4 |
| Cr | 损害肺、可能致癌 | 400 |
| Ni | 肺癌、鼻窦癌 | 180 |
| Zn | 胃癌 | 57 |

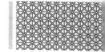

续表

| 元素 | 危害 | 最小致死量($\times10^{-4}$%) |
|---|---|---|
| As | 损害肝、肾和神经、致癌 | 40 |
| Se | 慢性关节炎、浮肿等 | 3.5 |
| Y | 致癌 | — |
| Cd | 气肿、肾炎、胃痛病、高血压、致癌 | 0.3~0.6 |
| Hg | 脑炎、损害中枢神经和肾脏 | 16 |
| Pb | 贫血、损害肾脏和神经 | 50 |

## 二、最适营养浓度定律

法国科学家 Bertrand 在研究锰对植物生长的影响后指出:"植物缺少某种元素时就不能成活;当元素适量时,植物就茁壮成长;但过量时又是有害的。"这就是"最适营养定律"。大量研究表明,这个定律不仅适合于植物,也适用于一切生物。图 13-1 为元素最适营养浓度定律的示意图。

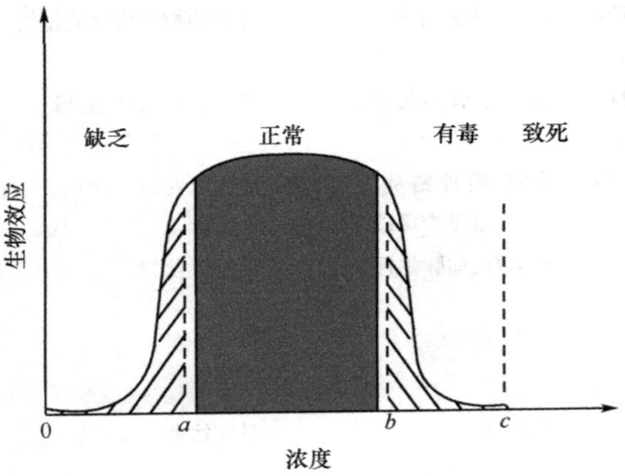

图 13-1 元素最适营养浓度定律的示意图

最适营养浓度定律表明了生物效应-浓度之间的关系。当元素浓度为 $0\sim a$,表明生物对该元素缺乏,此时某些生物效应处于低级状态;随着浓度的增加,生物效应逐渐提高;在 $a\sim b$ 浓度范围,生物效应达到一平台,这是最适浓度范围,平台的宽度对不同的元素是不同的,如 $b/a$ 值大,此元素毒性一般较小;在 $b\sim c$ 浓度范围内,生物效应下降,表现生物中毒,甚至死亡。

对于必需元素和有害元素,尽管都有生物效应-浓度曲线,但各自的曲线是不同的。现以铁元素为例进行说明。铁是必需元素,对分子氧的运输、电子传递等均十分重要。铁的供应或吸收不足,满足不了血红蛋白合成的需要,将导致缺铁性贫血;反之,如过量输血,不恰当地形成了过量的血红蛋白,导致铁吸收过量,过剩的铁聚集且不被排出体外时,则铁在体内将催化活性氧自由基的产生,生物组织遭到损伤。

因此,一种元素对生命体的"益"与"害",其界限通常难以截然划分。元素的"益"与"害"不仅与元素在体内的含量有关,而且与元素所处的状态有关。例如,铬(Ⅲ)是人体必需的,而铬(Ⅵ)则对人体有害。此外,从生物的演化过程来看,"益"与"害"也是相对的。生命的标志之一,就是生物能不同程度地适应自然,并改造自然。例如,氧对原始生物是有害的,而原始生物逐渐演化为今日的生物,氧成了必需的物质,这就是一种演化过程。因此,可以设想,生物为了适应某些有毒物质并生存下来,会发生某种变异。这种变异可能是某些生物分子结构的变化,也可能是某种解毒机制的建立。生物把这种变异遗传留给后代,这样经过许多世纪,某些有毒物质就变成生物能耐受的或必需的物质了。

## 三、生物金属元素的存在形式

氨基酸、多肽、蛋白质、核苷酸、核酸、多糖、维生素及其他一些参与生命活动的有机分子都可作为配体,与金属离子形成生物金属配合物。生物金属配合物在机体中按其生物配体和功能的不同，主要可分为金属蛋白和核苷酸类配合物、卟啉类配合物以及离子载体。

### （一）氨基酸、肽和蛋白质类配合物

形成蛋白质的基本单元是氨基酸（$H_2N—CHR—COOH$），氨基酸相互作用可以形成以肽键结合的肽链，蛋白质则是由两条或多条肽链按一定形式聚合成的具有一定空间构型的聚合体。所有氨基酸、肽和蛋白质均可与金属离子相互作用生成配合物。氨基酸和金属离子配位时，一方面利用分子中的羧基氧原子与金属离子共价结合，另一方面是由于$—NH_2$中氮原子提供孤对电子对与金属离子形成配位键。在蛋白质分子中存在着大小不同的空穴，其中金属离子可以与不同的氨基酸残基配位。

### （二）核苷酸类配合物

核酸是由许多单核苷酸组成的，而单核苷酸是由杂环碱（嘌呤碱或嘧啶碱）、戊糖（核糖与脱氧核糖）和磷酸组成。核酸和核苷酸都可与生命金属元素形成配合物。核苷酸作为配体时，杂环碱、戊糖和磷酸基都能与金属离子配位，一般情况下碱基与金属离子的配位能力最强。核酸与金属离子的配位情况类似于单核苷酸。

### （三）卟啉类配合物

卟啉类化合物是重要的生物配体，卟啉环中四个N原子可与金属$Fe^{2+}$、$Mg^{2+}$、$Cu^{2+}$等形成螯合物。如血红蛋白的中心部分血红素是以亚铁离子为形成体，以卟啉环为螯合剂而形成的螯合物（图13-2）。

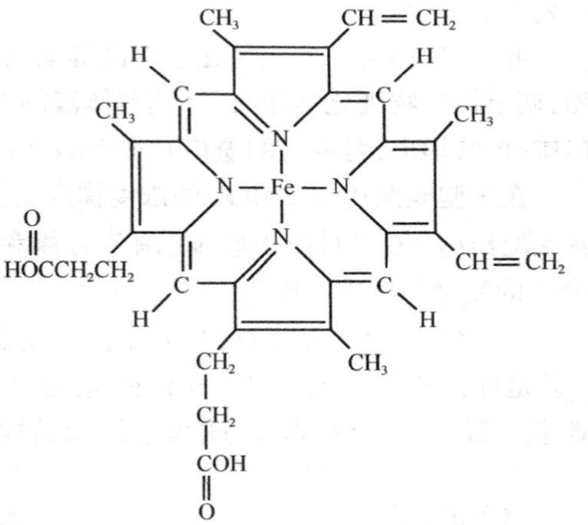

图13-2　亚铁血红素的结构

### （四）离子载体

生物体中各种金属离子在其通过细胞膜时，均有各自的运送方式。通常，在哪细胞膜上存在着一些中等相对分子质量的化合物，它们能与某种特定金属形成脂溶性的配合物，而将离子载到细胞中，这类物质称为离子载体。目前研究得比较多的是$K^+$、$Na^+$、$Ca^{2+}$的离子载体，从结构上分为环状和链状两大类。$K^+$和$Na^+$是体液的重要组成部分，这种特殊的形式使它们特异性地分布在细胞内外液中，对维持细胞内外液的容量和渗透压，调节体液酸碱平衡起着重要作用。

## 四、生物元素的生理功能

人体必需元素在人体内参与构成人体和维持机体正常生理功能。

### （一）构成有机体

构成有机体是生物元素最主要的生理功能。C、H、O、N、S和P组成了有机体所有的生物大分子——蛋白质、核酸、糖等；H和O组成了占人体体重65%以上的物质——$H_2O$；Ca、Mg、P和F组成了生物体的硬组织，如骨骼、牙齿等。钙是骨骼和牙齿的主要成分，它主要以磷酸盐形式嵌镶在蛋白质框架中，镁在体内也以磷酸盐形式参与骨盐组成。

### （二）维持机体正常生理功能

生物体内有着惊人准确的控制系统，精细地调节着每种金属离子的动向，而金属离子又精确地调节着千万种生物化学反应，并在生物过程中发挥如下作用。

(1) 输送作用。机体在生命活动的新陈代谢过程中,所需要的能量是通过营养物质的氧化反应产生的。物质代谢过程中的氧气和电子式通过某些载体输送的,金属铁具有这种输送功能。例如,正常人体中含铁 3~5g,几乎所有组织都含有铁。铁在体内大部分是与蛋白质结合形成配合物的形式存在,这些含铁蛋白发挥以下重要功能:①载氧、储氧功能,血红蛋白在体内起着载氧作用,从肺部将氧输送到各组织细胞,同时又把细胞代谢产生的二氧化碳运到肺部排出体外。肌红蛋白则具有储氧作用;②细胞色素 C 中的铁(Ⅱ)和铁(Ⅲ)间的互变具有输送电子的作用;③运铁蛋白和铁蛋白起着转运、储存和调节铁的吸收平衡的作用。

(2) 催化作用。机体内许多复杂的生化反应常需要生物酶作催化剂。在已知的 1300 多种生物酶中,多数有金属元素参加或必须由金属离子作为酶的激活剂。例如,酸肽酶含锌;$Mg^{2+}$是许多酶的激活剂;精氨酸酶需要 $Mn^{2+}$作激活剂;如体内缺铜会影响酪氨酸酶的活性,则酪氨酸转变成黑色素的过程缓慢或停止。因此,缺铜是引起白癜风的重要原因。

(3) 参与激素的作用。激素是人体生长代谢过程中不可缺少的物质,一些元素在激素形成或协助激素发挥生物作用的过程中至关重要。例如,碘是甲状腺素形成的必需元素;铬(Ⅲ)在胰岛素参与糖代谢的过程中起重要的协助作用;钴在人体中含量很少,一般人体内仅含有 1.1~1.5mg,它对铁的代谢、血红素的合成、红细胞的发育成熟有着重要作用,特别是钴作为维生素 $B_{12}$的主要成分,起着高效生血的作用。近年来有人认为,心血管疾病与钴的含量有关,病情越严重发现钴的含量越少。

此外,体内的一些金属元素在高等动物复杂的神经传导中,具有传递生物信息,调节肌肉收缩,调节体液物理化学性质(如调节体液的渗透压、维持水、电解质平衡和酸碱平衡等),影响蛋白质、核酸形成,对生物的遗传有很大的贡献。

在细胞膜两边,$Na^+$和 $K^+$的浓度梯度是膜电位的主要来源,这种膜电位对神经传递信号等起着支配作用。$Ca^{2+}$对肌肉收缩、调节心律和血液凝固等都有影响。$Mg^{2+}$对蛋白质的合成和对 DNA 的复制起着重要作用。

人类在地球上繁衍生息,人与地球外围地圈自然体间必定有着本质的联系,而这种联系的物质基础就是自然体中的化学元素。可以相信,随着人们在分子水平上认识化学元素和生物配体的生理功能、揭示致病机制和探索新药开发途径,必将推动医学和药学的进步,从而给人类的健康带来福音。

**知识链接** **生 物 矿 化**

生物体内除不断进行的一系列生物化学反应以外,还进行着一类重要无机化学反应。那就是生物体摄入的必需金属离子通过形成生物矿物构成牙、骨骼等硬组织。这些硬组织是介于无机物和有机物之间的特殊材料。它们所包含的方解石、羟基磷灰石[$Ca_{10}(PO_4)_6(OH)_2$]等矿物质,在组成和结晶方式等与天然矿物相同。但这些生物矿物只有结合在硬组织中,才表现出特殊的理化性质和生物功能。它们在生物体内特定的条件下形成,并具有特定的组装方式和高级结构。通常将在生物体特定部位和环境下,在生物有机物质的控制和影响下,将溶液中的离子转变生物矿物的过程称之为生物矿化。

生物矿化有两种形式,一种是在一定部位,并按一定的组成、结构和程度进行的正常生物矿化;另一种发生在不应形成矿物的部位,或者矿化过度和不足(龋齿、牙石)的异常矿化,也称病理矿化,两种矿化的化学本质很相似,其差别在于正常的生物矿化是受控过程,而病理矿化是失控的结果。

## 第二节 矿 物 药

所有的药物都是化学物质,但绝大多数是有机化合物,但在中外古代医学中都有使用矿物药的历史。从我国现存最早的药学专著《神农本草经》到李时珍的《本草纲目》中都有矿物药的详细记载。许多中医文献中有白石英有镇静、安神之功效；朱砂能治疗心脏病等记载；在中医临床上一直使用雄黄、雌黄、砒霜等含砷矿物药。这些药物都是利用金属和个别非金属化合物杀伤微生物、寄生虫以及癌细胞等。三氧化二砷作为药物以“以毒攻毒”的原理治疗疾病有着悠久的历史，特别是砷化合物在治疗白血病方面的功效更是被世人所关注。20世纪90年代，砷剂治疗白血病重新得到国际血液学界的重视，美国食品药品监督管理局（FDA）在经过验证后批准了砷剂的临床使用。

## 一、矿物药的分类

矿物药从不同的角度有不同的分类方式。

**1. 根据来源和加工方法不同分类**　根据来源和加工的方法不同矿物药可分为三类。

（1）原矿物药：指从自然界采集后，基本保持原有性状作为药物使用的物质。其中包括矿物（如石膏、滑石、雄黄）、动物化石（如龙骨）和以有机物为主的矿物（如琥珀）。

（2）矿物制品药：指主要以矿物为原料经加工制成的单味药，如白矾、胆矾等。

（3）矿物药制剂：指以多味原矿物药或矿物制品药为原料加工制成的制剂。

矿物制品药与矿物药制剂虽均属加工制品，但前者多是以单一矿物为原料加工制成，以配合应用为主而很少单独使用，后者多数是以多味原矿物药或矿物制品药为原料加工制成，以单独应用为主而很少配合应用。

**2. 根据阳离子不同分类**　在矿物学中，通常是根据矿物所含阴离子的不同对矿物进行分类的。从药学的观点来看，根据阳离子的种类对矿物药进行分类也是非常恰当的，因为阳离子通常对药效起着较重要的作用。矿物药按阳离子的不同划分为汞化合物类、铁化合物类、铝化合物类、铜化合物类、砷化合物类、硅化合物类、钙化合物类、镁化合物类、钠化合物类等。

**知识链接**

部分矿物药的名称、主要功能和功效列于表13-4中。

**表13-4　部分矿物药的名称、主要成分和功效**

| 类别 | 药物名称 | 主要成分 | 主要功效 | 中成药及汤剂 |
|---|---|---|---|---|
| 汞化合物 | 朱砂 | 硫化汞（HgS） | 清心镇惊，安神解毒，用于心悸易惊，失眠多梦，癫痫发狂，小儿惊风，视物昏花，口疮，疮疡肿毒 | 朱砂安神丸 |
| | 红粉 | 氧化汞（HgO） | 拔毒，除脓，去腐，生肌，用于痈疽疔疮，梅毒下疳，一切恶疮，肉暗紫黑，腐肉不去，窦道瘘管，脓水淋漓，久不收口 | 九转丹 |
| | 轻粉 | 氯化亚汞（$Hg_2Cl_2$） | 清心镇惊，安神解毒，用于心悸易惊，失眠多梦，癫痫发狂，小儿惊风，视物昏花，口疮，喉痹，疮疡肿毒 | 桃花散、一扫光、白玉膏 |
| 铁化合物 | 自然铜 | 硫化亚铁（FeS） | 散瘀，接骨，止痛，用于跌扑肿痛，筋骨折伤 | 八厘散、各种跌打丸 |
| | 磁石 | 四氧化三铁（$Fe_3O_4$） | 平肝潜阳，聪耳明目，镇惊安神，纳气平喘，用于头晕目眩，视物昏花，耳鸣耳聋，惊悸失眠，肾虚气喘 | 磁朱丸 |

续表

| 类别 | 药物名称 | 主要成分 | 主要功效 | 中成药及汤剂 |
|---|---|---|---|---|
| 铅化合物 | 密陀僧 | 氧化铅($PbO$) | 用于痔疮，湿疹，溃疡，肿毒诸疮及刀伤等 | 一扫光、祖师麻药膏 |
| | 铅丹 | 四氧化三铅($Pb_3O_4$) | 解毒止痒，收敛生肌，用于黄水湿疮，疮疡不收 | 黄生丹、桃花散 |
| 铜化合物 | 胆矾 | 五水硫酸铜($CuSO_45H_2O$) | 治风痰壅塞，喉痹，癫痫，牙疳，口疮，烂弦风眼，痔疮，肿毒 | 光明眼药水 |
| | 铜绿 | 碱式碳酸铜[$CuCO_3Cu(OH)_2$] | 治目翳，烂弦风眼，痈疽，痔恶疮，喉痹，牙疳，臁疮，顽癣，风痰卒中 | 结乳膏 |
| 铝化合物 | 白矾 | 含水硫酸铝钾[$KAl(SO_4)_2 \cdot 12H_2O$] | 外用解毒杀虫，燥湿止痒，内服止血止泻，祛除风痰 | 明矾注射液、白金丸 |
| | 赤石脂 | 含水硅酸铝[$Al_4(Si_4O_{10})(OH)_8 \cdot 4H_2O$] | 涩肠，止血，生肌敛疮，用于久泻久痢，大便出血，崩漏带下，外治疮疡不敛，湿疹脓水浸淫 | 赤石脂禹余粮汤 |
| 砷化合物 | 雄黄 | 二硫化二砷($As_2S_2$) | 解毒杀虫，燥湿祛痰，截疟，用于痈肿疔疮，蛇虫咬伤，虫积腹痛，惊痫，疟疾 | 牛黄解毒丸、益金丸 |
| | 雌黄 | 三硫化二砷($As_2S_3$) | 治疥癣，恶疮，蛇虫螯伤，癫痫，寒痰咳喘，虫积腹痛 | 癣药水、紫金丹 |
| | 信石 | 三氧化二砷($As_2O_3$) | 蚀疮去腐，平喘化痰，截疟，可治疗寒喘，疟疾，淋巴结、骨关节结核，牙疳，痔疮等症 | 疥药一扫光、龙虎丸 |
| 硅化合物 | 白石英 | 二氧化硅($SiO_2$) | 益气、安神、止咳、降逆、除湿痹、补五脏、利尿 | 保元化滞汤 |
| | 玛瑙 | 二氧化硅($SiO_2$) | 清热明目 | 秋毫散 |
| 镁化合物 | 滑石 | 含水硅酸镁[$Mg_3(Si_4O_{10})(OH)_2$] | 利尿通淋，清热解暑，祛湿敛疮，用于热淋，石淋，尿热涩痛，暑湿烦渴，湿热水泻，外治湿疹，湿疮，痱子 | 辰砂六一散 |
| 锌化合物 | 炉甘石 | 碳酸锌($ZnCO_3$) | 解毒明目退翳，收湿止痒敛疮，用于目赤肿痛，眼缘赤烂，溃疡不敛，脓水淋漓，湿疮，皮肤瘙痒 | 妙喉散、生肌散 |
| 钙化合物 | 石膏 | 含水硫酸钙($CaSO_4 \cdot 2H_2O$) | 清热泻火，除烦止渴，用于外感热病，高热烦渴，肺热喘咳，胃火亢盛，头痛，牙痛 | 明目上清丸 |
| | 龙骨 | 主要含有碳酸钙($CaCO_3$)、磷酸钙[$Ca_3(PO_4)_3$] | 敛气逐湿、止盗汗安神、涩精止血，用于夜卧盗汗、梦遗、滑精、肠风下血、泻痢，外用可敛疮口 | 龙牡壮骨冲剂、琥珀安神丸 |
| | 钟乳石 | 碳酸钙($CaCO_3$) | 温肺，助阳，平喘，制酸，通乳，用于寒痰喘咳，阳虚冷喘，腰膝冷痛，胃痛泛酸，乳汁不通 | 海马保肾丸、还少丹 |
| | 紫石英 | 氟化钙($CaF_2$) | 镇心安神，温肺，暖宫，用于失眠多梦，心悸易惊，肺虚咳喘，宫寒不孕 | |

续表

| 类别 | 药物名称 | 主要成分 | 主要功效 | 中成药及汤剂 |
|---|---|---|---|---|
| 钠化合物 | 芒硝 | 含水硫酸钠（$Na_2SO_4 \cdot 10H_2O$） | 泻热通便，润燥软坚，清火消肿，用于实热便秘，大便燥结，积滞腹痛，肠痈肿痛，外治乳痈，痔疮肿痛 | 通便清心丸、化积丸、小儿化毒丸 |
| | 硼砂 | 四硼酸钠（$Na_2B_4O_7 \cdot 10H_2O$） | 解毒防腐、清热化痰，用于口舌糜腐、咽喉肿痛，肺热咳喘、痰多艰咯，久咳喉痛等症 | 硼砂散、冰硼散 |
| | 大青盐 | 主要含有氯化钠（NaCl），夹有钾、镁、钙、镁盐等 | 治尿血，吐血，齿舌出血，目赤痛，风眼烂弦，牙痛 | 参茸大补丹 |

**3. 根据药物功能分类**　按矿物药的功能分为清热解毒药、利水通淋药、理血药、潜阳安神药、补养止泻药、消积药、涌吐药、外用药等。

## 二、矿物药作用的化学基础

人类用药物预防和治疗疾病，是通过服用药物等方式在一定时间内、在人体内形成的一个药物体系。这个体系一旦形成，药物必将对机体产生作用，机体对药物也定会有所反应，药物之间也有相互影响。这里既有化学作用、物理作用又有复杂的生理作用。矿物药之所以能发挥疗效，是因为它是药物体系中的物质之一。其治病的机制可包括矿物药的化学成分被溶解，机体对这些成分的吸收、结合或交换，以及各种矿物的表面吸附等物理作用。

**1. 金属的溶出及其存在状态**　大多数矿物药是以金属难溶盐或氧化物的形式存在，使金属离子难以溶出。矿物药中金属离子的溶出反应，受与有机配体的配合反应、增溶效应、粒度效应以及 pH 等的影响。

例如，在服用含金矿物药的患者的尿液和血浆中均发现存在$[Au(CN)_2]^-$配离子，它是含金矿物药在体内代谢所产生的新的物种，可以进入细胞并抑制白血球的氧化损伤。因此，含金矿物药表现出抗肿瘤和抗艾滋病病毒的活性。

**2. pM 缓冲体系**　pM 缓冲体系是一种溶解度极低的金属化合物或单质，与一种或多种能和金属离子形成配合物的配体（小分子或大分子）所形成的体系。这种体系可提供恒定的、一定水平的金属离子浓度。例如，复方中药中植物来源的配体与矿物中金属离子作用，形成配合物。利用配位平衡的移动，金属离子以极低浓度释放，故可维持体内一定浓度的金属离子。

**3. 有毒金属在低浓度下表现的生物活性**　矿物药中含有毒的金属化合物，常表现出毒性与活性的双向性。例如，具有抗癌作用的矿物药，在杀伤癌细胞、细菌和病毒时，表现出其正向生物活性，但同时往往对正常细胞也有伤害，表现出其毒性。由于药理作用和毒性不可分割，故人们在有效剂量和中毒剂量之间寻求两者兼顾的方法。一般来说，有毒金属化合物在极低浓度下不仅毒性很小，而且表现出与毒性无关的生物活性。pM 缓冲体系可以控制金属离子在极低浓度范围内。

金属离子在低浓度下与高浓度下不同的性质不仅表现在整体生物体上，还表现在细胞层次以及酶等生物分子。金属离子作用的这种双向性，可以从与其作用的大分子的构象和聚集的变化具有双向性来说明。设想一个蛋白质分子对某一个必需金属离子有一个特异性的强结合部位，当此必需金属离子结合在此指定部位，才能维持一定的构象，表现出一定的化学反应性和生物功能。但是，除此结合部位外，可能还有更多的结合部位。若一个非必需金属离子与此必需金属离子相似但又不尽相同,它在极低浓度下结合在那个必需金属离子的结合部位上,也能使蛋白质保持应有的构象,在这一浓度下,非必需金属离子表现必需金属离子的活性。而在浓度增大时,它会更多地结合在其他位点,导致构象改变,甚至影响聚集状态,因而这种非必需金属离子产生破坏活性的作用。这就是双向性的化学基础。

## 三、矿物药的特点

**1. 药源丰富** 矿物药大多是由天然矿物经过加工炮制而成,我国矿物药储量丰富,保证了矿物药的来源。特别是被称之为世界屋脊的青藏高原地域辽阔,具有极其丰富的矿物药资源,据记载比较常用的矿物药就有70多种。因此,应尽可能开发和使用矿物药。

**2. 加工炮制方法比较简单** 加工炮制的目的是为了除去杂质,提高纯度,改变性质,提高疗效,降低毒性,保证用药安全。采集的矿物药材有的经过拣、洗、淘、提,即可使用;有的为了降低或消除毒性,要经过锻、炼、淬;有的经过加工炮制,改变其性能,才能适应于治疗疾病的需要。但总体来说,矿物药的加工炮制方法还是比较简单的。

**3. 功效确切、疗效迅速** 多年的临床实践证明,传统矿物药疗效确切,疗效迅速,如雌黄的杀虫解毒、朱砂和铅丹的镇静安神、自然铜的散瘀接骨等都在中医临床实践中长期使用。

**4. 毒性与生物活性** 许多矿物药是具有毒性的金属化合物,其毒性和生物活性共存,特别是砷、汞、铅等类药物,安全范围较小,没有成熟的经验,切不可任意加大剂量,以免发生意外。

**知识链接** *矿物药研究方向*

矿物药的研究是一门涉及多学科、多层次的课题,它涉及人类如何保护自己,调整人与自然环境之间复杂而微妙的平衡关系。由于矿物药学是诸多学科相互渗透建立起来的新学科,先进的测试技术和诸多学科的突破性进展,也将对矿物药的研究产生深刻的影响和巨大的推动作用。矿物药的研究目前主要涉及以下几个方面:①矿物药宏量元素与微量元素的研究;②矿物药成分的研究;③矿物药物理性质的研究;④矿物药名称与矿物学名称对应的研究;⑤矿物药的药理与毒性研究;⑥矿物药资源的研究;⑦矿物药标准体系的建立等。

# 第三节　生物无机化学的应用

生物无机化学虽然发展成为一门独立的学科的时间并不长,但在化学家、生物学家和医学家的共同努力下,近几十年来得到了迅猛的发展。不但形成了自己相对独立的理论体系,而且其研究成果在医学、农业、环境保护等领域得到了广泛的应用。

## 一、生物无机化学与现代医学

生物无机化学的研究成果对人类有着多方面的贡献,其中最为突出的是在医疗上的应用。人体必需的金属离子,绝大多数是以配合物的形式存在于体内,它们对人体的生命活动发挥着各种各样的作用。从配合化学的角度来探讨生物体的生命过程,以及某些疾病的发病机制,进而研究利用金属配合物作为治疗某些疾病的药物一直是生物无机化学的一个主题。

**1. 金属配合物与疾病** 生物体内某些疾病是由于有害金属离子以及有害配位体进入体内而引起的。一些有害配位体进入生物体内,可以和负担正常生理功能的某些金属配合物中的配体发生竞争,使生物金属配合物失去正常的生理功能,如血红蛋白是Fe(Ⅱ)与卟啉环和蛋白质结合的五配位混配配合物,第六个配位位置可以与氧可逆结合。血红蛋白在氧分压较大的肺部摄取氧,并通过血液循环系统将氧运送到各组织中释放出氧。如果这个位置被其他更强的配位体所占据，这些金属配合物就失去正常的生理功能，出现中毒现象。有害配位体的配位能力越强，中毒就越严重。CO、NO、$CN^-$等配位体与血红蛋白的亲和性，均大于氧很多倍，因此毒性也极大。

有些有害物质在生物体内可破坏金属配合物的正常状态，从而引起病变。血红蛋白（Hb）分子中的Fe（Ⅱ）可被氧化成Fe（Ⅲ），这种高铁血红蛋白（MHb）过多会发生病变。不少药物或化合物，如亚硝酸盐、硝酸甘油、苯胺类、硝基苯类、磺胺类和醌类化合物都可以使Hb氧化成MHb。在正常人体内，由于氧化剂的存在，总有少量Hb被氧化成MHb。但是正常人体内存在高铁血红蛋白还原酶，它可将MHb还原为Hb。如果体内$NO_2^-$等物质过量，超过高铁血红蛋白还原酶的解毒能力，就会发生病变。

**2. 解毒作用**　随着现代工业的迅速发展，各种有毒金属离子的污染物进入了生物圈，它们必然要经过各种途径最终侵入人体。这些金属离子进入人体的量若超过了人体正常的代谢能力，则必然会以各种形态沉积于人体的一些部位或器官中，从而影响正常的生理功能。物体内存在一种自身解毒能力，能在一定程度上抵御有害金属离子的毒害。这种自身的解毒作用是由一种称为金属硫蛋白的物质来完成的，它是在生物体内过量的金属离子的诱导下合成的。金属硫蛋白最大的特点是半胱氨酸残基多，占氨基酸残基的1/3，富含配位能力较强的巯基（—SH），易与$Hg^{2+}$、$Cd^{2+}$、$Pb^{2+}$等结合，起到解毒作用。但金属硫蛋白的解毒作用也有一定限度，一旦超过了它的承受能力，就需要借助于摄入药物进行解毒。

治疗重金属中毒症有两种方法：一种是促使重金属直接从体内排出，另一种是使药物作为解毒剂。解毒剂利用配位能力更强的配位体，与有害金属离子配位，形成更加稳定而对生物体无害的配合物，而且能迅速排出体外（表13-5）。

**表13-5　常用金属解毒剂**

| 金属解毒剂 | 金属 | 金属解毒剂 | 金属 |
|---|---|---|---|
| EDTA钙盐 | Zn、Co、Mn、Pb | 青霉胺 | Au、Sb、Cu、Pb |
| 2,3-二巯基丙醇 | Hg、Au、Sn | *N*-乙酰青霉胺 | Hg |
| 去铁敏 | Fe | 二巯基丁酸钠 | Sb |
| 乙二基磺酸钠 | Ni | 二苯基硫代卡巴腙 | Zn |
| 金精三羧酸 | Be | | |

使用金属解毒剂应注意以下几点。

（1）人体内配位体相比，解毒剂应与有害离子具有更大的稳定性。但是，由于与有害金属配位常数大的配体，往往也与体内必需金属离子具有强的配位作用。因而，要求解毒剂作为配体应该有较高的选择性。但要满足这个要求相当困难。

（2）如果有害离子已经进入细胞内部与生物配体结合，需要考虑解毒剂是否能够达到离子的存在部位，而且解毒剂与金属离子形成的配合物能否顺利地透过细胞膜并排出体外。

（3）与有害金属离子形成混配配合物对解毒更有利。一方面形成混配配合物有更高的稳定常数；另一方面两种不同的配体在混配配合物中可以产生明显的协同作用，有利于解毒剂进入细胞和将金属离子带出细胞。

**案例13-1**

1965年，美国学者在研究直流电场对细菌生长的影响时发现，在用两个铂电极往含氯化铵的大肠埃希菌培养液中通入直流电时，细菌不再分裂。经一系列研究证实起作用的是培养液中存在的微量铂的配合物。由电极溶出的铂与培养液中的$NH_3$和$Cl^-$生成的（顺二氯二氨合铂，简称顺铂）有强烈抑制细胞分裂的能力，对癌症有较高的治愈率。20 世纪 80 年代中期作为抗癌药物投入临床使用。它对睾丸癌的治愈率为 85%，对子宫癌的治愈率为 40%~60%，对膀胱癌等也十分有效。它的抗癌机制可能是由于这种配合物有脂溶性的载体配体 NH，可顺利地通过细胞膜的脂质层进入癌细胞内。顺铂的配体 Cl 可被配位能力更强的 DNA 中的配位原子所取代，从而破坏癌细胞 DNA 的复制能力，使癌细胞分裂受阻。

**3. 抗肿瘤金属配合物** 顺铂抗癌作用的深入研究和临床使用开拓了抗癌金属配合物研究的新领域。人们广泛开展了抗癌金属配合物的探索工作，合成了大量的不同配体和不同结构的铂系金属配合物以及 Rh、Ru、Sn、Pb、Au 等金属配合物，并对它们做了抗肿瘤金属配合物的药效、组成、结构的研究，得到许多有益的实验结果。虽然金属配合物是一类很有希望的抗肿瘤药物，但抗癌配合物进入人体后，既能与癌细胞内物质作用，也会与正常细胞中的各种生物配体反应，造成一系列毒性反应，而且抗癌活性越高，毒性反应越强烈。同时，体内存在的多种生物配体也会降低药物的抗癌活性。如何处理好活性与毒性的关系，合成和筛选既有高度抗癌活性，又无毒性反应的金属配合物仍是一个需要长期研究的问题。

**4. 抗病毒金属配合物** 金属配合物是一类很有效的抗病毒药物。病毒的结构比较简单，外壳是蛋白质，里面是由核酸组成的内核。它在生物细胞外是无法自身繁殖的，只有当进入活细胞后才能繁殖，最终致使宿生细胞死亡。由于金属配合物的稳定性和脂溶性都很好，易于透过细胞膜，进入宿主细胞的内部与病毒的核酸进行化学反应，因而具有抗病毒的能力。

有抗病毒作用的金属配合物，其抗病毒能力要比金属离子或配位体大得多。金属配合物对某些病毒的抑制作用机理比较复杂。例如，乙型流感病毒中所含的核糖核酸聚合酶是一种含锌的金属蛋白质。当金属配合物进入寄生细胞与病毒作用时，金属配合物药物的配体便与上述的聚合酶形成混配配合物，从而达到阻止病毒复制的目的；同时，病毒的核酸和蛋白质又是极好的配位体，可与从金属配合物药物中游离出来的金属离子作用，使这些物质失活。

几乎所有抗菌物质都能与金属配位。它们的药理机理有以下几种可能：①抗菌物质通过金属离子与酶或基质形成三元配合物，使正常的酶反应受到阻碍，从而影响细菌的繁殖；②抗菌物质与生物体内的微量元素结合，使细菌的代谢或酶反应缺乏必需的金属，因而阻碍细菌的繁殖和生长；③抗生素通过形成配合物，促使药物透过细胞膜，从而增强药物在细胞内的作用。

## 二、化学模拟生物过程

生物体内的化学过程一般都具有耗能低、效率高、条件温和等特点。如果将生物体内某些重要生化过程的反应机理研究清楚，用化学方法在生物体外模拟这些生化过程是十分有意义的。

### (一) 人工合成氧载体

为了维持生命过程在生物体内进行的各种氧化反应需要大量氧($O_2$)。氧是非极性分子，在水中溶解度较小，因此通过体内循环输送氧的量受到限制，不能满足正常生理活动。人体血液输送氧是借助于氧载体进行的，生物体内的氧载体的存在可以使血液中的氧含量比水中约高 30 倍。

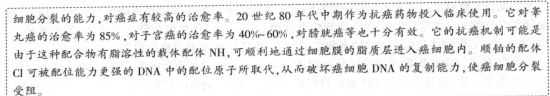

**1. 天然氧载体** 氧载体是生物体内一类可以与氧分子可逆地配位结合、本身有不会被可逆氧化的生物大分子配合物，其功能是储存或运送氧分子到生物体组织内需要氧的地方。人体中载氧体为血红蛋白(Hb)和肌红蛋白(Mb)，它们多含有由亚铁离子和原卟啉形成的血红素。在正常生理情况下，人体每分钟吸入 200ml 氧气，氧气从肺泡到血液，再由血液进入组织细胞中。氧气在血液中的载体为血红蛋白，它存在于血液的红细胞中，是红细胞的功能性物质，具有可逆吸收和释放氧气的作用。肌红蛋白是存在于肌肉组织中的载氧物质，它能储存和提供肌肉活动

所需的氧。

肌红蛋白是由一条153个氨基酸组成的多肽链和一个血红素分子组成的。每个肌红蛋白分子含有一个血红素辅基。血红素是由亚铁离子与原卟啉形成的金属卟啉配合物,亚铁离子作为配位中心与卟啉环上的四个氮原子配位;第五个配位位置被肽链上组氨酸(His)残基的咪唑侧链的氮原子所占据,使两者连接在一起。从配位化学的角度看,肌红蛋白是一种以铁(Ⅱ)为中心离子的蛋白质配合物,其中亚铁离子既是活性中心又是配位中心,卟啉环和蛋白质为配体。

血红蛋白由四个亚基组成,每个亚基也含有一条多肽链和一个血红素辅基。结构研究表明,血红蛋白中每个亚基的二级结构和三级结构与肌红蛋白相似,只是血红蛋白的多肽链稍短。两条多肽链含141个氨基酸,称为α链;另外两条多肽链含146个氨基酸,称为β链。因此,血红蛋白可以看作四个肌红蛋白的集合体。

血红蛋白和肌红蛋白中的亚铁离子,在未和氧分子结合时为五配位,第六个配位位置是暂空的。此时的铁(Ⅱ)离子具有高自旋电子构型,离子半径较大不能完全进入卟啉环的四个氮原子之间,铁(Ⅱ)离子高出血红素平面75pm。当第六个配位位置与氧分子结合以后,由于配位场增强,铁(Ⅱ)离子转变为低自旋电子构型,离子半径也减小了17pm,铁(Ⅱ)离子也下降到卟啉环空穴中而与其共平面,从而使整个体系更趋于稳定。并且血红蛋白和肌红蛋白分子排列紧密,肽链折叠成球形,血红素辅基周围大部分氨基酸残基的亲水基团向外,在血红素周围形成了一个疏水性的空腔。这个疏水性空腔的存在避免了极性水分子或氧化剂进入,从而保护了亚铁血红素不被氧化成高铁血红素,而失去可逆载氧功能,保证了血红素辅基与氧分子的可逆结合。

血红蛋白和肌红蛋白与氧的结合是松弛的、可逆的,特点是既能迅速结合,又能迅速解离。其结合与解离取决于氧分压的大小。当血液经过肺部时,肺泡中氧气含量较高,氧分压大于静脉血的氧分压。氧分子通过配位键与铁(Ⅱ)结合,形成氧合血红蛋白($HbO_2$)。$HbO_2$随血液流动并在需要时释放出氧分子供机体生物氧化的需要。当血液流经组织时,肌肉组织的氧分压较低,氧从$HbO_2$中解离出来,由于Mb与氧的结合能力比Hb强,肌肉组织中的Mb结合形成氧合肌红蛋白($MbO_2$),把氧储存起来以便在氧供应不足时释放出氧,供各种生理氧化反应的需要。血红蛋白随血液流动回到肺部并可再次与氧分子结合。

**2. 人工氧载体**　天然氧载体在生物体内输送或储存氧气,主要是通过结合到蛋白质上的铁、铜过渡金属与氧分子可逆配位来实现的。化学家对这一现象及其机理产生了极大兴趣,但直接研究这些天然物质的困难还很多。为了弄清生物体内结构十分复杂的氧载体与氧分子相互作用的机制,特别是活性中心部位与氧的成键情况,人们合成了一些相对分子质量较小、结构较简单并能可逆载氧的模型化合物来模拟天然氧载体的可逆氧合作用,研究分子氧配合物的本质,进一步探明天然氧载体氧合作用的规律。化学模拟氧载体的研究,不仅有助于了解这些天然物质的作用机理,而且还可以开发其他方面的应用。例如,在研究氧载体模型化合物过程中,已合成出许多种高效的人工氧载体,研制出的新型储氧剂可作为长期远离基地的潜水艇和高空轰炸机的氧源。在合成具有可逆载氧功能的人造血液研究方面,日本和中国也于20世纪70年代末取得突破,合成了与血红蛋白性能相似的人造血,并在临床应用上获得成功。

### (二)化学模拟生物固氮

氮是动植物生长不可缺少的重要元素。随着农业的发展,对氮肥的需求越来越多。虽然大气中约80%是分子氮,但由于其极强的氮氮键很难断裂,大气中丰富的氮气不能直接被植物吸收,植物能直接吸收利用的氮的形态只能是铵盐或氨态氮。由游离氮转化为铵盐或氨态氮的过程称为固氮过程(nitrogen fixation)。大气中的氮气通过雷电可被氧化成一氧化氮进而转化为铵盐,但这大约只占生物圈所需固定氮的1%。合成氨工业利用高温、高压和催化剂的苛刻条件下合成氨,再转化为尿素、硝酸和一系列铵盐产品,以供农业、工业等多方面的需求。但也仅能提供大约30%的固定氮。然而固氮微生物却能在常温、常压下，将空气中的氮转化为氨，通常称为“生物固氮”。这是一个非常重要的生化反应，在全球范围内每年通过固氮菌的生物固氮作用，可以产生 1.75 亿吨氮肥，占植物所需固定氮的大约 70%。固氮微生物中固氮反应的酶系统称为固氮酶。

生物固氮最诱人的就是可以在常温、常压的温和条件下实现合成氨反应。人类在 100 多年前就开始了对生物固氮的研究，试图搞清固氮酶的结构和功能，以及生物固氮反应的机理，进而合成模型化合物，以模拟生物酶的功能，最终实现人工模拟生物固氮反应。即在常温、常压的温和条件下，将空气中的氮气转化为氨或其衍生物。

**1. 固氮酶的组成和功能**　科学家从 20 多种微生物中分离出了固氮酶，固氮酶由两种非血红素铁蛋白组成，一种是钼铁蛋白并含有铁硫基团，另一种是铁硫蛋白(称为铁蛋白)。较大的钼铁蛋白是棕色的，对空气敏感，相对分子质量为 220 000~270 000，每个分子中含有 2 个钼原子、24~33 个铁原子、24~27 个无机硫原子，它是由 1200 个左右氨基酸残基组成的四聚体。较小的铁蛋白是黄色的，对空气极为敏感，相对分子质量为 50 000~70 000，每个分子中含有 4 个铁原子、4 个硫原子，大约由 273 个氨基酸残基组成二聚体。

钼铁蛋白和铁蛋白单独存在时均无活性，若两者以物质的量比 1 : 1 重新组合时，则有最好的催化活性。钼铁蛋白的功能是结合底物氮分子，使其活化、还原；铁蛋白的功能是储存和传递电子，对氧尤其敏感。

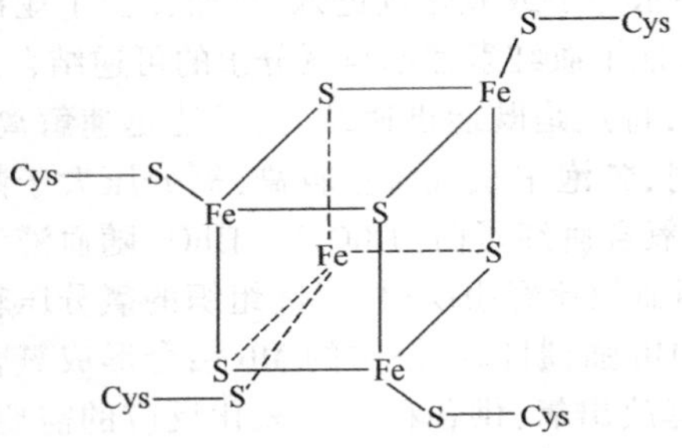


图 13-3　$Fe_4S_4$ 原子簇的结构

对固氮酶的活性中心的研究发现，其中含有钼、铁和半胱氨酸(Cys)。1977 年美国科学家从钼铁蛋白中分离出一种相对分子质量很小的 Fe-Mo 辅因子，其中钼、铁、硫的比例为 1 : 8 : 6。它能显示 Fe-Mo 蛋白的特征顺磁共振(RPR)信号，是固氮酶特有的结构成分。实验结果表明，Fe-Mo 蛋白分子中铁原子和硫原子不是彼此孤立的，铁原子和硫原子一部分属于铁钼辅因子，另一部分则以 $Fe_4S_4$ 原子簇的形式存在(图 13-3)。铁蛋白分子中的 4 个铁原子和 4 个硫原子也构成 $Fe_4S_4$ 原子簇。

**2. 固氮酶的活性中心模型**　为了说明生物固氮的机理，研究人员提出了多种固氮酶活性中心模型。美国的 Schranzer(舒拉泽)等在前人工作的基础上，进行了系统的固氮酶模拟实验，提出了一种钼的固氮酶活性中心模型。Schranzer 结构模型为双核钼(Ⅴ)的半胱氨酸配合物，组成为 $Na_2[Mo_2O_4(Cys)_2]$，它的结构已被 X 射线衍射测定所证实。以铁硫原子簇为铁蛋白模型，组成为 $[Fe_4S_4(SR)_4]^{2-}$，它们的结构如图 13-4 所示。

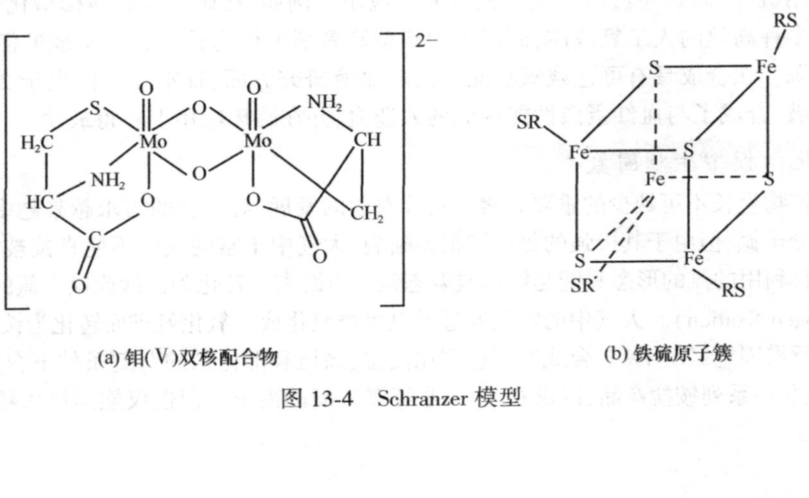


(a) 钼(Ⅴ)双核配合物　　(b) 铁硫原子簇

图 13-4　Schranzer 模型

我国多年来也在固氮酶活性中心模型的研究方面做了大量系统的研究工作。化学家卢嘉锡于 1973 年提出了 H 形网兜模型，其结构为 1 个钼原子、3 个铁原子和 3 个硫原子组成的原子簇化合物[图 13-5(a)]。底物氮分子以投网的方式垂直进入网口，与底部铁(Ⅱ)端基配位，同时又与兜口的 2 个铁原子、1 个钼原子以多侧基方式配位[图 13-5(b)]。后来，又在此基础上形成了“福州模型”和“厦门模型”。

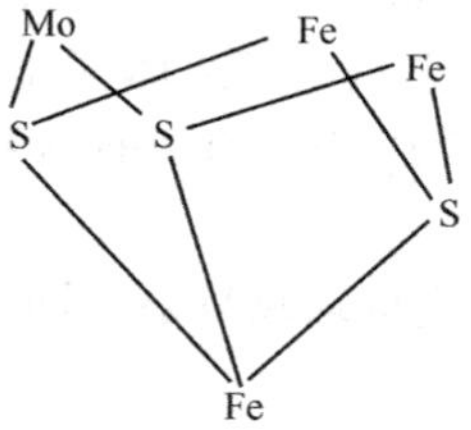


(a) H形网兜结构模型

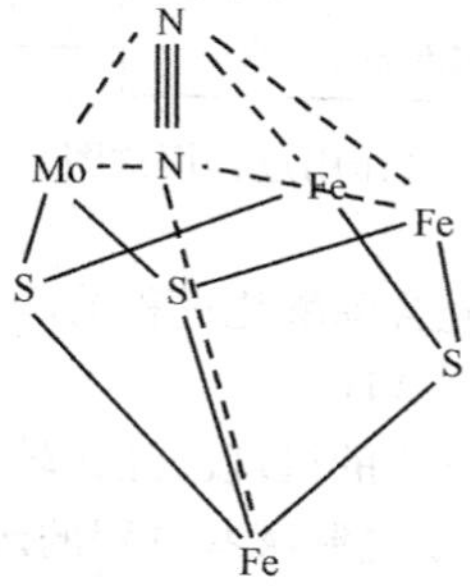


(b) 氮分子的配位方式

图 13-5　H 形网兜结构模型

**3. 化学模拟生物固氮**　与工业上合成氨所用的铁催化剂相比，固氮酶有两个突出的优点：①能在常温常压下催化合成氨的反应；②催化效率很高。目前，尽管对固氮酶的催化机理还不是十分清楚，但对固氮酶的结构组分，即钼铁蛋白、铁蛋白和钼铁蛋白中的铁钼辅因子等都有了一定的了解。这些都为化学模拟生物固氮提供了必要的启示。另外，根据对固氮微生物的研究，要实现生物固氮，必须有四个基本条件：①具有能有效地束缚氮分子并将其逐步转化为氨分子的活性部位；②要有电子供体和电子传递体，使氮原子还原为负氧化态；③要有供氢体系，提供氢原子才能生成氨分子；④要有 ATP 提供能量。一般来说，化学模拟固氮体系也必须满足上述条件。

## (三) 人工模拟光合作用

光合作用在生命起源、进化和人类生命活动中起着非常重要的作用。因此，人们在不断地探索着光合作用的本质和机理，期望能够通过模拟光合作用造福于人类。

研究表明，光合作用的过程可概括地表述如下。

$$nCO_2+nH_2O \xrightarrow{\text{太阳光，叶绿素}} (CH_2O)_n+nO_2$$

光合作用是一个极其复杂的生理活动，包括光能吸收、转移、电子传递、水分解、磷酸化、辅酶还原、二氧化碳固定与转化等几十个步骤，在叶绿体内利用太阳光的能量将二氧化碳和水合成为碳水化合物，并释放出氧气。通过这个过程，在碳水化合物中储存能量。

光合作用可分为光反应和暗反应两大部分。①光反应。光反应过程包含两个反应，第一个反应是利用光能使水分解，并将产生的氢与植物体内的辅酶Ⅱ(NADP)结合，将 NADP 还原为还原型的辅酶Ⅱ(NADPH)，同时放出氧；第二个反应是利用光能将二磷酸腺苷(ADP)和无机磷酸盐(Pi)结合，生成三磷酸腺苷(ATP)。整个过程统称光反应。②暗反应。光反应过程中产生的 NADPH 和 ATP 因储存了高的能量，可以一起去推进把二氧化碳转化为碳水化合物的反应。这个反应不需要光，只要源源不断地供应 NADPH 和 ATP 就可进行。因此称为暗反应。整个光合作用的过程可用下面的模式(图 13-6)表示。

既然光合作用中水分子可以被分解为氧气、氢离子和电子，那么设法将电子转移到电极上就可以人工模拟叶绿体的光电转移机理而制造出高效的光电池；如果设法使氢离子与电子结合

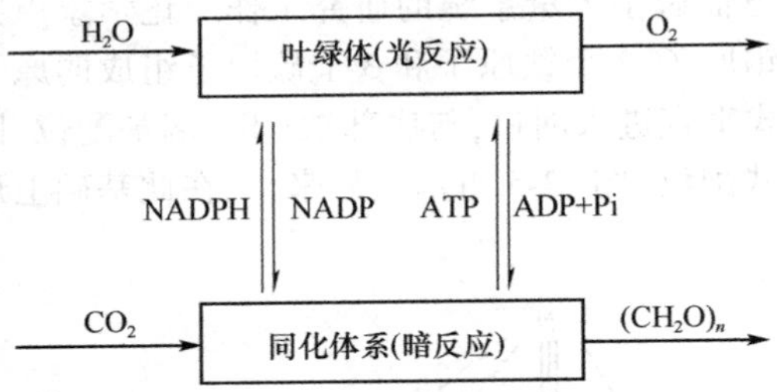


图 13-6　光合作用过程模式图

就可以变成氢气，这样在人工模拟的系统中，经太阳光照射就可以将水分解为氢和氧，而给人类提供利用水作为能源方法，充分利用太阳能解决能源紧张问题，造福人类。

光合作用的模拟研究可以从NADP的还原、光合磷酸化和二氧化碳同化成碳水化合物三个方面展开。

我国科学工作者从1975年开始先用ZnO、CdS等材料代替叶绿体，在近紫外光和可见光的照射下进行了模拟光合磷酸化过程的研究。实验结果证实，用ZnO、CdS模拟叶绿体，通过光合磷酸化作用可以得到ATP。

人们对暗反应过程的机理已经比较清楚，但它的反应机理较复杂，目前还没有对它的全过程进行模拟，只进行了复制某些过程的研究。

总的来说，在模拟光合作用的光反应方面，已经得到了一定的结论，但存在着提高反应效率的问题；对于模拟暗反应的研究，不论是国内还是国外都尚未很好地开展。

## 目标检测

### 简答题

1. 什么是生物无机化学？生物无机化学研究的主要对象是什么？
2. 什么是人体必需元素、有益元素和有害元素？“必需”的含义是什么？
3. 生物元素具有哪些生理功能？
4. 研究生物功能分子的主要目的是什么？
5. 什么是最适营养浓度定律？其主要内容是什么？
6. 生命金属配合物主要指的是哪几类配合物？
7. 请你用化学中的原理分析血液输氧的过程中为什么出现一氧化碳中毒的现象？
8. 生命金属配合物主要指的是哪几类配合物？
9. 什么样的配体可以作为金属解毒剂？
10. 向临床课的老师或医院的医生咨询什么是缺铁性贫血。有何症状？“红桃K”是一种治疗缺铁性贫血的药品，查看一下说明书，了解一下它的主要成分是什么物质。

# 实验一　溶液的配制和稀释

【实验目的】

1. 掌握一定浓度的溶液的配制方法
2. 巩固台秤、量筒或量杯的操作
3. 学会移液管和容量瓶的使用

【实验原理】

溶液的浓度是指一定量溶液或溶剂中所含溶质的量，溶液浓度的表示方法常用以下几种。

| 名称 | 物质的量浓度 | 质量浓度 | 质量分数 | 体积分数 |
| --- | --- | --- | --- | --- |
| 表示方法 | $c_B=\frac{n_B}{V}$ | $\rho_B=\frac{m_B}{V}$ | $\omega_B=\frac{m_B}{m}$ | $\varphi_B=\frac{V_B}{V}$ |
| 单位 | $mol \cdot L^{-1}$ | $g \cdot L^{-1}$ | — | — |

溶液浓度配制方法有两种：一种是用一定质量的溶液中所含溶质来表示溶液的浓度，如 $\omega_B$，这种溶液配制时，是将定量的溶质和溶剂混合均匀即可；另一种是用一定体积的溶液中所含溶质的量来表示溶液的浓度，如 $c_B$、$\rho_B$ 和 $\varphi_B$ 等。配制这些溶液时，首先应根据所需配制溶液的组成标度、体积，计算出溶质和溶剂的用量，再将一定量的溶质与适量的溶剂先混合，使溶质完全溶解，定量转移到量筒或容量瓶中，然后再加溶剂至溶液总体积，最后混合均匀。

【实验用品】

仪器：台秤、烧杯、玻璃棒、量筒（50ml）、滴管、表面皿、容量瓶（100ml）、移液管（25ml）。

药品：5.000mol · $L^{-1}$HAc 溶液、氯化钠、氢氧化钠。

【实验内容和步骤】

**1. 生理盐水**（质量分数为 0.9%）**的配制**

（1）计算：配制 50ml 生理盐水所需的氯化钠的质量。

（2）称量：用 100ml 小烧杯在托盘天平上称取所需的氯化钠。

（3）溶解、定容：用量筒量取 50ml 蒸馏水倒入烧杯中，搅拌使其溶解。最后将配好的溶液装入指定的试剂瓶中，贴上标签。

**2. 氢氧化钠**（0.1mol · $L^{-1}$）**的配制**

（1）计算：配制 50ml 的 0.1mol · $L^{-1}$氢氧化钠所需的质量。

（2）称量：用 100ml 小烧杯在托盘天平上称取所需的氢氧化钠。

（3）溶解、定容：用量筒量取 50ml 蒸馏水倒入烧杯中，搅拌使其溶解。最后将配好的溶液装入指定的聚乙烯瓶中，贴上标签。

**3. 配制 0.1000mol · $L^{-1}$HAc 标准溶液**

用 25ml 移液管准确移取 25.00ml 0.4000mol · $L^{-1}$HAc 溶液，置于 100ml 容量瓶中，加蒸馏水稀释至刻度，混匀。将所配溶液装入指定的试剂瓶中，贴上标签。

【实验讨论】

1. 为什么洗净的移液管使用前还要用待取液润洗？容量瓶需要用待取液润洗吗？
2. 能否在量筒、容量瓶中直接溶解固体试剂？为什么？

【附注】

**1. 移液管的使用**(实验图 1-1)

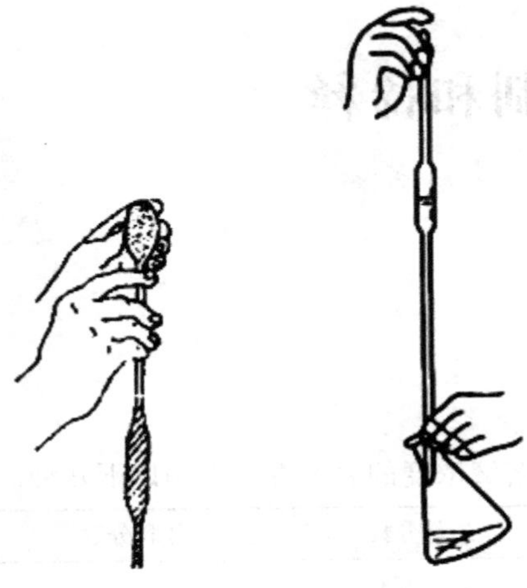

实验图 1-1　移液管的使用

(1) 检查:移液管在洗涤前应检查其管口和尖嘴无破损,否则不能使用。

(2) 洗涤:先清洗外部,再洗涤管内壁,直至内壁不挂水珠为止。方法是先用洗液洗,再用自来水洗,最后用蒸馏水洗。

(3) 润洗:为保证移取溶液时溶液浓度保持不变,应用滤纸将管口内外水珠吸去,吸取待移溶液上升至移液管 1/3 高度时取出,横持,并转动移液管,使溶液均匀布满整个管子内壁,以置换内壁水分,润洗后的溶液应弃去,如此润洗 3 次。

(4) 吸取溶液:用右手大拇指和中指拿在管子的刻度上方,将管插入溶液中,左手控制吸耳球将溶液吸入管中(预先捏扁,排除空气)。吸管下端介入液面约 2cm,不要伸入太多,以免管口外壁黏附溶液过多,也不要伸入太少,以免液面下降后吸空。眼睛注意正在上升的液面位置,移液管应随容器中液面下降而降低。当液面上升至标线以上,立即用右手食指按住管口。提起移液管,使管身垂直,管尖紧靠溶液瓶口,略微放松食指,使管内溶液慢慢从下口流出,直至溶液的弯月面底部与标线相切时,立即用食指压紧管口,将尖端的余液靠壁去掉。

(5) 放出溶液:将移液管放入接受溶液的容器中,使出口尖端靠着容器内壁,容器稍倾斜,移液管则保持垂直,放开食指,使溶液沿容器内壁自然流下,待移液管内溶液流净后,再等待 15s,取出移液管。

**2. 容量瓶的使用**(实验图 1-2)

(1) 检查:首先检查容量瓶容积与要求的是否一致。再检查检查瓶塞是否严密,不漏水。操作方法是在瓶中放水到标线附近,塞紧瓶塞,使其倒立 2min,用干滤纸片沿瓶口缝处检查,看有无水珠渗出。如果不漏,再把塞子旋转 180°,塞紧,倒置,试验这个方向有无渗漏。这样做两次检查是必要的,因为有时瓶塞与瓶口不是在任何位置都是密合的。密合用的瓶塞必须妥为保护,最好用绳把它系在瓶颈上,以防跌碎或与其他容量瓶搞混。

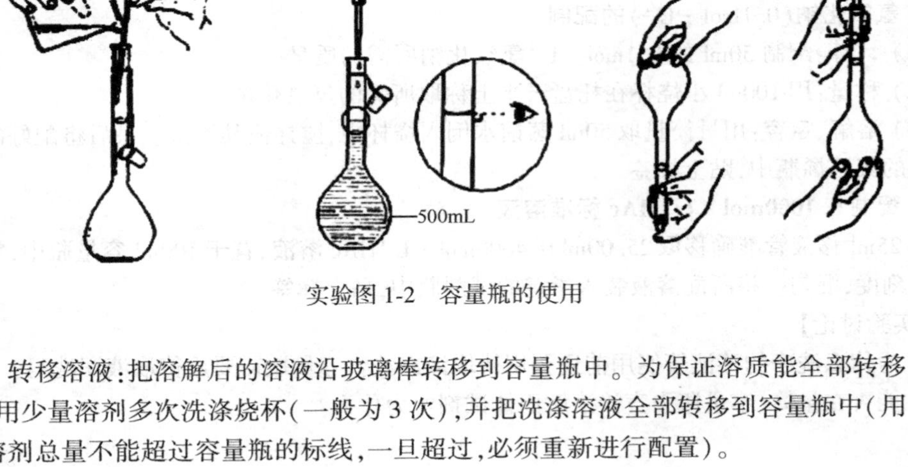


实验图 1-2　容量瓶的使用

(2) 转移溶液:把溶解后的溶液沿玻璃棒转移到容量瓶中。为保证溶质能全部转移到容量瓶中,要用少量溶剂多次洗涤烧杯(一般为 3 次),并把洗涤溶液全部转移到容量瓶中(用于洗涤烧杯的溶剂总量不能超过容量瓶的标线,一旦超过,必须重新进行配置)。

(3) 定容:向容量瓶内加入的液体液面离标线1~2cm时,应改用滴管小心滴加,最后使液体的弯月面(凹液面)与刻度线正好相切。

(4) 混匀:盖紧瓶塞,左手拇指在前,中指、无名指在后拿住瓶颈标线以上部位,而以食指顶住瓶塞上部,用右手指尖顶住瓶底边缘,将容量瓶倒转、复原,再倒转、复原,如此反复10~20次,使瓶内的液体混合均匀。混合后,小心打开容量瓶盖,让瓶盖与瓶口处的溶液流回瓶内,再盖好瓶盖,重复倒转、复原的操作,使瓶内的液体混合均匀。

# 实验二　凝固点降低法测定葡萄糖的摩尔质量

【实验目的】

1. 掌握凝固点降低法测定物质摩尔质量的方法
2. 掌握溶液凝固点的测定技术
3. 通过实验加深对稀溶液依数性的理解

【实验原理】

**1. 凝固点降低法测相对分子质量的原理**　当稀溶液凝固析出纯固体溶剂时,则溶液的凝固点低于纯溶剂的凝固点,其降低值与溶液的质量摩尔浓度成正比,即:

$$\Delta T_f = T_f^* - T_f = K_f b_B = \frac{K_f}{M_B m_A} m_B$$

$K_f$ 为质量摩尔凝固点降低常数,它的数值仅与溶剂的性质有关。若称取一定量的溶质 $m_B$(g)和溶剂 $m_A$(g),配成稀溶液,则此溶液的质量摩尔浓度为:

$$M_B = \frac{K_f}{\Delta T_f m_A} m_B$$

若已知某溶剂的凝固点降低常数 $K_f$,通过实验测定此溶液的凝固点降低值 $\Delta T_f$,即可计算溶质的相对分子质量 $M_B$。

**2. 凝固点测量原理**　通常测凝固点的方法是将溶液逐渐冷却使其结晶。但实际上溶液冷却到凝固点并没有晶体析出,这是因为新相形成需要一定的能量,这就是过冷现象。此后由于搅拌或加入晶种促使溶剂结晶,结晶放出的凝固热使体系温度回升。

从相律看,溶剂与溶液的冷却曲线形状不同。对纯溶剂,冷却曲线出现水平线段,其形状如实验图2-1所示。对溶液,固-液两相共存时,温度仍可下降,但由于溶剂凝固时放出凝固热,使温度回升,回升到最高点又开始下降,所以冷却曲线不出现水平线段,其形状如实验图2-2所示方法加以校正。

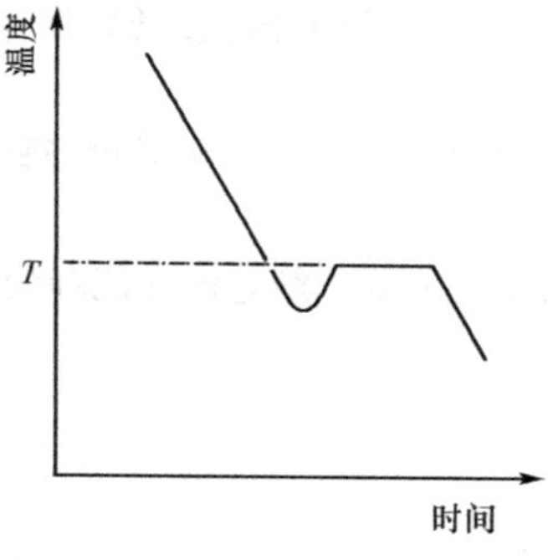


实验图2-1　纯溶剂的冷却曲线

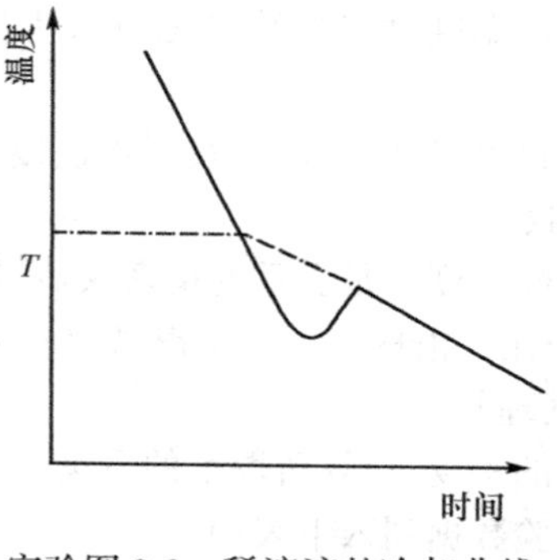


实验图2-2　稀溶液的冷却曲线

本实验通过测定纯溶剂与溶液的温度与冷却时间的关系数据，绘制冷却曲线，从而得到两者的凝固点之差 $\Delta T_f$，进而计算待测物的摩尔质量。

【实验用品】

仪器：凝固点测定仪、分析天平、压片机、25ml 移液管、100ml 容量瓶、洗耳球、滤纸、毛巾。

药品：葡萄糖、粗盐、冰。

【实验内容和步骤】

（1）凝固点测定仪的设置。按实验图 2-3 安装好凝固点测定装置冷水浴。

（2）调节寒剂的温度。取适量粗盐与冰水混合物使寒剂温度为-2～-3℃，在实验过程中不断搅拌并不断补充碎冰，使寒剂保持此温度。

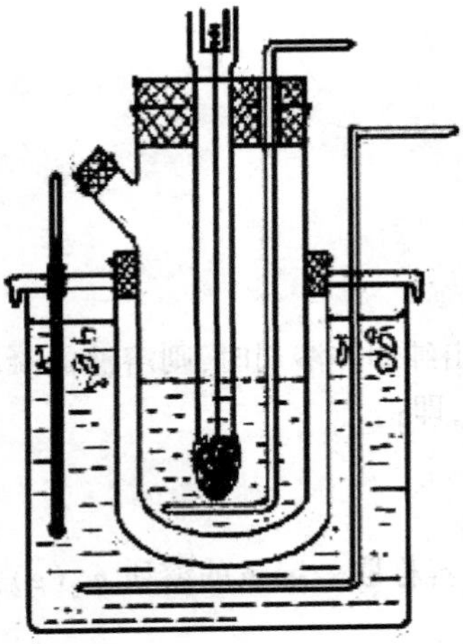

实验图 2-3　凝固点测定仪

（3）溶剂凝固点的测定。用移液管向清洁、干燥的凝固点管内加入 25.00ml 蒸馏水，并记下水的温度，先将盛水的凝固点管直接插入寒剂中，平稳搅拌使之冷却，当开始有晶体析出时放在空气套管中冷却，观察样品管的降温过程，当温度达到最低点后，又开始回升，回升到最高点后又开始下降，记录最高和最低点温度，此最高点温度即为水的近似凝固点。

取出凝固点管，用手捂住管壁片刻，同时不断搅拌，使管中固体全部熔化，将凝固点管直接。

插入寒剂中使之冷却至比近似凝固点略高 0.5℃时，将凝固点管放在空气套管中，缓慢搅拌，使温度逐渐降低，当温度降至比近似凝固点低 0.2℃时，快速搅拌，待温度回升后，再改为缓慢搅拌，直到温度回升到稳定为止，记录最高和最低点温度，重复测定三次，三次平均值作为水的凝固点。

（4）溶液凝固点的测定。取出凝固点管，如前将管中冰溶化，用压片机将葡萄糖压成片，用分析天平精确称量（约 0.73g），其质量约使凝固点下降 0.3℃，自凝固点管的支管加入样品，待全部溶解后，测定溶液的凝固点，测定方法与纯水的相同，先测近似的凝固点，再精确测定，但溶液凝固点是取回升后所达到的最高温度，重复三次，取平均值。

（5）实验完成后，洗净样品管，关闭电源，弃去冰水浴中的冷却水，擦干搅拌器，整理实验台。

【实验提示】

1. 水为溶剂的凝固点降低常数 $K_f = 1.86$。

2. 搅拌速度的控制是做好本实验的关键，每次测定应按要求的速度搅拌，并且测溶剂与溶液凝固点时搅拌条件要完全一致。

3. 冷水浴温度对实验结果也有很大影响，过高会导致冷却太慢，过低则测不出正确的凝固点。

4. 纯水过冷度 0.7～1℃（视搅拌快慢），为了减少过冷度，而加入少量晶种，每次加入晶种大小应尽量一致。

5. 贝克曼温度计是贵重的精密仪器，且容易损坏，实验前要了解它的性能和使用方法，在使用过程中，勿让水银柱与顶端水银槽中的水银相连。

【数据处理】

1. 由水的密度，计算所取水的质量 $m_A$。

2. 将实验数据列入下表中。

| 物质 | 质量 | 凝固点 | | | 凝固点降低值 |
|---|---|---|---|---|---|
| | | 测量值 | | 平均值 | |
| 水 | | 1 | | | |
| | | 2 | | | |
| | | 3 | | | |
| 葡萄糖 | | 1 | | | |
| | | 2 | | | |
| | | 3 | | | |

3. 由所得数据计算葡萄糖的相对分子质量,并计算与理论值的相对误差。

【实验讨论】

1. 为什么要先测近似凝固点?
2. 根据什么原则考虑加入溶质的量?太多或太少有何影响?

# 实验三　胶体的制备和性质

【实验目的】

1. 掌握实验室制备氢氧化铁胶体的实验操作技能和方法
2. 实验探究胶体的重要性质——丁铎尔效应,学会用简单的方法鉴别胶体和溶液
3. 观察胶体的聚沉和高分子化合物对胶体的保护作用

【实验原理】

胶体分散相的直径为1~100nm,固体分散相分散在互不相溶的液体介质中所形成的胶体,称为溶胶。溶胶可以通过改变溶剂或利用化学反应的方法制备。

在暗室中,将一束聚焦的光通过胶体,在与光线垂直的方向可观察到一个发亮的光柱,这个现象就是丁铎尔现象。由此现象可以区分三类分散系,溶胶是高度分散的不均匀体系,表面能很大,易吸附与其组成相同的离子而带上电荷,带电胶粒在电场中定向移动的现象称为电泳。由电泳的方向可判断胶粒所带的电荷。

溶胶稳定的主要因素是胶粒带电和水化膜的存在,稳定因素一旦受到破坏,胶体将聚沉。聚沉的方法有加少量电解质、加带相反电荷的胶体以及加热,与胶粒带相反电荷的离子称为反离子,反离子的价数越高,聚沉能力越强。要使胶体长期稳定存在,可以加入足够量的高分子化合物保护胶体。

【实验用品】

仪器:铁架台(配铁圈)、石棉网、烧杯、试管、试管夹、酒精灯、火柴、量筒、胶头滴管、激光笔、玻璃棒、漏斗、滤纸。

药品:$FeCl_3$ 饱和溶液、$CuSO_4$ 溶液、泥水、1mol·$L^{-1}$ HCl、水玻璃($Na_2SiO_3$ 的水溶液)、电泳仪、0.01mol·$L^{-1}$ $KNO_3$、$MgSO_4$ 溶液、1mol·$L^{-1}$ $AgNO_3$、明胶溶液、1mol·$L^{-1}$ NaCl。

【实验内容和步骤】

**1. 胶体的制备**

(1) 制备 $Fe(OH)_3$ 胶体:在洁净的小烧杯里加入约50ml蒸馏水,加热至微沸,然后向沸水中逐滴加入1mL $FeCl_3$ 饱和溶液,不断振荡(但不能用玻璃棒搅拌,并不宜使液体沸腾时间太长,

以免生成沉淀),继续煮沸直到液体呈深红褐色,停止加热。

(2) 制取硅酸($H_2SiO_3$)溶液:在一个大试管中装入5 ~10ml、1mol · $L^{-1}$盐酸并加入1ml 的水玻璃,然后用力振荡,即得硅酸的胶体。

**2. 胶体的性质**

(1) $Fe(OH)_3$ 胶体、$CuSO_4$ 溶液和泥水的外观比较:另取两个小烧杯分别加入约 25ml $CuSO_4$ 溶液、25ml 泥水,观察比较 $Fe(OH)_3$ 胶体、$CuSO_4$ 溶液和泥水。

(2) 丁铎尔效应:把盛有 $CuSO_4$ 溶液和 $Fe(OH)_3$ 胶体的烧杯置于暗处,分别用激光笔照射烧杯中的液体,在与光束垂直的方向进行观察。

(3) 电泳现象:将 $Fe(OH)_3$ 胶体倒入 U 形管中,用胶头滴管沿 U 形管壁缓慢的向左右管 $Fe(OH)_3$ 胶体液面上轮流交替加入 0. 01mol · $L^{-1}$ $KNO_3$ 溶液,使其高度各约 4cm 为止(务必使界面清晰),然后插入碳棒电极,使与胶体液面相隔 1cm 左右。在电极两端加上直流电压,观察两电级附近界面高度变化。

(4) 胶体的聚沉:

①在一个试管中加入 3ml $Fe(OH)_3$ 胶体,在加入 $MgSO_4$ 溶液,振荡,观察现象。

②在一个试管中加入 3ml $Fe(OH)_3$ 胶体,在加入 3ml 硅酸胶体,振荡,观察现象。

③在一个试管中加入 3ml $Fe(OH)_3$ 胶体,用试管夹夹住,在酒精灯上加热,观察现象。

**3. 高分子化合物对溶胶的保护作用** 取试管 2 支,分别加入明胶溶液 1ml 和蒸馏水 1ml,各加氯化钠溶液 5 滴,摇匀后再各滴加硝酸银溶液 2 滴,振荡,观察两试管中的现象有何不同。为什么?

【实验讨论】

1. 制备 $Fe(OH)_3$ 溶胶时,怎样操作才能避免生成 $Fe(OH)_3$ 沉淀?

2. 怎样用实验的方法判断某一种胶体是正溶胶还是负溶胶?

3. 溶胶的聚沉是物理过程,哪些现象可以说明溶胶聚沉?

# 实验四 化学反应速率和化学平衡

【实验目的】

1. 了解化学反应速率(平均)的测定方法

2. 验证浓度、温度、催化剂对化学反应速率的影响和浓度、温度对化学平衡的影响

3. 练习量筒等仪器的操作

【实验原理】

平均反应速率的测定:在水溶液中,碘化钾(KI)和过二硫酸铵[$(NH_4)_2S_2O_8$]发生如下反应:

$$S_2O_8^{2-}+3I^- = 2SO_4^{2-}+I_3^- \qquad (实验 4.1)$$

根据反应速率的表示方法,该反应的反应速率($v$)用 $S_2O_8^{2-}$ 可表示为

$$v=\left|\frac{\Delta c(S_2O_8^{2-})}{\Delta t}\right|$$

$v$ 为 $\Delta t$ 时间内该反应的平均速率。

为能够测出 $\Delta t$ 时间内 $S_2O_8^{2-}$ 浓度的变化值 $\Delta c(S_2O_8^{2-})$,在混合碘化钾(KI)和过二硫酸铵[$(NH_4)_2S_2O_8$]溶液的同时,加入一定体积已知浓度的 $Na_2S_2O_3$ 溶液和淀粉溶液,在 $S_2O_8^{2-}$ 与 $I^-$ 进

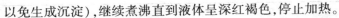

行反应的同时,溶液中也进行着如下离子反应:

$$2S_2O_3^{2-}+I_3^- \xlongequal{} S_4O_6^{2-}+3I^- \qquad (实验 4.2)$$

由于反应(实验 4.2)的反应速率较反应(实验 4.1)快得多,因此反应(实验 4.1)生成的 $I_3^-$ 立即与 $S_2O_3^{2-}$ 反应,生成无色的 $I^-$ 和 $S_4O_6^{2-}$,溶液中虽然有淀粉的存在,仍然是无色的。但是,一旦 $Na_2S_2O_3$ 反应耗尽,反应(实验 4.1)生成的微量 $I_3^-$ 立即与淀粉作用,使溶液呈现蓝色。

根据反应(实验 4.1)和反应(实验 4.2)离子方程式中各离子的计量关系可以得出,在相同的时间内,$S_2O_3^{2-}$ 反应浓度是 $S_2O_8^{2-}$ 反应浓度的 2 倍,即:

$$2\Delta c(S_2O_8^{2-})=\Delta c(S_2O_3^{2-})$$

从反应开始到溶液出现蓝色。

# 实验五　缓冲溶液的配制和缓冲作用

【实验目的】

1. 掌握缓冲溶液的配制方法
2. 加深对缓冲溶液性质的理解

【实验原理】

缓冲溶液实质上是一个共轭酸碱对的溶液体系,达到平衡时的 pH 可用下式表示:

$$pH=pK_a+\lg\frac{c(A^-)}{c(HA)} \qquad (实验 5.1)$$

从式(实验 5.1)可知,缓冲溶液的 pH,主要取决于共轭酸碱对中弱酸的 $K_a$ 值,其次取决于缓冲比。如果使用相同浓度的弱酸及其共轭碱,按一定体积比混合,改变体积比[$V(A^-)/V(HA)$]就可制得实际需要的缓冲溶液。

$$pH=pK_a+\lg\frac{V(A^-)}{V(HA)} \qquad (实验 5.2)$$

缓冲溶液具有抗酸和抗碱成分,加入少量强酸或强碱,其 pH 不会发生显著的变化。

稀释缓冲溶液时,溶液中的共轭酸碱对的浓度可视为等比例稀释,缓冲比不变。因此,适当稀释不影响缓冲溶液的 pH。

【实验用品】

仪器:烧杯,10ml 吸量管,试管,量筒,50ml 容量瓶。

药品:浓度为 $0.1mol \cdot L^{-1}$ 的下列溶液:HCl,$CH_3COOH$,$CH_3COONa$,NaOH,氨水,$NaH_2PO_4$,$Na_2HPO_4$,$NH_4Cl$;pH=10 的 NaOH 溶液,pH=4 的 HCl 溶液,甲基红指示剂,广泛 pH 试纸,精密 pH 试纸。

【实验内容和步骤】

**1. 缓冲溶液的配制**　配制总体积为 50ml 的缓冲溶液。通过计算,将配制下列 3 种缓冲溶液所需要各组分的体积(ml)填入实验表 5-1 中。

**实验表 5-1**

| 缓冲溶液 | pH(理论值) | 各组分体积/ml | pH(实验值) |
|---|---|---|---|
| A | 4 | | |
| B | 7 | | |
| C | 10 | | |

按照实验表 5-1 中用量，用吸量管吸取相应的溶液，配制 A、B、C 3 种缓冲溶液已标好的 3 只 50ml 容量瓶中。用广泛 pH 试纸和相应的精密 pH 试纸测定它们的 pH，填入表中。试比较实验值与理论值是否相符。

**2. 缓冲溶液的性质**

(1) 取 2 支试管，在一支试管中加入 5ml pH=4 的 A 种缓冲溶液，在另一支试管中加入 5ml pH=4 的 HCl 溶液，然后在 2 支试管中各加入 10 滴 0. 1mol · $L^{-1}$ HCl 溶液，用广泛 pH 试纸和精密 pH 试纸测量各试管中溶液中的 pH。

用相同的实验方法，试验 10 滴 0. 1mol · $L^{-1}$NaOH 溶液对以上 2 种溶液 pH 的影响。按实验表 5-2 记录实验结果。

**实验表 5-2**

| 试管号 | 溶液 | 加入酸或碱的量 | pH |
|---|---|---|---|
| 1 | pH=4 的缓冲溶液 | 10 滴 HCl | |
| 2 | pH=4 的 HCl 溶液 | 10 滴 HCl | |
| 3 | pH=4 的缓冲溶液 | 10 滴 NaOH | |
| 4 | pH=4 的 HCl 溶液 | 10 滴 NaOH | |

(2) 用 pH=7 的 B 种缓冲溶液和蒸馏水(pH=7)代替上面 pH=4 的两种溶液，重做上述实验。记录实验结果填入实验表 5-3 中。

**实验表 5-3**

| 试管号 | 溶液 | 加入酸或碱的量 | pH |
|---|---|---|---|
| 1 | pH=7 的缓冲溶液 | 10 滴 HCl | |
| 2 | 蒸馏水 | 10 滴 HCl | |
| 3 | pH=7 的缓冲溶液 | 10 滴 NaOH | |
| 4 | 蒸馏水 | 10 滴 NaOH | |

(3) 用 pH=10 的 C 种缓冲溶液和 pH=10 的 NaOH 溶液代替上面 pH=4 的两种溶液，重做上述实验。记录实验结果填入实验表 5-4 中。

**实验表 5-4**

| 试管号 | 溶液 | 加入酸或碱的量 | pH |
|---|---|---|---|
| 1 | pH=10 的缓冲溶液 | 10 滴 HCl | |
| 2 | pH=10 的 NaOH 溶液 | 10 滴 HCl | |
| 3 | pH=10 的缓冲溶液 | 10 滴 NaOH | |
| 4 | pH=10 的 NaOH 溶液 | 10 滴 NaOH | |

(4) 取 4 支试管，依次加入 pH=4 的缓冲溶液，pH=4 的 HCl 溶液，pH=10 的缓冲溶液，pH=10的 NaOH 溶液各 1ml，然后在各试管中加入 10ml 蒸馏水，混合后用精密 pH 试纸测量它们的 pH。记录实验结果填入实验表 5-5 中。

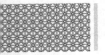

实验表 5-5

| 试管号 | 溶液 | 稀释后的 pH |
|---|---|---|
| 1 | pH=4 的缓冲溶液 | |
| 2 | pH=4 的 HCl 溶液 | |
| 3 | pH=10 的缓冲溶液 | |
| 4 | pH=10 的 NaOH 溶液 | |

通过实验说明缓冲溶液具有什么性质。

【实验讨论】

1. 为什么缓冲溶液具有缓冲能力？试举例说明。
2. 缓冲溶液的 pH 由哪些因素决定？

# 实验六 醋酸银溶度积的测定

【实验目的】

1. 了解乙酸银溶度积的测定原理和方法
2. 熟练使用移液管、酸式滴定管

【实验用品】

仪器：锥形瓶，酸式滴定管，移液管，烧杯，漏斗，滤纸，玻璃棒。

药品：6mol · $L^{-1}$ $HNO_3$ 溶液，0.2mol · $L^{-1}$ $AgNO_3$ 溶液，0.2mol · $L^{-1}$ NaAc 溶液、0.1mol · $L^{-1}$ KSCN 标准溶液、饱和铁铵钒溶液。

【实验内容和步骤】

取 2 个干燥洁净的锥形瓶分别标号为 1 和 2，用移液管分别量取 20.0ml 和 30.0ml 的 $AgNO_3$ 溶液于两个锥形瓶中，然后再另取一支移液管分别量取 40.0ml 和 30.0ml NaAc 溶液于上述两个锥形瓶中，使每一锥形瓶中均有溶液 60ml，轻轻摇动锥形瓶约 15min，将上述两瓶中的混合物分别以干燥滤纸过滤于 2 个干燥的小烧杯中（滤去初滤液 1～2ml）。以移液管吸取 25.0ml 第 1 号瓶中的滤液于一洁净的锥形瓶中，加入 1ml $HNO_3$ 和 1ml 饱和铁铵钒溶液，以 KSCN 标准溶液滴定至浅红色不再消失为止，记录所消耗 KSCN 溶液的体积。重复操作测定 2 号瓶中滤液，记录所用 KSCN 溶液的体积。

【实验提示】

1. 乙酸银是一种微溶性的强电解质，在一定温度下，饱和的 AgAc 溶液存在下列平衡：

$$AgAc \rightleftharpoons Ag^{+} + Ac^{-}$$

滴定终点前：

$$Ag^{+} + SCN^{-} \rightleftharpoons AgSCN\downarrow \qquad (白色)$$

滴定终点时：

$$Fe^{3+} + 3SCN^{-} \rightleftharpoons Fe(SCN)_3 \qquad (浅红色)$$

2. 装不同标准溶液的滴定管需贴上标签，干燥锥形瓶、小烧杯也需编号。

3. 过滤时应用干燥滤纸滤过，并滤去初滤液 1～2ml，滤过后的滤液应完全澄清，否则应重新过滤。

4. 滴定前加入 $HNO_3$ 和饱和铁铵钒溶液，如溶液显红色，应再加 $HNO_3$，直至无色。

5. 滴定近终点时，摇动要剧烈，以减少 AgSCN 对 $Ag^+$的吸附，减小误差。

6. 实验完毕，各仪器需立即洗净，否则会有 Ag 析出。

7. 计算两次实验所得的溶度积，取平均值即为乙酸银溶度积。

【实验讨论】

1. 为什么用干燥滤纸滤过时要滤去初滤液 1~2ml？

2. 滴定时加入饱和铁铵钒溶液作为指示剂，为什么还要加入 $HNO_3$？

# 实验七　氧化还原反应与电极电势

【实验目的】

1. 了解氧化型或还原型物质浓度、溶液酸度改变对电极电势的影响

2. 掌握电极电势对氧化还原反应的影响

3. 进一步理解氧化还原反应的可逆性

4. 了解原电池的装置和反应

【实验原理】

氧化还原反应就是氧化剂得到电子，还原剂失去电子的电子转移过程。氧化剂和还原剂的强弱，可用其氧化型与还原型所组成的电对的电极电势大小来衡量。一个电对的标准电极电势 $\varphi^\theta$ 值越大，其氧化型的氧化能力就越强，而还原型的还原能力就越弱；若 $\varphi^\theta$ 值越小，其氧化型的氧化能力越弱，而还原型的还原能力越强。根据标准电极电势值可以判断反应进行的方向。

在标准状态下反应能够进行的条件是：

$$E^\theta=\varphi^\theta_{(+)}-\varphi^\theta_{(-)}>0$$

多数反应都是在非标准状态下进的，对于任何一氧化还原电对：

$$\text{Ox(氧化型)}+ne^-\rightleftharpoons\text{Red(还原型)}$$

电极的电极电势与浓度、温度之间的定量关系可由能斯特方程式给出：

$$\varphi=\varphi^\theta+\frac{RT}{nF}\ln\frac{c(\text{Ox})}{c(\text{Red})}$$

当温度为 298.15 K 时，能斯特方程式可简化为：

$$\varphi=\varphi^\theta+(0.0592/n)\lg\frac{c(\text{Ox})}{c(\text{Red})}$$

【实验用品】

溶液：0.1mol·$L^{-1}$ $CuSO_4$，0.1mol·$L^{-1}$ $ZnSO_4$，0.1mol·$L^{-1}$ KI，0.1mol·$L^{-1}$ $FeCl_3$，0.1mol·$L^{-1}$ $FeSO_4$，0.1mol·$L^{-1}$ KSCN，0.1mol·$L^{-1}$ $K_2Cr_2O_7$，0.1mol·$L^{-1}$ $NaHCO_3$，0.1mol·$L^{-1}$ KBr，0.1mol·$L^{-1}$ $Na_2SO_3$，0.1mol·$L^{-1}$($Fe_2(SO_4)_3$，0.01mol·$L^{-1}$ $KMnO_4$，$H_2SO_4$(3mol·$L^{-1}$，6mol·$L^{-1}$)，6mol·$L^{-1}$ HAc，6mol·$L^{-1}$ NaOH，6mol·$L^{-1}$ $NH_3\cdot H_2O$，0.2mol·$L^{-1}$葡萄糖。

固体：硫酸亚铁铵，铅粒（或铅片），锌片，铜片，铁片，炭棒，$NH_4F$。

其他蒸馏水，$CCl_4$，溴水，碘水，盐桥，砂纸，导线，伏特表，秒表。

【实验内容和步骤】

**1. 电极电势与氧化还原反应方向的关系**

（1）向试管中分别加入 KI 溶液和 $CCl_4$ 各 0.5ml，边滴加 $FeCl_3$ 溶液边摇动试管，观察 $CCl_4$ 层的颜色变化，写出反应方程式。

以 KBr 代替 KI 重复进行实验，结果如何？

（2）向试管中分别滴加溴水和 $CCl_4$ 各 0.5ml，摇动试管，观察 $CCl_4$ 层的颜色。加入约 0.5g 硫酸亚铁铵固体，充分反应后观察 $CCl_4$ 层颜色有无变化。

以碘水代替溴水重复进行实验。$CCl_4$ 层颜色有无变化？写出反应方程式。

（3）向 $FeCl_3$ 溶液中加 2 滴 KSCN 溶液，观察溶液的颜色；再滴加 KI 溶液，试管中溶液的颜色有什么变化？为什么？

由以上实验结果确定电对 $Fe^{3+}/Fe^{2+}$、$I_2/I^-$、$Br_2/Br^-$ 电极电势的相对大小，并说明电极电势与氧化还原反应方向的关系。

**2. 酸度对氧化还原反应的影响**

（1）酸度对氧化还原反应产物的影响。在试管中加入少量 $Na_2SO_3$ 溶液，然后加入 0.5ml $3mol \cdot L^{-1}$ $H_2SO_4$ 溶液，再加 1～2 滴 $0.01mol \cdot L^{-1}$ $KMnO_4$ 溶液，观察实验现象，写出反应方程式。

分别以蒸馏水、$6mol \cdot L^{-1}$ NaOH 溶液代替 $H_2SO_4$ 重复进行实验，观察现象，写出反应方程式。

由实验结果说明介质酸碱性对氧化还原反应产物的影响，并用电极电势加以解释。

（2）酸度对氧化还原反应速率的影响。在 5 支试管中各加 1ml $0.2mol \cdot L^{-1}$ 葡萄糖溶液，分别加 5.0ml、4.5ml、4.0ml、3.5ml、3.0ml $6mol \cdot L^{-1}$ $H_2SO_4$，补加蒸馏水使各试管中溶液均为 6ml。然后各加 2 滴 $0.01mol \cdot L^{-1}$ $KMnO_4$ 溶液并开始计时、搅拌，记录各试管溶液紫色褪去的时间。以酸浓度为横坐标，时间为纵坐标作曲线。说明酸度对氧化还原反应速率的影响。

根据实验事实和对 $MnO_4^-/Mn^{2+}$ 电极电势近似计算说明介质酸碱性对氧化还原反应速率的影响。

（3）酸度对氧化还原反应方向的影响。在有少量 $CCl_4$ 试管中，加入少量的 $FeCl_3$ 溶液和 KI 溶液，观察 $CCl_4$ 层的颜色；然后加入 $0.1mol \cdot L^{-1}$ $NaHCO_3$ 溶液使试管中的溶液呈碱性，观察 $CCl_4$ 层颜色的变化。写出反应方程式。

由实验结果说明介质酸碱性对氧化还原反应方向的影响。

**3. 浓度对氧化还原反应的影响** 在试管中加 2 滴 $Fe_2(SO_4)_3$ 溶液和 2 滴 KI 溶液，然后加入适量 $NH_4F$，比较试管中溶液中加入 $NH_4F$ 前后颜色变化。解释实验现象，写出反应方程式。

**4. 影响电极电势的因素** 在两只 30ml 的烧杯中，分别加入 5ml $0.1mol \cdot L^{-1}$ $ZnSO_4$ 溶液和 5ml $0.1mol \cdot L^{-1}$ $CuSO_4$ 溶液。在 $ZnSO_4$ 溶液中插入锌片，在 $CuSO_4$ 溶液中插入铜片，组成两电极，中间以盐桥相通用导线将锌片和铜片分别与伏特计（或万用表代替）的负极和正极相连，近似测量两极间的电势差。

取出盐桥，在 $CuSO_4$ 溶液中加入 $6mol \cdot L^{-1}$ 氨水至生成的沉淀溶解为止，形成深蓝色溶液，再放入盐桥，观察电池的电势差有何变化。再在 $ZnSO_4$ 溶液中加 $6mol \cdot L^{-1}$ 氨水至生成沉淀完全溶解为止，观察电势差又有何变化。利用能斯特方程式解释实验现象。

酸度的影响：在两只 30ml 的小烧杯中，分别注入 5ml $FeSO_4$（$0.1mol \cdot L^{-1}$）和 $K_2Cr_2O_7$（$0.1mol \cdot L^{-1}$）溶液。在 $FeSO_4$ 中插入铁片，$K_2Cr_2O_7$ 中插入炭棒，组成两电极，中间以盐桥相通。将铁片和炭棒通过导线分别与伏特计的负极和正极相接，近似测量两极间的电势差。在 $K_2Cr_2O_7$ 溶液中，加入 9 滴 $H_2SO_4$（$3mol \cdot L^{-1}$），混合均匀，观察电势差变化；再逐滴加入 2ml NaOH（$6.0mol \cdot L^{-1}$），混合均匀，观察电势差又有何变化。解释之。

【实验讨论】

1. 如何根据电极电势，确定氧化剂或还原剂的相对强弱？
2. 在 $CuSO_4$ 溶液中加入过量氨水，其电极电势怎样改变？试解释。

3. 实验中加入 $CCl_4$ 的作用是什么?

4. 浓度和酸度怎样影响氧化还原反应进行的方向?

5. 浓度如何影响电极电势?在实验中应如何控制介质条件?

# 实验八　配位化合物

【实验目的】

1. 学会配合物的制备,检验配离子的稳定性

2. 学会区别配合物和复盐以及配离子和简单离子

3. 了解螯合物的生成和特征

【实验用品】

仪器:试管,试管夹,表面皿大小各一块,烧杯,石棉网,铁架台,铁圈,红色石蕊试纸,酒精灯。

药品:浓度为 $6mol \cdot L^{-1}$ 的下列溶液:氨水,氢氧化钠溶液;浓度 $1mol \cdot L^{-1}$ 下列溶液:氯化钡,氢氧化钠,氨水,硝酸银,氯化钠,硫酸铁铵,三氯化铁,硫氰化钾,硫酸铜,六氰合铁(Ⅲ)酸钾,氯化钙,碳酸钠,EDTA。

【实验内容和步骤】

**1. 配离子的生成和配离子的稳定性**

(1) 硝酸银在溶液中的稳定性:取一支试管,加入 $0.1mol \cdot L^{-1}$ 硝酸银溶液 1ml 向试管中滴加 $0.1mol \cdot L^{-1}$ 氯化钠溶液 2 滴,观察现象并写出反应的化学方程式。

(2) $[Ag(NH_3)_2]^+$ 的生成:取一支试管加入 $0.1mol \cdot L^{-1}$ 硝酸银溶液 1ml 向试管中加入 $0.1mol \cdot L^{-1}$ 氯化钠溶液 2 滴,观察有什么现象。写出反应的化学方程式。向试管中逐滴滴入 $6mol \cdot L^{-1}$ 氨水,边加边振荡,待沉淀完全溶解后再多加氨水 2 滴,写出反应的化学方程式。

(3) 硫酸铜在溶液中的稳定性:取两支试管各加入 $0.1mol \cdot L^{-1}$ 的硫酸铜溶液 1ml 向两支试管中分别滴加 $0.1mol \cdot L^{-1}$ 氯化钡溶液和 $0.1mol \cdot L^{-1}$ 氢氧化钠溶液各 4 滴,观察实验现象,并写出反应的化学方程式。

(4) $[Cu(NH_3)_4]^{2+}$ 的生成和稳定性:取一支试管加入 $0.1mol \cdot L^{-1}$ 硫酸铜溶液 1ml,逐滴加入 $6mol \cdot L^{-1}$ 氨水,边加边振荡,待沉淀完全溶解后再多加氨水 2 滴,观察实验现象,写出反应的化学方程式。将试管中的溶液平均装到三支试管中。第一支试管中滴入 $0.1mol \cdot L^{-1}$ 氯化钡溶液 4 滴,第二支试管中滴入 $0.1mol \cdot L^{-1}$ 氢氧化钠溶液 4 滴,观察实验现象并解释原因,第三支试管中的溶液备用。

**2. 配合物与复盐的区别**

(1) 复盐 $NH_4Fe(SO_4)_2$ 中简单离子的鉴定:① $SO_4^{2-}$ 的鉴定:取一支试管,加入 $0.1mol \cdot L^{-1}$ 硫酸铁铵溶液 1ml,再加入 $0.1mol \cdot L^{-1}$ 氯化钡溶液 2 滴,观察实验现象,写出反应的离子方程式。② $Fe^{3+}$ 的鉴定:取一支试管,加入 $0.1mol \cdot L^{-1}$ 硫酸铁铵溶液 1ml,再加入 $0.1mol \cdot L^{-1}$ 硫氰化钾溶液 2 滴,观察实验现象,写出反应的离子方程式。③ $NH_4^+$ 的鉴定:在一块较大的表面皿中心,加入 $0.1mol \cdot L^{-1}$ 硫酸铁铵溶液 5 滴,再加入 $6mol \cdot L^{-1}$ 氢氧化钠溶液 5 滴,混匀,在另一块较小的表面皿中心粘上 1 条湿润的红色石蕊试纸,将它盖在较大的表面皿上密闭好做成气室,将此气室放在水浴上稍微加热,观察实验现象,解释原因并写出反应的离子方程式。

(2) 配合物 $[Cu(NH_3)_4]SO_4$ 中离子的鉴定:① $SO_4^{2-}$ 的鉴定:取一支试管加入前面自己配制

的[$Cu(NH_3)_4$]$SO_4$ 溶液 1mL,再加入 0.1mol · $L^{-1}$氯化钡溶液 4 滴,观察实验现象,并写出反应的离子方程式。

②$Cu^{2+}$的鉴定:取一支试管加入前面自己配制的[$Cu(NH_3)_4$]$SO_4$溶液 1ml,再加入 0.1mol · $L^{-1}$氢氧化钠溶液 4 滴,观察实验现象并解释原因,根据以上实验说明配合物与复盐的区别。

**3. 简单离子和配离子的区别**

(1) 取一支试管加入 0.1mol · $L^{-1}$三氯化铁溶液 1ml,再滴入 0.1mol · $L^{-1}$硫氰化钾溶液 4 滴,观察现象,写出反应的离子方程式。

(2) 另外取一支试管加入六氰合铁(Ⅲ)酸钾溶液 1ml,再滴入 0.1mol · $L^{-1}$硫氰化钾溶液 4 滴,观察现象,并解释原因。

**4.** 在氯化钙溶液中加入碳酸钠溶液,观察现象,再加入 EDTA,观察现象,写出离子反应式,并解释现象。

【实验讨论】

1. 如何用实验验证配合物的组成?
2. 配合物与复盐的区别是什么?如何用实验证明?

# 实验九　非金属元素的性质

【实验目的】

1. 了解卤素氧化性和卤素离子还原性的变化规律
2. 了解漂白粉的性质
3. 了解过氧化氢的性质及其检验方法
4. 了解硫代硫酸盐的性质
5. 了解萃取和分液的操作方法
6. 了解硼酸的性质及其检验方法

【实验原理】

(1) 卤素单质的氧化性:$Cl_2>Br_2>I_2$,卤素离子还原性:$I^->Br^->Cl^-$。

(2) 漂白粉具有漂白作用。

(3) 过氧化氢具有氧化性和还原性。

过氧化氢的检验方法:在酸性溶液中加入 $K_2Cr_2O_7$ 溶液,生成蓝色的过氧化铬($CrO_5$)。过氧化铬在水中不稳定,在乙醚中较稳定,所以常预先加入乙醚。其化学反应方程式如下:

$$K_2Cr_2O_7 + H_2SO_4 + 4H_2O_2 = 2CrO_5 + K_2SO_4 + 5H_2O$$

(4) 硫代硫酸盐具有易分解、还原性和配位性。

(5) 硝酸具有强氧化性,硝酸的浓度不同、金属的活泼性不同,生成的还原产物不同。

(6) 硼酸为弱酸,若与邻二醇结构结合,使其酸性增强。

硼酸的检验方法:点燃加入浓 $H_2SO_4$ 和乙醇的硼酸晶体,其焰色反应为特征绿色。

【实验用品】

仪器:试管、胶头滴瓶、50ml 分液漏斗、10ml 量筒、角匙、蒸发皿、玻璃棒、铁架台等。

药品:浓度为 0.1mol · $L^{-1}$的下列溶液:KBr、NaCl、KI、$K_2Cr_2O_7$、$Na_2S_2O_3$、HCl、$AgNO_3$、1mol · $L^{-1}$ $H_2SO_4$、30g · $L^{-1}$ $H_2O_2$ 溶液、0.1mol · $L^{-1}$ $KMnO_4$、2mol · $L^{-1}$ HCl、浓硝酸、2mol · $L^{-1}$ $HNO_3$ 溶液、0.5mol · $L^{-1}$ $HNO_3$ 溶液、氯水、溴水、碘水、$CCl_4$、浓 $H_2SO_4$、乙醇、淀粉液、乙醚、甘油、甲基橙、

品红溶液、固体硼酸、固体漂白粉、淀粉碘化钾试纸、铜片、锌片。

【实验内容和步骤】

**1. 卤素的氧化性和卤素离子的还原性的比较**

(1) 分别取 0.1mol · $L^{-1}$ NaCl 、KBr、KI 溶液各 1ml,置于 3 支试管,在各试管内逐滴加入氯水数滴,振荡,观察各有何变化。然后在各试管内再加入 0.5ml $CCl_4$ 液体,振荡,又有何变化?

(2) 分别取 0.1mol · $L^{-1}$ NaCl 、KBr、KI 溶液各 1ml,置于 3 支试管,在各试管内逐滴加入溴水数滴,振荡,观察各有何变化。然后在各试管内再加入 0.5ml $CCl_4$ 液体,振荡,又有何变化?

试比较 $Cl_2$、$Br_2$、$I_2$ 的氧化性强弱和 $Cl^-$、$Br^-$、$I^-$ 的还原性强弱,并写出其有关的化学反应方程式。

**2. 漂白粉的性质**

(1) 取少量漂白粉固体放入试管中,加入 2mol · $L^{-1}$盐酸溶液 2ml,振荡后在试管,用淀粉-碘化钾试纸试之。有何变化? 试解释之。

(2) 取少量漂白粉固体放入盛有 2ml 蒸馏水的试管中,滴入品红溶液 2 滴。有何变化? 试解释之。

**3. 过氧化氢的性质和检验**

(1) 氧化性:在试管中加入 0.1mol · $L^{-1}$ KI 溶液 1ml,用 2 滴 1mol · $L^{-1}H_2SO_4$ 酸化后,加入 2 ~3 滴 30g · $L^{-1}H_2O_2$ 溶液,观察有何变化。再加入 2 滴淀粉液,有何现象? 解释之。

(2) 还原性:在试管中加入 0.1mol · $L^{-1}$ $KMnO_4$,用 2 滴 1mol · $L^{-1}H_2SO_4$ 酸化后,逐滴加入 30g · $L^{-1}H_2O_2$ 溶液,边滴边振荡,至溶液颜色消失为止。写出有关化学反应方程式。

(3)过氧化氢的检验:在试管中加入 2ml 蒸馏水,加入乙醚 1ml,0.1mol · $L^{-1}K_2CrO_7$ 溶液和 1mol · $L^{-1}H_2SO_4$ 溶液各 1 滴,再加入 3~5 滴过氧化氢溶液。充分振荡,观察水层和乙醚中的颜色变化。

**4. 硫代硫酸盐的性质**

(1) 硫代硫酸钠的分解反应:取 0.1mol · $L^{-1}$ $Na_2S_2O_3$ 溶液 1ml 置于一试管中,加入 0.1mol · $L^{-1}$ HCl 溶液 2ml,充分振荡,观察现象,写出有关化学反应方程式。

(2) 硫代硫酸钠的还原性:取 0.1mol · $L^{-1}$ $Na_2S_2O_3$ 溶液 1ml,加入碘水 2ml,充分振荡,观察现象,写出有关化学反应方程式。

(3) 硫代硫酸钠的配位反应:取 0.1mol · $L^{-1}$ $AgNO_3$ 溶液 0.5ml,置于一试管中,逐滴加入 0.1mol · $L^{-1}Na_2S_2O_3$ 溶液,边滴边振荡,直至生成的沉淀完全溶解。解释现象。

**5. 硝酸的氧化性**

(1) 取两支试管各加入一小块铜片,向两支试管中分别加入 1ml 浓硝酸和 10 滴 2mol · $L^{-1}$ 硝酸,观察现象,写出反应方程式。

(2) 取一支试管,加入一小块锌片,加入 0.5mol · $L^{-1}$硝酸,微热,观察现象,写出反应方程式。

**6. 硼酸的性质和检验**

(1) 硼酸的性质:取少量固体硼酸于一试管内,加入 6ml 蒸馏水,微热,使固体溶解。将溶液分装在 2 支试管中,其中一支试管内加入几滴甘油,混匀。在各试管中各加 1 滴甲基橙指示剂,振摇后观察溶液的颜色变化,比较颜色的差异并解释之。

(2) 硼酸的检验:取少量硼酸晶体放在蒸发皿中,加入几滴浓 $H_2SO_4$ 和乙醇 2ml,混匀后点燃,观察焰色反应(硼酸三乙酯的蒸气燃烧时焰色为特征绿色)。

【实验讨论】

1. 淀粉碘化钾试纸常用来检验氯气,能否用它检验氯化钠或氯化钾中的氯? 为什么?

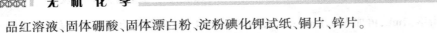

2. 在什么条件下漂白粉的消毒杀菌作用最佳？

3. 如何用化学方法鉴别亚硫酸钠、硫酸钠、硫代硫酸钠溶液？

4. 在硫代硫酸钠与碘的反应中，能否加入酸，为什么？

# 实验十　金属元素性质

【实验目的】

1. 掌握碱金属、碱土金属的活泼性，了解焰色反应的操作

2. 解铝的两性和铝氢氧化物、铁氢氧化物、铜氢氧化物的生成和性质

3. 了解 $Sn^{2+}$、$Fe^{2+}$ 的还原性和 $Pb^{4+}$、$Fe^{3+}$、$Cu^{2+}$ 氧化性

4. 了解铬、锰各种价态之间的转化

5. 了解铁、铜配合物的生成和性质

6. 掌握 $Cr^{3+}$ 离子鉴定的方法

【实验原理】

**1. 碱金属与碱土金属**　碱金属和碱土金属的化学性质活泼，能直接地与电负性较大的非金属元素反应，都可与水反应。其中碱金属与水反应激烈。碱金属和钙、钡的挥发性化合物在高温火焰中可使火焰呈现其特有的颜色。钠呈黄色，钾呈紫色，钙、钡可使火焰分别呈橙红、绿色。故可以用颜色反应鉴定这些离子。

**2. 铝、锡和铅**　铝位于周期表中金属和非金属的交界处，具有明显的两性，既能和酸反应，又能和碱反应。

$$2Al+6H^+ \xlongequal{} 2Al^{3+}+3H_2\uparrow$$

$$2Al+2OH^-+6H_2O \xlongequal{} 2[Al(OH^-)_4]^-+3H_2\uparrow$$

氢氧化铝是两性氢氧化物，既溶于酸也能溶于碱。铝盐易水解，其水溶液水解后呈酸性。Sn(Ⅱ)无论在酸性或碱性介质中都是较强的还原剂，并且在碱性介质中还原性更强。利用 Sn(Ⅱ)还原性可以鉴定 $Sn^{2+}$、$Hg^{2+}$ 和 Bi(Ⅲ)，反应如下：

$$2HgCl_2+Sn^{2+} \xlongequal{} Hg_2Cl_2\downarrow+Sn^{4+}+2Cl^-$$

$$Hg_2Cl_2+Sn^{2+} \xlongequal{} 2Hg\downarrow+Sn^{4+}+2Cl^-$$

$PbO_2$ 是强氧化剂，与浓盐酸作用放出 $Cl_2$；与浓硫酸反应放出氧气。

$$PbO_2+4HCl \xlongequal{} PbCl_2+Cl_2\uparrow+2H_2O$$

$$4PbO_2+4H_2SO_4(浓) \xlongequal{} 2Pb(HSO_4)_2+O_2\uparrow+2H_2O$$

**3. 过渡金属元素**

(1) 铬：铬的化合物中氧化数为+3、+6 的最常见，而+2 的不稳定；$Cr^{3+}$ 的氢氧化物具有两性，溶液中的酸碱平衡可表示如下：

$$Cr^{3+} + OH \rightleftharpoons Cr(OH)_3 \rightleftharpoons HCrO_2 + H_2O \rightleftharpoons H_2O + H^+ + CrO_2^-$$

$Cr^{3+}$ 的盐容易水解，pH 小于 4 时，溶液中才有 $[Cr(H_2O)_6]^{2-}$ 存在。

$Cr_2O_7^{2-}$ 在酸性溶液中为强氧化剂，易被还原成 $Cr^{3+}$，而在碱性溶液中 $CrO_2^-$ 为一较强的还原剂，易被氧化为 $CrO_4^-$，铬酸盐和重铬酸盐在水溶液中存在着下列平衡：

$$2CrO_4^{2-} + 2H^+ \rightleftharpoons Cr_2O_7^{2-} + H_2O$$

上述平衡在酸性介质中向右移动，而在碱性介质中向左移动。

(2) 锰：锰的化合物中氧化数为+2、+4、+7 的最常见。Mn(Ⅱ)在碱性溶液中易被空气氧化

生成棕色 $MnO_2$ 的水合物[$MnO(OH)_2$],但在酸性溶液中相当稳定,必须用强氧化剂如 $PbO_2$、$NaBiO_3$ 才能氧化为 $MnO_4^-$。

$$2MnSO_4+5NaBiO_3(s)+16HNO_3=2HMnO_4(紫红)+NaNO_3+5Bi(NO_3)_3+2Na_2SO_4+7H_2O$$

在中性或弱碱性溶液中 $MnO_4^-$ 和 $Mn^{2+}$ 反应生成棕色 $MnO_2$ 沉淀。

$$2MnO_4^- + 3Mn^{2+} + 2H_2O = 5MnO_2\downarrow + 4H^+$$

(3) 铁:铁简单离子在水溶液中都呈现一定的颜色。

铁的+2 价氢氧化物都呈碱性,在空气中会与氧作用,$Fe(OH)_2$ 很快被氧化成红棕色的 $Fe(OH)_3$,但在氧化过程中可以生成绿色到黑色的各种中间产物。

Fe(Ⅱ、Ⅲ)的水溶液易水解。$Fe^{2+}$ 为还原剂,而 $Fe^{3+}$ 为弱氧化剂。

铁能生成很多配合物,其中常见的有 $K_4[Fe(CN)_6]$、$K_3[Fe(CN)_6]$。在 $Fe^{3+}$ 溶液中加入 $K_4[Fe(CN)_6]$ 溶液,在 $Fe^{2+}$ 溶液中加入 $K_3[Fe(CN)_6]$ 溶液,都能产生"铁蓝"沉淀,经结构研究证明二者的组成与结构相同。

$$Fe^{3+}+[Fe(CN)_6]^{4-}+K^++H_2O = KFe[Fe(CN)_6]\cdot H_2O\downarrow$$

$$Fe^{2+}+[Fe(CN)_6]^{3-}+K^++H_2O = KFe[Fe(CN)_6]\cdot H_2O\downarrow$$

(4) 铜:蓝色的 $Cu(OH)_2$ 具有两性,在加热时容易脱水而分解为黑色的氧化铜(CuO)。$Cu^{2+}$ 与过量的氨水反应生成深蓝色的[$Cu(NH_3)_4]^{2+}$,$Cu^{2+}$ 与 $I^-$ 反应时,生成的不是 $CuI_2$,而是白色的 CuI 沉淀。

白色的 CuI 能溶于过量的 KI 溶液中,因生成[$CuI_2]^-$配离子。CuI 也能溶于 KNCS 中,因生成[$Cu(NCS)_2]^-$配离子。这两种配离子在稀释时,又分别重新沉淀为 CuI 和 CuNCS。

【实验用品】

仪器:试管、点滴板、蒸发皿、玻璃棒、酒精灯、砂纸、漏斗、烧杯、钴玻璃、离心机。

试剂:金属钠、金属钾、镁条、金属钙、铝片;

浓度为 $0.1mol\cdot L^{-1}$ 的下列溶液:$CrCl_3$、$K_2CrO_7$、$Na_2SO_3$、$MnSO_4$、$K_4[Fe(CN)_6]$、$FeCl_3$、$K_3[Fe(CN)_6]$、$FeSO_4$、KI、$CuSO_4$、$HgCl_2$、$SnCl_2$、$PbNO_3$、$Al_2(SO_4)_3$、$AlCl_3$;

浓度为 $1mol\cdot L^{-1}$ 的下列溶液:NaCl、KCl、$BaCl_2$、$H_2SO_4$、$CaCl_2$;

浓度为 $2mol\cdot L^{-1}$ 的下列溶液:$H_2SO_4$、NaOH、$NH_3\cdot H_2O$、$HNO_3$;

浓度为 $6mol\cdot L^{-1}$ 的下列溶液:$HNO_3$、HCl、NaOH;

$3mol\cdot L^{-1}$ 的 $H_2SO_4$、$0.01mol\cdot L^{-1}$ 的 $KMnO_4$、3% 的 $H_2O_2$、浓 HCl、浓 $H_2SO_4$、淀粉溶液、KNCS(饱和)、KI(饱和)、$FeSO_4\cdot 7H_2O$ 溶液、乙醚、$MnO_2(s)$、$PbO_2(s)$、pH 试纸、$KI^-$淀粉试纸、铂丝、滤纸。

【实验内容和步骤】

**1. 碱金属与碱土金属**

(1) 碱金属、碱土金属活泼性的比较:

1) 金属钠的活泼性:领取一小块金属钠,用滤纸吸干表面的煤油,立即放在蒸发皿中,加热。一旦金属钠开始燃烧时即停止加热。观察现象,写出反应式。产物冷却后,用玻璃棒轻轻捣碎产物,转移入试管中,加入少量水令其溶解、冷却,观察有无气体放出,检测溶液 pH。以 $1mol\cdot L^{-1}$ 的 $H_2SO_4$ 酸化溶液后加入一滴 $0.01mol\cdot L^{-1}$ 的 $KMnO_4$ 溶液,观察现象,写出反应式。

2) 金属镁与 $O_2$ 作用:取一小段金属镁条,用砂纸除去表面氧化层,点燃,观察现象,写出反应式。

3) 与水的作用:①分别取一小块金属钠和金属钾,用滤纸吸干表面煤油后放入两个盛有水的烧杯中,并用合适大小的漏斗盖好,观察现象,检测反应后溶液的酸碱性,写出反应式。②取两小段镁条,除去表面氧化膜后分别投入盛有冷水和热水的两支试管中,对比反应的不同,写出反应式。③取一小块金属钙置于试管中,加入少量水,观察现象。检测水溶液的酸碱性。写出反应式。

（2）焰色反应：取一根铂丝，反复蘸取盐酸溶液，在氧化焰中烧至近于无色，在点滴板上分别滴入1~2滴1mol·$L^{-1}$的NaCl、$CaCl_2$、KCl、$BaCl_2$溶液，用洁净的铂丝蘸取溶液后，在氧化焰中灼烧，分别观察火焰颜色。对于钾离子的焰色，应通过钴玻璃观察。记录各离子的焰色。

**2. 铝、锡和铅**

（1）铝和氢氧化铝的两性：

1）在两支试管中，各放入一小片除去氧化膜的铝片，观察分别与1ml 6mol·$L^{-1}$的HCl和1ml 6mol·$L^{-1}$的NaOH溶液反应，写出反应式。

2）在两支试管中，加入5滴0.1mol·$L^{-1}$的$Al_2(SO_4)_3$和5滴2mol·$L^{-1}$的$NH_3\cdot H_2O$反应，观察氢氧化铝的生成；然后在其中一支试管中加2滴6mol·$L^{-1}$的HCl、另一支试管中加2滴6mol·$L^{-1}$的NaOH。观察现象，写出反应式。

（2）铝与水的反应：在两支试管中，各放入一小片除去氧化膜的铝片分别与冷、热水的反应。观察现象，写出反应式。

（3）铝盐水解：用pH试纸检验0.1mol·$L^{-1}$的$Al_2(SO_4)_3$和$AlCl_3$的酸碱性。

（4）二价锡、铅氢氧化物的生成及酸碱性：

1）在离心试管中加入0.1mol·$L^{-1}$的$SnCl_2$，滴加2mol·$L^{-1}$的NaOH溶液，将混合物离心分离，沉淀分别和2mol·$L^{-1}$的HCl、2mol·$L^{-1}$的NaOH溶液的反应。

2）在离心试管中加入0.1mol·$L^{-1}$的$PbNO_3$，滴加2mol·$L^{-1}$的NaOH溶液，将混合物离心分离，沉淀分别和2mol·$L^{-1}$的$HNO_3$、2mol·$L^{-1}$的NaOH溶液的反应。

（5）四价铅的氧化性和二价锡的还原性：

1）在试管中加入1ml浓HCl溶液，然后加入少量$PbO_2$固体，振荡试管并微热。观察现象（实验应在通风橱中进行）。写出反应式。

在试管中加入1ml浓$H_2SO_4$溶液，然后加入少量$PbO_2$固体，振荡试管并微热。观察现象。写出反应式。

2）在点滴板中加入2滴0.1mol·$L^{-1}$的$Hg_2Cl_2$溶液，然后逐滴加入，0.1mol·$L^{-1}$的$SnCl_2$溶液，观察现象，继续滴加0.1mol·$L^{-1}$的$SnCl_2$过量，观察又有什么现象。写出反应式。

**3. 过渡金属元素**

（1）$Cr(OH)_3$的制备和性质：2支试管中各加入2滴0.1mol·$L^{-1}$的$CrCl_3$溶液，然后分别滴加2mol·$L^{-1}$的NaOH溶液；观察现象，写出反应式。然后一支试管中继续滴加6mol·$L^{-1}$的NaOH溶液；另一支试管中则加入6mol·$L^{-1}$的HCl溶液，观察现象，写出反应式。

（2）Cr的各种价态之间的转化：

1）Cr（Ⅲ）→Cr（Ⅵ）的转化：在试管中滴加2滴0.1mol·$L^{-1}$的$CrCl_3$溶液，加入，过量的6mol·$L^{-1}$的NaOH溶液，再加入3%的$H_2O_2$溶液，加热，观察溶液颜色变化，写出反应式。

2）Cr（Ⅵ）→Cr（Ⅲ）的转化：在试管中滴加2滴0.1mol·$L^{-1}$的$K_2Cr_2O_7$溶液，加入2滴3mol·$L^{-1}$的$H_2SO_4$溶液，0.1mol·$L^{-1}$的$Na_2SO_3$溶液，观察现象，写出反应式。

3）$Cr_2O_7^{2-}\rightarrow CrO_4^{2-}$的转化：在试管中滴加2滴0.1mol·$L^{-1}$的$K_2Cr_2O_7$溶液，滴加少许2mol·$L^{-1}$的NaOH溶液，观察现象；再滴入1mol·$L^{-1}$的$H_2SO_4$溶液，观察现象，写出反应式。

（3）$Cr^{3+}$的鉴定：在试管中加入2滴0.1mol·$L^{-1}$的$CrCl_3$溶液，加入6mol·$L^{-1}$的NaOH溶液（过量2滴），再加入3滴$H_2O_2$（3%）溶液，微热。待试管冷却后，加入乙醚，然后慢慢滴入6mol·$L^{-1}$的$HNO_3$酸化，摇动试管，静置。

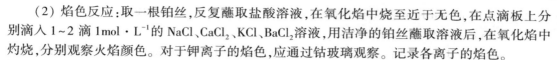

（4）$Mn(OH)_2$的制备和性质：3支试管中各加入5滴0.1mol·$L^{-1}$的$MnSO_4$溶液，然后分别加入3滴2mol·$L^{-1}$NaOH溶液，观察现象。①试管迅速滴加6mol·$L^{-1}$的HCl溶液；②试管迅速

滴加 6mol · $L^{-1}$的 NaOH 溶液；③试管在空气中振荡。观察现象，写出反应式。

(5) Mn 的各种价态之间的转化：

1) $MnO_4^- \rightarrow MnO_2$ 的转化：在试管中加 2 滴 0.01mol · $L^{-1}$的 $KMnO_4$ 溶液，滴加 0.1mol · $L^{-1}$的 $Na_2SO_3$ 溶液，观察现象，写出反应式。

2) $MnO_4^- \rightarrow MnO_4^{2-}$ 的转化：在试管中加入 2 滴 0.01mol · $L^{-1}$的 $KMnO_4$ 溶液，加入 1 滴 6mol · $L^{-1}$的 NaOH 溶液，再滴加，0.1mol · $L^{-1}$的 $Na_2SO_3$ 溶液，振荡试管，观察现象，写出反应式。

3) $MnO_2 \rightarrow Mn^{2+}$的转化：取绿豆粒大 $MnO_2$(s) 放入试管中，加入 5 滴浓 HCl 溶液，微热，用 $KI^-$淀粉试纸检验所产生的气体。

(6) $Fe(OH)_2$ 的制备和性质：在一支试管中煮沸 2mol · $L^{-1}$的 NaOH 溶液，迅速加到 $FeSO_4$ 溶液中，观察现象，静置片刻再观察现象。取静置前 $Fe(OH)_2$ 沉淀：①加入 2mol · $L^{-1}$的 $H_2SO_4$ 溶液；②加入 3mol · $L^{-1}$的 NaOH 溶液，观察现象，写出反应式。

(7) $Fe(OH)_3$ 的制备和性质：用 0.1mol · $L^{-1}$的 $FeCl_3$ 溶液和 2mol · $L^{-1}$的 NaOH 溶液制备 $Fe(OH)_3$。上述溶液加热至沸，静置后，吸去上清液，将沉淀洗涤后，在沉淀中加 2~3 滴浓 HCl，并加热，用湿润的 KI-淀粉试纸检查产生的气体。观察现象，写出反应式。

(8) 铁盐的性质

1) 用蒸馏水溶解 $FeSO_4 \cdot 7H_2O$，用蓝色石蕊试纸试验水溶液的酸碱性，然后加 2 滴 2mol · $L^{-1}$的 $H_2SO_4$ 酸化，用 0.1mol · $L^{-1}$的 $KMnO_4$ 溶液试验+2 价铁的还原性。观察现象，写出反应式。

2) 用石蕊试纸试验 $FeCl_3$ 溶液的酸碱性。然后取一支试管加 2 滴 0.1mol · $L^{-1}$的 $FeCl_3$ 溶液，加 3 滴 0.1mol · $L^{-1}$的 KI 溶液，再加 1 滴淀粉溶液，观察现象，写出反应。

(9) 铁的配合物：①在试管中加 1 滴 0.1mol · $L^{-1}$的 $K_4[Fe(CN)_6]$溶液，滴加 2mol · $L^{-1}$的 NaOH 溶液数滴，是否有 $Fe(OH)_2$ 沉淀产生。②在试管中加 1 滴 0.1mol · $L^{-1}$的 $FeCl_3$ 溶液，加几滴 $K_4[Fe(CN)_6]$溶液，观察现象，写出反应式。③在试管中加 1 滴 0.1mol · $L^{-1}$的 $K_3[Fe(CN)_6]$溶液，滴加 2mol · $L^{-1}$NaOH 溶液数滴，观察现象。④试管中加入绿豆粒大 $FeSO_4 \cdot 7H_2O$ 晶体，用水溶解后，滴加 1~2 滴 $K_3[Fe(CN)_6]$溶液，观察现象，写出反应式。

(10) 铜的氢氧化物的制备和性质：用 0.1mol · $L^{-1}$的 $CuSO_4$ 和 2mol · $L^{-1}$的 NaOH 制备 $Cu(OH)_2$。①制备的 $Cu(OH)_2$ 加热；②分别用 2mol · $L^{-1}$的 $H_2SO_4$ 溶液和 6mol · $L^{-1}$的 NaOH 溶液，检验 $Cu(OH)_2$ 的酸碱性。

(11) 铜的氨的配位化合物：用 0.1mol · $L^{-1}$的 $CuSO_4$ 溶液和 2mol · $L^{-1}$的 NaOH 溶液制备少量 $Cu(OH)_2$ 沉淀，离心分离，弃清液，再加 2mol · $L^{-1}$的 $NH_3 \cdot H_20$，观察现象，写出反应式。

(12) +2 价铜的氧化性：3 滴 0.1mol · $L^{-1}$的 $CuSO_4$ 溶液加入试管中，加入 10 滴 0.1mol · $L^{-1}$的 KI 溶液，离心沉降，分离上清液和沉淀，水洗沉淀两次，观察沉淀的颜色。检查上清液中是否有 $I^-$离子。将上述洗净的沉淀分成二份：①加入饱和的 KI 溶液至沉淀刚好溶解，取此溶液再用蒸馏水稀释，有何现象？写出反应式。②加饱和的 KNCS 至沉淀刚好溶解，然后再用蒸馏水稀释，有何现象？写出反应式。

【实验讨论】

1. 怎样用实验确定 $Al(OH)_3$ 和 $Cr(OH)_3$ 是两性物质？
2. 在本实验中，如何实现从 $Cr^{3+} \rightarrow Cr^{6+} \rightarrow Cr^{3+}$的转变？
3. $KMnO_4$ 的还原产物和介质有什么关系？
4. 将氨水加入 $CuSO_4$ 溶液中，将产生什么现象？
5. 制备 $Fe(OH)_2$ 沉淀时，为什么 $FeSO_4$ 溶液和 NaOH 溶液必须煮沸？

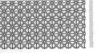

# 附　表

## 附表一　常用酸碱的相对密度和浓度

| 试剂名称 | 相对密度 | $w$(质量分数) | $c/(mol\cdot L^{-1})$ |
|---|---|---|---|
| 盐酸 | 1.18~1.19 | 36%~38% | 11.6~12.4 |
| 硝酸 | 1.39~1.40 | 65%~68% | 14.4~15.2 |
| 硫酸 | 1.83~1.84 | 95%~98% | 17.8~18.4 |
| 磷酸 | 1.69 | 85% | 14.6 |
| 高氯酸 | 1.67~1.68 | 70%~72% | 11.7~12.0 |
| 氢氟酸 | 1.13~1.14 | 40% | 22.5 |
| 氢溴酸 | 1.49 | 47% | 8.6 |
| 冰醋酸 | 1.05 | 99.8%(GR)<br>99.0%(CR) | 17.4 |
| 乙酸 | 1.05 | 36%~37% | 6.0 |
| 氨水 | 0.88~0.90 | 25%~28% | 13.3~14.8 |
| 三乙醇胺 | 1.12 | - | 7.5 |
| 氢氧化钠 | 1.109 | 10% | 2.8 |

## 附表二　一些质子酸的解离常数(298.15K)

| 名称 | 化学式 | $K_a$ | $pK_a$ | 名称 | 化学式 | $K_a$ | $pK_a$ |
|---|---|---|---|---|---|---|---|
| 乙酸 | HAc | $1.76\times10^{-5}$ | 4.75 | 水 | $H_2O$ | $1.00\times10^{-14}$ | 14.0 |
| 氢氰酸 | HCN | $6.2\times10^{-10}$ | 9.21 | 硼酸 | $H_3BO_3$ | $5.8\times10^{-10}$ | 9.24 |
| 甲酸 | HCOOH | $1.77\times10^{-4}$ | 3.74 | 过氧化氢 | $H_2O_2$ | $2.2\times10^{-12}$ | 11.65 |
| 碳酸 | $H_2CO_3$ | $K_{a1}=4.30\times10^{-7}$ | 6.38 | 硫代硫酸 | $H_2S_2O_3$ | $K_{a1}=0.25$ | 0.60 |
| | | $K_{a2}=5.61\times10^{-11}$ | 10.25 | | | $K_{a2}=1.9\times10^{-2}$ | 1.72 |
| 氢硫酸 | $H_2S$ | $K_{a1}=1.3\times10^{-7}$ | 6.89 | 铬酸 | $H_2CrO_4$ | $K_{a1}=1.8\times10^{-1}$ | 0.74 |
| | | $K_{a2}=7.1\times10^{-15}$ | 14.15 | | | $K_{a2}=3.2\times10^{-7}$ | 6.49 |
| 草酸 | $H_2C_2O_4$ | $K_{a1}=5.9\times10^{-2}$ | 12.23 | 邻苯二甲酸 | $C_6H_4(COOH)_2$ | $K_{a1}=1.1\times10^{-3}$ | 2.95 |
| | | $K_{a2}=6.4\times10^{-5}$ | 4.19 | | | $K_{a2}=2.9\times10^{-6}$ | 5.54 |
| | | $K_{a1}=7.6\times10^{-3}$ | 2.12 | | | $K_{a1}=7.4\times10^{-4}$ | 3.13 |
| 磷酸 | $H_3PO_4$ | $K_{a2}=6.3\times10^{-8}$ | 7.20 | 柠檬酸 | $C_6H_8O_7$ | $K_{a2}=1.7\times10^{-5}$ | 4.76 |
| | | $K_{a3}=4.5\times10^{-13}$ | 12.36 | | | $K_{a3}=4.0\times10^{-7}$ | 6.40 |
| 亚磷酸 | $H_3PO_3$ | $K_{a1}=3.7\times10^{-2}$ | 1.43 | 酒石酸 | $C_4H_6O_6$ | $K_{a1}=9.1\times10^{-4}$ | 3.04 |
| | | $K_{a2}=2.9\times10^{-7}$ | 6.54 | | | $K_{a2}=4.3\times10^{-5}$ | 4.37 |

续表

| 名称 | 化学式 | $K_a$ | $pK_a$ | 名称 | 化学式 | $K_a$ | $pK_a$ |
|---|---|---|---|---|---|---|---|
| 氢氟酸 | HF | $6.8\times10^{-4}$ | 3.17 | 苯酚 | $C_6H_5OH$ | $1.1\times10^{-10}$ | 9.95 |
| 硫酸 | $H_2SO_4$ | $K_{a2}=1.0\times10^{-2}$ | 1.99 | 苯甲酸 | $C_6H_5COOH$ | $6.2\times10^{-5}$ | 4.21 |
| 亚硫酸 | $H_2SO_3$ | $K_{a1}=1.2\times10^{-2}$ | 1.91 | 羟胺 | $NH_2OH$ | $1.1\times10^{-6}$ | 5.96 |
| | | $K_{a2}=1.6\times10^{-8}$ | 7.18 | | | | |
| 碘酸 | $HIO_3$ | 0.49 | 0.31 | 肼 | $NH_2NH_2$ | $8.5\times10^{-9}$ | 8.07 |
| 次氯酸 | HClO | $4.6\times10^{-11}$ | 10.33 | 氨水 | $NH_3$ | $5.59\times10^{-10}$ | 9.25 |
| 次溴酸 | HBrO | $2.3\times10^{-9}$ | 8.63 | 甲胺 | $CH_5N$ | $2.3\times10^{-11}$ | 10.64 |
| 次碘酸 | HIO | $2.3\times10^{-11}$ | 10.64 | 苯胺 | $C_6H_5NH_2$ | $2.51\times10^{-5}$ | 4.60 |
| 亚氯酸 | $HClO_2$ | $1.1\times10^{-2}$ | 1.95 | 乙醇胺 | $C_2H_7ON$ | $3.18\times10^{-10}$ | 9.50 |
| 亚硝酸 | $HNO_2$ | $7.1\times10^{-4}$ | 3.15 | 吡啶 | $C_5H_5N$ | $5.90\times10^{-6}$ | 5.23 |
| 砷酸 | $H_3AsO_4$ | $K_{a1}=6.2\times10^{-3}$ | 2.21 | | | | |
| | | $K_{a2}=1.2\times10^{-7}$ | 6.93 | 乙胺 | $C_2H_5NH_2$ | $2.0\times10^{-11}$ | 10.70 |
| | | $K_{a3}=3.1\times10^{-12}$ | 11.51 | | | | |
| 亚砷酸 | $H_3AsO_3$ | $5.1\times10^{-10}$ | 9.29 | | | | |

## 附表三　常用酸碱指示剂

| 序号 | 名称 | pH 变色范围 | 酸式色 | 碱式色 | $pK_a$ | 浓度 |
|---|---|---|---|---|---|---|
| 1 | 甲基紫(第一次变色) | 0.13~0.5 | 黄 | 绿 | 0.8 | 0.1%水溶液 |
| 2 | 甲酚红(第一次变色) | 0.2~1.8 | 红 | 黄 | – | 0.04%乙醇(50%)溶液 |
| 3 | 甲基紫(第二次变色) | 1.0~1.5 | 绿 | 蓝 | – | 0.1%水溶液 |
| 4 | 百里酚蓝(第一次变色) | 1.2~2.8 | 红 | 黄 | 1.65 | 0.1%乙醇(20%)溶液 |
| 5 | 茜素黄 R(第一次变色) | 1.9~3.3 | 红 | 黄 | – | 0.1%水溶液 |
| 6 | 甲基紫(第三次变色) | 2.0~3.0 | 蓝 | 紫 | – | 0.1%水溶液 |
| 7 | 甲基黄 | 2.9~4.0 | 红 | 黄 | 3.3 | 0.1%乙醇(90%)溶液 |
| 8 | 溴酚蓝 | 3.0~4.6 | 黄 | 蓝 | 3.85 | 0.1%乙醇(20%)溶液 |
| 9 | 甲基橙 | 3.1~4.4 | 红 | 黄 | 3.40 | 0.1%水溶液 |
| 10 | 溴甲酚绿 | 3.8~5.4 | 黄 | 蓝 | 4.68 | 0.1%乙醇(20%)溶液 |
| 11 | 甲基红 | 4.4~6.2 | 红 | 黄 | 4.95 | 0.1%乙醇(60%)溶液 |
| 12 | 溴百里酚蓝 | 6.0~7.6 | 黄 | 蓝 | 7.1 | 0.1%乙醇(20%) |
| 13 | 中性红 | 6.8~8.0 | 红 | 黄 | 7.4 | 0.1%乙醇(60%)溶液 |
| 14 | 酚　红 | 6.8~8.0 | 黄 | 红 | 7.9 | 0.1%乙醇(20%)溶液 |
| 15 | 甲酚红(第二次变色) | 7.2~8.8 | 黄 | 红 | 8.2 | 0.04%乙醇(50%)溶液 |
| 16 | 百里酚蓝(第二次变色) | 8.0~9.6 | 黄 | 蓝 | 8.9 | 0.1%乙醇(20%)溶液 |
| 17 | 酚　酞 | 8.2~10.0 | 无色 | 紫红 | 9.4 | 0.1%乙醇(60%)溶液 |
| 18 | 百里酚酞 | 9.4~10.6 | 无色 | 蓝 | 10.0 | 0.1%乙醇(90%)溶液 |
| 19 | 茜素黄 R(第二次变色) | 10.1~12.1 | 黄 | 紫 | 11.16 | 0.1%水溶液 |
| 20 | 靛胭脂红 | 11.6~14.0 | 蓝 | 黄 | 12.2 | 25%乙醇(50%)溶液 |

## 附表四 常用缓冲溶液的配制和 pH

| 序号 | 溶液名称 | 配制方法 | pH |
| --- | --- | --- | --- |
| 1 | 氯化钾-盐酸 | 13.0ml 0.2mol·$L^{-1}$ HCl 与 25.0ml 0.2mol·$L^{-1}$ KCl 混合均匀后，加水稀释至 100ml | 1.7 |
| 2 | 氨基乙酸-盐酸 | 在 500ml 水中溶解氨基乙酸 150g，加 480ml 浓盐酸，再加水稀释至 1L | 2.3 |
| 3 | 一氯乙酸-氢氧化钠 | 在 200ml 水中溶解 2g 一氯乙酸后，加 40g NaOH，溶解完全后再加水稀释至 1L | 2.8 |
| 4 | 邻苯二甲酸氢钾-盐酸 | 将 25.0ml 0.2mol·$L^{-1}$ 的邻苯二甲酸氢钾溶液与 6.0ml 0.1mol·$L^{-1}$ HCl 混合均匀，加水稀释至 100ml | 3.6 |
| 5 | 邻苯二甲酸氢钾-氢氧化钠 | 将 25.0ml 0.2mol·$L^{-1}$ 的邻苯二甲酸氢钾溶液与 17.5ml 0.1mol·$L^{-1}$ NaOH 混合均匀，加水稀释至 100ml | 4.8 |
| 6 | 六亚甲基四胺-盐酸 | 在 200ml 水中溶解六亚甲基四胺 40g，加浓 HCl 10ml，再加水稀释至 1L | 5.4 |
| 7 | 磷酸二氢钾-氢氧化钠 | 将 25.0ml 0.2mol·$L^{-1}$的磷酸二氢钾与 23.6ml 0.1mol·$L^{-1}$ NaOH 混合均匀，加水稀释至 100ml | 6.8 |
| 8 | 硼酸-氯化钾-氢氧化钠 | 将 25.0ml 0.2mol·$L^{-1}$的硼酸-氯化钾与 4.0ml 0.1mol·$L^{-1}$ NaOH 混合均匀，加水稀释至 100ml | 8.0 |
| 9 | 氯化铵-氨水 | 将 0.1mol·$L^{-1}$氯化铵与 0.1mol·$L^{-1}$氨水以 2∶1 比例混合均匀 | 9.1 |
| 10 | 硼酸-氯化钾-氢氧化钠 | 将 25.0ml 0.2mol·$L^{-1}$的硼酸-氯化钾与 43.9ml 0.1mol·$L^{-1}$ NaOH 混合均匀，加水稀释至 100ml | 10.0 |
| 11 | 氨基乙酸-氯化钠-氢氧化钠 | 将 49.0ml 0.1mol·$L^{-1}$氨基乙酸-氯化钠与 51.0ml 0.1mol·$L^{-1}$ NaOH 混合均匀 | 11.6 |
| 12 | 磷酸氢二钠-氢氧化钠 | 将 50.0ml 0.05mol·$L^{-1}$ $Na_2HPO_4$ 与 26.9ml 0.1mol·$L^{-1}$ NaOH 混合均匀，加水稀释至 100ml | 12.0 |
| 13 | 氯化钾-氢氧化钠 | 将 25.0ml 0.2mol·$L^{-1}$ KCl 与 66.0ml 0.2mol·$L^{-1}$ NaOH 混合均匀，加水稀释至 100ml | 13.0 |

## 附表五 常见难溶化合物的溶度积常数(298.15K)

| 难溶化合物 | $K_{sp}$ | 难溶化合物 | $K_{sp}$ |
| --- | --- | --- | --- |
| AgAc | $1.94\times10^{-3}$ | $Co(OH)_2$(新析出) | $1.6\times10^{-15}$ |
| AgBr | $5.35\times10^{-13}$ | $Co(OH)_3$ | $1.6\times10^{-44}$ |
| $Ag_2CO_3$ | $8.46\times10^{-12}$ | α-CoS(新析出) | $4.0\times10^{-21}$ |
| AgCl | $1.77\times10^{-10}$ | β-CoS(陈化) | $2.0\times10^{-25}$ |

续表

| 难溶化合物 | $K_{sp}$ | 难溶化合物 | $K_{sp}$ |
|---|---|---|---|
| $Ag_2C_2O_4$ | $5.40\times10^{-12}$ | $Cr(OH)_3$ | $6.3\times10^{-31}$ |
| $Ag_2CrO_4$ | $1.12\times10^{-12}$ | CuBr | $6.27\times10^{-9}$ |
| $Ag_2Cr_2O_7$ | $2.0\times10^{-7}$ | CuCN | $3.47\times10^{-20}$ |
| AgI | $8.52\times10^{-17}$ | $CuCO_3$ | $1.4\times10^{-10}$ |
| $AgIO_3$ | $3.17\times10^{-8}$ | CuCl | $1.72\times10^{-7}$ |
| $AgNO_2$ | $6.0\times10^{-4}$ | $CuCrO_4$ | $3.6\times10^{-6}$ |
| AgOH | $2.0\times10^{-8}$ | CuI | $1.27\times10^{-12}$ |
| $Ag_3PO_4$ | $8.89\times10^{-17}$ | CuOH | $1.0\times10^{-14}$ |
| $Ag_2S$ | $6.3\times10^{-50}$ | $Cu(OH)_2$ | $2.2\times10^{-20}$ |
| $Ag_2SO_4$ | $1.20\times10^{-5}$ | $Cu_3(PO_4)_2$ | $1.40\times10^{-37}$ |
| $Al(OH)_3$ | $1.3\times10^{-33}$ | $Cu_2P_2O_7$ | $8.3\times10^{-16}$ |
| AuCl | $2.0\times10^{-13}$ | CuS | $6.3\times10^{-36}$ |
| $AuCl_3$ | $3.2\times10^{-25}$ | $Cu_2S$ | $2.5\times10^{-48}$ |
| $Au(OH)_3$ | $5.5\times10^{-46}$ | $FeCO_3$ | $3.2\times10^{-11}$ |
| $BaCO_3$ | $2.58\times10^{-9}$ | $FeC_2O_4\cdot2H_2O$ | $3.2\times10^{-7}$ |
| $BaC_2O_4$ | $1.6\times10^{-7}$ | $Fe(OH)_2$ | $4.87\times10^{-17}$ |
| $BaCrO_4$ | $1.17\times10^{-10}$ | $Fe(OH)_3$ | $2.79\times10^{-39}$ |
| $BaF_2$ | $1.84\times10^{-7}$ | FeS | $6.3\times10^{-18}$ |
| $Ba_3(PO_4)_2$ | $3.4\times10^{-23}$ | $Hg_2Cl_2$ | $1.43\times10^{-18}$ |
| $BaSO_3$ | $5.0\times10^{-10}$ | $Hg_2I_2$ | $5.2\times10^{-29}$ |
| $BaSO_4$ | $1.08\times10^{-10}$ | $Hg(OH)_2$ | $3.0\times10^{-26}$ |
| $BaS_2O_3$ | $1.6\times10^{-5}$ | $Hg_2S$ | $1.0\times10^{-47}$ |
| $Bi(OH)_3$ | $4.0\times10^{-31}$ | HgS(红) | $4.0\times10^{-53}$ |
| BiOCl | $1.8\times10^{-31}$ | HgS(黑) | $1.6\times10^{-52}$ |
| $Bi_2S_3$ | $1.0\times10^{-97}$ | $Hg_2SO_4$ | $6.5\times10^{-7}$ |
| $CaCO_3$ | $3.36\times10^{-9}$ | $KIO_4$ | $3.71\times10^{-4}$ |
| $CaC_2O_4\cdot H_2O$ | $2.32\times10^{-9}$ | $K_2[PtCl_6]$ | $7.48\times10^{-6}$ |
| $CaCrO_4$ | $7.1\times10^{-4}$ | $K_2[SiF_6]$ | $8.7\times10^{-7}$ |
| $CaF_2$ | $3.45\times10^{-11}$ | $Li_2CO_3$ | $8.15\times10^{-4}$ |
| $CaHPO_4$ | $1.0\times10^{-7}$ | LiF | $1.84\times10^{-3}$ |
| $Ca(OH)_2$ | $5.02\times10^{-6}$ | $MgCO_3$ | $6.82\times10^{-6}$ |
| $Ca_3(PO_4)_2$ | $2.07\times10^{-33}$ | $MgF_2$ | $5.16\times10^{-11}$ |
| $CaSO_4$ | $4.93\times10^{-5}$ | $Mg(OH)_2$ | $5.61\times10^{-12}$ |
| $CaSO_3\cdot0.5H_2O$ | $3.1\times10^{-7}$ | $MnCO_3$ | $2.24\times10^{-11}$ |
| $CdCO_3$ | $1.0\times10^{-12}$ | $Mn(OH)_2$ | $1.9\times10^{-13}$ |
| $CdC_2O_4\cdot3H_2O$ | $1.42\times10^{-8}$ | MnS(无定形) | $2.5\times10^{-10}$ |
| $Cd(OH)_2$(新析出) | $2.5\times10^{-14}$ | MnS(结晶) | $2.5\times10^{-13}$ |

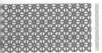

续表

| 难溶化合物 | $K_{sp}$ | 难溶化合物 | $K_{sp}$ |
|---|---|---|---|
| CdS | $8.0\times10^{-27}$ | $Na_3ALF_6$ | $4.0\times10^{-10}$ |
| $CoCO_3$ | $1.40\times10^{-13}$ | $NiCO_3$ | $1.42\times10^{-7}$ |
| $Ni(OH)_2$(新析出) | $2.0\times10^{-15}$ | $PbI_2$ | $9.8\times10^{-9}$ |
| α-NiS | $3.2\times10^{-19}$ | $PbSO_4$ | $2.53\times10^{-8}$ |
| $Pb(OH)_2$ | $1.43\times10^{-20}$ | $Sn(OH)_2$ | $5.45\times10^{-27}$ |
| $Pb(OH)_4$ | $3.2\times10^{-44}$ | $Sn(OH)_4$ | $1.0\times10^{-56}$ |
| $Pb_3(PO_4)_2$ | $8.0\times10^{-40}$ | SnS | $1.0\times10^{-25}$ |
| $PbMoO_4$ | $1.0\times10^{-13}$ | $SrCO_3$ | $5.60\times10^{-10}$ |
| PbS | $8.0\times10^{-28}$ | $SrC_2O_4\cdot H_2O$ | $1.60\times10^{-7}$ |
| β-NiS | $1.0\times10^{-24}$ | $SrC_2O_4$ | $2.2\times10^{-5}$ |
| γ-NiS | $2.0\times10^{-26}$ | $SrSO_4$ | $3.44\times10^{-7}$ |
| $PbBr_2$ | $6.60\times10^{-6}$ | $ZnCO_3$ | $1.46\times10^{-10}$ |
| $PbCO_3$ | $7.4\times10^{-14}$ | $ZnC_2O_4\cdot 2H_2O$ | $1.38\times10^{-9}$ |
| $PbCl_2$ | $1.70\times10^{-5}$ | $Zn(OH)_2$ | $3.0\times10^{-17}$ |
| $PbC_2O_4$ | $4.8\times10^{-10}$ | α-ZnS | $1.6\times10^{-24}$ |
| $PbCrO_4$ | $2.8\times10^{-13}$ | β-ZnS | $2.5\times10^{-22}$ |

## 附表六　常见配离子的稳定常数 $K_{稳}$(298.15K)

| 配离子 | $K_{稳}$ | 配离子 | $K_{稳}$ |
|---|---|---|---|
| $[AuCl_2]^+$ | $6.3\times10^{9}$ | $[Co(en)_3]^{2+}$ | $8.69\times10^{13}$ |
| $[CdCl_4]^{2-}$ | $6.33\times10^{2}$ | $[Co(en)_3]^{3+}$ | $4.90\times10^{48}$ |
| $[CuCl_3]^{2-}$ | $5.0\times10^{5}$ | $[Cr(en)_2]^{2+}$ | $1.55\times10^{9}$ |
| $[CuCl_2]^{2-}$ | $3.1\times10^{5}$ | $[Cu(en)_2]^{+}$ | $6.33\times10^{10}$ |
| $[FeCl]^+$ | 2.29 | $[Cu(en)_3]^{2+}$ | $1.0\times10^{21}$ |
| $[FeCl_4]^-$ | 1.02 | $[Fe(en)_3]^{2+}$ | $5.00\times10^{9}$ |
| $[HgCl_4]^{2-}$ | $1.17\times10^{15}$ | $[Hg(en)_2]^{2+}$ | $2.00\times10^{23}$ |
| $[PbCl_4]^{2-}$ | 39.8 | $[Mn(en)_3]^{2+}$ | $4.67\times10^{5}$ |
| $[PtCl_4]^{2-}$ | $1.0\times10^{16}$ | $[Ni(en)_3]^{2+}$ | $2.14\times10^{18}$ |
| $[SnCl_4]^{2-}$ | 30.2 | $[Zn(en)_3]^{2+}$ | $1.29\times10^{14}$ |
| $[ZnCl_4]^{2-}$ | 1.58 | $[AlF_6]^{3-}$ | $6.94\times10^{19}$ |
| $[Ag(CN)_2]^-$ | $1.3\times10^{21}$ | $[FeF_6]^{3-}$ | $1.0\times10^{16}$ |
| $[Ag(CN)_4]^{3-}$ | $4.0\times10^{20}$ | $[AgI_3]^{2-}$ | $4.78\times10^{13}$ |
| $[Au(CN)_2]^-$ | $2.0\times10^{38}$ | $[AgI_2]^-$ | $5.94\times10^{11}$ |
| $[Cd(CN)_4]^{2-}$ | $6.02\times10^{18}$ | $[CdI_4]^{2-}$ | $2.57\times10^{5}$ |

续表

| 配离子 | $K_{稳}$ | 配离子 | $K_{稳}$ |
|---|---|---|---|
| $[Cu(CN)_2]^-$ | $1.0\times10^{16}$ | $[CuI_2]^-$ | $7.09\times10^{8}$ |
| $[Cu(CN)_4]^{3-}$ | $2.00\times10^{30}$ | $[PbI_4]^{2-}$ | $2.95\times10^{4}$ |
| $[Fe(CN)_6]^{4-}$ | $1.0\times10^{35}$ | $[HgI_4]^{2-}$ | $6.76\times10^{29}$ |
| $[Fe(CN)_6]^{3-}$ | $1.0\times10^{42}$ | $[Ag(NH_3)_2]^+$ | $1.12\times10^{7}$ |
| $[Hg(CN)_4]^{2-}$ | $2.5\times10^{41}$ | $[Cd(NH_3)_6]^{2+}$ | $1.38\times10^{5}$ |
| $[Ni(CN)_4]^{2-}$ | $2.0\times10^{31}$ | $[Cd(NH_3)_4]^{2+}$ | $1.32\times10^{7}$ |
| $[Zn(CN)_4]^{2-}$ | $5.0\times10^{16}$ | $[Co(NH_3)_6]^{3+}$ | $1.58\times10^{35}$ |
| $[Ag(SCN)_4]^{3-}$ | $1.20\times10^{10}$ | $[Cu(NH_3)_2]^+$ | $7.25\times10^{10}$ |
| $[Ag(SCN)_2]^-$ | $3.72\times10^{7}$ | $[Cu(NH_3)_4]^{2+}$ | $2.09\times10^{13}$ |
| $[Au(SCN)_4]^{3-}$ | $1.0\times10^{42}$ | $[Fe(NH_3)_2]^{2+}$ | $1.6\times10^{2}$ |
| $[Au(SCN)_2]^-$ | $1.0\times10^{23}$ | $[Hg(NH_3)_4]^{2+}$ | $1.90\times10^{19}$ |
| $[Cd(SCN)_4]^{2-}$ | $3.98\times10^{3}$ | $[Mg(NH_3)_2]^{2+}$ | 20 |
| $[Co(SCN)_4]^{2-}$ | $1.00\times10^{5}$ | $[Ni(NH_3)_6]^{2+}$ | $5.49\times10^{8}$ |
| $[Cr(NCS)_2]^+$ | $9.52\times10^{2}$ | $[Ni(NH_3)_4]^{2+}$ | $9.09\times10^{7}$ |
| $[Cu(SCN)_2]^-$ | $1.51\times10^{5}$ | $[Pt(NH_3)_6]^{2+}$ | $2.00\times10^{35}$ |
| $[Fe(NCS)_2]^+$ | $2.29\times10^{3}$ | $[Zn(NH_3)_4]^{2+}$ | $2.88\times10^{9}$ |
| $[Hg(SCN)_4]^{2-}$ | $1.70\times10^{21}$ | $[Al(OH)_4]^-$ | $1.07\times10^{33}$ |
| $[Ni(SCN)_3]^-$ | 64.5 | $[Bi(OH)_4]^-$ | $1.59\times10^{35}$ |
| $[AgEDTA]^{3-}$ | $2.09\times10^{5}$ | $[Cd(OH)_4]^{2-}$ | $4.17\times10^{8}$ |
| $[AlEDTA]^-$ | $1.29\times10^{16}$ | $[Cr(OH)_4]^-$ | $7.94\times10^{29}$ |
| $[CaEDTA]^{2-}$ | $1.0\times10^{11}$ | $[Cu(OH)_4]^{2-}$ | $3.16\times10^{18}$ |
| $[CdEDTA]^{2-}$ | $2.5\times10^{7}$ | $[Fe(OH)_4]^{2-}$ | $3.80\times10^{8}$ |
| $[CoEDTA]^{2-}$ | $2.04\times10^{16}$ | $[Ca(P_2O_7)]^{2-}$ | $4.0\times10^{4}$ |
| $[CoEDTA]^-$ | $1.0\times10^{36}$ | $[Cd(P_2O_7)]^{2-}$ | $4.0\times10^{5}$ |
| $[CuEDTA]^{2-}$ | $5.0\times10^{18}$ | $[Cu(P_2O_7)]^{2-}$ | $1.0\times10^{8}$ |
| $[FeEDTA]^{2-}$ | $2.14\times10^{14}$ | $[Pb(P_2O_7)]^{2-}$ | $2.0\times10^{5}$ |
| $[FeEDTA]^-$ | $1.70\times10^{24}$ | $[Ni(P_2O_7)_2]^{6-}$ | $2.5\times10^{2}$ |
| $[HgEDTA]^{2-}$ | $6.33\times10^{21}$ | $[Ag(S_2O_3)]^-$ | $6.62\times10^{8}$ |
| $[MgEDTA]^{2-}$ | $4.37\times10^{8}$ | $[Ag(S_2O_3)_2]^{3-}$ | $2.88\times10^{13}$ |
| $[MnEDTA]^{2-}$ | $6.3\times10^{13}$ | $[Cd(S_2O_3)_2]^{2-}$ | $2.75\times10^{6}$ |
| $[NiEDTA]^{2-}$ | $3.64\times10^{18}$ | $[Cu(S_2O_3)_2]^{3-}$ | $1.66\times10^{12}$ |
| $[ZnEDTA]^{2-}$ | $2.5\times10^{16}$ | $[Pb(S_2O_3)_2]^{2-}$ | $1.35\times10^{5}$ |
| $[Ag(en)_2]^+$ | $5.00\times10^{7}$ | $[Hg(S_2O_3)_4]^{6-}$ | $1.74\times10^{33}$ |
| $[Cd(en)_3]^{2+}$ | $1.20\times10^{12}$ | $[Hg(S_2O_3)_2]^{2-}$ | $2.75\times10^{29}$ |

## 附表七　一些电对的标准电极电势 $\varphi^{\ominus}$(298.15K)

| 电极反应 | $\varphi^{\ominus}$/V |
|---|---|
| A.在酸性溶液中 | |
| $Li^{+}+e \rightleftharpoons Li$ | −3.0403 |
| $Cs^{+}+e \rightleftharpoons Cs$ | −3.02 |
| $Rb^{+}+e \rightleftharpoons Rb$ | −2.98 |
| $K^{+}+e \rightleftharpoons K$ | −2.931 |
| $Ba^{2+}+2e \rightleftharpoons Ba$ | −2.912 |
| $Sr^{2+}+2e \rightleftharpoons Sr$ | −2.899 |
| $Ca^{2+}+2e \rightleftharpoons Ca$ | −2.868 |
| $Na^{+}+e \rightleftharpoons Na$ | −2.71 |
| $Mg^{2+}+2e \rightleftharpoons Mg$ | −2.372 |
| $\frac{1}{2}H_2+e \rightleftharpoons H^{-}$ | −2.23 |
| $Sc^{3+}+3e \rightleftharpoons Sc$ | −2.077 |
| $[AlF_6]^{3-}+3e \rightleftharpoons Al+6F^{-}$ | −2.069 |
| $Be^{2+}+2e \rightleftharpoons Be$ | −1.847 |
| $Al^{3+}+3e \rightleftharpoons Al$ | −1.662 |
| $Ti^{2+}+2e \rightleftharpoons Ti$ | −1.37 |
| $[SiF_6]^{2-}+4e \rightleftharpoons Si+6F^{-}$ | −1.24 |
| $Mn^{2+}+2e \rightleftharpoons Mn$ | −1.185 |
| $V^{2+}+2e \rightleftharpoons V$ | −1.175 |
| $Cr^{2+}+2e \rightleftharpoons Cr$ | −0.913 |
| $TiO^{2+}+2H^{+}+4e \rightleftharpoons Ti+H_2O$ | −0.89 |
| $H_3BO_3+3H^{+}+3e \rightleftharpoons B+3H_2O$ | −0.8700 |
| $Zn^{2+}+2e \rightleftharpoons Zn$ | −0.7600 |
| $Cr^{3+}+3e \rightleftharpoons Cr$ | −0.744 |
| $As+3H^{+}+3e \rightleftharpoons AsH_3$ | −0.608 |
| $Ga^{3+}+3e \rightleftharpoons Ga$ | −0.549 |
| $Fe^{2+}+2e \rightleftharpoons Fe$ | −0.447 |
| $Cr^{3+}+e \rightleftharpoons Cr^{2+}$ | −0.407 |
| $Cd^{2+}+2e \rightleftharpoons Cd$ | −0.4032 |
| $PbI_2+2e \rightleftharpoons Pb+2I^{-}$ | −0.365 |
| $PbSO_4+2e \rightleftharpoons Pb+SO_4^{2-}$ | −0.3590 |
| $Co^{2+}+2e \rightleftharpoons Co$ | −0.28 |
| $H_3PO_4+2H^{+}+2e \rightleftharpoons H_3PO_3+H_2O$ | −0.276 |
| $Ni^{2+}+2e \rightleftharpoons Ni$ | −0.257 |
| $CuI+e \rightleftharpoons Cu+I^{-}$ | −0.180 |
| $AgI+e \rightleftharpoons Ag+I^{-}$ | −0.15241 |
| $GeO_2+4H^{+}+4e \rightleftharpoons Ge+2H_2O$ | −0.15 |
| $Sn^{2+}+2e \rightleftharpoons Sn$ | −0.1377 |
| $Pb^{2+}+2e \rightleftharpoons Pb$ | −0.1264 |
| $WO_3+6H^{+}+6e \rightleftharpoons W+3H_2O$ | −0.090 |
| $[HgI_4]^{2-}+2e \rightleftharpoons Hg+4I^{-}$ | −0.04 |
| $2H^{+}+2e \rightleftharpoons H_2$ | 0 |
| $[Ag(S_2O_3)_2]^{3-}+e \rightleftharpoons Ag+2S_2O_3^{2-}$ | 0.01 |
| $AgBr+e \rightleftharpoons Ag+Br^{-}$ | 0.07116 |

续表

| 电极反应 | $\varphi^{\ominus}$/V |
|---|---|
| A.在酸性溶液中 | |
| $S_4O_6^{2-}+2e \rightleftharpoons 2S_2O_3^{2-}$ | 0.08 |
| $S+2H^++2e \rightleftharpoons H_2S$ | 0.142 |
| $Sn^{4+}+2e \rightleftharpoons Sn^{2+}$ | 0.151 |
| $SO_4^{2-}+4H^++2e \rightleftharpoons H_2SO_3+H_2O$ | 0.172 |
| $AgCl+e \rightleftharpoons Ag+Cl^-$ | 0.22216 |
| $Hg_2Cl_2+2e \rightleftharpoons 2Hg+2Cl^-$ | 0.26791 |
| $VO^{2+}+2H^++e \rightleftharpoons V^3+H_2O$ | 0.337 |
| $Cu^{2+}+2e \rightleftharpoons Cu$ | 0.3417 |
| $[Fe(CN)_6]^{3-}+e \rightleftharpoons [Fe(CN)_6]^{4-}$ | 0.358 |
| $[HgCl_4]^{2-}+2e \rightleftharpoons Hg+4Cl^-$ | 0.38 |
| $Ag_2CrO_4+2e \rightleftharpoons 2Ag+CrO_4^{2-}$ | 0.4468 |
| $H_2SO_3+4H^++4e \rightleftharpoons S+3H_2O$ | 0.449 |
| $Cu^++e \rightleftharpoons Cu$ | 0.521 |
| $I_2+2e \rightleftharpoons 2I^-$ | 0.5353 |
| $MnO_4^-+e \rightleftharpoons MnO_4^{2-}$ | 0.558 |
| $H_3AsO_4+2H^++2e \rightleftharpoons H_2AsO_3+H_2O$ | 0.560 |
| $Cu^{2+}+Cl^-+e \rightleftharpoons CuCl$ | 0.56 |
| $Sb_2O_5+6H^++4e \rightleftharpoons 2SbO^++3H_2O$ | 0.581 |
| $TeO_2+4H^++4e \rightleftharpoons Te+2H_2O$ | 0.593 |
| $O_2+2H^++2e \rightleftharpoons H_2O_2$ | 0.695 |
| $H_2SeO_3+4H^++4e \rightleftharpoons Se+3H_2O$ | 0.74 |
| $H_3SbO_4+2H^++2e \rightleftharpoons H_3SbO_3+H_2O$ | 0.75 |
| $Fe^{3+}+e \rightleftharpoons Fe^{2+}$ | 0.771 |
| $Hg_2^{2+}+2e \rightleftharpoons 2Hg$ | 0.7971 |
| $Ag^++e \rightleftharpoons Ag$ | 0.7994 |
| $2NO_3^-+4H^++2e \rightleftharpoons N_2O_4+2H_2O$ | 0.803 |
| $Hg^{2+}+2e \rightleftharpoons Hg$ | 0.851 |
| $HNO_2+7H^++6e \rightleftharpoons NH_4^++2H_2O$ | 0.86 |
| $NO_3^-+3H^++2e \rightleftharpoons NHO_2+H_2O$ | 0.934 |
| $NO_3^-+4H^++3e \rightleftharpoons NO+2H_2O$ | 0.957 |
| $HIO+H^++2e \rightleftharpoons I^-+H_2O$ | 0.987 |
| $HNO_2+H^++e \rightleftharpoons NO+H_2O$ | 0.983 |
| $VO_4^{3-}+6H^++e \rightleftharpoons VO^{2+}+3H_2O$ | 1.031 |
| $N_2O_4+4H^++4e \rightleftharpoons 2NO+2H_2O$ | 1.035 |
| $N_2O_4+2H^++2e \rightleftharpoons 2HNO_2$ | 1.065 |
| $Br_2+2e \rightleftharpoons 2Br^-$ | 1.066 |

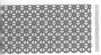

续表

| 电极反应 | $\varphi^{\ominus}$/V |
| --- | --- |
| A.在酸性溶液中 | |
| $IO_3^- + 6H^+ + 6e \rightleftharpoons I^- + 3H_2O$ | 1.085 |
| $SeO_4^{2-} + 4H^+ + 2e \rightleftharpoons H_2SeO_3 + H_2O$ | 1.151 |
| $ClO_4^- + 2H^+ + 2e \rightleftharpoons ClO_3^- + H_2O$ | 1.189 |
| $IO_3^- + 6H^+ + 5e \rightleftharpoons \frac{1}{2}I_2 + 3H_2O$ | 1.195 |
| $MnO_2 + 4H^+ + 2e \rightleftharpoons Mn^{2+} + 2H_2O$ | 1.224 |
| $O_2 + 4H^+ + 4e \rightleftharpoons 2H_2O$ | 1.229 |
| $Cr_2O_7^{2-} + 14H^+ + 6e \rightleftharpoons 2Cr^{3+} + 7H_2O$ | 1.232 |
| $2HNO_2 + 4H^+ + 4e \rightleftharpoons N_2O + 3H_2O$ | 1.297 |
| $HBrO + H^+ + 2e \rightleftharpoons Br^- + H_2O$ | 1.331 |
| $Cl_2 + 2e \rightleftharpoons 2Cl^-$ | 1.35793 |
| $ClO_4^- + 8H^+ + 7e \rightleftharpoons \frac{1}{2}Cl_2 + 4H_2O$ | 1.39 |
| $IO_4^- + 8H^+ + 8e \rightleftharpoons I^- + 4H_2O$ | 1.4 |
| $BrO_3^- + 6H^+ + 6e \rightleftharpoons Br^- + 3H_2O$ | 1.423 |
| $ClO_3^- + 6H^+ + 6e \rightleftharpoons Cl^- + 3H_2O$ | 1.451 |
| $PbO_2 + 4H^+ + 2e \rightleftharpoons Pb^{2+} + 2H_2O$ | 1.455 |
| $ClO_3^- + 6H^+ + 5e \rightleftharpoons \frac{1}{2}Cl_2 + 3H_2O$ | 1.47 |
| $HClO + H^+ + 2e \rightleftharpoons Cl^- + H_2O$ | 1.482 |
| $2BrO_3^- + 12H^+ + 10e \rightleftharpoons Br_2 + 6H_2O$ | 1.482 |
| $Au^{3+} + 3e \rightleftharpoons Au$ | 1.498 |
| $MnO_4^- + 8H^+ + 5e \rightleftharpoons Mn^{2+} + 4H_2O$ | 1.507 |
| $NaBiO_3 + 6H^+ + 2e \rightleftharpoons Bi^{3+} + Na^+ + 3H_2O$ | 1.60 |
| $2HClO + 2H^+ + 2e \rightleftharpoons Cl_2 + 2H_2O$ | 1.611 |
| $MnO_4^- + 4H^+ + 3e \rightleftharpoons MnO_2 + 2H_2O$ | 1.679 |
| $Au^+ + e \rightleftharpoons Au$ | 1.692 |
| $Ce^{4+} + e \rightleftharpoons Ce^{3+}$ | 1.72 |
| $H_2O_2 + 2H^+ + 2e \rightleftharpoons H_2O$ | 1.776 |
| $Co^{3+} + e \rightleftharpoons Co^{2+}$ | 1.92 |
| $S_2O_8^{2-} + 2e \rightleftharpoons 2SO_4^{2-}$ | 2.010 |
| $O_3 + 2H^+ + 2e \rightleftharpoons O_2 + H_2O$ | 2.076 |
| $F_2 + 2e \rightleftharpoons 2F^-$ | 2.866 |
| B.在碱性溶液中 | |
| $Mg(OH)_2 + 2e \rightleftharpoons Mg + 2OH^-$ | −2.690 |
| $Al(OH)_3 + 3e \rightleftharpoons Al + 3OH^-$ | −2.31 |
| $SiO_3^{2-} + 3H_2O + 4e \rightleftharpoons Si + 6OH^-$ | −1.679 |
| $Mn(OH)_2 + 2e \rightleftharpoons Mn + 2OH^-$ | −1.56 |
| $As + 3H_2O + 3e \rightleftharpoons AsH_3 + 3OH^-$ | −1.37 |
| $Cr(OH)_3 + 3e \rightleftharpoons Cr + 3OH^-$ | −1.48 |

续表

| 电极反应 | $\varphi^{\ominus}/V$ |
|---|---|
| B.在碱性溶液中 | |
| $[Zn(CN)_4]^{2-}+2e \rightleftharpoons Zn+4CN^-$ | -1.26 |
| $Zn(OH)_2+2e \rightleftharpoons Zn+2OH^-$ | -1.249 |
| $N_2+4H_2O+4e \rightleftharpoons N_2H_4+4OH^-$ | -1.15 |
| $PO_4^{3-}+2H_2O+2e \rightleftharpoons HPO_3^{2-}+3OH^-$ | -1.05 |
| $[Sn(OH)_6]^{2-}+2e \rightleftharpoons H_2SnO_2+4OH^-$ | -0.93 |
| $SO_4^{2-}+H_2O+2e \rightleftharpoons SO_3^{2-}+2OH^-$ | -0.93 |
| $P+3H_2O+3e \rightleftharpoons PH_3+3OH^-$ | -0.87 |
| $Fe(OH)_2+2e \rightleftharpoons Fe+2OH^-$ | -0.877 |
| $2NO_3^-+2H_2O+2e \rightleftharpoons N_2O_4+4OH^-$ | -0.85 |
| $[Co(CN)_6]^{3-}+e \rightleftharpoons [Co(CN)_6]^{4-}$ | -0.83 |
| $2H_2O+2e \rightleftharpoons H_2+2OH^-$ | -0.8277 |
| $AsO_4^{3-}+2H_2O+2e \rightleftharpoons AsO_2^-+4OH^-$ | -0.71 |
| $AsO_2^-+2H_2O+3e \rightleftharpoons As+4OH^-$ | -0.68 |
| $SO_3^{2-}+3H_2O+6e \rightleftharpoons S^{2-}+6OH^-$ | -0.61 |
| $[Au(CN)_2]^-+e \rightleftharpoons Au+2CN^-$ | -0.60 |
| $2SO_3^{2-}+3H_2O+4e \rightleftharpoons S_2O_3^{2-}+6OH^-$ | -0.571 |
| $Fe(OH)_3+e \rightleftharpoons Fe(OH)_2+OH^-$ | -0.56 |
| $S+2e \rightleftharpoons S^{2-}$ | -0.47644 |
| $NO_2^-+H_2O+e \rightleftharpoons NO+2OH^-$ | -0.46 |
| $[Cu(CN)_2]^-+e \rightleftharpoons Cu+2CN^-$ | -0.43 |
| $[Co(NH_3)_6]^{2+}+2e \rightleftharpoons Co+6NH_3(aq)$ | -0.422 |
| $[Hg(CN)_4]^{2-}+2e \rightleftharpoons Hg+4CN^-$ | -0.37 |
| $[Ag(CN)_2]^-+e \rightleftharpoons Ag+2CN^-$ | -0.30 |
| $NO_3^-+5H_2O+6e \rightleftharpoons NH_2OH+7OH^-$ | -0.30 |
| $Cu(OH)_2+2e \rightleftharpoons Cu+2OH^-$ | -0.222 |
| $PbO_2+2H_2O+4e \rightleftharpoons Pb+4OH^-$ | -0.16 |
| $CrO_4^{2-}+4H_2O+3e \rightleftharpoons Cr(OH)_3+5OH^-$ | -0.13 |
| $[Cu(NH_3)_2]^++e \rightleftharpoons Cu+2NH_3(aq)$ | -0.11 |
| $O_2+H_2O+2e \rightleftharpoons HO_2^-+OH^-$ | -0.076 |
| $MnO_2+2H_2O+2e \rightleftharpoons Mn(OH)_2+2OH^-$ | -0.05 |
| $NO_3^-+H_2O+2e \rightleftharpoons NO_2^-+2OH^-$ | 0.01 |
| $[Co(NH_3)_6]^{3+}+e \rightleftharpoons [Co(NH_3)_6]^{2+}$ | 0.108 |
| $2NO_2^-+3H_2O+4e \rightleftharpoons N_2O+6OH^-$ | 0.15 |
| $IO_3^-+2H_2O+4e \rightleftharpoons IO^-+4OH^-$ | 0.15 |
| $Co(OH)_3+e \rightleftharpoons Co(OH)_2+OH^-$ | 0.17 |
| $IO_3^-+3H_2O+6e \rightleftharpoons I^-+6OH^-$ | 0.26 |

续表

| 电极反应 | $\varphi^{\ominus}$/V |
|---|---|
| B.在碱性溶液中 | |
| $ClO_3^- + H_2O + 2e \rightleftharpoons ClO_2^- + 2OH^-$ | 0.33 |
| $Ag_2O + H_2O + 2e \rightleftharpoons 2Ag + 2OH^-$ | 0.342 |
| $ClO_4^- + H_2O + 2e \rightleftharpoons ClO_3{}^- + 2OH^-$ | 0.36 |
| $[Ag(NH_3)_2]^+ + e \rightleftharpoons Ag + 2NH_3(aq)$ | 0.373 |
| $O_2 + 2H_2O + 4e \rightleftharpoons 4OH^-$ | 0.401 |
| $2BrO^- + 2H_2O + 2e \rightleftharpoons Br_2 + 4OH^-$ | 0.45 |
| $NiO_2 + 2H_2O + 2e \rightleftharpoons Ni(OH)_2 + 2OH^-$ | 0.490 |
| $IO^- + H_2O + 2e \rightleftharpoons I^- + 2OH^-$ | 0.485 |
| $ClO_4^- + 4H_2O + 8e \rightleftharpoons Cl^- + 8OH^-$ | 0.51 |
| $2ClO^- + 2H_2O + 2e \rightleftharpoons Cl_2 + 4OH^-$ | 0.52 |
| $BrO_3^- + 2H_2O + 4e \rightleftharpoons BrO^- + 4OH^-$ | 0.54 |
| $MnO_4^- + 2H_2O + 3e \rightleftharpoons MnO_2 + 4OH^-$ | 0.595 |
| $MnO_4^{2-} + 2H_2O + 2e \rightleftharpoons MnO_2 + 4OH^-$ | 0.60 |
| $BrO_3^- + 3H_2O + 6e \rightleftharpoons Br^- + 6OH^-$ | 0.61 |
| $ClO_3^- + 3H_2O + 6e \rightleftharpoons CO^- + 6OH^-$ | 0.62 |
| $ClO_2^- + H_2O + 2e \rightleftharpoons ClO^- + 2OH^-$ | 0.66 |
| $BrO^- + H_2O + 2e \rightleftharpoons Br^- + 2OH^-$ | 0.761 |
| $ClO^- + H_2O + 2e \rightleftharpoons Cl^- + 2OH^-$ | 0.81 |
| $N_2O_4 + 2e \rightleftharpoons 2NO_2^-$ | 0.867 |
| $HO_2^- + H_2O + 2e \rightleftharpoons 3OH^-$ | 0.878 |
| $FeO_4^{2-} + 2H_2O + 3e \rightleftharpoons FeO_2^- + 4OH^-$ | 0.9 |
| $O_3 + H_2O + 2e \rightleftharpoons O_2 + 2OH^-$ | 1.24 |

# 目标检测选择题参考答案

第 1 章

1. B　2. D　3. C　4. A　5. D　6. C　7. A　8. D　9. C　10. D　11. B　12. B　13. D　14. C　15. B　16. C　17. B　18. B　19. B　20. B

第 2 章

1. D　2. A　3. C　4. D　5. D　6. B　7. C　8. D　9. D　10. A　11. D　12. A　13. A　14. D

第 3 章

1. A　2. A　3. C　4. D　5. C　6. BD　7. B　8. C　9. D　10. D　11. A　12. C

第 4 章

1. C　2. C　3. A　4. A　5. C　6. A　7. B　8. A　9. C　10. C

第 5 章

1. C　2. C　3. D　4. D　5. D　6. B

第 6 章

1. B　2. D　3. A　4. D　5. C　6. C　7. B　8. D　9. D　10. B

第 7 章

1. D　2. B　3. D　4. D　5. D　6. B　7. A

第 8 章

1. A　2. BD　3. AC　4. B　5. B　6. A

第 9 章

1. B　2. C　3. A　4. D　5. C　6. B　7. A　8. B　9. D

第 10 章

1. A　2. B　3. A　4. D　5. C　6. D　7. B

第 11 章

1. A　2. D　3. B　4. D　5. D　6. D　7. D　8. B　9. A　10. B　11. C　12. B　13. C　14. D　15. A　16. B　17. B　18. A　19. A　20. B

第 12 章

1. D　2. D　3. A　4. C　5. C　6. A　7. B　8. D　9. A　10. D　11. B　12. D　13. D　14. C

# 元素周期表

原子序数 → 19；元素符号（红色指放射性元素） → K；元素名称（注*的是人造元素） → 钾；稳定同位素的质量数（底线指丰度最大的同位素） → 39 40 41；放射性同位素的质量数；外围电子的构型（括号指可能的构型） → $4s^1$；相对原子质量（放射性元素括号内数据为半衰期最长同位素的质量数） → 39.0983(1)

主族金属 | 过渡金属 | 内过渡金属 | 准金属 | 非金属

注：
1. 相对原子质量录自2005年国际原子质量表，以 $^{12}C$=12为基准，元素的相对原子质量末位数的准确度加注在其后的括弧内。
2. 商品Li的相对原子质量范围是6.939~6.996。
3. 稳定元素列有天然丰度的同位素；天然放射性元素和人造元素同位素的选列与国际相对原子质量所标的相关文献一致。

s区 | d区 | ds区 | p区

| 周期 \ 族 | IA (1) | IIA (2) | IIIB (3) | IVB (4) | VB (5) | VIB (6) | VIIB (7) | VIII (8) | VIII (9) | VIII (10) | IB (11) | IIB (12) | IIIA (13) | IVA (14) | VA (15) | VIA (16) | VIIA (17) | 0族 (18) | 电子层 | 0族电子数 |
|---|---|---|---|---|---|---|---|---|---|---|---|---|---|---|---|---|---|---|---|---|
| 1 | 1 H 氢 $1s^1$ 1.00794(7) | | | | | | | | | | | | | | | | | 2 He 氦 $1s^2$ 4.002602(2) | K | 2 |
| 2 | 3 Li 锂 $2s^1$ 6.941(2) | 4 Be 铍 $2s^2$ 9.012182(3) | | | | | | | | | | | 5 B 硼 $2s^22p^1$ 10.811(7) | 6 C 碳 $2s^22p^2$ 12.0107(8) | 7 N 氮 $2s^22p^3$ 14.0067(2) | 8 O 氧 $2s^22p^4$ 15.9994(3) | 9 F 氟 $2s^22p^5$ 18.9984032(5) | 10 Ne 氖 $2s^22p^6$ 20.1797(6) | L K | 8 2 |
| 3 | 11 Na 钠 $3s^1$ 22.98976928(2) | 12 Mg 镁 $3s^2$ 24.3050(6) | | | | | | | | | | | 13 Al 铝 $3s^23p^1$ 26.9815386(8) | 14 Si 硅 $3s^23p^2$ 28.0855(3) | 15 P 磷 $3s^23p^3$ 30.973762(2) | 16 S 硫 $3s^23p^4$ 32.065(5) | 17 Cl 氯 $3s^23p^5$ 35.453(2) | 18 Ar 氩 $3s^23p^6$ 39.948(1) | M L K | 8 8 2 |
| 4 | 19 K 钾 $4s^1$ 39.0983(1) | 20 Ca 钙 $4s^2$ 40.078(4) | 21 Sc 钪 $3d^14s^2$ 44.955912(6) | 22 Ti 钛 $3d^24s^2$ 47.867(1) | 23 V 钒 $3d^34s^2$ 50.9415(1) | 24 Cr 铬 $3d^54s^1$ 51.9961(6) | 25 Mn 锰 $3d^54s^2$ 54.938045(5) | 26 Fe 铁 $3d^64s^2$ 55.845(2) | 27 Co 钴 $3d^74s^2$ 58.933195(5) | 28 Ni 镍 $3d^84s^2$ 58.6934(4) | 29 Cu 铜 $3d^{10}4s^1$ 63.546(3) | 30 Zn 锌 $3d^{10}4s^2$ 65.409(4) | 31 Ga 镓 $4s^24p^1$ 69.723(1) | 32 Ge 锗 $4s^24p^2$ 72.64(1) | 33 As 砷 $4s^24p^3$ 74.92160(2) | 34 Se 硒 $4s^24p^4$ 78.96(3) | 35 Br 溴 $4s^24p^5$ 79.904(1) | 36 Kr 氪 $4s^24p^6$ 83.798(2) | N M L K | 8 18 8 2 |
| 5 | 37 Rb 铷 $5s^1$ 85.4678(3) | 38 Sr 锶 $5s^2$ 87.62(1) | 39 Y 钇 $4d^15s^2$ 88.90585(2) | 40 Zr 锆 $4d^25s^2$ 91.224(2) | 41 Nb 铌 $4d^45s^1$ 92.90638(2) | 42 Mo 钼 $4d^55s^1$ 95.96(2) | 43 Tc 锝 $4d^55s^2$ (97.9072) | 44 Ru 钌 $4d^75s^1$ 101.07(2) | 45 Rh 铑 $4d^85s^1$ 102.90550(2) | 46 Pd 钯 $4d^{10}$ 106.42(1) | 47 Ag 银 $4d^{10}5s^1$ 107.8682(2) | 48 Cd 镉 $4d^{10}5s^2$ 112.411(8) | 49 In 铟 $5s^25p^1$ 114.818(3) | 50 Sn 锡 $5s^25p^2$ 118.710(7) | 51 Sb 锑 $5s^25p^3$ 121.760(1) | 52 Te 碲 $5s^25p^4$ 127.60(3) | 53 I 碘 $5s^25p^5$ 126.90447(3) | 54 Xe 氙 $5s^25p^6$ 131.293(6) | O N M L K | 8 18 18 8 2 |
| 6 | 55 Cs 铯 $6s^1$ 132.9054519(2) | 56 Ba 钡 $6s^2$ 137.327(7) | 57 La 镧 $5d^16s^2$ 138.90547(7) | 72 Hf 铪 $5d^26s^2$ 178.49(2) | 73 Ta 钽 $5d^36s^2$ 180.94788(2) | 74 W 钨 $5d^46s^2$ 183.84(1) | 75 Re 铼 $5d^56s^2$ 186.207(1) | 76 Os 锇 $5d^66s^2$ 190.23(3) | 77 Ir 铱 $5d^76s^2$ 192.217(3) | 78 Pt 铂 $5d^96s^1$ 195.084(9) | 79 Au 金 $5d^{10}6s^1$ 196.966569(5) | 80 Hg 汞 $5d^{10}6s^2$ 200.59(2) | 81 Tl 铊 $6s^26p^1$ 204.3833(2) | 82 Pb 铅 $6s^26p^2$ 207.2(1) | 83 Bi 铋 $6s^26p^3$ 208.98040(1) | 84 Po 钋 $6s^26p^4$ (208.9824) | 85 At 砹 $6s^26p^5$ (209.9871) | 86 Rn 氡 $6s^26p^6$ (222.0176) | P O N M L K | 8 18 32 18 8 2 |
| 7 | 87 Fr 钫 $7s^1$ (223.0197) | 88 Ra 镭 $7s^2$ (226.0254) | 89 Ac 锕 $6d^17s^2$ (227.0277) | 104 Rf 𬬻* $(6d^27s^2)$ (261.1088) | 105 Db 𬭊* $(6d^37s^2)$ (262.1141) | 106 Sg 𬭳* (266.1219) | 107 Bh 𬭛* (264.12) | 108 Hs 𬭶* (267) | 109 Mt 鿏* (268.1388) | 110 Da 𫟼* (271) | 111 Rg 𬬭* (272.1535) | 112 Uub * (285) | | 114 Uuq * (289) | | 116 Uuh * (293) | | | | |

f区

| | | | | | | | | | | | | | | |
|---|---|---|---|---|---|---|---|---|---|---|---|---|---|---|
| 镧系 | 58 Ce 铈 $4f^15d^16s^2$ 140.116(1) | 59 Pr 镨 $4f^36s^2$ 140.90765(2) | 60 Nd 钕 $4f^46s^2$ 144.242(3) | 61 Pm 钷 $4f^56s^2$ (144.9127) | 62 Sm 钐 $4f^66s^2$ 150.36(2) | 63 Eu 铕 $4f^76s^2$ 151.964(1) | 64 Gd 钆 $4f^75d^16s^2$ 157.25(3) | 65 Tb 铽 $4f^96s^2$ 158.92535(2) | 66 Dy 镝 $4f^{10}6s^2$ 162.500(1) | 67 Ho 钬 $4f^{11}6s^2$ 164.93032(2) | 68 Er 铒 $4f^{12}6s^2$ 167.259(3) | 69 Tm 铥 $4f^{13}6s^2$ 168.93421(2) | 70 Yb 镱 $4f^{14}6s^2$ 173.04(3) | 71 Lu 镥 $4f^{14}5d^16s^2$ 174.967(1) |
| 锕系 | 90 Th 钍 $6d^27s^2$ 232.03806(2) | 91 Pa 镤 $5f^26d^17s^2$ 231.03588(2) | 92 U 铀 $5f^36d^17s^2$ 238.02891(3) | 93 Np 镎 $5f^46d^17s^2$ (237.0482) | 94 Pu 钚 $5f^67s^2$ (244.0642) | 95 Am 镅* $5f^77s^2$ (243.0614) | 96 Cm 锔* $5f^76d^17s^2$ (247.0704) | 97 Bk 锫* $5f^97s^2$ (247.0703) | 98 Cf 锎* $5f^{10}7s^2$ (251.0796) | 99 Es 锿* $5f^{11}7s^2$ (252.0830) | 100 Fm 镄* $5f^{12}7s^2$ (257.0951) | 101 Md 钔* $(5f^{13}7s^2)$ (258.0984) | 102 No 锘* $(5f^{14}7s^2)$ (259.1010) | 103 Lr 铹* $(5f^{14}6d^17s^2)$ (262.1097) |